国家重点研发计划项目(2017YFC0804200)资助
国家重点基础研究发展计划(973 计划)项目(2015CB251600)资助
国家自然科学基金项目(U1361206、51504184)资助
新疆维吾尔自治区科技支撑计划项目(201432102)资助

急倾斜煤层动力学灾害控制关键技术研究与示范

陈建强　常　博
崔　峰　荣　海　著

中国矿业大学出版社

内容简介

本书以神华新疆能源有限责任公司急倾斜特厚煤层深部综放开采动力学灾害控制为总体目标，综合运用工程地质学、构造地质学、地球物理勘探、岩石力学、采矿工程、人工智能、系统科学和安全工程等多学科及其交叉前沿理论，采用理论分析、室内实验、现场监测、物理相似模拟和数值模拟及工业实验等多种方法，开展急倾斜煤岩体物理力学特性研究，分析完成了急倾斜煤层地质动力灾害区划研究，揭示了急倾斜煤层综放开采覆岩结构应力畸变及致灾机理，建立了急倾斜特厚煤层深部综放开采动力学灾害预报体系，形成急倾斜特厚煤层动力学灾害动态调控理论与技术，在典型急倾斜特厚煤层深部大段高水平分段综放开采工程中得到检验和完善，为提升我国急倾斜特厚煤层群安全开采的整体技术水平提供了理论与实践经验支撑。

本书详细介绍了急倾斜煤层水平分段综放开采诱发动力灾害机制及其控制技术与实践经验，可供采矿工程、地质工程、安全工程、岩石力学领域的高等院校及科研院所、设计与生产单位的工程技术人员参考使用，也可作为矿业工程学科研究生的参考学习用书。

图书在版编目(CIP)数据

急倾斜煤层动力学灾害控制关键技术研究与示范/陈建强等著. —徐州：中国矿业大学出版社，2018.5

ISBN 978-7-5646-3957-0

Ⅰ. ①急… Ⅱ. ①陈… Ⅲ. ①急倾斜煤层—岩土动力学—灾害防治—研究 Ⅳ. ①TD823.21

中国版本图书馆CIP数据核字(2018)第097912号

书　　名　急倾斜煤层动力学灾害控制关键技术研究与示范
著　　者　陈建强　常　博　崔　峰　荣　海
责任编辑　黄本斌
出版发行　中国矿业大学出版社有限责任公司
　　　　　　(江苏省徐州市解放南路　邮编221008)
营销热线　(0516)83885307　83884995
出版服务　(0516)83885767　83884920
网　　址　http://www.cumtp.com　**E-mail**:cumtpvip@cumtp.com
印　　刷　徐州中矿大印发科技有限公司
开　　本　787×1092　1/16　**印张** 18.75　**字数** 468千字
版次印次　2018年5月第1版　2018年5月第1次印刷
定　　价　40.00元
(图书出现印装质量问题，本社负责调换)

前 言

新疆地处我国西北，是“丝绸之路经济带”真正的核心区、战略枢纽，最具地缘优势、资源优势。煤炭资源储量约2.19万亿t，约占全国的40%。新疆又是我国西北赋煤区唯一以省级行政区划直接命名的亿吨级大型煤炭基地，在未来新疆将成为确保我国能源安全的最大保障之一。随着我国东部煤炭资源的枯竭，新疆正逐渐从煤炭资源的战略储备区向生产区转变。需要引起注意的是，我国西北赋煤区（新疆、甘肃、宁夏、内蒙古）地质条件复杂，构造变形强烈，埋深1 000 m以内倾角大于35°的倾斜和急倾斜煤层占到60%左右，其中又以新疆为主（占比61%）。新疆作为我国的第十四个大型亿吨级煤炭基地，如何大规模、安全、高效开发疆内赋存的急倾斜特厚煤层，保障国家“丝绸之路经济带”沿线的能源供应，是摆在煤炭开采工作者面前的难题。

急倾斜煤层安全高效开采仍旧是世界性难题，这一点从急倾斜厚煤层在我国煤炭储量中约占25%，而产量不足10%就可以看出来，国外基本不涉及急倾斜煤层开采。新疆乌鲁木齐矿区是新疆维吾尔自治区发展历史最久的煤炭生产基地，神华新疆能源公司乌鲁木齐矿区所开采的煤层均为急倾斜煤层，煤层倾角范围43°～88°，是我国致力于急倾斜特厚煤层群综放开采的典型矿区，矿区赋存有30多层厚度不同、间距不同的急倾斜煤层群，仅神华新疆能源有限责任公司开采的乌东井田急倾斜煤层煤炭储量已达到36亿t。急倾斜煤层的形成是由沉积矿床后期地质构造运动造成的，赋存和开采条件都比其他类型的煤层要复杂，因而一般很难形成较大的生产能力。乌鲁木齐矿区从20世纪80年代中期引进、研究和发展现代放顶煤技术，经过20多年持续性长足发展，综采放顶煤得到较快发展。已经充分验证出急倾斜特厚煤层水平分段综放开采是建设高产高效矿井、充分回收煤炭资源的重要手段。水平分段综放开采技术实现了整个乌鲁木齐矿区全面应用现代化放顶煤技术的格局，从而推动了企业产量翻番，效益大幅度提高，安全状况极大改善。

近年来，随着开采深度的增加，急倾斜煤层表现出独特的动力学灾害。自2010年以来，在乌东煤矿南采区、北采区及宽沟煤矿发生10余次动力灾害现象，造成3人死亡、10多位工人受伤，给矿井的安全生产带来了极大的威胁。乌鲁木齐矿区在新疆属于首个发生动力灾害的煤炭主产区，其急倾斜煤层赋存环境条件、开采深度及应力水平与疆外缓倾斜煤层为主导的资源条件相比都更为复杂且差异性较大，加之国内外在急倾斜煤层安全开采、灾害调控等方面研究较少，尚无成熟的动力灾害调控技术可以借鉴。总结起来，急倾斜煤层动力灾害控制面临着三大难题：致灾机理不清、灾情预测不准、灾控效果不佳。

为此，针对急倾斜深部煤层发生灾害的难点及特点，开展急倾斜煤层动力学灾害控制关键技术研究与示范研究，研究揭示煤岩灾害动力学机制，建立动力灾害控制模式与示范基地，解决急倾斜煤层动力学灾害控制的科学难题，保障矿区的安全开采。针对急倾斜煤层动力学灾害防治的难题，基于变形、应力、声发射、微震、地质雷达和钻孔摄像等多元监测信息辨识，完成了急倾斜煤层煤岩结构参数测定、力学模型构建，研究了揭示煤岩灾害动力学机制，创建了急倾斜煤岩深部动力灾害时空多元预测体系，研发了以耦合致裂弱化为导向的急倾斜煤层动力灾害动态调控技术，形成了急倾斜煤层动力灾害防治与动态调控体系，建成了急倾斜煤层动力学灾害防治示范矿井，对促进未来新疆深部能源开发技术集成创新，确保自治区煤炭工业可持续发展具有重大战略意义和现实意义。

全书共十章，由陈建强负责全书内容的架构设计与主要内容撰写。第1、2章由陈建强撰写，介绍了急倾斜特厚煤层动力灾害研究现状与乌鲁木齐矿区急倾斜赋存及开采技术特征；第3章由崔峰撰写，主要完成了急倾斜煤岩力学参数测试分析；第4章由荣海撰写，运用动力区划研究评估了急倾斜的动力灾害；第5章由陈建强、常博、崔峰撰写，研究揭示了急倾斜厚煤层覆岩结构应力畸变及致灾机理；第6章由陈建强、常博、崔峰撰写，研究了急倾斜煤层动力灾害防治关键技术；第7章由常博撰写，阐述了急倾斜煤层综放面围岩受力失稳现场监测和支护研究；第8章由荣海、常博撰写，研究了急倾斜煤层动力灾害的危险性预测与评价；第9章由陈建强、常博撰写，构建了急倾斜煤层动力学灾害多元预测体系；第10章由陈建强撰写，阐述了急倾斜煤层动力学灾害动态调控与示范。

本书所涉及的很多研究成果是与煤炭院校及科研院所合作完成的。在本书的编写过程中，神华新疆能源有限责任公司领导及同事给予了大力支持，在此一并表示衷心的感谢。同时，感谢所有参考文献的作者。

由于作者水平有限，书中难免会存在错误或不当之处，敬请读者批评指正。

作　者

2017年12月

目　录

第1章　绪　　论

1.1　研究背景与意义

1.1.1　研究背景

新疆维吾尔自治区是国家规划建设的第十四个高起点、高标准、高效益的亿吨级大型煤炭基地。与我国西北赋煤区(新疆、甘肃、宁夏、内蒙古)煤炭资源赋存禀赋类似的是,新疆地区地质条件复杂,构造变形强烈,埋深 1 000 m 以内倾角大于 35°的倾斜和急倾斜煤层储量占到西北赋煤区的 61%。新疆作为我国的第十四个大型亿吨级煤炭基地[1],如何大规模、安全、高效开发疆内赋存的急倾斜特厚煤层,保障国家“丝绸之路经济带”沿线能源供应,是摆在煤炭开采工作者面前的难题。

新疆维吾尔自治区急倾斜煤层规模化开采及开发利用已成为国家能源战略部署的重中之重,乌鲁木齐更是“一带一路”倡议中的重要节点城市。乌鲁木齐矿区是急倾斜(43°～88°)特厚煤层富集区,赋存有 30 多层厚度与层间距不同的急倾斜煤层。

自 2010 年以来,在乌东煤矿南采区、北采区及宽沟煤矿发生 10 余次动力灾害现象,造成 3 人死亡、10 多位工人受伤,给矿井的安全生产带来了极大的威胁。乌鲁木齐矿区在新疆属于首个发生动力灾害的煤炭主产区,其急倾斜煤层赋存环境条件、开采深度及应力水平与疆外以缓倾斜煤层为主导的资源条件相比都更为复杂且差异性较大,加之之前国内外在急倾斜煤层安全开采、灾害调控等方面研究较少,尚无成熟的动力灾害调控技术可以借鉴。

新疆维吾尔自治区煤炭资源赋存环境属性、开采深度及应力水平与东部地区迥异。研究急倾斜煤层深部动力灾害控制关键技术问题,必须采用多种手段,尤其必须配合以地球物理探测,探求深部动力灾害发生机制,发展深部开采扰动区综合立体监测技术和方法,提高深部动力灾害预报水平。基于变形、应力、声发射、微震、地质雷达和钻孔摄像等多元监测信息辨识,为急倾斜深部煤岩结构参数确定、力学模型构建、结构与应力畸变致灾预报提供定量方法,为动力灾害调控奠定科学基础。

为此,针对急倾斜深部煤层综放开采工程特点,以及实现安全开采必须面对复杂多变地质与赋存条件的现实,依托新疆维吾尔自治区科技统筹与优势企业平台,开展急倾斜煤层深部综放开采动力灾害预报与控制技术研究,研究揭示煤岩灾害动力学机制,建立动力灾害控制模式与示范基地,解决急倾斜煤层动力学灾害控制的科学难题,保障新疆维吾尔自治区特厚煤层深部安全开采与矿山经济社会发展和整体稳定,对促进未来新疆维吾尔自治区深部能源开发技术集成创新,确保自治区煤炭工业可持续发展具有重大战略意义和现实意义。

1.1.2　研究意义

新疆维吾尔自治区正在进行大规模基础设施建设,尤其是包括在建的许多国家级重大工程。煤炭作为常规能源，长期担当能源基础保障重任。受长距离输送制约，立足区内是煤炭能源开发最为重要的特征。在新疆特殊地质环境下进行煤炭能源矿山开采深度的增加将遇到许多亟需解决的防灾减灾和安全性问题，许多带有共性的科学技术难题没有得到很好解决，这些将成为本研究取得重大突破的巨大动力和机遇。

在急倾斜特厚煤层深部大段高水平分段高阶段综放开采过程中，发现了深部急倾斜煤岩体动力学灾害诱发的局部化效应力学问题与瓦斯等有害气体作用密切关联，尤其是历史性无序开采遗留的隐蔽性采空区（含瓦斯和水）的区域圈定难度很大，在高强度开采过程中诱发动力学灾害概率呈现增加趋势，且出现的冲击地压和煤与瓦斯突出等动力学灾害均属新疆首次，造成多人伤亡和重大损失。国内外有关急倾斜煤岩损伤演化致灾和预测基础研究相对薄弱，为此针对急倾斜煤岩损伤演化致灾和预测开展基础性研究，揭示急倾斜煤层煤岩体动力学灾害成因、孕育和损伤演化规律，为灾害控制提供理论基础和科学依据。在急倾斜、缓倾斜和近水平特厚煤层中，急倾斜特厚煤层持续性安全高效开采与大幅度提高产能的难度均居首位。如果急倾斜煤层深部动力学灾害预报问题能得到有效解决，其思路方法和技术体系可对缓倾斜及近水平特厚煤层开采过程中的煤岩动力灾害动态调控具有借鉴作用。

新疆维吾尔自治区是国家批建的第十四个亿吨级大型煤炭基地，但其位于边疆地区，以前属于国家煤炭资源战略储备区，技术与经济基础落后，对煤岩动力学灾害预报和防治方面的研究与应用技术基础薄弱，随着国家对新疆维吾尔自治区大开发战略实施的逐步深入，煤炭能源安全高效生产将作为重点之一。因此，非常有必要开展相关关键技术基础的前期研究，为疆内其他矿井的动力灾害控制提供示范。

1.2 急倾斜煤层动力灾害研究现状

1.2.1 动力灾害发生机理研究

煤矿动力灾害发生机理十分复杂，其中冲击地压是矿井开采过程中较为典型的动力灾害之一[2-5]。各国学者在对冲击地压现场调查及实验室研究的基础上，从不同角度相继提出了一系列的重要理论，如强度理论、刚度理论、能量理论、冲击倾向理论、三准则和变形系统失稳理论、弹塑脆性流变理论等。20 世纪 50 年代提出的强度理论认为，矿压显现时支架—围岩力学系统将达到力学极限状态；刚度理论认为，矿山结构的刚度大于围岩—支架刚度是产生矿压显现的必要条件；能量理论则认为，矿山开采中如果支架—围岩力学系统在其力学平衡状态破坏时的能量大于所消耗的能量时即发生矿压显现；冲击倾向性理论认为，煤岩层冲击倾向性是煤岩介质的固有属性，是产生冲击矿压的内在因素；稳定性理论则认为，煤岩体内部高应力区局部形成应变软化，与尚未形成应变软化的介质处于非稳定平衡状态，在外界扰动下动力失稳，形成冲击矿压；弹塑脆性流变理论则认为，煤岩体是一弹塑脆性体，在载荷作用下，可能发生脆性破坏（冲击），也可能先产生流变，然后发生破坏（延时冲击）等。

针对不同工程背景下的冲击地压发生机理，国内外学者做了大量的研究，研究细分了瞬时应变型岩爆、复合型厚煤层“震—冲”型动力灾害、薄煤层动静组合诱发冲击地压、深部矿井构造区厚煤层冲击地压、深埋隧洞岩爆、孤岛工作面冲击矿压、断层诱发冲击矿压以及断层煤柱型冲击矿压等类型[6-35]。由于赋存条件的差异性，各个地区矿压显现的机制不尽相同，因此也导致目前尚未形成通用的动力灾害解释机制，大多是针对现场实际情况进行个性化的分析研究。

1.2.2 动力灾害监测预警技术研究

进入20世纪60年代，世界各国均致力于动力灾害的预测与防治，特别是动力灾害预测的地球物理方法。从应力监测过程可将动力灾害预测方法分为直接监测应力的岩石力学方法、间接监测应力的岩石力学方法，直接监测应力的岩石力学方法包括冲击倾向性测定、钻屑法、煤体应力测量、地应力监测法等，间接监测应力的岩石力学方法包括地音监测法、微震监测法、电磁辐射监测法、地质动力区划法等[36-53]。

(1) 冲击倾向性测定。煤岩层冲击倾向性测定主要是判断煤岩层是否具有大量能量并在破坏时瞬间释放的基本属性，煤岩层冲击倾向性是产生动力灾害的必要条件。评价煤岩层冲击倾向性的指标主要有弹性能量指数、冲击能量指数、煤的动态破坏时间、弯曲能量指数等。冲击倾向性测定方法在我国和波兰应用最为广泛。

(2) 地应力测量。地应力测量目的在于弄清煤岩层应力状态，确定煤岩层主应力方向，有利于煤岩层冲击危险性评价及采掘巷道的布置和巷道支护。目前，德国、美国、俄罗斯等国家在新矿区均进行地应力测量，在我国应用也较为普遍。

(3) 地质动力区划分析。地质动力区划分析方法主要起源于俄罗斯，主要原理在于地质结构体的结构与构造信息均反映了地壳活动的过去及未来，反映了地层岩体的应力状态。地质动力区划的主要过程就是利用地表的地形地貌、矿井地质构造及地应力测量等一系列地球物理信息分析，确定区域内不同历史阶段的结构断块的应力状态及受力形式，以此判断是否会发生高度应力集中及动力灾害事故。

(4) 钻屑法。钻屑法是通过在煤体中钻小直径(42～50 mm)钻孔，根据钻孔在不同深度排除的煤粉量以及动力现象，确定相应的煤体应力状态。利用钻屑法评价煤层冲击危险性，其指标由三类组成：煤粉量指标、距离指标和动力效应。这种方法在我国具有冲击危险矿井普遍使用且效果不错，只是劳动强度大，准确性有待提高。

(5) 地音监测法。煤岩体受力产生形变，过程中伴随能量释放，地音是这种释放过程的物理效应之一。通过连续监测地音活动的波动，可以评价煤岩体的应力状态和能量变化规律，判断煤岩体的冲击危险性。这种方法在地震监测中运用较为广泛，也被引用到动力灾害监测中。

(6) 微震监测技术。微震监测是通过对发生冲击后的地震波的分析来探讨震源机制，探讨动力灾害发生机理等。这种预测方法的基础在于动力灾害与普通地震在发生机理上具有相似性。目前，澳大利亚、美国已成功运用微震监测技术分析煤层顶底板破坏过程，波兰、中国、澳大利亚、美国、加拿大等主要用于动力灾害预测。

1.2.3 动力灾害防治技术

动力灾害研究的最终目的是有效地防止动力灾害的发生。目前国内外采用的动力灾害防治技术主要包括合理的开采布局、保护层开采、煤层松动爆破、煤层预注水等；对于具有冲击危险的煤岩层，采用的控制方法有煤层卸载爆破、钻孔卸压、煤层切槽、顶板定向预裂等，这些方法在我国均有应用[54-77]。

(1) 合理的开采技术。合理的开拓布置、开采方法对避免造成支承压力叠加，形成高应力集中，防止动力灾害发生极为重要。帕雷谢维奇指出，穿过煤层地段的开拓巷道(石门、岩巷)应布置在卸压岩体内,如果没有这种可能(特别是在必须留下保护煤柱以维护该段巷道时),则应通过在保护煤柱维护区内至少回采一个煤层来降低已有的应力集中。

(2) 开采保护层。在进行多煤层的井下开采时,每一层煤的开采工作都会对一定范围内的相邻煤层应力场产生影响,因此,在设计阶段就要规定煤层群的协调开采,先开采没有冲击危险的煤层,达到释放应力、降低动力灾害潜在危险性的目的。山东新汶华丰煤矿采用先开采保护层的方法有效地解决了主采层的冲击地压问题。

(3) 煤层注水。煤层注水可以改善煤层的冲击倾向性、降低应力集中水平。冲击煤层物理力学特性变化实验和提高煤的湿度实验是研究煤层高压注水工艺的基础。目前该技术日趋完善,欧美国家已将其广泛用于降尘、动力灾害防治和瓦斯突出防治。

(4) 厚层坚硬顶板处理。厚层坚硬顶板易引起冲击地压等动力灾害:一是采煤工作面上方厚层坚硬基本顶的大面积悬顶和冒落,会引起煤层和顶板内的应力集中;二是工作面和上下平巷附近直接岩石的悬露,会引起不规则垮落和周期性增压,给工作面顶板管理和巷道维护造成困难。目前较有效的处理方法是顶板注水软化和爆破断顶。

(5) 卸压爆破。卸压爆破是对具有动力灾害危险的局部区域,用爆破方法缓解应力集中程度的一种解危措施。世界上几乎所有国家在开采有冲击危险的煤层时,都把卸压爆破作为主要的解危措施。

(6) 动力危险矿井巷道支护技术研究。国内外对动力危险矿井巷道支护研究都开展了一定的工作,南非有学者提出了动力危险矿井的巷道让压支护思想,为动力危险矿井巷道支护技术发展指明了方向。Kaiser 针对冲击地压条件下采用锚杆支护时,锚杆承受的冲击载荷能力进行了实验研究,证实了锚杆支护对冲击地压区域支护的良好效果。高明仕提出了冲击地压巷道围岩"强—弱—强"结构控制模型,并提出了"减少外界震源载荷、合理设置弱结构,提高支护程度"的防治冲击地压对策。总体来说,有关冲击危险矿井巷道支护技术的研究还处于起步阶段,冲击危险矿井巷道支护的抗冲原理、设计方法、支护参数等都缺乏系统论证。

1.2.4 急倾斜煤层动力灾害特征研究

急倾斜煤层水平分段综采放顶煤技术在甘肃华亭、新疆乌鲁木齐等矿区应用取得了良好的技术经济效果。但是由于急倾斜特厚煤层独特的赋存特征,顶板岩层破坏、移动具有特殊性和复杂性,因而造成其矿压规律的特殊性;同时随近年来开采深度的增加和开采强度的增大,急倾斜特厚煤层开采矿压显现强烈。其主要特征如下:

(1) 矿压显现主要表现为巷道变形破坏、底鼓和动压冲击。顶板巷压力明显大于底板巷,大的动压冲击都发生在顶板巷。

(2) 巷道变形具有不对称性。顶板巷主要表现为来自顶板方向的挤压变形和顶板侧煤帮的破坏,底板巷主要表现为底鼓。

(3) 缓倾斜煤层顶板比急倾斜煤层顶板易冒落,同一条件下,急倾斜煤层工作面后方顶板悬伸量比缓倾斜煤层工作面后方的要长。当有坚硬基本顶时,顶板高度在垂直方向不断叠加,岩层移动幅度大、动态性强,工作面矿压显现强烈,是形成动力冲击的重要原因,更具有危害性,大多需要人为实施强制放顶措施。

(4) 急倾斜煤层上、下巷道受采动影响,但巷道周边受到非均匀压力,变形也不均匀。在不同煤层赋存、开采条件下,巷道压力相差很大,主要受煤厚、倾角、围岩性质、护巷方法及上、下部采动因素等制约。现场调研发现，乌东煤矿北区的矿压显现具有动力灾害的特征，目前对于矿井动力灾害的防治研究主要集中在三个方向上：一是发生机理的研究；二是危险性评价、监测与预测预报技术的研究；三是矿压治理措施的研究。

急倾斜煤层水平分段综放开采与缓斜煤层长壁综放开采力学体系不同，导致顶板覆岩或顶煤活动规律、煤岩动态变形与演化致灾力学机制迥异，这直接影响到急倾斜煤层动力灾害的发生机制，是开展动力学灾害预测预报及控制的基础，主要有以下几点差异：

（1）综放开采力学体系。急倾斜煤层工作面受煤层厚度制约，一般采用增加开采高度、提高阶段高度和基于人工诱导顶煤超前综合弱化等方法实现增产。基本顶和直接顶在工作面一侧，而底板在工作面另一侧，工作面"支架—围岩"形成的力学体系是"残留煤矸—顶煤—支架—（下分段）煤层"力学体系，顶底板破坏运动对工作面影响也与缓倾斜煤层不同。

（2）深部煤岩运动演化特征规律。急倾斜煤岩体深部动力学灾害是在高应力强卸荷和开采扰动的耦合作用下，逐步孕育演化形成。急倾斜特厚煤层赋存条件和工作面长度有限，采用高阶段综放开采和动态致裂等手段实现增产提效，破碎煤岩剪切变形和运动发展空间有限，支承压力影响范围变窄，更接近于工作面煤壁，应力集中加剧工作面煤壁片帮，对顶煤结构失稳致灾影响显著。

（3）急倾斜深部煤岩体动力学灾害诱发的局部化效应。急倾斜煤层水平分段综放开采工作面沿煤层厚度的水平线布置，其控顶区上方不是直接顶和基本顶，而是顶煤和上分段开采的残留煤矸。与缓倾斜煤层长壁开采基本顶形成沿走向的"砌体梁"一类结构不同，急倾斜煤层水平分段开采主要是在工作面上方顶煤和残留煤矸中形成平行于工作面且跨越整个煤层的"跨层拱"结构。倘若拱角（拱支座）区域（直接顶与煤层之间的软夹层、底板与煤层之间的强弱岩层组合）出现局部滑落失稳，造成拱的承载力下降；加之超前预爆破扰动，护顶保护性垫层煤岩强度劣化，横向边界控制条件缺失，导致应力调整，拱内煤岩结构性断裂，破碎煤岩体在强卸荷作用下，整个急倾斜短工作面内连续拱的连锁破坏，煤岩体产生下挫式运动，极易诱发动力学灾害。

1.3　本书主要内容

本书紧密围绕急倾斜特厚煤层深部综放开采动力学灾害控制技术关键问题，综合运用工程地质学、构造地质学、地球物理勘探、岩石力学、采矿工程、人工智能、系统科学和安全工程等多学科及其交叉前沿理论，采用室内实验、现场试验及监测、物理模拟、理论分析和数值模拟等多种方法，开展急倾斜煤岩体物理力学特性研究，掌握急倾斜煤岩体裂隙演化规律及物理力学特性；分析乌鲁木齐矿区地质动力条件，运用动力区划理论研究急倾斜煤层地质动力灾害区划；综合运移数值模拟、物理相似模拟、理论分析及现场监测的方法揭示急倾斜煤层综放开采覆岩结构应力畸变及致灾机理；利用动力灾害危险动态权重评价方法与综合指数法开展急倾斜特厚煤层深部综放开采动力学灾害预测；通过对急倾斜煤层动力学灾害调控技术的深入研究，形成急倾斜特厚煤层动力学灾害动态调控方法理论和技术，在典型急倾斜特厚煤层深部大段高水平分段综放开采工程中得到检验和完善。

第2章　矿井概况

本章主要简单介绍神华新疆能源有限责任公司乌东煤矿(以下简称“乌东煤矿”)动力灾害相关的煤层赋存条件、动力区划分布、地应力参数等,为后期动力灾害研究提供基础数据。同时对急倾斜45°煤层和80°以上煤层的相关地质与开采技术条件进行简单介绍。

2.1　矿井简介

2.1.1　交通及位置

乌东煤矿是对乌东井田范围内的大洪沟煤矿、小红沟煤矿、铁厂沟煤矿及碱沟煤矿四个生产矿井进行统筹规划,整合深部煤炭资源,实行深部联合开拓,实现矿井集中生产、集中排水的联合技术改造及产业升级形成的矿井。矿井设计生产能力为6.0 Mt/a,设计服务年限为78.7 a。矿井分为南(大洪沟煤矿、小红沟煤矿)、北(铁厂沟煤矿)、西(碱沟煤矿)三个采区,划分为两个水平(+400 m和+200 m水平),采用斜—立井联合、分区开拓的方式。同时配套建设一座入洗能力为8.0 Mt/a的现代化洗煤厂。矿井位于乌鲁木齐市东区北部约34 km,北距米东新区13 km。地理坐标:东经87°40′53″~87°47′57″;北纬43°53′06″~43°56′30″。矿井交通位置如图2-1所示。

图2-1　乌东煤矿地理位置图

2.1.2　地质动力区划

乌东煤矿位于准噶尔煤田东部,博格达山复背斜西北翼、妖魔山—芦草沟逆断层以北,处于博格达山断裂带体系中,介于博格达山北麓与准噶尔盆地东南缘之间的低山丘陵地带

(图 2-2)。区内构造多呈北东东向,中生界地层构成不对称线型紧闭褶曲。准噶尔盆地经历了海西、印支、燕山和喜马拉雅等构造运动的影响,海西期:盆地周缘造山带隆起;燕山期:盆地西北缘及南缘受到逆掩推覆作用。

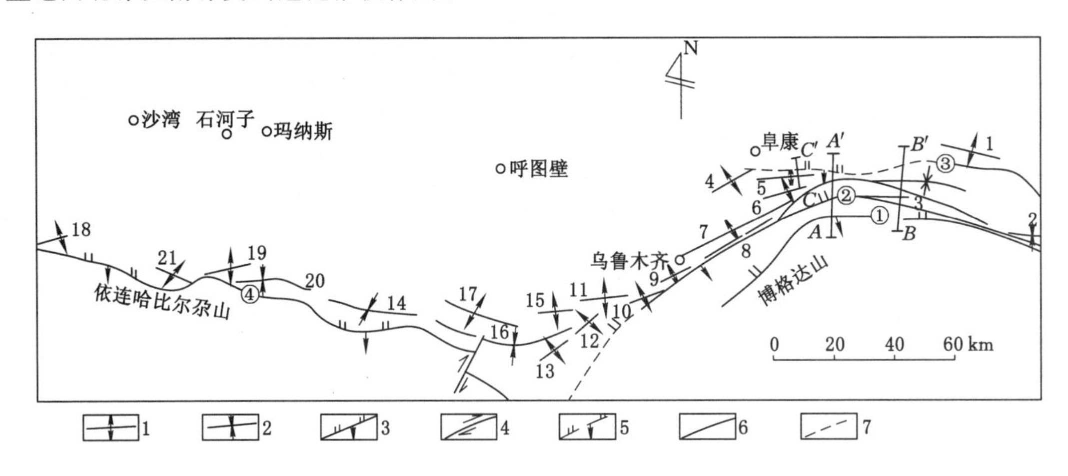

图 2-2 准噶尔盆地南缘构造略图

1——背斜轴线;2——向斜轴线;3——实测正断层;4——平推断层;

5——推测逆掩断层;6——实测整合岩层界线;7——推测整合岩层界线

乌东煤矿地质构造影响区域位于中段北天山山前逆冲构造与东段弧形逆冲推覆构造的交汇部位,研究区域是一个逆冲推覆构造,其基本结构大致分为根部逆冲断裂带、中部滑脱层和前缘挤压隆起带。其前缘为古牧地背斜和阜康南断层(图 2-3)。逆冲推覆构造具有自南向北扩展的特点。

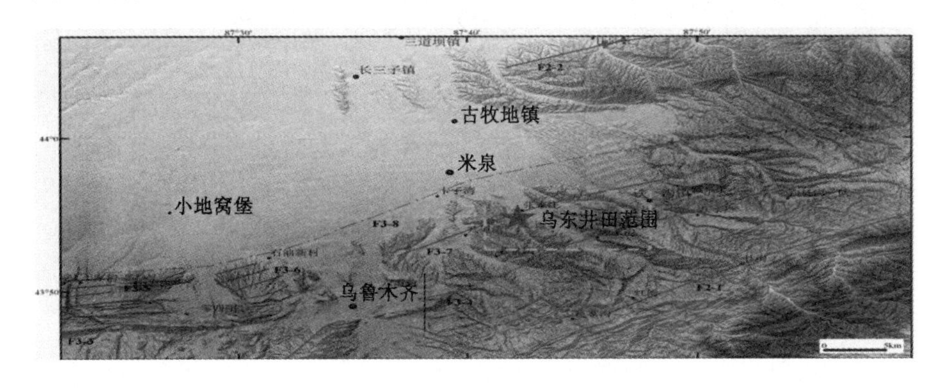

图 2-3 乌东矿区及其周边活动断裂分布图

从天山地区地壳活动频率来看,乌东煤矿矿区所处的博格达断裂北缘处于强烈的压缩状态。在这一动力学状态下,区域内积聚了大量的弹性变形能量。在这一区域进行的采掘活动也要受到区域构造活动的强烈影响,对乌东煤矿矿区及邻区产生影响的主要活动断裂包括雅玛里克断裂、碗窑沟断裂、八钢—石化断裂。具体详见图 2-4。

2.1.3 煤层赋存

乌东煤矿井田处于准南煤田东南段,位于八道湾向斜南、北两翼,其中南区和西区位于

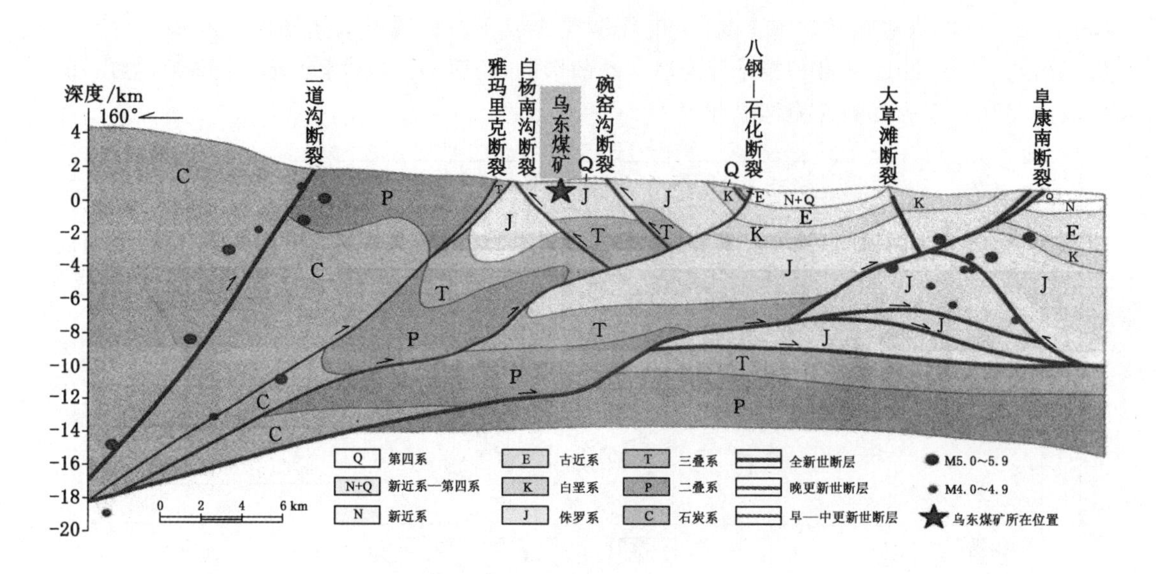

图 2-4　区域新构造剖面图

八道湾向斜南翼，北区位于八道湾向斜北翼，含煤地层为侏罗系中统西山窑组，详见图 2-5。井田面积约 19.94 km²，地质资源量 12.8 亿 t，设计可采储量 6.61 亿 t，煤层赋存情况如下：

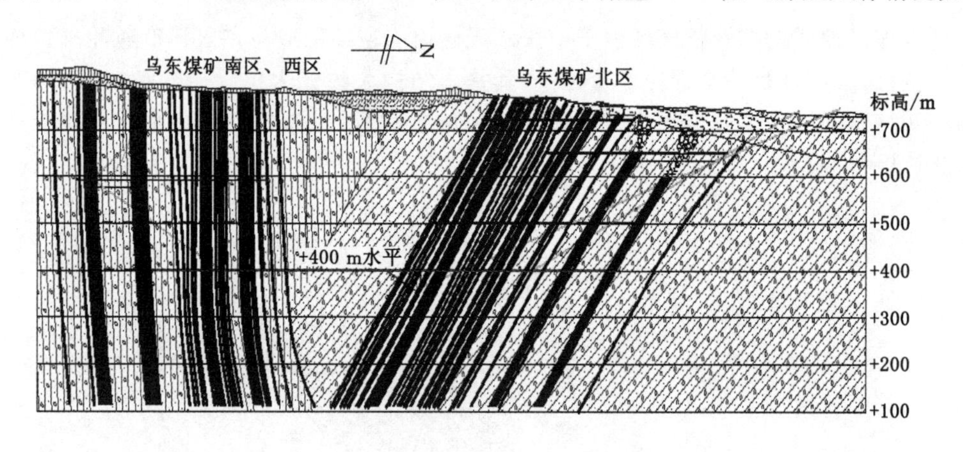

图 2-5　乌东煤矿煤层赋存立面示意图

（1）八道湾向斜南翼地层产状：倾向 324°～329°，倾角 85°～89°，平均倾角 87°，属近直立特厚煤层。地层总厚度 818.07 m，经编号的煤层 46 层，平均总厚度 166.63 m，含煤系数 20.37%。可采煤层有 B_1、B_2、B_3、B_4、B_5、B_6 等 25 个煤层。现主采 B_{1+2}（45#）和 B_{3+6}（43#）煤层，其中：B_{1+2}（45#）煤层平均厚度 37.45 m，B_{3+6}（43#）煤层平均厚度为 48.87 m。煤层属特低～低灰、特低硫、低磷、中高发热量富油煤层，煤类为长焰煤、弱黏煤，是良好的动力炼油用煤和民用煤。

（2）八道湾向斜北翼地层产状：倾向 155°～159°，倾角 43°～51°，平均倾角 45°，属急倾斜煤层。地层总厚度 762.65 m。含煤层数众多，经对比归纳为 47 个层（号）计 50 层（组），煤层总厚 164.29 m，含煤系数 21.54%。可采煤层有 B_{1+2}、B_{3+4}、B_{5+6} 等计 25 个层

(组)。现主采 B_{1+2}(45#)和 B_{3+6}(43#)煤层,其中:B_{1+2}(45#)煤层平均厚度 27.06 m,B_{3+6}(43#)煤层平均厚度 19.43 m。各煤层属低变质烟煤,煤类为长焰煤、弱黏煤。煤质特征属特低灰～中灰、低硫～中高硫、特低磷～中磷,富油,较低软化温度灰～较高软化温度灰,中～特高热值的煤,可用于火力发电和工业动力用煤,也可作为低温干馏炼油、气化及民用燃料。

2.1.4　矿井地应力

地应力是煤矿井下采场、巷道及硐室等工程围岩变形与破坏的根本驱动力。煤岩体应力状态主要取决于原岩应力场、采动应力场、支护应力场及其相互作用,原岩应力的大小与方向对围岩应力分布有很大影响。随着矿井开采深度与强度的不断增加,地应力对围岩变形与破坏的影响更加突出,在煤矿矿区进行地应力测量,并分析地应力场分布特征对煤矿开采与支护工程具有重要意义。

引起地应力的主要原因是重力作用和构造运动,其中尤以水平方向的构造运动对地应力形成及其分布特点影响最大。岩体自重引起的自重应力场相对比较简单,而影响构造应力场的因素则非常复杂,它在空间上的分布极不均匀,而且随着时间的推移在不断变化,属于非稳定应力场。

根据国际岩石力学学会(ISRM)试验方法委员会于 1987 年评定的《岩石应力测定的建议方法》,地应力测试主要采用扁平千斤顶法、孔径变形法、水压致裂法、孔壁应变法和空芯包体应变法。本次测试采用空心包体应力解除法进行原位测定,设备采用了中国地质科学院地质力学研究所研制的 KX-81 型空芯包体三轴地应力计。

2.1.4.1　急倾斜 45°煤层

天地科技股份有限公司开采设计事业部应用水压致裂方法对乌东煤矿北区进行地应力测量,测量结果表明:北区地应力是以水平压应力为主导,最大主应力方向 N27.8°W,最大主应力值为 7.0 MPa;最小主应力近水平,应力值为 3.5 MPa,垂直主应力为 4.7 MPa。具体详见图 2-6。

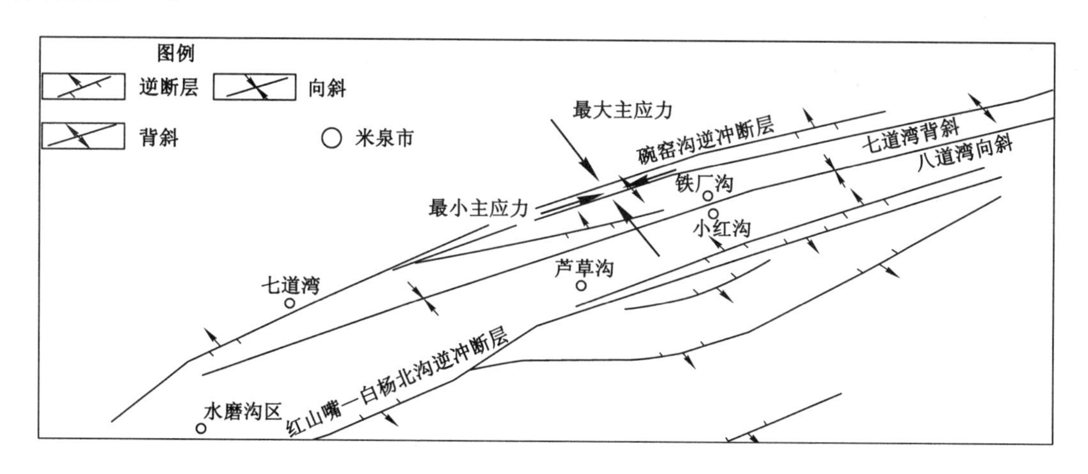

图 2-6　乌东矿区地应力作用特征

2.1.4.2　急倾斜近直立(87°)煤层

中国矿业大学(北京)对乌东煤矿南区＋475 m 水平和＋450 m 水平进行地应力测试,

测试结果表明:南区最大主应力方位角平均为 158.6°,最大水平主应力的走向总体上为北西—南东向,水平最大主应力倾角平均为 14.25°;+475 m 水平垂直应力为 8.1～8.26 MPa、+450 m 水平垂直应力为 8.61～8.7 MPa,基本等于单位面积上覆岩层的重量;各测点最大水平主应力都大于垂直应力,最大主应力约为自重应力的 1.74～1.90 倍,呈现出明显的水平构造应力场作用特征,具体详见图 2-7。

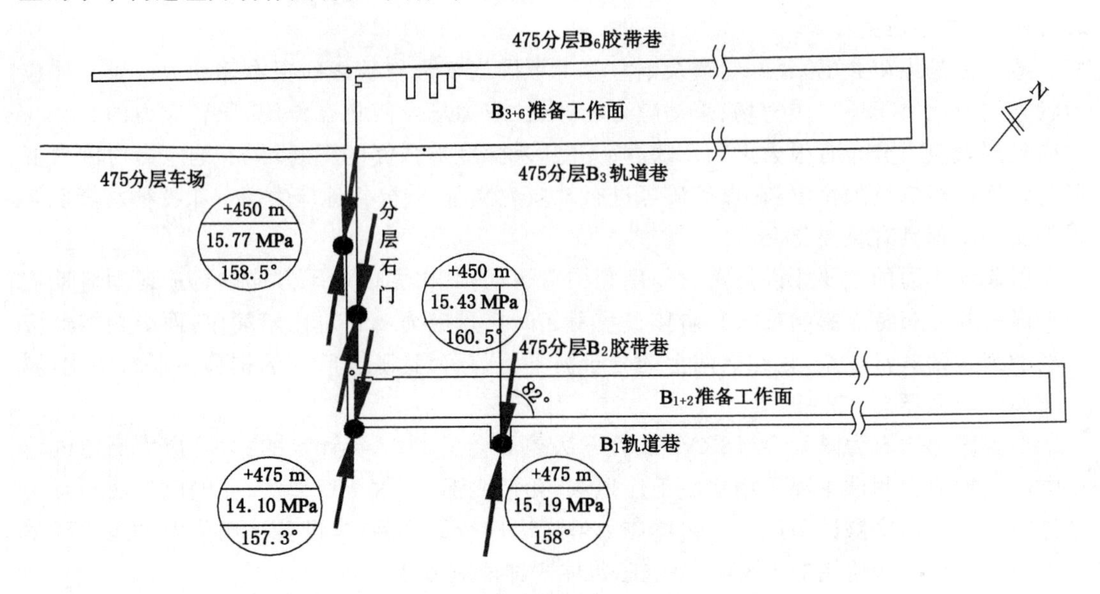

图 2-7　乌东煤矿南区实测地应力分布图

2.1.5　围岩冲击倾向性

乌东煤矿冲击倾向性鉴定表明:乌东煤矿 B_{1+2}、B_{3+6} 煤层和顶底板均具有弱冲击倾向性。

2.2　急倾斜煤层(45°)工作面概况及采煤方法

2.2.1　工作面采煤方法

乌东煤矿北区为原铁厂沟煤矿,主采 43#、45# 煤层,自 2001 年由露天开采转井工开采以来共开采 8 个分层,分别为 43# 煤层:+741 m 水平(平巷平硐开采)、+726 m 水平(平巷平硐开采)、+707 m 水平、+688 m 水平、+670 m 水平、+645 m 水平、+620 m 水平、+600 m 水平;45# 煤层:+721 m 水平(平巷平硐开采)、+707 m 水平、+688 m 水平、+670 m 水平、+640 m 水平、+620 m 水平、+600 m 水平、+575 m 水平。如图 2-8 所示。

乌东煤矿北区+575 m 水平 45# 煤层西翼综放工作面,采煤方法为水平分段综采放顶煤,工作面位于副斜井以西,工作面平均宽度为 30.6 m,设计阶段高度为 25 m,工作面走向长度为 1 234 m,停采线位置距离副井西帮 110 m,设计回采长度为 1 124 m。采煤工作面基本参数见表 2-1。

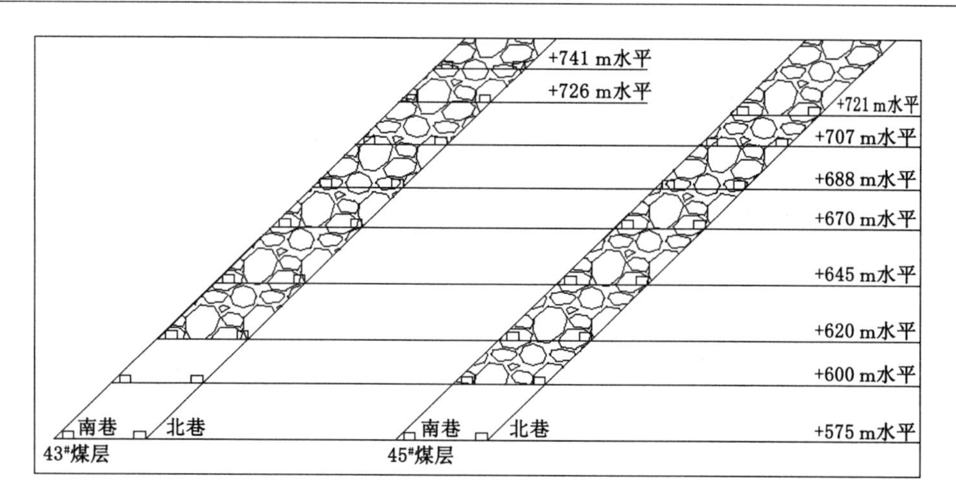

图 2-8 乌东煤矿历年开采层位关系图

表 2-1 **采煤工作面基本参数表**

工作面	开采方法	设计回采长度/m	停采线位置/m	可采长度/m	工作面宽度/m	阶段高度/m	机采高度/m	放煤高度/m	采放比	支护方式
+575 m水平 45#煤层东翼	综放放顶煤	2 540	275	2 265	40	25	3.5	21.5	1∶6.1	液压支架(18 副):ZFY10000/22/40D 过渡支架(2 副):ZFG10000/25/38D 端头支架(1 组 2 副):ZFT18000/23/38D
+600 m水平 43#煤层东翼	综放放顶煤	2 927	234	2 693	40	25	3.5	21.5	1∶6.1	液压支架(18 副):ZFY10000/22/40D 过渡支架(2 副):ZFG10000/25/38D 端头支架(1 组 2 副):ZFT18000/23/38D

工作面东部为井筒保护煤柱及+575 m 水平 45# 煤层东翼备采工作面,南部为 43#、45# 煤层中间岩墙,岩墙平均厚度 120 m;西部为东山区人民庄子村新井东边界,北部为 45# 煤层底板,上部为小红沟公路煤柱 45# 煤层 153 m 及+655 m 水平 45# 煤层西翼采空区(长度 907 m)、+620 m 水平 45# 煤层西翼采空区(长度 1 083 m)、+600 m 水平 45# 煤层西翼采空区(长度 1 050 m),下部为未采动的 45# 煤层。

工作面两平巷沿着顶底板掘进,顶板侧为南巷、底板侧为北巷,沿煤层走向方向每 300 m 施工联络煤门一个。南北两平巷为矩形巷道,巷道规格分别为 4.8 m×3.2 m 和 4.4 m×3.2 m,采用锚网+钢带+锚索联合支护。

2.2.2 煤层及顶底板岩性

矿井主要开采 B_{3+6}(43#)和 B_{1+2}(45#)煤层,煤层基本顶与直接顶均为粉砂岩,厚度较大,强度高,节理、裂隙不太发育,具有整体性好和自稳能力强等特点,底板主要为碳质泥岩。

煤层柱状图如图 2-9 和图 2-10 所示。

层号	柱状	层厚/m	岩石名称	倾角	岩性描述
1			粉砂岩	45°	灰色、深灰色，块状，节理发育，泥钙质胶结
2		5.1	42#煤	45°	黑色，暗煤夹半亮煤，线理状结构，贝壳状断口，夹有薄层泥岩
3		1.4	泥岩	45°	深灰色，块状，含植物化石及煤线
4		1.7	粉砂岩	45°	暗灰色，块状，节理、裂隙较发育
5		6.8	43-1#煤	45°	黑色，半亮煤，上部块状、条带状结构，参差状、阶梯状断口；下部碎块及粉末状
6		4.6	泥岩、碳质泥岩	45°	灰黑色，块状，与碳质泥岩互层，夹煤
7		2.5	粉砂岩	45°	深灰色，块状
8		5.2	43-2#煤	45°	黑色，暗煤，条带状结构，夹半暗煤
9		1.8	泥岩	45°	灰色，灰褐色，夹薄煤
10		4.7	43-3#煤	45°	黑色，块状、条带状结构
11			粉砂岩	45°	灰色、深灰色，含薄层细粉岩，节理发育，钙质胶结

图 2-9　43# 煤层综合柱状图

2.3　急倾斜煤层(80°以上)工作面概况及采煤方法

2.3.1　工作面采煤方法

矿井采用水平分段综采放顶煤开采方法，全部垮落法管理顶板。综放工作面阶段高度 25 m，采放比 1∶7.33(其中机采 3 m，放顶煤 22 m)，采煤机截深 0.8 m，放煤步距 1.6 m。其回采工艺流程分为两部分，分别为回采工艺和顶煤超前预裂工艺流程，两者相对独立，其中顶煤超前预裂工艺中先沿煤层走向实施注水预裂后顶煤超前爆破预裂，具体为(以＋475 m B_{3+6} 综放工作面为例，见图 2-11)：

(1) 回采工艺流程：推移前部刮板输送机→斜切进刀→推前部刮板输送机→割煤、装煤、运煤→移架，拉后部刮板输送机→放煤，见图 2-12。

层号	柱状	层厚/m	岩石名称	倾角	岩性描述
1		10	粉砂岩	45°	灰色、深灰色，含薄层细粉岩，节理发育，钙质胶结
2		23.96	45#煤	45°	黑色，弱黏煤，半光亮型、光亮型，夹有薄层泥岩、粉砂岩
3		3	泥岩、碳质泥岩	45°	灰黑色，层状，泥岩与碳质泥岩互层
4		0.5	46#煤	45°	黑色，层状，含碳质泥岩
5		6.3	泥岩、碳质泥岩	45°	灰黑色，层状，泥岩与碳质泥岩互层
6			粉砂岩	45°	深灰色，块状，夹煤线，含薄层细砂岩

图 2-10　45# 煤层综合柱状图

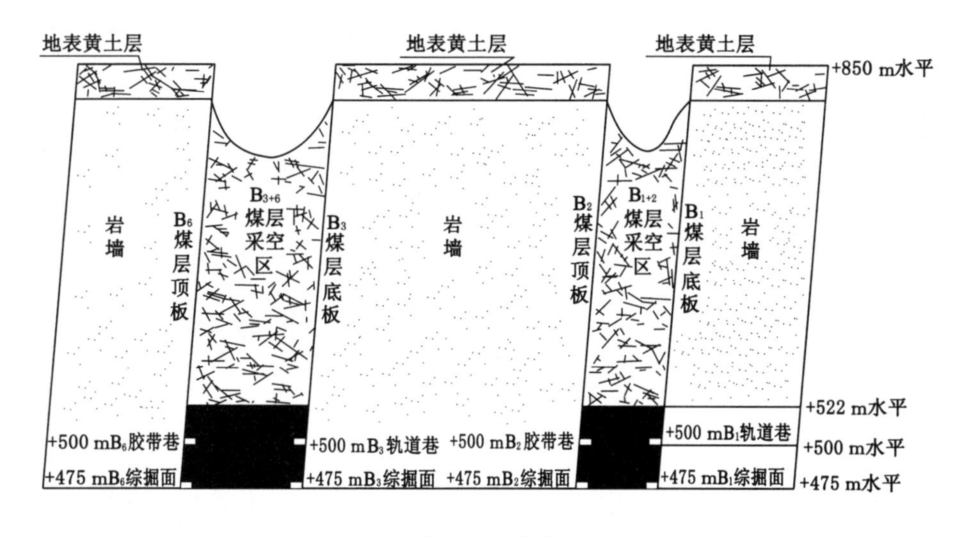

图 2-11　工作面水平分段布置示意图

（2）顶煤超前预裂爆破工艺流程：现场标定钻孔位置→施工超前预裂钻孔→验孔→装药→封孔→回收装药设施→预裂段巷道补强支护→爆破，见图 2-13。

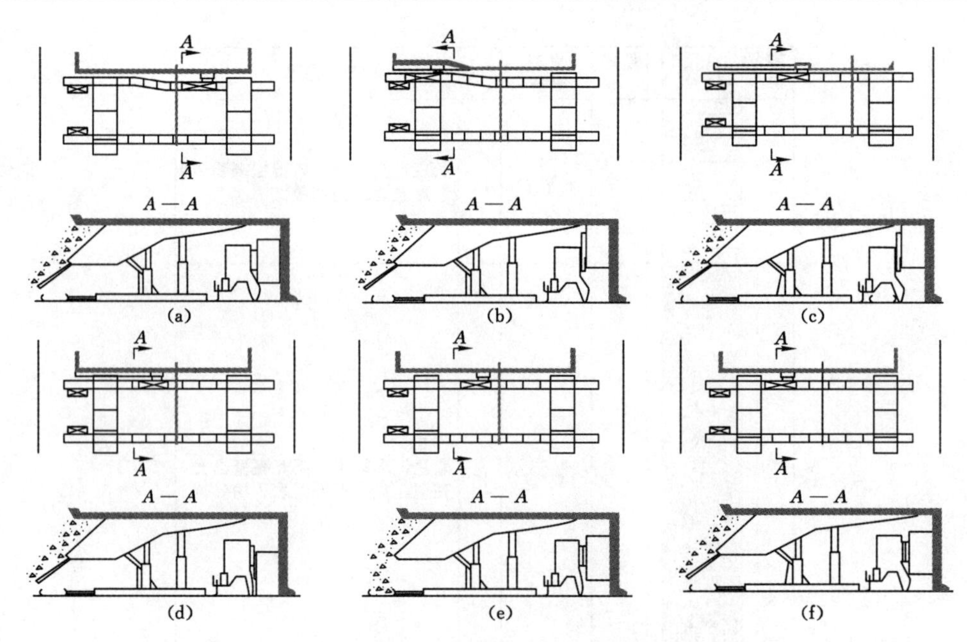

图 2-12 综放工作面回采工艺流程图

(a) 推前部刮板输送机；(b) 斜切进刀；(c) 推前部刮板输送机、割顶刀；(d) 割底刀；(e) 放顶后放煤；(f) 拉后部刮板输送机

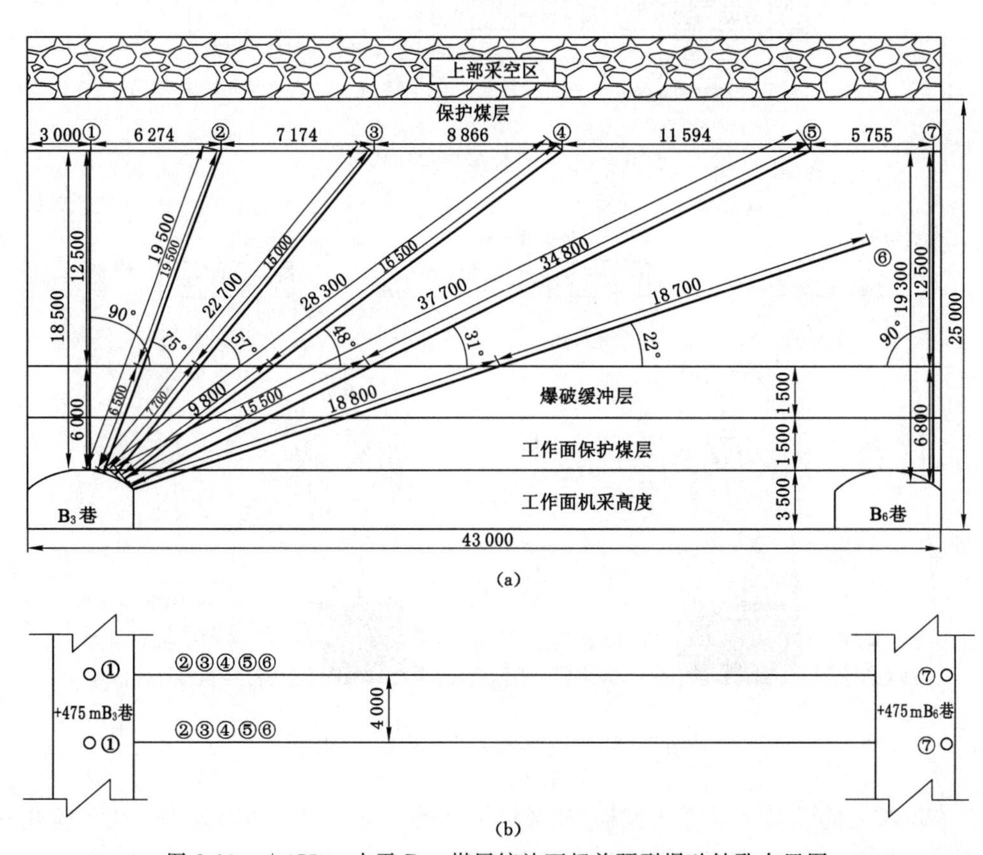

图 2-13 +475 m 水平 B_{3+6} 煤层综放面超前预裂爆破钻孔布置图

2.3.2　煤层及顶底板岩性

乌东煤矿南区地层主要为侏罗系及第三系松软散层，含煤地层为中统系西山窑组，第四纪的覆盖物遍布全区。普氏硬度在 0.8～1.3 之间，呈南硬北软。灰分 12%～15%，属长焰煤和弱黏煤，煤的实体密度为 1.3 t/m^3。

B_{3+6}煤层伪顶为碳质泥岩或泥岩，厚 1～3 m，直接顶为粉砂岩或砂质泥岩，基本顶为粉砂岩，细砂岩或中砂岩。B_{3+6}煤层底板的岩性：伪底为碳质泥岩或泥岩，直接底为粉砂岩。具体详见表 2-2。

表 2-2　　B_{3+6}工作面顶底板特征表

顶底板名称	岩石名称	厚度/m	岩性特征
基本顶	粉砂岩	24.49	细粒粒状结构，块状构造，颜色为灰白色，岩性坚硬稳定，固结良好，不随采动垮落
直接顶	灰质泥岩	2.15	微细粒粒状结构，块状构造，颜色为深灰色，遇水松动，随采动后期垮落
伪顶	碳质泥岩	3.21	微细粒粒状结构，块状构造，颜色为深灰色，随采动而垮落
直接底	碳质泥岩	1.35	微细粒状结构，块状构造，颜色为深灰色，固结较差，易随采动而垮落
基本底	粉砂岩	4.00	细粒状结构，块状构造，颜色为灰白色，岩性坚硬稳定，固结良好，不随采动垮落

B_{1+2}煤层伪顶为碳质泥岩，厚 0.4 m 左右，直接顶为砂质泥岩，基本顶为粉砂岩。B_{1+2}煤层底板的岩性：基本底为碳质泥岩，直接底为粉砂岩。具体详见表 2-3。

表 2-3　　B_{1+2}工作面顶底板特征表

顶底板名称	岩石名称	厚度/m	岩性特征
基本顶	粉砂岩	10.00	岩性坚硬稳定，不随采动垮落
直接顶	灰质泥岩	3.60	遇水膨胀，随采动后期垮落
伪顶	碳质泥岩	0.40	随采动而垮落
直接底	碳质泥岩	1.00	随采动而垮落
基本底	粉砂岩	8.50	岩性坚硬稳定，不随采动垮落

B_{1+2}煤层和 B_{3+6}煤层由岩墙隔开，岩墙由东向西逐渐变宽，宽度范围为 47～111 m，石门由粉砂岩、碳质泥岩以及煤构成，具体详见图 2-14。

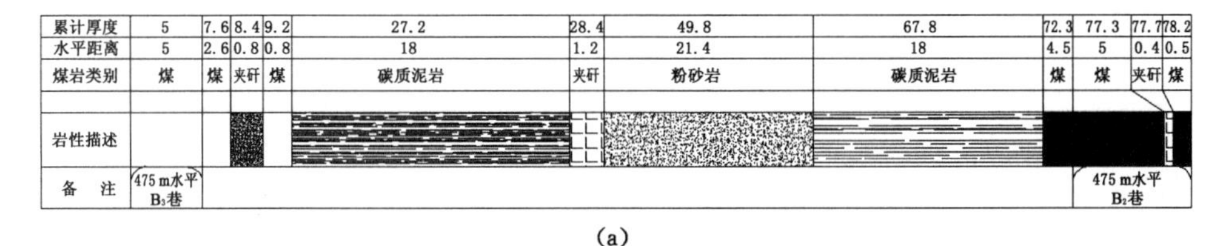

(a)

图 2-14　乌东煤矿南区各分层石门岩性素描图

(a) ＋475 m 水平分层 2 133 m 石门岩性素描图

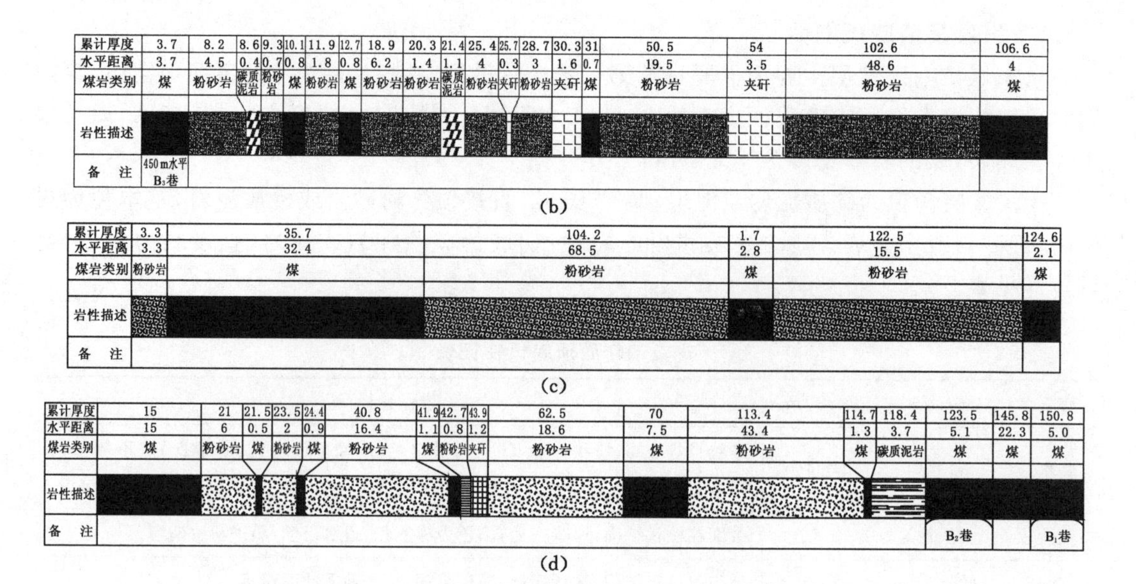

续图 2-14 乌东煤矿南区各分层石门岩性素描图

(b) +450 m 水平分层石门岩性素描图；

(c) +425 m 水平分层石门岩性素描图；(d) +400 m 水平分层石门岩性素描图

2.4 本章小结

本章主要对乌东煤矿及实验工作面与动力灾害相关参数进行总体概述。乌东煤矿为急倾斜特厚煤层矿井，矿井最大主应力为水平应力，南区最大主应力方位角平均为158.6°，北区最大主应力方向 N27.8°W；主采煤层及顶底板岩体具有弱冲击倾向性，矿井位于雅玛里克断裂、碗窑沟断裂、八钢—石化断裂带影响区域，受地质动力影响和围岩冲击倾向性影响，矿井具有冲击危险性，应做好动力灾害防治工作。

第 3 章　急倾斜煤岩体力学参数测试分析

本章主要通过岩石力学实验掌握急倾斜煤岩体物理力学参数，开展煤岩体冲击倾向性测定，为后期物理相似模拟实验、数值模拟分析、监测预警指标的确定及危险性区域划定提供了基础数据。

3.1　概　　述

一般来讲，煤岩体强度随深度的增加而有所提高。有的矿区从深度小于 600 m 变化到 800～1 000 m 时，强度为 21～40 MPa 的岩石所占的比重从 30%减少到 24%，而强度为 81～100 MPa 的岩石所占的比重则从 5.5%增加到 24.5%，岩石更脆，易诱发动力失稳与工程破坏现象。随着开采深度的增加，岩石破坏机理也随之转化，由浅部的脆性能或断裂韧度控制的破坏转化为深部开采条件下由侧向应力控制的断裂生长破坏，更进一步，实际上就是由浅部的动态破坏转化成为深部的准静态破坏，以及由浅部的脆性力学响应转化为深部的潜在的延性行为力学响应。因此，煤与岩石强度及变形等参数定量测试与分析，对现场开采优化设计、掘进工艺参数优化以及安全开采等至关重要。

3.2　实验目的

根据国际岩石力学学会(ISRM)测试委员会和我国煤矿支护手册以及煤炭工业(行业)标准规定，利用西安科技大学岩层控制重点实验室和教育部西部矿井安全开采及灾害治理重点实验室先进的精密仪器及装置，全面完成了煤与岩石力学特性实验，获得综合的煤和岩石的物理与力学特性及破坏过程定量的力学参数。本实验研究及分析主要包括：① 容重的测定；② 天然含水率的测定；③ 单向抗压强度的测定；④ 抗拉强度的测定；⑤ 抗剪强度的测定；⑥ 变形参数的测定。这些物理与力学参数的定量化确定为最终成功进行安全开采提供了科学依据。

3.3　实验仪器与设备

实验过程中主要采用了 SC200 型自动取芯机、岩石切割机、WE-10T 万能试验机(抗压)、WE-10T 液压万能试验机(抗拉)、WE-60T 万能材料试验机(抗剪)、电烙铁、焊锡、应变片、电线、YJ-31 型静态电阻应变仪、502 胶水、JYT-1 型架盘天平、直尺、双氧水、数字化多通道声发射测试装置、550 万 dpi 像素索尼数码相机和 JSM-6460LV(JEOL)扫描电子显微镜。

3.4 现场采样及包装运送

根据煤炭工业(行业)标准《煤和岩石物理力学性质测定的采样一般规定》(MT 38—1987),完成井下与地面现场综合勘察与开采技术条件调研之后,乌东煤矿采样为 B_{3+6}煤层以及相关顶板新鲜岩石,用黑色塑料袋密封运送到地面装在 1 m×1 m×0.5 m 的木箱并运至西安科技大学教育部西部矿井安全开采及灾害治理重点实验室进行试样加工,开展了基于声发射的煤—岩石的综合物理—力学特性指标参数实验,见图 3-1、图 3-2 和表 3-1。

(a)

(b)

图 3-1 煤的抗压、抗拉实验描述

(a) 单轴抗压实验;(b) 单轴抗拉实验

(a)

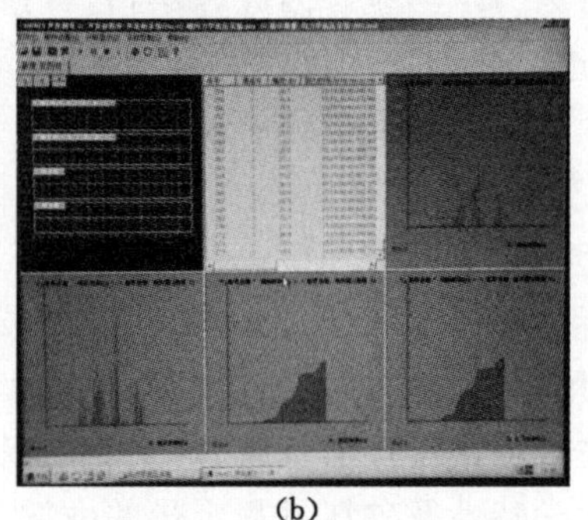

(b)

图 3-2 煤的抗剪破坏过程声发射实验描述

(a) 剪切实验;(b) 声发射监测图像

表 3-1 岩石力学实验及参数标准

序列	试验项目	直径 D/cm	高度 H/cm	试件数/个	国标试件数/个
1	抗拉	5	10	3	6
2	抗压	5	2.5	3	6
3	抗剪	5	5	5	8

3.5　实验过程及相关测试参数

3.5.1　煤样抗压实验

实验中煤样取自乌东煤矿南采区＋501 m 水平 B_{3+6}煤层，试样长度(L)为 10 cm，直径(D)为 5 cm，此实验为单轴实验，实验台加载速率为 0.5 MPa/s。煤样抗压实验平台及声发射信号监测布置如图 3-3 所示。

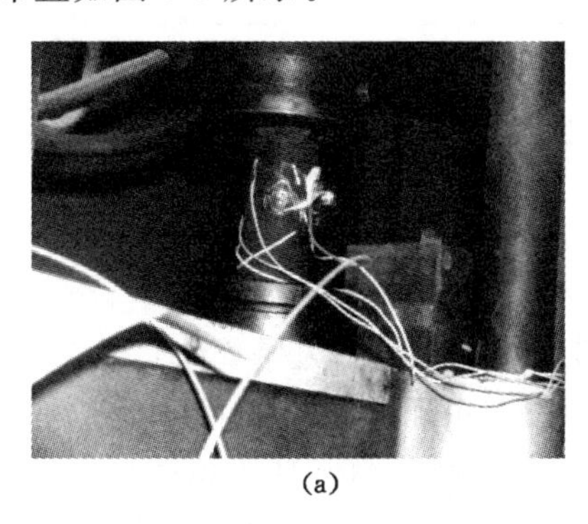
(a)

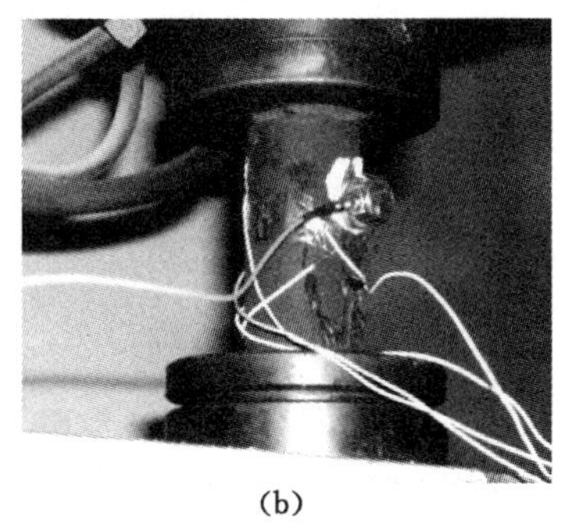
(b)

图 3-3　煤样抗压过程

(a) 煤样压缩前；(b) 煤样压缩后

试件的抗压强度 σ_c由下式确定：

$$\sigma_c = \frac{P_1}{A} \tag{3-1}$$

式中　σ_c——试件抗压强度，MPa；

P_1——试件破坏载荷，kN；

A——试件面积，mm^2。

煤样抗压强度测定记录见表 3-2。

表 3-2　抗压强度测定记录表

试件编号	岩石名称	试件尺寸/mm		破坏载荷 P_1/kN	抗压强度 R_L/MPa	平均抗压强度/MPa
		直径(D)	厚度(L)			
1-1	B_3自然煤	49.02	25.0	30.6	15.844 86	10.511 46
1-2		49.10	25.0	10.0	5.178 059	
1-3		49.09	25.6	20.3	10.511 46	
2-1	B_3饱水煤	50.00	24.0	12.0	6.213 671	7.370 104
2-2		50.01	24.7	13.6	7.042 160	
2-3		50.11	24.1	17.1	8.854 481	
3-1	B_6自然煤	49.12	24.3	34.0	17.605 40	13.670 05
3-2		49.22	24.0	20.0	10.356 12	
3-3		49.00	24.8	25.2	13.048 71	

续表 3-2

试件编号	岩石名称	试件尺寸/mm		破坏载荷 P_1/kN	抗压强度 R_L/MPa	平均抗压强度/MPa
		直径(D)	厚度(L)			
4-1	B_6饱水煤	49.00	25.5	18.4	9.527 628	8.267 634
4-2		49.12	25.5	12.2	6.317 232	
4-3		49.21	25.0	17.3	8.958 042	
5-1	顶板煤	50.00	24.1	54.0	27.737 38	27.001 11
5-2		50.12	24.0	57.9	29.740 63	
5-3		50.21	24.5	45.8	23.525 41	

3.5.2 煤样抗拉实验

采用劈裂实验法(巴西实验法,Brazilian test)探索煤(岩)样在动态荷载作用下的抗拉强度。实验过程中要求试件为圆盘形状,加载过程中试件的边界条件如图 3-4(a)所示,加载方式如图 3-4(b)所示。在实际实验过程中,载荷 P 并不是如图 3-4(b)所示沿平行于轴线的一条线加到试件上的,那样会造成沿线加载不均匀,因为由于加工精度所限,压板和圆盘间不可能保持全线紧密接触,并且线荷载还会造成圆盘表面破坏,实际上荷载是沿着一条弧线加上去的,但弧线不能超过圆盘直径的 1/20。实验过程中,在煤样的上、下部分别设置加载板,同时在每个加载板与试样之间有一层厚度为 2 mm 的垫层,以减少接触部位的集中应力,如图 3-5 所示。

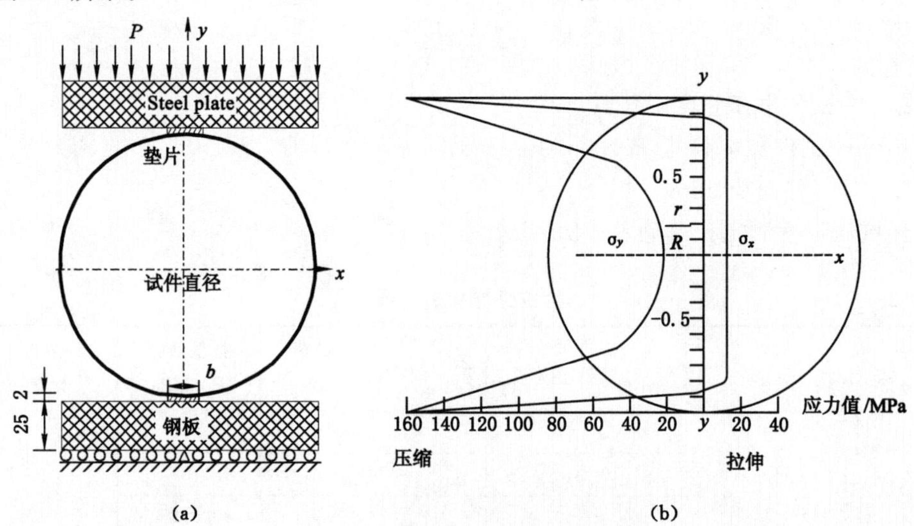

图 3-4 巴西圆盘实验及加载方式

(a) 实验图示;(b) 加载曲线

由劈裂实验计算煤样的单向抗拉强度的公式为:

$$\sigma_t = \frac{2P}{\pi DL} \tag{3-2}$$

式中 P——试件劈裂破坏发生时的最大压力值,kN;

D——煤样试件的直径,mm;

(a)

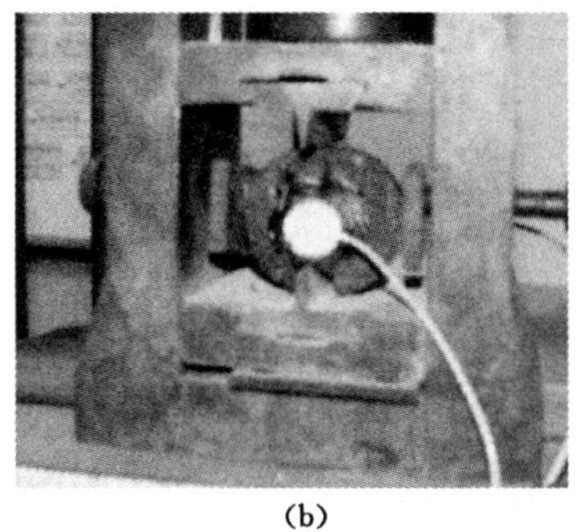

(b)

图 3-5　煤样抗拉强度实验

(a) 煤样抗拉前；(b) 煤样抗拉后

L——煤样试件的厚度，mm。

煤样抗拉强度测定记录见表 3-3。

表 3-3　　抗拉强度测定记录表

试件编号	岩石名称	试件尺寸/mm		破坏载荷 P/kN	抗拉强度 R_L/MPa	平均抗拉强度/MPa
		直径(D)	厚度(L)			
1-1	B_3自然煤	49.02	30.0	1.60	0.679 406	0.811 234
1-2		49.12	28.0	1.80	0.818 926	
1-3		49.10	28.6	2.10	0.935 370	
2-1	B_3饱水煤	50.20	28.0	1.40	0.634 405	0.710 045
2-2		50.40	28.7	1.35	0.594 459	
2-3		50.30	28.1	2.00	0.901 272	
3-1	B_6自然煤	49.10	26.3	0.95	0.460 149	0.460 270
3-2		49.20	27.0	1.00	0.471 809	
3-3		49.12	29.8	1.05	0.448 852	
4-1	B_6饱水煤	49.18	27.5	0.75	0.347 423	0.326 119
4-2		49.22	26.5	0.65	0.312 462	
4-3		49.20	24.0	0.60	0.318 471	
5-1	顶板煤	50.10	27.0	1.20	0.565 041	0.746 085
5-2		50.30	26.1	1.50	0.727 752	
5-3		50.00	25.6	1.90	0.945 462	

3.5.3　煤样抗剪实验

通常在岩石力学实验中，剪切强度实验分为非限制性剪切强度实验和限制性剪切实验两种，前者在剪切面上只有剪应力存在，没有正应力；后者在剪切面上除了存在剪应力外，还存在正应力。本次采用限制性剪切中的角模压剪实验，它是一种较为简单的剪切强度测试方法，如图 3-6 所示。在压应力作用下，剪切面上可分解为沿剪切面的剪应力 $P\sin\alpha/A$ 和垂直剪切面的正应力 $P\cos\alpha/A$。

煤样的法向力分量和切向力分量分别为：

$$N = P\cos\alpha/A;\ T = P\sin\alpha/A \tag{3-3}$$

式中 σ——剪切面上的正应力，MPa；

τ——剪切面上的剪应力（剪切强度），MPa；

α——压力与剪切面间的夹角，(°)。

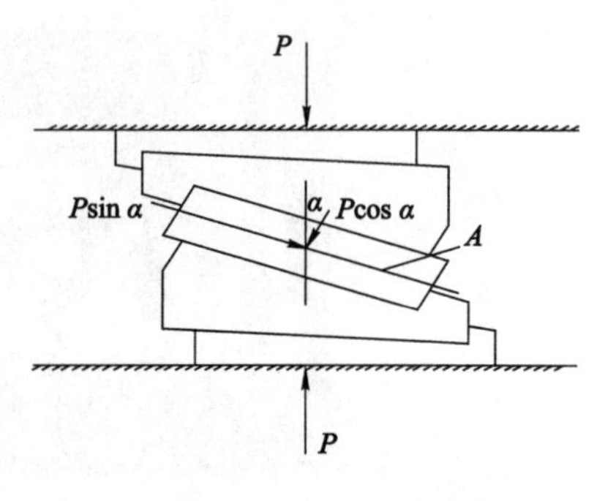

图 3-6　角模压剪实验试件受力

根据库仑（C. A. Coulomb）提出的准则，岩石的破坏主要是剪切破坏，岩石的强度等于岩石本身抗剪切摩擦的黏结力和剪切面上法向力产生的摩擦力，亦即平面中的剪切强度准则为：

$$|\tau| = \sigma\tan\varphi + c \tag{3-4}$$

式中 c——黏结力（或内聚力），MPa；

φ——内摩擦角，(°)。

煤样抗剪实验过程如图 3-7 所示，其剪切强度测定记录见表 3-4。

(a)

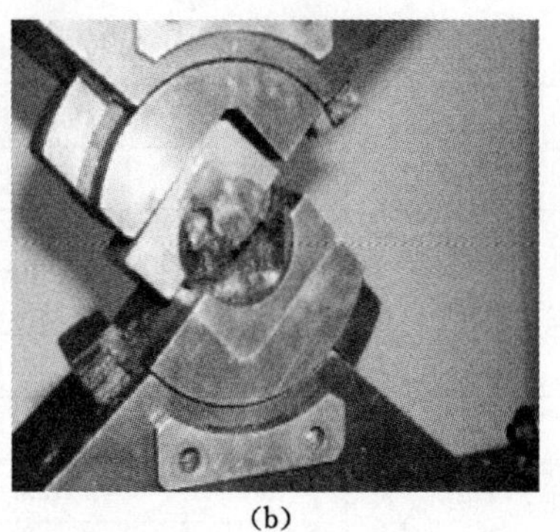

(b)

图 3-7　煤样抗剪实验过程

(a) 煤样破坏前；(b) 煤样破坏后

表 3-4　　剪切强度测定记录表

试件编号	岩石名称	试件尺寸/mm		剪切角度/(°)	破坏载荷/kN	正应力/MPa	剪应力/MPa
		直径	高				
1-1	B_3自然煤	49.1	48.5	55	26.0	6.153 959	8.779 667
1-2		49.1	47.0	45	50.0	15.050 81	15.038 83
1-3		49.1	45.5	35	70.0	25.210 14	17.640 70
2-1	B_3饱水煤	49.1	48.7	35	56.5	19.011 14	13.302 97
2-2		49.1	50.0	45	36.5	10.327 87	10.319 65
2-3		49.1	51.0	55	20.0	4.501 765	6.422 532
3-1	B_6自然煤	49.1	50.0	35	35.0	11.470 61	8.026 518
3-2		49.1	52.0	55	15.0	3.311 394	4.724 266
3-3		—	—	—	—	—	—

续表 3-4

试件编号	岩石名称	试件尺寸/mm		剪切角度/(°)	破坏载荷/kN	正应力/MPa	剪应力/MPa
		直径	高				
4-1	B_6饱水煤	49.1	49.5	35	70.0	23.172 96	16.215 19
4-2		49.1	48.0	45	41.0	12.084 55	12.074 93
4-3		49.1	51.0	55	25.0	5.627 206	8.028 165

(1) B_3 饱水煤的抗剪 σ-τ 曲线，见图 3-8。

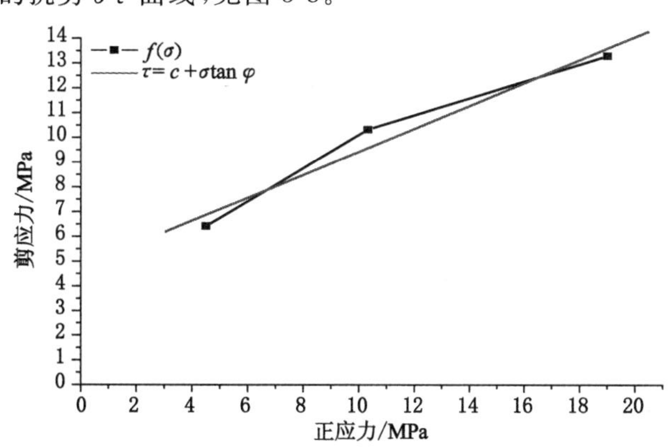

图 3-8　B_3 饱水煤抗剪曲线(c=4.78 MPa，φ=26.604 46°)

(2) B_3 自然煤的抗剪 σ-τ 曲线，见图 3-9。

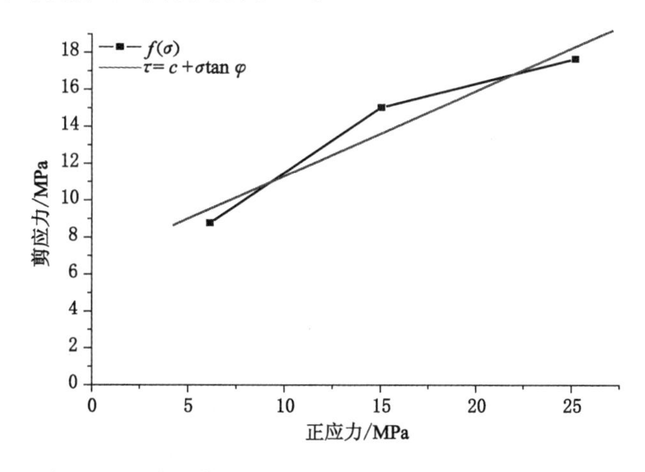

图 3-9　B_3 自然煤抗剪曲线(c=6.7 MPa，φ=26.375 16°)

(3) B_6 饱水煤的抗剪 σ-τ 曲线，见图 3-10。

(4) B_6 自然煤的抗剪 σ-τ 曲线，见图 3-11。

3.5.4　岩石力学变形性质

测量计算出 B_3、B_6 煤在自然状态下和饱和状态下的抗压强度、抗拉强度、抗剪强度以及岩石软化特性等，岩石力学变形性质详见表 3-5。

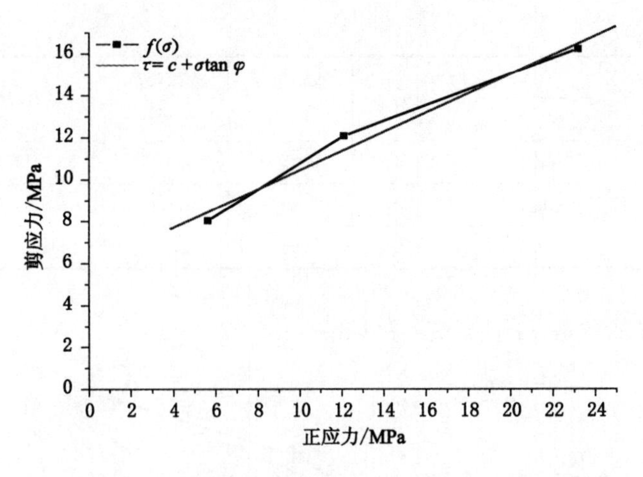

图 3-10 B_6 饱水煤抗剪曲线(c=5.89 MPa,φ=26.168 79°)

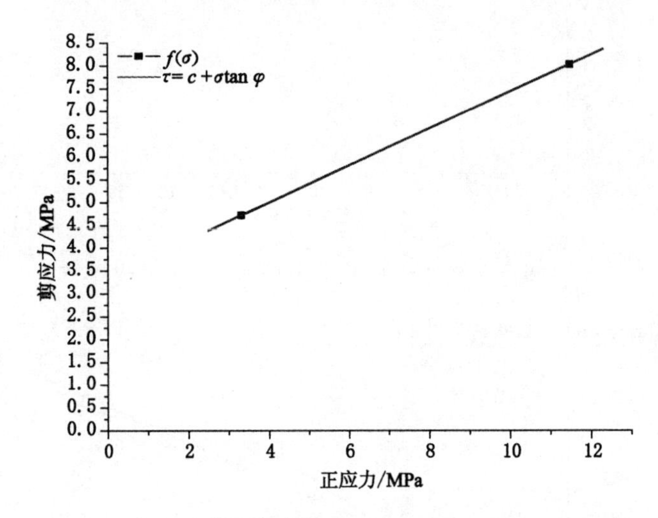

图 3-11 B_6 自然煤抗剪曲线(c=6.12 MPa,φ=23.199 36°)

表 3-5 岩石变形力学性质

试样编号	野外定名	天然容重/(kg/m³)	饱水容重/(kg/m³)	吸水率/%	单轴抗压强度/MPa				软化系数	自然变形指标		自然抗剪强度		自然抗拉强度/MPa	
					天然		饱和			弹模/MPa	泊松比	c/MPa	φ/(°)	单值	均值
					单值	均值	单值	均值							
1号	B_3煤	1.3	1.32	1.7	15.8	10.5	6.2	7.4	0.7	3.8×10^3	0.24	6.7	26.4	0.68	0.81
					5.2		7.1							0.82	
					10.5		8.9							0.94	
2号	B_6煤	1.34	1.38	3.0	17.6	13.7	9.5	8.3	0.6	2.4×10^3	0.19	6.12	23.2	0.46	0.46
					10.4		6.3							0.47	
					13.1		9							0.45	

3.6　煤岩体内部裂隙发展过程中的声发射特征

3.6.1　声发射(AE)技术基本原理

声发射(acoustic emission,AE)是自然界中普遍存在的一种物理现象,是指物体内部局部应变能快速释放而发出弹性波的现象。岩石材料在外载荷和开采振动作用下发生变形破坏时,内部积聚的弹性应变能会向外发射一系列脉冲应力波(声发射信号),它是分析声发射性质和参数特征的基本依据。声发射信号常用的特征参数有总事件、大事件、能率等。

本次实验数据分析的声发射信号有总事件和能率,其定义如下:

(1) 总事件:单位时间内仪器检测到的声发射事件累计总数(量纲:个/s),它是岩体出现破坏的重要标志。

(2) 能率:单位时间内仪器检测到的声发射能量的相对累计值(量纲:1),它是岩体破坏速度和大小变化程度的重要标志。

岩石材料的破坏一般是区域性微细裂纹的累积过程。随着载荷的变化,材料的主要破坏模式(如纤维断裂、基体开裂和界面分离)之间是相互作用和相互影响的,通过测量围岩内部能量的集中和释放、破裂的发生和发展情况,为预测围岩内部即将发生的破坏提供依据,研究结果表明:不同加载模式下煤(岩)样破坏过程中声发射特征不尽相同。

3.6.2　煤样单轴压缩实验AE特征

由图3-12可以明显看出,在煤样单轴压缩实验过程中,AE总事件、能率变化大致可分为五个阶段:① 原始破坏压密阶段;② 后破坏初始发展阶段;③ 后破坏加速发展阶段;④ 后破坏稳定发展阶段;⑤ 能量回弹释放阶段。各阶段变化特征如下:

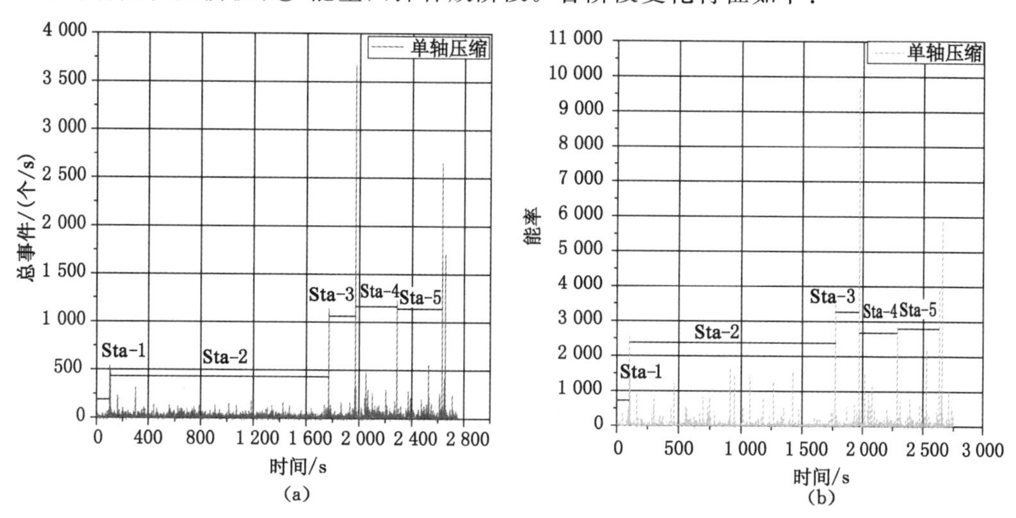

图3-12　单轴压缩AE特征

(a) 单轴压缩大事件;(b) 单轴压缩能率

(1) 原始破坏压密阶段

由于煤(岩)在成岩、取样、试件加工过程中,受外界扰动的影响,煤样中存在一定数量的裂隙等缺陷,因此在实验初始阶段,原始裂隙在外界压应力作用下压密。此时,煤样声发射总事件数相对较少，发展变化趋势平缓；能率变化也较小、波动较小。对应图 3-12 中的Sta-1 阶段，即整个实验过程中的 0～100 s时间，约占到总过程的 1/27，总事件和能率最大值分别为 550 个/s 和 2 500。裂隙发展速度相对较慢。

(2) 后破坏初始发展阶段

当实验进行到 100 s 以后，外界应力继续加大时，煤样进入破坏初始发展阶段，此阶段总事件与时间、能率与时间之间的声发射关系特征见图 3-12 中的 Sta-2 阶段。煤样中的裂隙经过压密之后，在外界载荷作用下，裂隙之间的碰撞加剧，新、旧裂隙不断闭合，甚至相互贯通，煤样内部活动相对剧烈，促使其内部不断出现新的裂隙，相对 Sta-1 阶段而言，总事件和能率明显加大，当到达 1 780 s 和 1 755 s 时，二者的最大值分别达到 1 200 个/s 和 3 500，持续时间大约为 1 700 s。

(3) 后破坏加速发展阶段

煤样内部大量新的裂隙不断出现后，煤样进入了加速破坏阶段，此阶段中煤样内部在前两个阶段中聚集的能量急剧释放，使得声发射总事件和能率急剧增加，声发射信号强烈，宏观上表现为煤样裂纹的破裂速率、破裂范围大幅度加大，峰值两三倍地增加，煤样试件破坏。总事件和能率都达到了峰值，最大值分别为 3 700 个/s 和 9 600。此阶段持续时间短，仅为 220 s 左右，对应的时间阶段为 1 720～1 950 s。

(4) 后破坏稳定发展阶段

煤样破坏后，声发射的总事件和能率信号都达到峰值，但由于煤样仍具有一定的承载能力，因此延续时间较长，之后总事件和能率在较短的时间内急剧下降，煤样稳定发展的维持时间范围为 1 950～2 320 s，最大值分别为 1 250 个/s 和 2 900。

(5) 能量回弹释放阶段

实验继续进行，声发射总事件和能率出现回弹释放现象，在前四个阶段未释放的能量，在较短的时间内急剧释放，因此二者数值又较前一个阶段明显增加，总事件和能率最大值分别为 2 740 个/s 和 6 000。

从声发射总事件、能率分布特征看，阶段四和阶段五可以视为岩石破坏过程中的“破坏后效应”。在通常情况下试件达到峰值强度前，试件的变形较缓慢的，当达到峰值强度后，试件将发生突发性的破坏，并伴随较大的声响。但此时并不意味着试件失去承载能力。事实上，岩石超过峰值强度后发生了破坏，内部出现破裂，其承载能力因而下降，但并没有降到零。所以，此阶段的研究对煤岩体破碎有很重要的意义。

3.6.3 煤样抗剪实验 AE 特征

抗剪实验过程中 AE 总事件的趋势如图 3-13 和图 3-14 所示。在实验初始阶段，煤样在剪切力作用下，经历破坏的初始阶段，由于煤样原始裂隙压密，且没有出现新的破裂，此时声发射总事件较小。之后，煤样内部有新的破裂扩展，声发射信号增加，且波动幅度较大，当作用力继续持续加大时，内部裂隙急剧发展、交叉、贯通，并在宏观上形成可视的断裂面，在作用力下，煤样开始沿宏观断裂面的块状滑移，因此总是处于持续的波动状态。试件的总事件变化范围分别为 200～900 个/s 和 300～1 000 个/s。当煤样内部结构破断，煤样失稳时，声发射信号的总事件数急剧上升，并最终达到峰值。此时试件的总事件最大值分别为 2 800 个/s 和 1 390 个/s。

通过对煤样进行不同模式加载实验，并利用声发射监测仪器对实验过程中煤样的声发

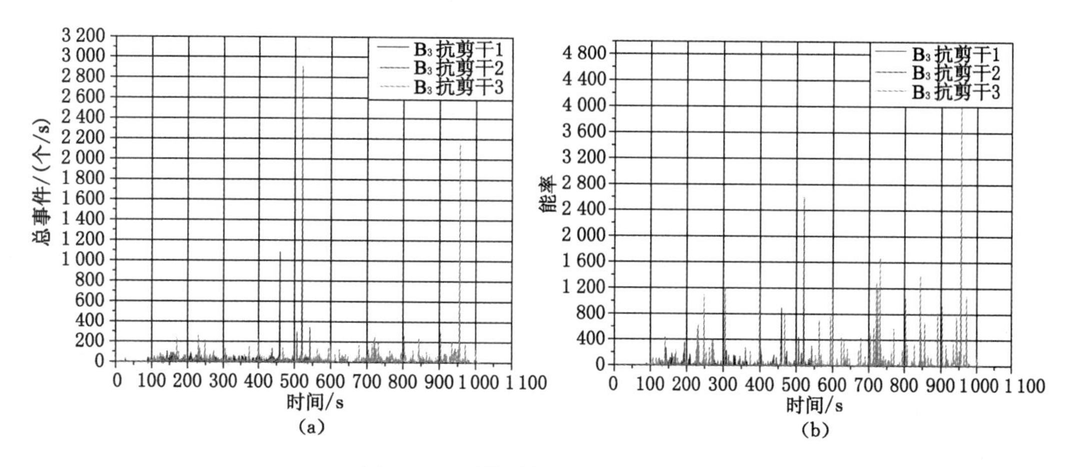

图 3-13　干煤样抗剪试验 AE 特征

(a) AE 总事件特征;(b) AE 能率特征

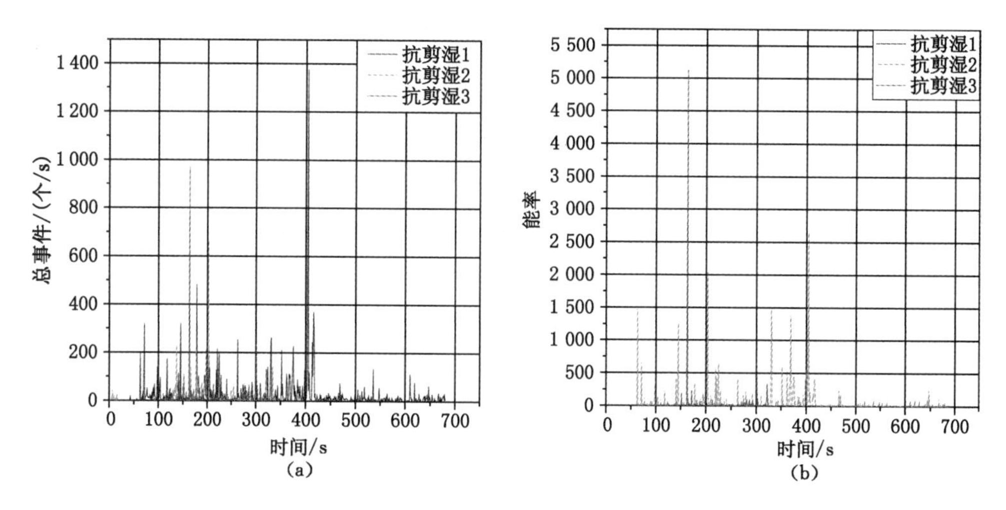

图 3-14　湿煤样抗剪试验 AE 特征

(a) AE 总事件特征;(b) AE 能率特征

射信号性进行监测,分析发现:在初始加载到煤样最终破坏的整个过程中,煤样内部结构的发展大致经历了 5 个阶段,各个阶段内的声发射信号分布规律各具特点,在外力作用下,煤样经过原始裂隙的压密阶段后,内部开始出现新的裂隙,发展速度逐渐加快,当试件达到极限承载能力后,出现破坏。但此时声发射信号经过一个相对较长的稳定之后,再次出现大幅增加的现象。从岩石力学角度出发,对应的岩石的“破坏后”发展阶段,此时,煤样仍然具有一定的承载能力,而在现场的地下工程中,往往在此阶段出现大的灾害。因此,利用声发射、微震监测等可以进行动力学失稳与破坏的预测预报,最终达到动力学失稳可控目的,保障安全掘进与开采。

另外,根据天地科技股份有限公司开采设计事业部(原北京开采研究所)提供的“煤岩冲击倾向性测定”报告的初步结论:B_{3+6}煤顶板弯曲能量指数为 83.31 kJ,大于 15 kJ,小于 120 kJ,按标准 GB/T 25217.1—2010 所示规定,该煤层顶板岩层应属Ⅱ类,为具有弱冲击倾向性的顶板岩层。B_{3+6}煤底板弯曲能量指数为2.1 kJ,小于15 kJ,按标准GB/T 25217.1—2010所示规定,该煤层底板岩层应属Ⅰ类,为具有无冲击倾向性的底板岩层。在开采过程中,煤岩层是否发生强冲击性矿压,应根据现场具体开采条件和应力集中情况进行综合分析。

3.7 本章小结

通过系统的岩石力学物理与力学特性实验测试与分析,得出如下结论:

(1) 煤岩物理力学特征是诱发动力失稳的主要原因之一。开采扰动区域内煤层含水少,基本顶和底板为粉砂岩和砂岩,是典型坚硬岩石,脆性大,储能高,具备发生动力学失稳破坏的条件。

(2) 乌东煤矿+501 m水平B_3和B_6煤层底板无冲击倾向性。开采过程中受动压影响,可采取超前注水、卸压硐室和控制开采速度等技术措施,有效释放煤岩层的储能,可实现动压破坏的可控制性。

第 4 章　急倾斜煤层动力区划及评估

本章通过研究乌东井田地质构造划分，评估断裂构造对乌东井田动力灾害影响程度，并对乌东井田动力系统尺度半径、临界能量、临界能量密度进行量化分析，采用多因素分析和综合指数法对乌东煤矿＋500 m 和＋475 m 水平动力灾害危险性进行预测分析，为急倾斜煤层动力区划及危险性预测研究提供了借鉴经验。

4.1　乌东井田断裂构造划分与评估

4.1.1　乌东井田断裂构造动力学评估

断裂构造的动力学状态取决于其走向与区域构造应力场方位的配置关系。总体上可以分为压性、压扭性、扭性和张性(图 4-1)。在现今构造应力场作用下，乌东井田的Ⅰ-1、Ⅲ-1、Ⅳ-1、Ⅳ-2、Ⅳ-3、Ⅳ-4 和Ⅳ-13 等断裂做逆冲运动，Ⅲ-2、Ⅲ-3、Ⅲ-4 等断裂做走滑运动。乌东矿区断裂构造的活动速率在 0.06～1.3 mm/a，根据《岩土工程勘察规范》(GB 50021—2001)的规定，中晚更新世以来有活动且全新世活动强烈，断裂平均活动速率 $v>1$ mm/a，历史地震震级 $M\geqslant 7$，属于强活动断裂；中晚更新世以来有活动且全新世活动较强烈，0.1 mm/a$\leqslant v\leqslant 1$ mm/a，$5\leqslant M<7$ 时，属于中等活动断裂；中晚更新世以来有活动且全新世活动较强烈，$v<0.1$ mm/a 时，$M<5$，属于弱活动断裂。根据乌东矿区相关断裂构造与地质动力区划结果的关系，乌东井田及其邻近区域的断裂构造主要为中等活动的逆冲构造，详见表 4-1。

乌东井田的断裂构造在现今挤压构造应力作用下表现为逆冲运动，其结果是将形成井田内弹性能的积聚，为动力灾害发生提供了能量基础。

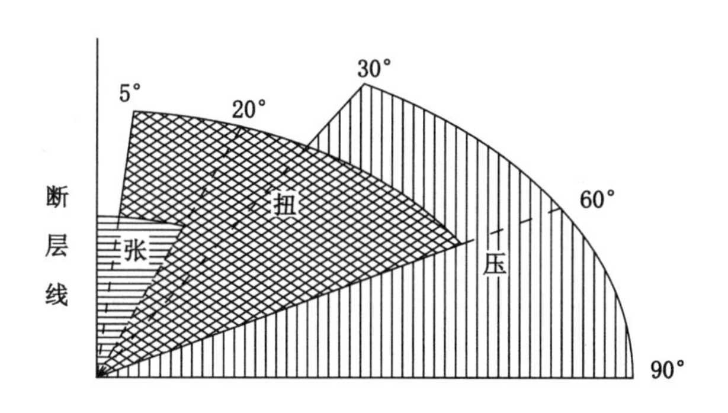

图 4-1　断层走向与其动力学模式的关系

表 4-1　　　　　　　　　　　乌东矿区断裂构造动力学特征

序号	断裂名称	活动方式	活动时间	活动速率/(mm/a)	活动性分级
1	Ⅰ-1(清水河子断裂)	压扭	Q_2	1.3(水平)	强活动
2	Ⅳ-1、Ⅳ-3(碗窑沟断裂)	逆冲	Q_3	0.43(垂直)	中等活动
3	Ⅲ-1(西山断裂)	逆冲	Q_3	0.30(垂直)	中等活动
4	Ⅳ-2、Ⅳ-4(白杨南沟断裂)	逆冲兼走滑	Q_3	0.06(垂直)0.04(走滑)	弱活动
5	Ⅳ-13(八钢—石化断裂)	逆冲	Q_3	0.13(垂直)	中等活动

4.1.2　断裂构造对乌东井田动力灾害的影响

断裂构造是地应力场中应力集中程度较高区域，同时它的持续活动导致其附近地区应力进一步重新分布，所以在断裂构造或活动断块的特定部位，往往形成很高的局部构造应力集中区，构造应力的集中导致弹性潜能的累积。当井下工程活动接近这一区域时，由于构造应力与采掘应力的叠加作用，破坏了煤岩体原有的应力平衡状态，煤层和岩层中积累的弹性潜能突然得到释放，当释放弹性能大于消耗能量，导致矿井动力灾害。因此，从地质动力区划观点分析，认为构造活动和断块应力是矿井动力灾害的动力源，工程活动是矿井动力灾害的直接诱因。

地质动力区划研究表明，乌东井田区域断裂构造走向多为北北东和北东向，这与区域构造走向方向基本一致。北北东向断裂构造带分布最广，规模最大，成带性强，活动幅度大，与地震活动关系密切，是主要的断裂构造带，具有明显的活动性，对乌东井田动力灾害具有重要影响。利用地质动力区划方法确定了乌东井田内的断裂构造，其中Ⅰ-1 断裂横穿乌东井田中部，对乌东井田的地质动力条件具有重要的影响；Ⅳ-2、Ⅳ-4 断裂与地质界已查明的白杨南沟断裂密切相关，对乌东井田影响很大；Ⅳ-1、Ⅳ-3 断裂与地质界已查明的碗窑沟断裂密切相关。上述断裂所围的区域是乌东井田动力灾害显现的主要区域(图 4-2 和图4-3)。

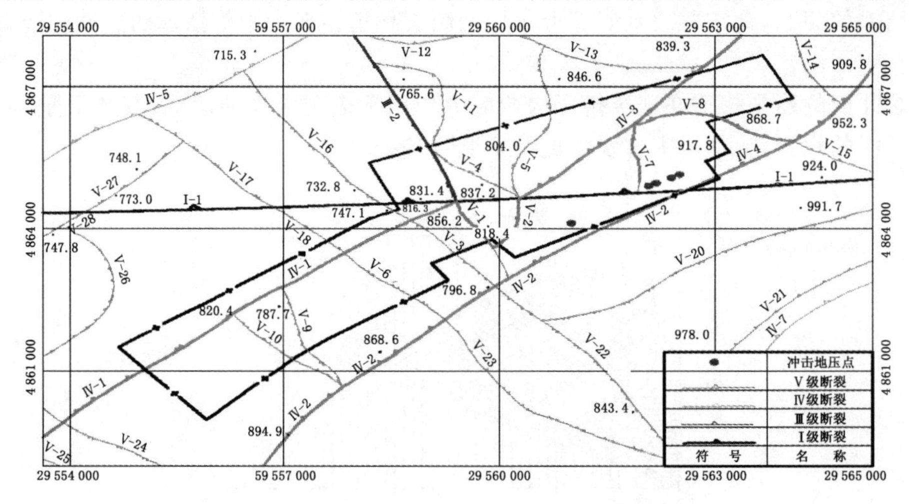

图 4-2　乌东煤矿动力灾害与活动断裂的关系图

从动力灾害的显现来看，2013 年 2 月 27 日、2013 年 7 月 2 日、2013 年 8 月 21 日和 2013 年 10 月 10 日发生在+500 m 水平 B_{3+6} 综采面的 4 次动力灾害均位于活动断裂Ⅰ-1、

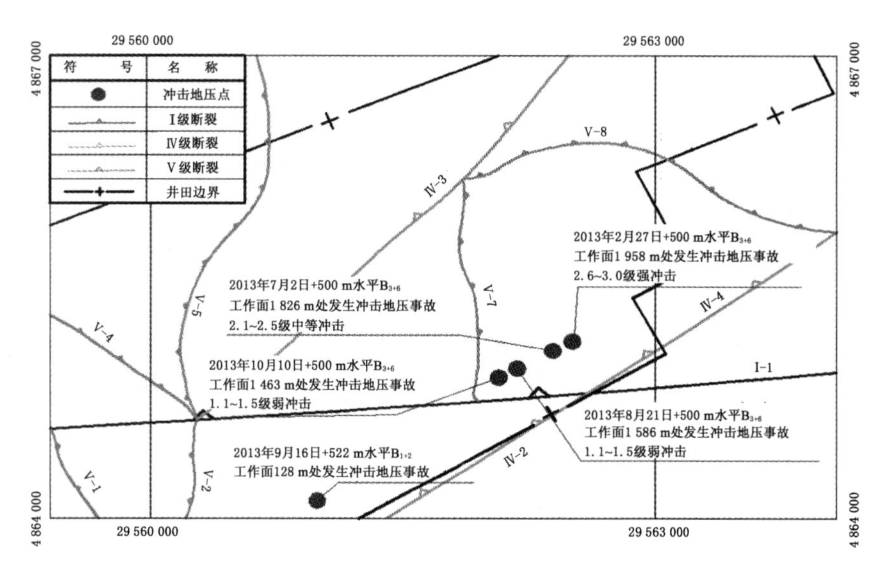

图 4-3　乌东井田动力灾害与活动断裂的关系图(局部放大)

Ⅳ-3 和Ⅳ-4 之间(图 4-3),并且在Ⅴ-7 与Ⅴ-8 活动断裂区域附近,主要受活动断裂Ⅰ-1、Ⅳ-3、Ⅳ-4、Ⅴ-7 及Ⅴ-8 的控制。2013 年 9 月 16 日在+522 m 水平 B_{1+2}综采面发生的 1 次动力灾害位于活动断裂Ⅰ-1、Ⅳ-2 和Ⅴ-2 之间。由此来看,Ⅰ-1、Ⅳ-2、Ⅳ-3、Ⅳ-4、Ⅴ-2、Ⅴ-7 及Ⅴ-8 断裂对乌东煤矿影响很大,上述断裂构造活动性强,在其影响范围内能够形成高应力区,这是矿井动力灾害多发生于此的主要因素之一。

通过以上分析,乌东井田动力灾害的发生与地质动力区划方法确定的活动断裂具有紧密联系,5 次动力灾害都发生在Ⅰ-1 和Ⅳ-2、Ⅳ-4 断裂带的交汇处。乌东井田断裂构造中Ⅰ-1、Ⅳ-2、Ⅳ-3、Ⅳ-4 等断裂对乌东煤矿影响显著,整个井田处于Ⅳ-1、Ⅳ-3、Ⅳ-2、Ⅳ-4 断裂的影响范围内。这是乌东井田发生动力灾害的构造条件。

4.2　构造应力区划分

4.2.1　+500 m 水平岩体应力分析与构造划分

基于乌东煤矿地应力参数、岩体力学参数、断裂几何参数等基础数据,应用“岩体应力状态分析系统”软件,分别计算乌东煤矿+500 m 水平和+475 m 水平的岩体应力,得到了煤岩层的水平最大主应力值、水平最小主应力值和水平剪应力值以及对应的应力区划。一般情况下,当应力集中系数 $k>1.2$ 时,与之对应的主应力等值线圈定的范围为高应力区;当 $k<0.8$ 时,与之对应的主应力等值线圈定的范围为低应力区;应力梯度区通常位于应力正常区与高应力区之间[78-81]。

4.2.1.1　+500 m 水平煤岩体应力状态分析

乌东煤矿+500 m 水平最大主应力等值线图见图 4-4。从图中可以看到,井田内+500 m水平最大主应力 7～22 MPa,与最大主应力 14.58 MPa 比较,表明井田内存在高、低压力区,应力的变化对动力灾害发生产生重要影响。

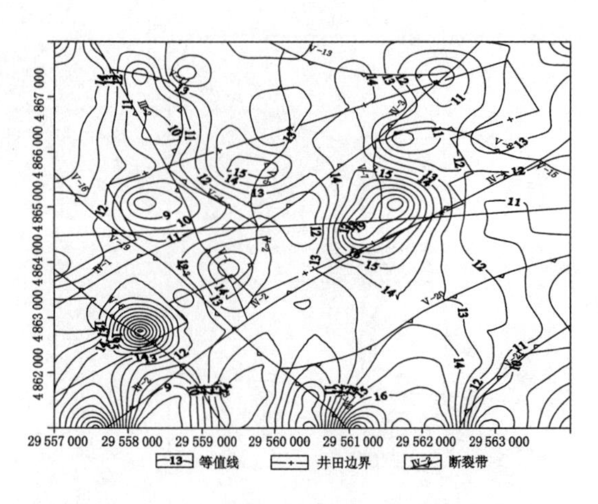

图 4-4　+500 m 水平最大主应力等值线图(MPa)

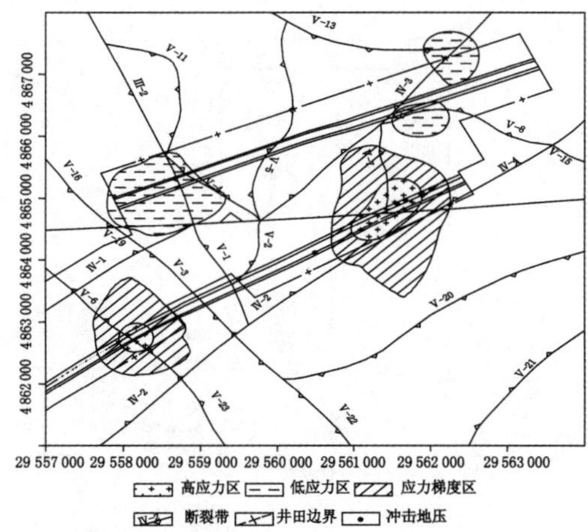

图 4-5　+500 m 水平构造应力区划分

4.2.1.2　+500 m 水平构造应力区划分

通过+500 m 水平岩体应力状态计算分析，在乌东井田范围内存在高应力区、应力梯度区和低应力区，如图 4-5 所示。构造应力区具有以下特征：

高应力区：共 2 个区域。① 位于井田南区东部，应力值为 18～22 MPa，Ⅰ-1、Ⅳ-4、Ⅴ-7 断裂从其中穿过，影响范围 0.55 km^2；② 位于井田南区中部，应力值为 18～22 MPa，Ⅴ-6 断裂从其中穿过，影响范围 0.16 km^2。

应力梯度区：共 2 个区域。① 位于井田南区东部，第 1 个应力升高区的四周，应力值为 14～18 MPa，Ⅰ-1、Ⅳ-2、Ⅳ-4、Ⅴ-7 断裂围限的交汇区域，影响范围 2.14 km^2；② 位于井田南区中部，应力值为 12～18 MPa，位于Ⅳ-1、Ⅳ-2、Ⅴ-3、Ⅴ-6 断裂围限的区域内，影响范围 1.39 km^2。

低应力区：共 3 个区域。① 位于井田北区东部，应力值为 9～11 MPa，Ⅳ-3、Ⅴ-13 断裂交汇区域，影响范围 0.46 km^2；② 位于井田北区东部，应力值为 9～11 MPa，Ⅳ-3 和Ⅴ-8 断裂交汇附近，影响范围 0.30 km^2；③ 位于井田北区中部，应力值为 8 MPa～11 MPa，Ⅰ-1、Ⅲ-2、Ⅴ-16 断裂交汇区域附近，影响范围 1.38 km^2。

4.2.2　+475 m 水平煤岩体应力分析与构造划分

4.2.2.1　+475 m 水平煤岩体应力状态分析

乌东井田+475 m 水平最大主应力等值线图如图 4-6 所示。+475 m 水平最大主应力分布范围为 8～23 MPa，大部分区域为 14～16 MPa。

4.2.2.2　+475 m 水平构造应力区划分

通过+475 m 水平岩体应力状态计算分析，在乌东煤井田范围内存在高应力区、应力梯度区和低应力区，如图 4-7 所示。构造应力区具体特征如下：

高应力区：共 2 个区域。① 位于井田南区东部，沿煤层走向分布，应力值为 19～23 MPa，Ⅰ-1、Ⅴ-7 断裂从其中穿过，影响范围 0.55 km^2；② 位于井田南区中部，应力值为19～23 MPa，Ⅴ-6 断裂从其中穿过，影响范围 0.15 km^2。

应力梯度区：共 3 个区域。① 位于井田南区东部，应力值为 13～19 MPa，处于Ⅰ-1、Ⅳ-4、Ⅴ-7、Ⅴ-8 断裂围限的区域内，影响范围 0.69 km^2；② 位于井田南区东部应力升高区的西侧，应力值为 13～19 MPa，位于Ⅳ-1、Ⅳ-4 断裂的影响区内，Ⅰ-1 断裂从其中穿过，影响

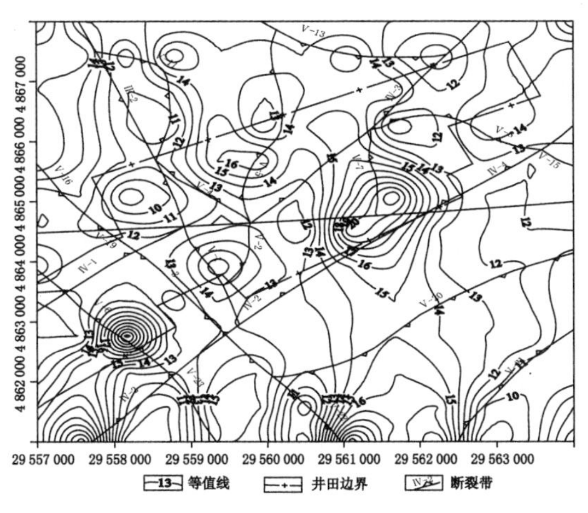

图 4-6　+475 m 水平最大主应力等值线图(MPa)

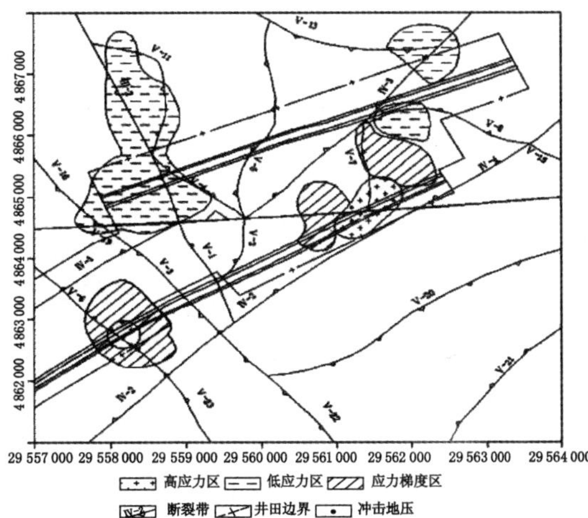

图 4-7　+475 m 水平构造应力区划分

范围 0.58 km²;③ 位于井田南区中部,应力值为 13～19 MPa,影响范围 1.05 km²,位于Ⅳ-2、Ⅴ-3、Ⅴ-6 断裂围限的区域内。

低应力区:共 3 个区域。① 位于井田北区东部,应力值为 10～12 MPa,Ⅳ-3、Ⅴ-13 断裂交汇区域,影响范围约 0.62 km²;② 位于井田北区东部,应力值为 10～12 MPa,Ⅳ-3 和Ⅴ-8 断裂交汇附近,影响范围约 0.37 km²;③ 位于井田北区中部,应力值为 8～12 MPa,Ⅰ-1、Ⅲ-2、Ⅴ-16 断裂交汇区域附近,影响范围约 3.00 km²。

4.2.3　岩体应力对乌东井田动力灾害的影响

4.2.3.1　+500 m 水平岩体应力对动力灾害的影响

乌东井田南区 5 次动力灾害中,有 3 次发生在井田东北部的高应力区内,有 1 次发生于应力梯度区附近,还有 1 次发生于正常应力区内。4 次动力灾害所处的高应力区域主要出现在Ⅰ-1 与Ⅳ-4 断裂交汇区域,反映出 2 条断裂具有中等活动性。高应力区应力值为 18～22 MPa,沿煤层走向影响范围为 722～1 826 m,最高应力值已达到了应力正常区域(14.58 MPa)的 1.5 倍。应力梯度区在较小范围内应力值从 14 MPa 增加至 18 MPa,沿煤层走向影响范围为 378～722 m 和 1 826～2 200 m。图 4-8 为乌东井田南区中部+500 m 水平的高应力区和应力梯度区分布情况。在高应力区进行采掘工程时,需要采取具有针对性的措施以降低应力集中程度,释放煤岩体中积聚的能量,避免动力灾害的发生。对于应力梯度区,则需要加强动力灾害监测。

4.2.3.2　+475 m 水平岩体应力对动力灾害的影响

该区域分布有 1 个高应力区和 2 个应力梯度区。高应力区的应力值为 19～23 MPa,沿煤层走向影响范围为 729～1 826 m,共计 1 097 m。对于应力梯度区则需要加强动力灾害监测,如图 4-9 所示。

图 4-10 为乌东井田南区中部+475 m 水平的高应力区和应力梯度区分布情况。该区域是以一个直径约 450 m 的圆形高应力和环其四周的构造应力区组成。高应力区应力值为 19～23 MPa,沿煤层走向影响范围为 450 m。应力梯度区则表现为在 250 m 范围内应力值由 12 MPa 增加到 19 MPa。这一区域的高应力是采掘中需要加强动力灾害防治的区域。

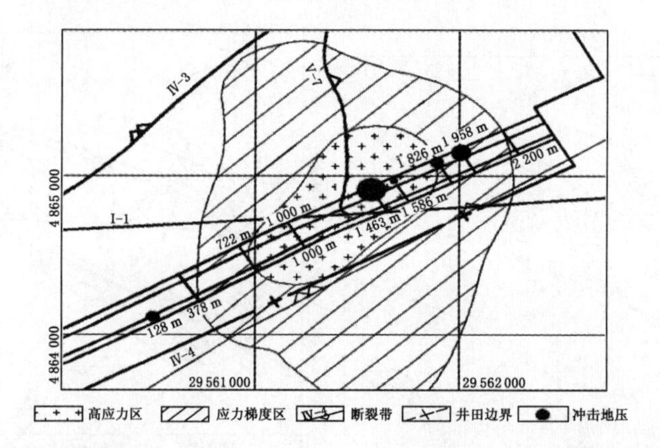

图 4-8　乌东井田南区＋500 m 水平动力灾害与构造应力区的关系

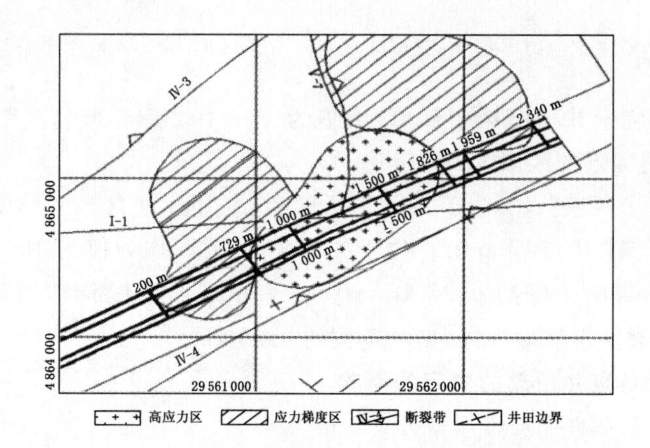

图 4-9　南区东北部＋475 m 水平构造应力区

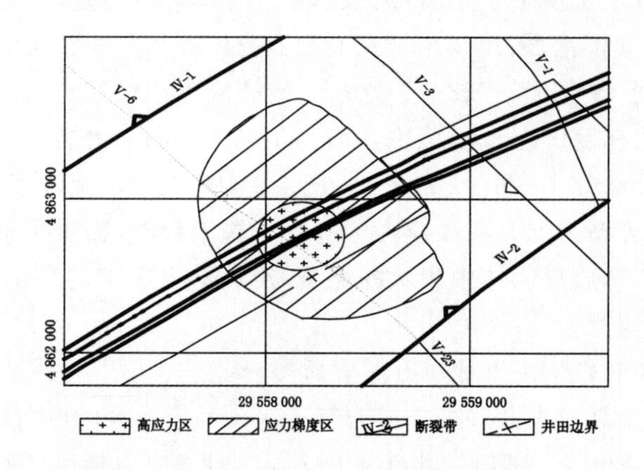

图 4-10　南区中部＋475 m 水平构造应力区

4.2.3.3　＋450 m 水平动力灾害危险区域预测

以乌东井田Ⅴ级断裂区划图为井田构造模型，采用“岩体应力状态分析”系统对＋450 m开采水平 B_{3+6} 工作面和 B_{1+2} 工作面进行动力灾害危险性预测，划分高应力区、应力梯度区和低应力区，结果如图 4-11 所示。结果表明，在乌东煤矿南区＋450 m 水平，沿煤层走向方向 730～1 860 m 处于高应力区，动力灾害发生的危险性最强；沿煤层走向方向 530～730 m以及 1 860～2 090 m 为应力梯度区，动力灾害发生的危险性较强。在这三个开采区域内，加强动力灾害监测和采取解危措施，避免动力灾害的发生。

4.2.3.4　＋400 m 水平动力灾害危险区域预测

以乌东井田Ⅴ级断裂区划图为井田构造模型，采用“岩体应力状态分析”系统对＋400 m水平西区动力灾害危险性进行预测，划分高应力区、应力梯度区和低应力区，预测结果如图 4-12 所示。预测结果表明，在乌东煤矿南区＋400 m 开采水平，沿煤层走向方向 700～1 887 m 处于高应力区，沿煤层走向方向 450～700 m 以及 1 887～2 170 m 为应力梯度区，在这三个开采区域内，发生动力灾害危险性较高，在加强动力灾害监测的同时需要采取具有针对性的措施以降低应力集中程度，释放煤岩体中积聚的能量，避免动力灾害的发生。

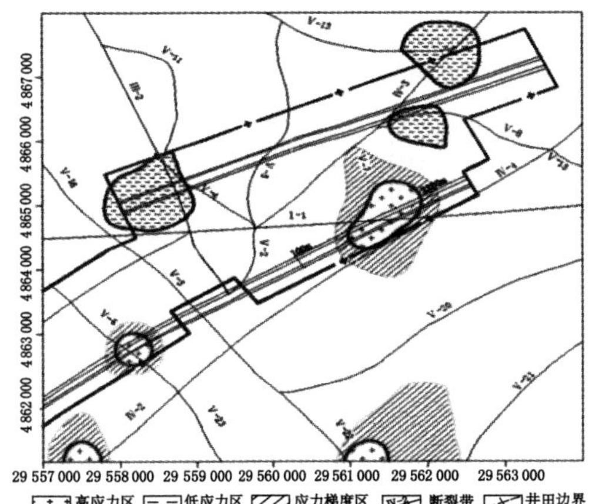

图 4-11　＋450 m 构造应力区划

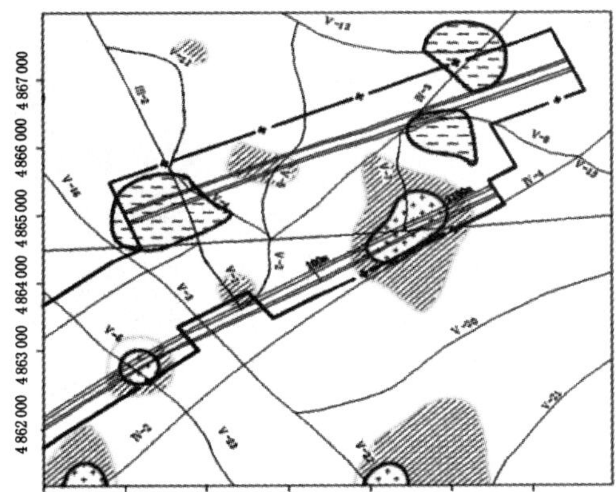

图 4-12　＋400 m 构造应力区划

为了有针对性地指导实际生产，将＋400～＋500 m 水平 B_{3+6} 和 B_{1+2} 工作面的动力灾害危险区域划分结果进行汇总，结果见表 4-2。与应力正常区和应力降低区相比，处于高应力区和应力梯度区内的煤岩体发生动力灾害的危险性更高。总体上看，各开采水平的高应力区和应力梯度区分布范围大体相同，高应力区集中在 700～1 887 m 范围内；应力梯度区分布在 200～730 m 区间以及 1 826～2 340 m 区间范围内。

表 4-2　　＋400～＋500 m 水平动力灾害危险区域汇总

开采水平	工作面	高应力区/m	应力梯度区/m	
＋500 m	B_{3+6}	722～1 826	378～722	1 826～2 200
	B_{1+2}	722～1 826	378～722	1 826～2 200
＋475 m	B_{3+6}	729～1 826	200～729	1 959～2 340
	B_{1+2}	729～1 826	200～729	1 959～2 340
＋450 m	B_{3+6}	730～1 860	530～730	1 860～2 090
	B_{1+2}	730～1 860	530～730	1 860～2 090
＋400 m	B_{3+6}	700～1 887	450～700	1 887～2 170
	B_{1+2}	700～1 887	450～700	1 887～2 170

4.3 乌东井田动力系统能量分析

根据能量积聚程度和影响范围等特征，可将煤岩动力系统划分为动力核区、破坏区、损伤区和影响区。只有采掘工程活动进入动力核区、破坏区和损伤区这三个区域，才会发生不同形式的动力灾害。根据动力灾害显现强烈程度，可将动力灾害划分为煤炮（无冲击）、倾出或压出（弱冲击）、动力灾害（中等冲击）、严重动力灾害（强冲击）。煤岩动力系统与动力灾害显现关系模型如图 4-13 所示。

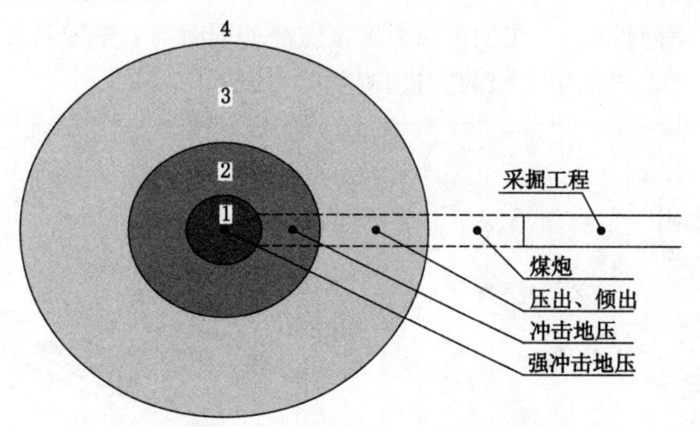

图 4-13　煤岩动力系统与动力灾害显现关系模型

1——动力核区；2——破坏区；3——损伤区；4——影响区

冲击能量释放点与动力核区相对位置间的差异将导致灾害动力显现形式不同，显现强弱取决于采掘工程与煤岩动力系统的相对空间关系。当采掘工程进入影响区时，动力显现主要以“煤炮”的形式表现出来；当采掘工程进入损伤区时，动力显现主要以“压出、倾出”等形式表现出来；当采掘工程进入破坏区时，动力显现则表现为“动力灾害”；当采掘工程进入能量核区时，则会产生“严重动力灾害”。

4.3.1 动力系统尺度半径的确定

原岩应力场下的动力系统储存的能量主要来源于自重应力场下产生的能量和构造应力场下产生的能量，是两种能量场综合作用的结果。研究中令动力系统为“球形状”，动力系统的尺度半径为 R，则动力系统的体积为 V，如图 4-14 所示。

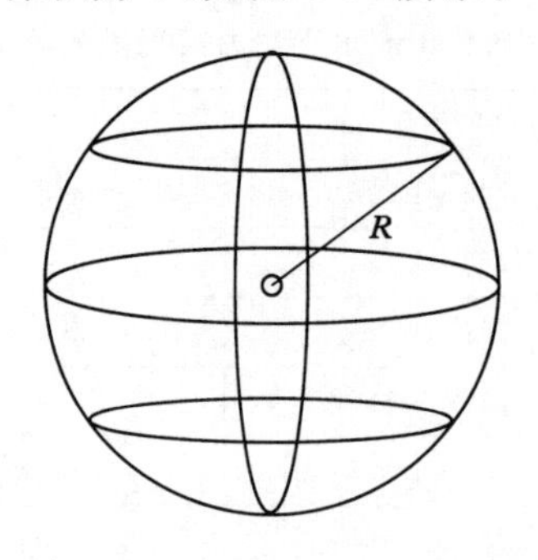

图 4-14　“球形状”动力灾害系统

动力灾害发生时释放的能量 ΔU 是由动力系统的能量 $\hat{U}$ 提供的，ΔU 主要来自构造应力场产生的能量 U_G，动力灾害发生后仍有部分残余能量 U_R。在残余能量和动力系统与外界不断进行能量的传递和补充后，系统维持平衡状态，当动力系统积聚的能量足够支持下次动力灾害的产生时，在外界开采扰动等因素的影响下，就会再次发生动力灾害。动力灾害释放能量与其对应的系统尺度半径 R，在假定“球形状”动力系统时，经过公式推导，可以得出：

$$R = \sqrt[3]{\frac{3E(1-\mu)\times 10^{1.695M_L+3.18}}{2\pi(10.2\mu^2-12.69\mu+4.49)\gamma^2 H^2}} \tag{4-1}$$

式中　M_L——里氏震级；

E——岩体的弹性模量，GPa；

μ——岩体的泊松比；

γ——上覆岩层容重，kN/m³；

H——地表标高，m。

根据实验室测定结果，乌东煤矿南区 B_{3+6} 岩体的弹性模量 $E=2.04$ GPa、泊松比 $\mu=0.21$、上覆岩层容重 $\gamma=25$ kN/m³，地表标高＋800 m，同时需要了解区域构造应力场的分布情况，依据式(4-1)，最终确定煤岩动力系统的尺度半径。乌东煤矿煤岩动力系统的能量、系统尺度半径见表 4-3。乌东煤矿煤岩动力系统能量计算结果表明，动力灾害发生的能量在 3.57×10^5～2.40×10^8 J，对应动力系统的尺度半径为 0.87～19.83 m。

表 4-3　乌东煤矿煤岩动力系统能量与尺度半径

煤层	时　间	地　点	类型	震级(M_L)	能量/J	半径/m
南区 B_{3+6} 煤层	2013-01-07	＋475 m 水平 B_3 东翼掘进工作面(埋深 325 m)	微冲击	1.6～2.0	2.51×10^6	1.67～2.82
	2013-02-27	＋500 m 水平 B_{3+6} 东翼采煤工作面(埋深 300 m)	强冲击	2.6～3.0	8.43×10^7	6.15～10.35
	2013-07-02	＋500 m 水平 B_{3+6} 东翼采煤工作面(埋深 300 m)	中等冲击	2.1～2.5	1.19×10^7	3.21～5.40
	2013-08-21	＋500 m 水平 B_{3+6} 东翼采煤工作面(埋深 300 m)	弱冲击	1.1～1.5	3.57×10^5	0.87～1.47
	2013-10-10	＋500 m 水平 B_{3+6} 东翼采煤工作面(埋深 300 m)	强冲击	3.5	2.40×10^8	19.83

通过对乌东煤矿煤岩动力系统能量分析以及系统尺度影响范围确定的基础上，可以在煤岩动力系统影响范围内采取相应的解危措施，为乌东煤矿的安全生产提供保障。

4.3.2　动力系统的临界能量

动力系统释放的能量 ΔU 一部分用于发生动力灾害时破碎煤岩体做功能量 U_P。动力灾害发生时，在 U_P 的作用下不断地破坏煤岩体的完整性。另一部分能量 U_F 用于产生动力灾害，常以势能、动能等形式表现，如顶板大面积来压，煤岩体冲出和巷道支护体的变形破坏等时所需的能量，可以用下式表示：

$$\Delta U \geqslant U_L \tag{4-2}$$

$$\Delta U = U_P + U_F \tag{4-3}$$

式中 ΔU——动力系统释放能量，J；

U_L——动力系统临界能量，J；

U_P——破碎煤岩体做功能量，J；

U_F——传递的能量，J。

依据大量煤矿动力灾害文献的统计分析，乌东井田动力灾害发生时的临界能量一般为 10^6 J。通过计算确定了乌东井田＋500 m 水平和＋475 m 水平的构造应力分布规律，划分了井田内的高应力区、低应力区和应力梯度区。根据乌东井田实测地应力结果推算，$\sigma_1=14.58$ MPa，$\sigma_2=8.10$ MPa，$\sigma_3=7.29$ MPa，弹性模量 $E=2.037$ GPa、泊松比 $\mu=0.21$。以＋500 m 水平应力分布为例计算其能量，计算结果见表 4-4。

表 4-4　＋500 m 水平各区域能量计算结果统计

序号	区　域	应力值/MPa	能量值/J
1	高应力区	18～22	$7.66\times10^5\sim1.05\times10^6$
2	应力梯度区	14.58～18	$5.38\times10^5\sim7.66\times10^5$
3	应力正常区	11～14.58	$3.79\times10^5\sim5.40\times10^5$
4	低应力区	9～11	$2.96\times10^5\sim3.79\times10^5$

4.3.3　动力系统的临界能量密度

一般以质点运动速度作为衡量物体运动的标准，破碎煤岩体向自由空间抛出的动能很大程度上取决于破碎煤岩体的平均初速度（v_0）。研究表明：当 $v_0<1$ m/s 时不可能发生动力灾害，而当 $v_0\geqslant10$ m/s 时，则动力灾害发生具有较高的可能性。乌东煤矿南区 B_{3+6} 煤层与 B_{1+2} 煤层发生动力灾害的最小能量密度相当，因此可以取两者中较小的 $1.29\times10^5/\text{m}^3$ 作为乌东煤矿发生动力灾害所需的临界能量密度。

对＋500 m 水平 B_{3+6} 工作面原始状态下煤岩体能量密度进行分析，B_{3+6} 工作面长度 40 m，推进长度 2 500 m，高应力区应力值为 18～22 MPa，最高应力值已达到了应力正常区域（14.58 MPa）的 1.5 倍；应力梯度区在较小范围内应力值从 14.58 MPa 增加至18 MPa，沿煤层走向影响范围为 378～722 m 和 1 826～2 200 m，统计结果见表 4-5。

表 4-5　＋500 m 水平各区域能量密度计算结果统计

序号	区　域	应力值/MPa	能量密度/(J/m³)
1	高应力区	18～22	$7.40\times10^4\sim1.07\times10^5$
2	应力梯度区	14.58～18	$5.20\times10^4\sim7.40\times10^4$
3	应力正常区	11～14.58	$3.53\times10^4\sim5.20\times10^4$
4	低应力区	9～11	$2.90\times10^4\sim3.53\times10^4$

乌东煤矿发生动力灾害所需的最小能量密度为 1.29×10^5 J/m³，根据岩体应力状态计算结果，未受开采影响下，在低应力区、应力正常区和应力梯度区域，不具备发生动力灾害的能量密度条件，但在高应力区已基本达到了动力灾害的能量密度条件。开采活动可以使乌

东煤矿不同区域煤体的弹性能量以及弹性能量密度进一步提高，使之更加接近由稳态向非稳态转变的临界；开采活动可以使已经接近动力灾害临界能量以及临界能量密度的煤岩体，以及经过能量补充后达到临界条件的煤岩体得到诱发，增大了动力灾害发生的危险性。

从地质动力环境判断，乌东煤矿具备动力灾害发生的动力条件。在构造应力的作用下，井田形成高应力区、应力梯度区、应力正常区和低应力区，在乌东煤矿＋500 m水平处于水平应力梯度区和高应力区范围内的煤体已经接近甚至达到动力灾害发生的临界条件，开采活动可以使煤体的弹性能量密度进一步提高，增大动力灾害发生的危险性。地质动力条件和开采工程效应的耦合作用，构成了乌东煤矿动力灾害的发生机制。

4.4 本章小结

（1）应用“岩体应力状态分析”系统对乌东煤矿进行岩体应力计算，结果表明：在乌东井田范围内存在高应力区、应力梯度区和低应力区，位于高应力区和应力梯度区内的煤岩体发生动力灾害危险性较大，乌东井田南区有资料统计的5次动力灾害事故中，有4次发生在高应力区和应力梯度区内。

（2）在自然条件下，乌东井田范围内以Ⅰ-1断裂为代表的区划断裂的活动性较强，对大能量微震事件的控制作用明显。区划断裂对乌东煤矿动力灾害事故的发生也具有较强的控制作用，与乌东煤矿已发生动力灾害事故点的分布规律相吻合。

（3）与应力正常区和应力降低区相比，处于高应力区和应力梯度区内的煤岩体发生动力灾害的危险性更高。总体上看，各开采水平的高应力区和应力梯度区分布范围大体相同，高应力区集中在700～1 887 m范围内；应力梯度区分布在200～730 m以及1 826～2 340 m范围内。

（4）煤岩动力系统可划分为动力核区、破坏区、损伤区和影响区。动力灾害发生时，采掘工程位于不同区域则动力显现形式不同。煤岩动力系统总能量是由自重应力场下动力系统能量、构造应力场下动力系统能量和采动应力场下系统能量组成。当动力系统总能量大于动力系统背景能量时，在采掘活动的诱发下能量就会释放。如果释放的能量$\Delta U > 10^6$ J就会发生动力灾害。乌东煤矿煤岩动力系统能量计算结果表明，动力灾害发生的能量在$3.57\times10^5 \sim 2.40\times10^8$ J，对应动力系统的尺度半径为0.87～19.83 m。

（5）在构造应力场作用下，乌东煤矿在＋500 m水平的高应力区煤岩体的能量峰值为1.05×10^6 J，已达到了动力灾害的能量条件，而应力梯度区、应力正常区和低应力区则不具备动力灾害发生的能量条件。乌东煤矿发生动力灾害所需的最小能量密度为1.29×10^5 J/m^3，未受开采影响下，在低应力区、应力正常区和应力梯度区内的煤岩体，不具备发生动力灾害的能量密度条件；但在高应力区内的煤岩体，能量密度峰值达到1.07×10^5 J/m^3，已基本达到了动力灾害事故发生的能量密度条件。

第5章　急倾斜厚煤层覆岩结构应力畸变及致灾机理

本章主要采用物理相似模拟、数值模拟并辅以声发射、红外仪等监测手段对急倾斜煤层顶板覆岩运移规律、覆岩结构及层间岩柱变形规律进行研究，揭示急倾斜煤层动力学灾害致灾机理，为动力灾害防治提供基础依据。

5.1　急倾斜煤层围岩运移特征研究

5.1.1　急倾斜煤层顶板垮落结构研究

5.1.1.1　沿倾斜剖面的垮落带高度

急倾斜煤层开采过程中，随着采煤工作面走向推进，采空区顶板在上覆岩层自身重力的作用下不但产生垂直于层面的法向位移和弯曲下沉变形，还在沿层面方向上产生滑移变形。当这两种变形超过顶板岩层自身允许的最大值时，顶板便发生破碎、弯曲断裂和垮落。在这种破坏作用下，顶板上覆岩层产生破碎带、弯曲断裂带和垮落带。并且由于岩层倾角的差异导致“三带”分布与缓倾斜情况下的高度有所不同，急倾斜煤层开采条件下各带的高度表现为下小上大逐步变化的形态。在煤层开采结束后，沿工作面倾斜方向中部和上部处垮落的矸石发生下滑运动，下滑矸石对下段的未充分垮落的顶板岩层起到了一定的充填支撑作用。因此，顶板下部岩层的后续垮落受到很大限制，此范围内的直接顶和上部各岩层较早的达到稳定状态。中上部岩层由于垮落后下滑，此处破碎岩石堆积较少，导致此范围内岩层的下沉空间较大，甚至发生垮落现象，从而使得该处的冒落带和裂隙带的高度较之工作面下部要大。

工作面顶板上覆岩层垮落高度沿倾斜方向上位置的变化而变化这个特点，受到很多因素和条件的影响。以采煤工作面下出口位置为坐标轴的原点，记作 O，沿顶板倾斜方向建立 x 轴，沿垂直顶板方向作为顶板上覆岩层垮落高度 $\sum h$ 的轴方向，则垮落高度 $\sum h$ 随位置变化关系如图 5-1 所示。

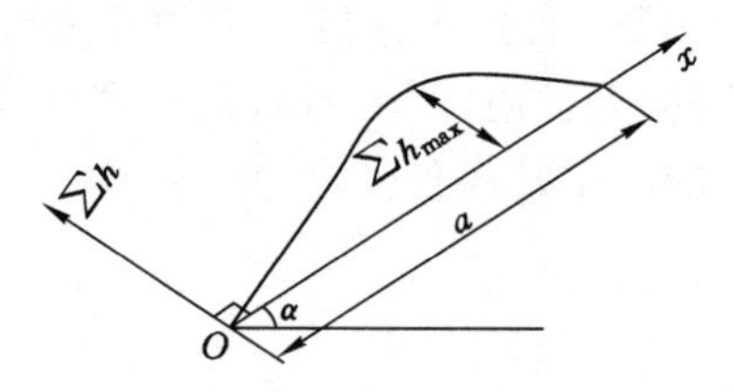

图 5-1　垮落高度随位置变化关系

顶板岩层倾角 α 的差异、顶板岩层的自身强度 R 及稳定性指数 W_z、采空区垮落矸石下

滑后的充填度 C_m 和煤层开采高度 M 等因素都会影响 $\sum h$ 关系曲线的变化形态。因此，$\sum h$ 曲线可以描述为以上诸多因素的一个复合函数：

$$\sum h = f(\alpha, R, W_z, C_m, M, x) \tag{5-1}$$

对于一个具体的采煤工作面，顶板岩层倾角 α、顶板岩层强度 R 及其稳定性指数 W_z 和下滑矸石充填度 C_m 等都为固定值，视为常量。则垮落高度 $\sum h$ 随位置变化关系是一个非线性函数曲线。有现场经验可以近似的模拟为：

$$\sum h = kx^2 - 2akx \tag{5-2}$$

式中，k 为垮落高度位置系数，大小由采煤工作面直接顶岩性、倾角、采高等实际条件决定。这个公式直接反映了顶板岩层最大垮落高度 $\sum h_{max}$ 与冒落所处的倾斜方向上的位置 a 的关系。k 值大小为：

$$k = \sum h_{max} / a^2 \tag{5-3}$$

研究表明，顶板在同等条件下，随着煤层倾角的增大，顶板岩层的最大垮落高度所处位置 a 和采煤工作面倾斜长度 L 越接近。当 $a > L$ 时，最大垮落所处的位置位于采煤工作面上出口位置附近。

5.1.1.2　直接顶上覆岩层运动

在急倾斜煤层顶板上覆岩层中，“主关键层”为采煤工作面上段处 $\sum h_{max}$ 对应高度以上的岩层。此类岩层的变化及运动主要在工作面倾斜方向的中、上段位置，顶板上部岩层的“稳定—失稳—再稳定”也主要发生在此位置。室内物理相似模拟实验表明：此类岩层的挠曲变形（离层）在顶板的中、上部最大，并且下部的变形明显小于上部。随工作面的推进，该类岩层在最大挠曲变形位置产生裂隙及发展到中部区域拉断破坏。同时采煤工作面的推进引起直接顶上覆岩层周期性的失稳破坏[82-85]。但是由于采煤工作面倾角的原因，顶板上覆岩层的周期性失稳在倾斜顶板的上、中、下三个不同位置的表现形式有很大差异。因所受到的应力大小不同，同一顶板沿倾斜方向不同位置裂隙分布、破碎断裂、失稳形态和方式都不一样。当同一顶板倾斜方向上端位置处于岩层断裂破碎活动剧烈的失稳状态时，中段位置由于下沉空间较之上端较小则处于主要裂隙产生或岩层轻微断裂的过程，下端位置由于上部破碎岩体的充填处于相对稳定状体。这种运动形态反映在采煤工作面的来压强度和步距等也有很大差异。

5.1.1.3　工作面顶板应力分布数值模拟分析

在急斜煤层开采过程中，上覆岩层内部顶板悬空区，在采空区煤岩的承载能力达到极限时顶板突然间垮落，并瞬间造成地表的大面积坍塌。为了保障安全生产，需要将上水平及本水平开采形成的悬空顶板消除，首先是要摸清顶板悬空位置，然后实施放顶措施。数值模拟能按照需要直观展示力、位移等图形，利用这一特点来模拟 45°急倾斜煤层开采时顶板垮落的分布特征，以此确定实施强制放顶的区域。FLAC^{3D}数值计算模型根据乌东煤矿急倾斜煤层＋620 m 水平西翼工作面设计，模型中水平方向代表工作面倾向，垂直方向代表埋藏深度。按照煤层赋存与开采条件，将模型从左到右依次分为基本顶、直接顶、煤层、直接底、基本底。为便于表示开采范围，将＋620 m 水平和＋630 m 水平用颜色区分出来，开采时将这两部分的煤层挖去并计算模拟煤层的开采，如图 5-2 所示。

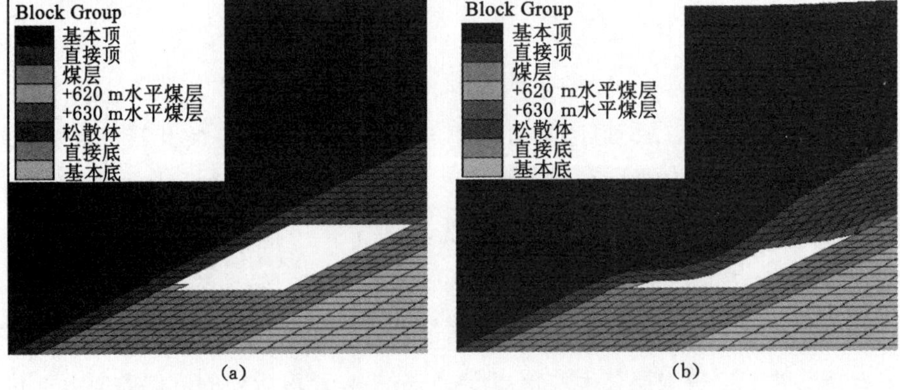

(a) (b)

图 5-2　计算前与计算后岩层运移对比

(a) 计算前；(b) 计算后

图 5-3 和图 5-4 分别表示开采后垂直应力和位移的分布特征。从图 5-3 可知，工作面左部和右部出现了多层应力集合区，工作面中央出现了应力为正的“拱形”区域，反映出拱形区域的一部分岩层失去了上部岩层的悬吊作用，但大部分仍处于悬吊状态。图 5-4 反映了工作面位移的分布特征，可以看出工作面中央上方形成了拱形的弯曲下沉梯度，工作面中央位移量最大，拱形的区域不断向上并向左、右扩展。成对角线方向的工作面南巷和上水平北巷区域的位移量较小，表明这两个区域岩层的运移受到了阻挡，结合图 5-3 应力分布特征看到的该区域处于应力集合区，分析认为该处岩层被压实，形成了坚固的拱角支撑着上覆顶板。此拱状稳定结构的支撑点主要为靠近工作附近的顶板，简称为稳定结构的“底部拱角”。拱状结构的“底部拱角”遭到破坏，拱状结构的稳定性将遭到破坏。

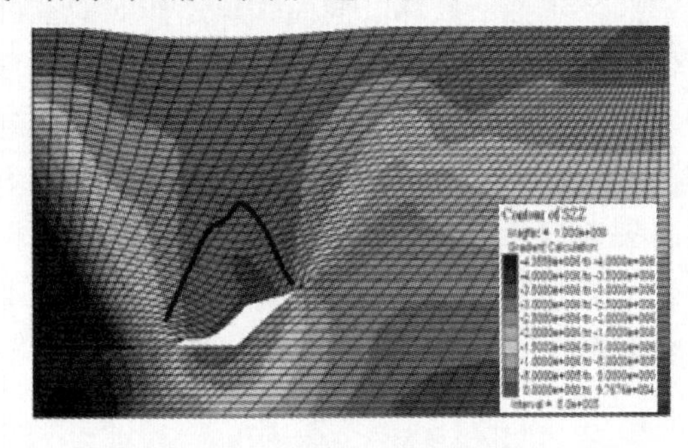

图 5-3　垂直应力分布特征图

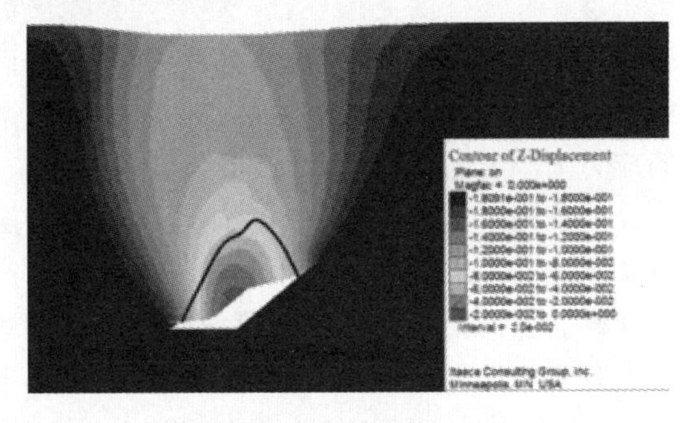

图 5-4　位移分布特征

5.1.2　急倾斜煤层采空区失稳特征研究

5.1.2.1　采空区变形失稳特征

急倾斜煤层开采后，其覆岩变形破坏的主要范围位于采空区偏上山方向的上方，岩层在其自重的作用下，直接顶的顶板在产生法向弯曲的同时，易受沿层理面法向分力的作用而产生沿层理面向采空区方向的移动和滑落。当煤层倾角越大时，这种现象可扩展到煤层的底板岩层中。同时，直接顶的顶板上端易被拉断或剪断，在采空区的上端易形成一个梁结构用于支撑其正上方的覆岩，在其直接顶顶板的中段形成悬臂梁，其中下部由于垮落矸石的充填,对顶板起到支撑作用。同时,采空区上部未采的煤层直至地表,由于煤层的垮落或沿底板滑动,易产生垮落坑和塌陷漏斗。整个采空区覆岩形成不同形态的类似抛物线拱平衡力学支撑结构。而覆岩顶板两端由于受到垮落顶与底部矸石的支撑形成非对称移动拱,并逐步向上位岩层扩展[86-90]。

急倾斜煤层采空区变形失稳有四大特征:① 尺度大。开采形成的"大采空区"是在一定的煤岩地质条件、构造环境以及脆弱的生态与干旱的气候中形成的,其变形的数量级别大,这不同于其他坚硬材料的微尺度变形,形成的"平衡"结构可能维持几天,甚至几年。但从本质上讲,它是一个"暂时的"结构,一旦受到某种外因的诱发,就可能造成大尺度的动力失稳现象,从而演变为动力灾害[91-98]。② 变形速率大。采空区的失稳与层状矿床开采围岩沉陷有所不同。前者围岩失稳与坍塌速率大,有动力学破坏特征。③ 危害大。这类围岩断裂与失稳发生时间、地点具有"随机性",发生过程具有"突变性",其力学现象具有"冲击性"。因此其造成的围岩断裂、错动、失稳以及耦合破坏(有害气体溢出或爆炸)等动力学效应对生产和安全的危害极大,甚至造成矿井停产或关闭,造成的经济损失很大。④ 社会负面因素大,这类突发性灾害造成的社会效应对矿区的经济和政治稳定影响很大。

5.1.2.2 采空区变形失稳影响因素

由于乌东煤矿赋存煤层多为急倾斜特厚煤层,广泛使用的开采方法是水平分段放顶煤开采。这种采煤方法主要依靠矿山压力和支架反复支撑作用破碎顶煤,以及顶煤的采出靠强制放顶和注水弱化,这对顶板的管理造成很大影响。同时,当上部岩层采完后,其下方煤层再次开采时会使上覆岩土层受扰动程度加剧,进而产生破坏失稳。在相同或相似的条件下,重复采动次数越多,导致采空区动力灾害越危险。开采扰动区(EDZ)内采空区坍塌是在特定地质条件下,因某种自然因素或人为因素触发形成。采空区上覆煤岩结构稳定主要由自然作用和围岩结构的连接作用来维持。由于不同矿区的地质条件相差很大,导致采空区失稳坍塌的主要因素包括地质因素、环境因素和开采因素三大方面。

5.1.2.2.1 地质因素

(1) 岩体结构。岩体结构由结构面和结构体两个要素组成,是反映岩体工程地质特征的最根本因素,不仅影响岩体的内在特征,而且影响岩体的物理性质及其受力变形的全过程。结构面和结构体的特征决定了岩体结构的特征,也决定了岩体的结构类型。

(2) 地质构造。复杂的地质构造带容易发生岩爆,如褶曲、断层、岩脉以及岩层的突变等。还有岩石质量的优劣直接影响岩体的变形特征和变形量。

(3) 不连续面性状。不连续面的光滑或粗糙程度、组合状态和充填物的性质,都反映了不连续面的性质,直接影响结构面的抗剪特性。结构面越粗糙,其抗剪强度中的摩擦因数越高,对块体运动的阻抗能力越强,越不容易失稳。

5.1.2.2.2 环境因素

(1) 工程埋深。工程埋深决定原岩应力的大小、方向与分布状态,进而影响工程地质和环境状况。

(2) 渗流效应。湿润的岩体较容易发生失稳,这是由于渗流对岩体的作用造成的。对于煤矿而言,煤体内部气体运动速率增加,如煤与瓦斯突出诱发等。

(3) 气候原因。西部自然降水较少,造成生态环境极其脆弱,这就为采空区动力破坏孕育提供了自然条件。

5.1.2.2.3 开采因素

(1) 开采强度与规模增大。采取大规模、高强度的开采技术。

(2) 开采方式与工作面结构参数优化不合理。尤其是保护煤柱的结构参数不合理或支撑体系结构内部力学特性劣化。

(3) 不规范开采。如地方小窑、小井的不规则开采，其数量之多，破坏性之大，加之小窑之间的井界间距有限，这样很容易造成破坏作用叠加效应。

采空区主要依靠煤壁和煤柱维持围岩稳定。但由于在岩体内部形成一个空洞，使其天然应力平衡状态受到破坏，产生局部的集中应力。当采空区面积较大、围岩强度不足以抵抗上覆岩土重力时，顶板岩层内部形成的拉张应力(或剪切应力)超过抗拉强度极限时产生弯曲和移动，进而产生断裂。随着采掘推进，受影响的岩层范围不断扩大，采空区顶部围岩在应力作用下不断发生破裂、位移和突然坍塌。

5.1.2.3 诱发采空区顶板事故的原因

5.1.2.3.1 冒顶机理分析

采空区顶板事故按力源可分为压垮型、漏冒型和推垮型三种。冒顶是已破碎的直接顶失去有效支护造成的。直接顶经常处于破断状态，且无水平力的挤压作用，故难以形成结构。

(1) 离层。在直接顶和基本顶间弱面接触的情况下，支柱或支架受直接顶下缩或下沉，导致直接顶处于游离状态。

基本顶的最大挠度为：

$$y_{\max} = \frac{(\gamma h_1 + q_1)}{384 E_1 J_1} L_1^4 \tag{5-4}$$

直接顶的最大挠度为：

$$(y_{\max})_n = \frac{\sum h\gamma}{384 E_2 J_2} L_1^4 \tag{5-5}$$

式中 E_1, E_2——基本顶、直接顶的弹性模数；

L_1——初次垮落步距；

h_1——基本顶厚度；

J_1, J_2——基本顶、直接顶的断面惯矩。

显然，基本顶与直接顶之间不能形成离层的条件为：

$$\frac{\sum h\gamma}{384 E_2 J_2} \leqslant \frac{(\gamma h_1 + q_1)}{384 E_1 J_1} \tag{5-6}$$

若令 $q_1 = \gamma \sum h$，且 $\sum h = a h_1$，则有 $\sqrt{\frac{E_1}{E_2(1+a)}} \leqslant \frac{\sum h}{h_1}$，即当直接顶厚度小于或等于基本顶厚度时，易形成离层。

(2) 断裂。在原生裂隙和采动裂隙的作用下，离层的直接顶形成不稳定结构。

(3) 支护阻力小于岩块活动的推力。阻止活动岩层运动的有下方岩层(F_1)和支护的阻力(F_2)。当两者之和($F_1 + F_2$)小于活岩下推力 T 时，直接顶失稳。

5.1.2.3.2 断层破碎带产状及压力分布

在断层破碎带中，其充填物为松散、破碎、完整性差的碎块岩体和岩泥组成，故用松散岩体力学理论进行地压计算，即 $q=\gamma H$，式中 q 指作用在巷道的垂直地层压力；γ 指断层破碎带充填物容量；H 指巷道压力拱高度。

断层破碎带倾角不同，对其围岩压力分布影响很大，q 可分解为：垂直压力 $q_1=\gamma H\cos\beta$ 及平行压力 $q_2=\gamma H\sin\beta$，β 为断层破碎带倾角。

由此可见：① 对上盘岩层基本无影响或很小；② 断层破碎带压力主要影响下盘岩层，且倾角越小影响范围越大；③ 以倾角 45°为临界角，小于 45°时，压力影响主要表现在下盘岩层，大于 45°时，主要表现在破碎带内下盘边缘处。

5.1.2.4　采空区覆岩变形失稳模式

急倾斜煤层开采移动过程中，采空区周围岩层的移动形式主要有三种：

(1) 弯曲。弯曲是岩层移动的主要形式，采动上覆岩层从直接顶开始沿层理面的法线方向，依次向采空区方向弯曲，直至地表。在整个弯曲的范围内，岩层具有保持连续性和层状结构的特点，此时岩层处于弹性或弹塑性状态。

(2) 岩层的垮落(或冒落)。直接顶岩层弯曲而产生拉伸剪切变形，当拉伸或剪切超过岩层的允许强度后，岩板断裂破碎充填采空区，由于破碎其体积增大，致使对直接顶板下段起到支撑作用，上部岩层移动逐渐减弱。在采区顶端未采煤层由于受采动影响和顶部应力的变化易破碎而垮落到采空区，在顶部易形成煤层的滑动垮落。

(3) 岩层沿层面滑移。岩层沿层面滑移是急倾斜煤层开采岩层移动的一种特殊形式，由于岩石的自重力方向与岩层层理面不垂直，有一个沿层面的分量使岩石易产生沿层理面方向的移动。岩层移动使采空区上山方向的岩层发生拉伸，甚至被剪断，而下山方向的部分岩层受压缩，使地表出现塌陷漏斗、陡坎或台阶状下沉盆地。

急倾斜煤层开采岩层移动形成的“厂”形移动拱形态与水平煤层开采形成的岩层移动形态有不同的特征，其传力机制和受力方式有较大的不同。水平煤层开采上覆岩层只受到竖向荷载和自重力的作用，采空区上方的岩层通过组合梁(板)将重力载荷传到两侧的支座上，形成岩体的平稳下沉，如图 5-5 所示。当附加应力超过岩石强度极限时，直接顶板便断裂而垮落，岩体将发生变形，产生位移。当垮落的岩体尺寸小于开采空间时，岩体可以在开采空间内自由移动，这部分岩体构成了水平煤层开采的垮落带，称为“下位岩层”。垮落带上方的岩层由于尺寸大于下落空间，这部分岩块会平稳地下沉，而且保持层状沿法向方向弯曲，形成整体移动带，称为“上位岩层”。上位岩层以板弯曲的形式变形。

对于地下开采层状或似层状矿体，缓斜条件且开采深度较大时，覆岩移动和分带的基本模式是形成“三带”：垮落带、裂隙带和弯曲下沉带。对于倾斜和急倾斜矿层的开采，除上述基本移动模式外，还有以下几种模式：① 岩石沿层理方向滑移；② 垮落岩石下滑(或滚动)；③ 底板岩石隆起；④ 矿体挤压(片帮)。

5.1.3　急倾斜煤层层间岩柱失稳致灾机理

对急倾斜煤层水平分段综放开采条件下发生的动力灾害，其动力灾害力源为煤层组间的层间岩柱弯曲对煤岩体产生的作用力[99-102]。可以形象地将这种产生动力灾害的力源称为“撬杆效应”，即岩柱在自重和水平地应力作用下产生弯曲后对开采水平及以下的煤体产生撬动作用，煤体产生应力及能量集中。图 5-6 为近直立两煤层同采的外伸梁力学模型。

如图 5-6(a)所示，将 B_{3+6} 煤层和 B_{1+2} 煤层之间的岩柱作为研究对象。该岩柱除了受到岩柱自重 G，如前所述，还主要受到下方实体煤传递过来的原始地应力作用(简化为集中力

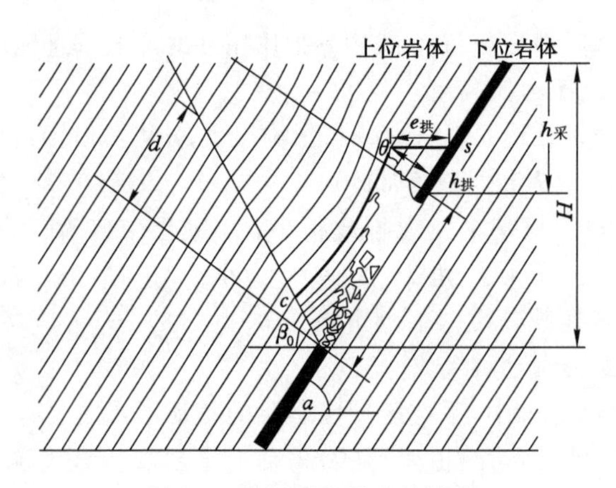

图 5-5　急倾斜煤层岩体滑移

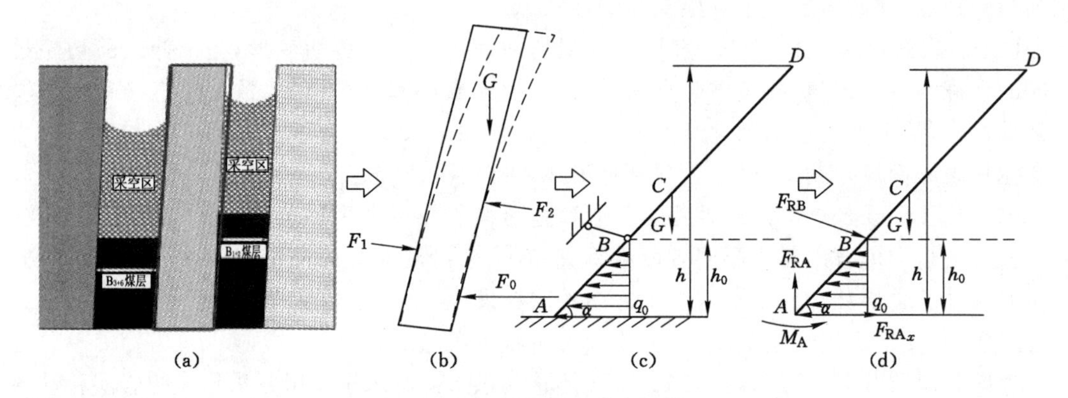

图 5-6　急倾斜煤层开采力学模型

F_0），及在这两个力作用下由于岩柱的倾斜造成上部已采空的 B_{3+6}煤层和 B_{1+2}煤层对岩柱的作用反力，分别为 F_1 和 F_2，如图 5-6(b)所示。

当水平分段开采到一定深度后，岩柱的自重 G 和其受到的水平地应力的集中力 F_0 使其发生弯曲，由此造成对 B_{3+6}煤层的作用力。因此，B_{3+6}煤层发生冲击无疑与 F_1 的反力有直接关系，以下将问题转换为求解 B_{3+6}煤层对岩柱的作用力 F_1。在该模型中，F_2 起到的是缓解岩柱弯曲的作用，为考察弯曲效应，可忽略 F_2 对岩柱的作用。由于岩柱两边都已开采到一定深度，岩柱宽度相对于开采深度小得多，并考虑对称性，可将该空间岩柱简化为一外伸梁 AD，如图 5-6(c)所示。

该梁在 A 端固定，在 B_{3+6}煤层开采水平附近 B 点处受到可动铰支座的约束。外伸梁垂直高度 h，与水平方向的夹角为 α，除了自重 G，在开采水平（h_0 处）以下还受到最大水平线载荷 q_0 的作用（即水平地应力）。将固定端和可动铰约束解除，代之以固定端 A 受力为水平支反力 F_{RAx}、垂直支反力 F_{RAy} 和力矩 M_A，可动铰 B 点受力为 F_{RB}，如图 5-6(d)所示。

根据图 5-6(d)建立力的平衡方程，得到：

$$\sum F_y = 0 \Rightarrow F_{RAy} = G + F_{RB}\cos\alpha \tag{5-7}$$

$$\sum F_x = 0 \Rightarrow F_{RAx} = \frac{1}{2} q_0 h_0 - F_{RB}\sin\alpha \tag{5-8}$$

$$\sum M = 0 \Rightarrow M_A = \frac{1}{6} q_0 h_0^2 - \frac{Gh}{2\tan\alpha} - F_{RB}\frac{h_0}{\sin\alpha} \tag{5-9}$$

由于以上方程组只有 3 个方程,而有 4 个未知量(F_{RAx}、F_{RAy}、M_0 和 F_{RB}),属于一次超静定问题,为此需建立相容方程。可动铰支座解除后,其相容条件是在 B 点处的挠度为 0,即:

$$\omega_B = 0 \tag{5-10}$$

采用能量法,AB 段梁的弯矩方程为:

$$M(x) = F_{RAy} x\cos\alpha - F_{RAx} x\sin\alpha + F_{梯} l_{梯} + M_A \tag{5-11}$$

式中,$F_{梯}$ 和 $l_{梯}$ 分别为如图 5-7 所示梯形载荷的集中力及其对 E 点力矩。

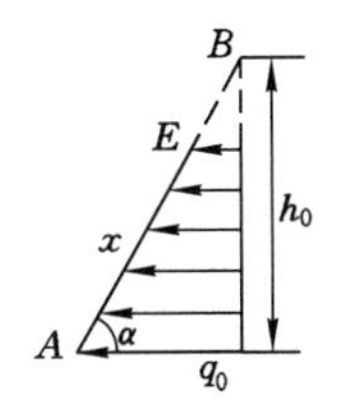

图 5-7 梯形载荷

根据梯形载荷的集中力和形心位置,可求得:

$$F_{梯} = q_0\sin\alpha\left(1 - \frac{x}{2h_0}\sin\alpha\right)x \tag{5-12}$$

$$l_{梯} = \frac{x\sin\alpha(3h_0 - 2x\sin\alpha)}{3(2h_0 - x\sin\alpha)} \tag{5-13}$$

将式(5-6)、式(5-7)、式(5-8)、式(5-11)、式(5-12)代入式(5-10),有:

$$M(x) = \left(G + F_{RB}\cos^2\alpha - \frac{1}{2} q_0 h_0 \sin\alpha + F_{RB}\sin^2\alpha\right)x + \frac{1}{2} q_0 x^2 \sin^2\alpha - \frac{q_0}{3h_0} x^3 \sin^3\alpha + \frac{1}{6} q_0 h_0^2 - \frac{Gh}{2\tan\alpha} - F_{RB}\frac{h_0}{\sin\alpha} \tag{5-14}$$

$$\frac{\partial M(x)}{\partial F_{RB}} = x - \frac{h_0}{\sin\alpha} \tag{5-15}$$

根据卡氏定理,有:

$$\omega_B = \frac{\partial V_\varepsilon}{\partial F_{RB}} = \int_0^{\frac{h_0}{\sin\alpha}} \frac{M(x)}{EI}\frac{\partial M(x)}{\partial F_{RB}} dx \tag{5-16}$$

式中 EI ——外伸梁的抗弯刚度。

将式(5-12)、式(5-13)代入式(5-15)求积分,并联立式(5-9),即可求出 F_{RB} 的表达式:

$$F_{RB} = \frac{G}{2} + \frac{3}{40} q_0 h_0 \sin\alpha - \frac{3Gh}{4h_0}\cos\alpha \tag{5-17}$$

对式(5-17)做如下讨论:

(1) 对于近直立煤层,令 $\alpha = 90°$,则 F_{RB} 为:

$$F_{RB} = \frac{G}{2} + \frac{3}{40} q_0 h_0 \tag{5-18}$$

由式(5-18)可知,在以水平应力为主的地应力环境中,当开采到一定深度后,近直立煤层由于岩柱弯曲而受到 F_{RB} 的反力 F'_{RB} 作用,F'_{RB} 可认为是造成冲击地压的力源。随开采深度增大,岩柱自重 G 和水平地应力载荷 q_0 均增大,F'_{RB} 随之增大。

(2) 对式(5-17)求 α 的一阶导数,有:

$$\dot{F}_{RB} = \frac{3}{40} q_0 h_0 \cos\alpha + \frac{3Gh}{4h_0}\sin\alpha \tag{5-19}$$

由于 $\alpha \in [0,90°]$,$\dot{F}_{RB} > 0$,因此 F_{RB} 为一单调递增函数。即倾角越大,可能造成冲击地压的力越大。这就解释了为何在同一采深条件下,急倾斜尤其是近直立煤层发生冲击地压要比缓倾斜煤层中容易得多。

5.2 急倾斜煤层(45°)综放面围岩运移规律物理相似模拟分析

5.2.1 实验设计

5.2.1.1 物理相似模拟基本原理

在几何学中，两个三角形如果对应角相等，其对应边保持相同的比例，则称这两个三角形相似，同样多边形、椭圆形等满足一定条件后也可相似，这类问题属于平面相似。空间也可以实现几何相似，如三角锥、立方体、长方体、球体的相似则属于空间相似。推而广之，各种物理现象也都可以实现相似，相似模型与原型之间的各种物理量，如长度、时间、力、速度等都可以抽象为二维、三维空间的坐标，从而把物理相似简化为一般的集合相似问题，为相似模型实验创造了理论基础。

合理的类岩材料选取及配比确定决定着模型与原型岩体的强度准则和应力—应变的本构关系是否相似。本次实验的几何尺寸比为1∶400，结合岩石物理力学测试结果及实验室模拟材料的自身容重特点(密度为1.5～1.7 g/cm^3)，可基本确定本次实验的容重相似常数为1∶1.6，应力相似常数以及与应力有相同量纲的物理量均有与应力相同的相似常数。在实际模拟实验过程中，由于E、G、γ、ν、φ、C、R_c和R_t等都是独立的物理量，而且要使这些物理量都满足相似关系是很困难的，因此只能使主要的物理力学指标满足相似条件，即应力相似系数。

单值条件包括几何条件(空间条件)、物理条件(介质条件)、边界条件和初始条件等。相似模拟必须保证相关单值条件相似才能符合现场工程实际需求。初始状态是指原型的自然状态，对煤岩体而言，主要的初始状态是煤岩体的结构状态，相似模型中需要深入探索其空间变异性特征：① 煤岩体结构特征；② 结构面的分布特征，如方位、间距、切割度以及结构体的形状与大小；③ 结构面上的力学性质。在模拟各种不连续面时，如断层、节理、层理以及裂隙时，首先应当区别哪些不连续面对于所研究的问题有决定性意义。对于主要的不连续面，应当按几何相似条件单独模拟。如系统的成组结构面，应按地质调查统计数据及赤平极射投影原理绘制获得的优势结构面的方位与间距模拟，在这种情况下，可以按岩体结构中单元的形状和几何尺寸制作相应的砌块来砌筑模型。对于次要的结构面，往往一并考虑在煤岩体本身的力学性质之内，一般采用降低不连续面所在范围内煤岩体的弹性模量与强度的方法来解决这一问题。

根据相似原理，在模型与原型中，结构体的现状与大小应保持与整体模型相同的几何相似关系，但是从变形角度来考虑，不论模型块体如何接触紧密，其间隙总是大于按原型缩制的要求，都有可能导致整个体系的变形过大。为了保持模型与原型在总体上的变形相似，可以适当地减少模型中不连续面的裂隙度，即按照总体变形模量相似的要求调整结构尺寸。当断层中有软弱夹层时，首先估算出闭合结构面与张开结构面的百分数，并在模型中按此百分比胶结不连续面；其次应查明原型中含水情况，由于摩擦角与黏土或泥岩的含水量有密切关系，所以只有掌握其含水量的多少，才能正确测得原型软夹层的摩擦角在模型中复现。

相似模型是根据实际工程原型抽象而来的。在进行相似模拟实验时，通常都采用缩小的比例或在某些特殊情况下用大的比例来制作模型。同时为了便于测量应力与应变值，一般采用一些与原型不同材料。根据相似第一定理，便可在模型实验中将模型系统中得到的相似判据推广到所模拟的原型系统中；相似第二定理则可将模型中所得的实验结果用于与之相似的事物上；相似第三定理指出了做模型实验所必须遵守的法则，这三个定理是相似模拟实验的理论依据。

5.2.1.1.1　相似第一定理

相似的现象，其单值条件相似，其相似准则的数值相同。这个结论的导出是由于相似现象具有如下的性质：① 相似的现象必然在几何相似的系统中进行，而且在系统中所有各相应点上，表示现象特性的各同类量间的比值为常数，即相似常数相等；② 相似现象服从于自然界同一种规律，所以表示现象特性的各个量之间被某种规律所约束着，它们之间存在着一定的关系。如果将这些关系表示为数学的关系式，则在相似的现象中这个关系式是相同的。上述①说明了相似的概念，但它只能说明相似的定义，不能找出相似现象所共同服从的规律；上述②说明了可以由描述现象的方程式经过相似转换获得相似准则，并可以得出"相似的现象，其准则的数值相同"的定理。

5.2.1.1.2　相似第二定理

若有一描述某现象的方程为：

$$f(a_1,a_2,\cdots,a_k,b_{k+1},b_{k+2},\cdots,b_n)=0 \tag{5-20}$$

式中 $a_1,a_2,\cdots,a_k$ 表示基本量；$b_{k+1},b_{k+2},\cdots,b_n$ 表示导出量，这些量都具有一定的因次，且 $n>k$。

因为任何物理方程中的各项量纲都是齐次的，则上式可以转换为无因次的准则方程：

$$F(\pi_1,\pi_2,\cdots,\pi_{n-k})=0 \tag{5-21}$$

可以看出：

(1) 任一现象的函数式子都可以用准则方程来表示；

(2) 准则数目为 $n-k$ 个；

(3) 准则是无因次的。对于有数学方程的现象，就能将它转换为准则方程，以利于研究。对于只知道参量但还不知道其数学方程的现象，可以根据相似第二定理求出其准则方程，再进行研究。

以上两个定理只明确了相似现象所具备的性质及必要条件，是在假定现象相似是已知的基础上导出的，但是它们没有指出，决定任何两个互相对应现象是否相似的方法。因此，就发生要按照什么特征可以确定现象是互相相似的，这是第三定理要给出的相似现象的充分条件。

5.2.1.1.3　相似第三定理

当现象的单值条件相似且由单值条件所组成的相似准则的数值相等时，则现象就是相似的。相似第三定理明确地规定了两个现象相似的必要条件和充分条件。考查一个新现象时，只要肯定了它的单值条件和已研究过的现象相似，而且由单值条件所组成的相似准则的数值和已经研究过的现象相等，就可以肯定这两个现象相似，因而可以把已经研究过的现象的实验结果应用到这一新现象上去，而不需要重复进行实验。所谓单值条件，就是为了把个别现象从同类物理现象中区别出来所要满足的条件。具体地是指：① 几何条件：说明进行该过程的物体的形状和尺寸；② 物理条件：说明物体及介质的物理性质；③ 初始条件：现象开始产生时，物体表面某些部分所给定的位移和速度以及物体内部的初应力和初应变等；④ 边界条件：说明物体表面所受的外力，给定的位移及温度等；⑤ 时间条件：说明进行该过程在时间上的特点。

上述三定理是相似理论的中心内容，它说明了现象相似的必要和充分条件。矿山压力研究方面的课题，相似理论的应用就显得特别有实际应用价值，所以相似理论已成为实验研究的理论基础。

根据相似理论认为：① 实验中应量测各相似准数中包含的物理量；② 要尽可能根据相似准数来整理实验数据，也可利用相似准数综合方程的性质，通过作图等方法来找出相似准数间的关系式；③ 只要单值条件相似，单值条件组成的相似准数相等，则现象必然相似。根据相似三定理的结论可以设计模型，正确地安排实验，科学地整理实验数据，推广实验成果。

5.2.1.2 实验设计思路

5.2.1.2.1 几何相似

利用模型研究某原型有关问题时，要使模型与原型各部分的尺寸按同样的比例缩小或放大以满足几何相似。即：

$$\frac{l_p}{l_m} = C_l \tag{5-22}$$

式中 C_l——几何相似常数；

l_p——原型几何尺寸；

l_m——模型几何尺寸。

下标 p 表示原型，m 表示模型，下同。

在设计中应注意：① 对立体模型，必须保持式(5-22)的要求，即各方向按比例制作；② 对于平面模型或者可简化为平面问题研究的三维模型(长度比另外两方向的尺寸要大很多，在其中任取一薄片，其受力条件均相同的结构，如长隧道、挡土墙、边坡等)，只要保持平面尺寸几何相似即可，此时可按稳定要求选取模型厚度；③ 对采矿类问题，定性模型的几何相似常数通常为 100～200 之间，而定量模型的几何相似常数取 20～50 之间；④ 在构筑小模型时，某些构件如果按整个模型的几何比例缩小制作，往往在工艺或材料上发生困难，此时可以考虑采用非几何相似的方法来模拟这一局部问题。

5.2.1.2.2 物理相似

在物理模拟实验中，主要物理量的常数往往因模型所要解决的问题不同而有差异。

5.2.1.2.3 初始状态相似

所谓初始状态，是指原型的自然状态，对于岩体来讲，最重要的初始状态是它的结构状态。在原型与模型中，结构面形状与大小应保持与模型相同的几何相似关系。但从变形的角度来考虑，不论模型块体如何接触紧密，其间隙总是大于按原型缩制的要求，这就有可能导致整个体系的变形过大。为了保持原型与模型在总体上的变形相似，常常不得不适当地减小模型中不连续面的频率，即按总体变形模量相似的要求调整模型尺寸。

5.2.1.2.4 边界条件相似

使用平面应变模型应采用各种措施保证前后表面不产生变形。这一要求对软岩层或膨胀岩层尤为重要。采用平面应力模型来代替平面应变模型时，由于在前后表面上没有满足原边界条件，模型中岩石具有的刚度将低于原型，为了弥补刚度不足的缺陷，通常在设计中

用 $\left(\frac{E}{1-\mu^2}\right)_{\mathrm{m}}$ 值来代替原来的 E_{m} 值。

5.2.1.3　物理相似模型构建

相似模拟以乌东煤矿＋575 m 水平 45# 煤层西翼综放工作面为实例，在实验室按照 1∶100 的相似比例设计采场模型，构建 45°煤层模拟采场实验台，如图 5-7 所示。采场模型模拟综放开采实际的工作面，其设计相应参数如下：煤层赋存倾角 45°，实验工作面分层高度为 25 m，机采 3.5 m，放顶煤 21.5 m，采放比 1∶6.1，放煤步距为 1.6 m，采煤机截深 0.8 m，工作面日推进 8 m。

图 5-7　45°煤层模拟采场原型

45°煤层相似模拟采场实验装置系统由以下三部分组成：45°煤层分段综放工作面模型主体、供液系统、数据采集系统。同时需要部分辅助设备、材料，如数字化智能声发射仪、照相机、红外监测仪等。45°煤层综放工作面围岩移动规律相似模拟实验中试样制备选取的介质材料为河沙、石膏、大白粉和水，介质模拟材料的配比见表 5-1。

表 5-1　介质模拟材料配比

材料	河沙(煤粉)	土	大白粉	石膏	油	煤
砂土	8/9	0	1/45	4/45	0	0
页岩	7/8	0	3/80	7/80	0	0
粉砂岩	8/9	0	1/18	1/18	0	0
泥岩	9/10	0	1/50	4/50	0	0
煤层	21/50	0	1/10	1/10	0	19/50
夹矸	8/9	0	3/90	7/90	0	0
石灰岩	6/7	0	3/70	7/70	0	0
隔水层	4/9	3/9	4/90	6/90	1/9	0

5.2.2　实验结果分析

5.2.2.1　水平分段综放岩层运移规律

5.2.2.1.1　第一水平开挖、放煤特征

在第一水平分层开挖过程中，对上方煤层厚度进行一次性开采，如图 5-8 所示。在开挖阶段初期，未出现明显的裂隙发育，上方煤层及覆岩基本保持原先状态，但在开挖结束后，顶煤开始出现裂隙发育，并随着时间延长，存在明显的下沉现象，裂隙发育加剧，沿着之前的裂

纹扩展，从煤层顶部延至底部。然而，第一水平上方的顶底板却相对比较稳定，未出现明显的裂隙发育，整体保持完好，如图 5-9 所示。从图上可以看出，第一水平上方煤体出现大的裂隙，却未延深至顶底板。

图 5-8　第一水平开挖

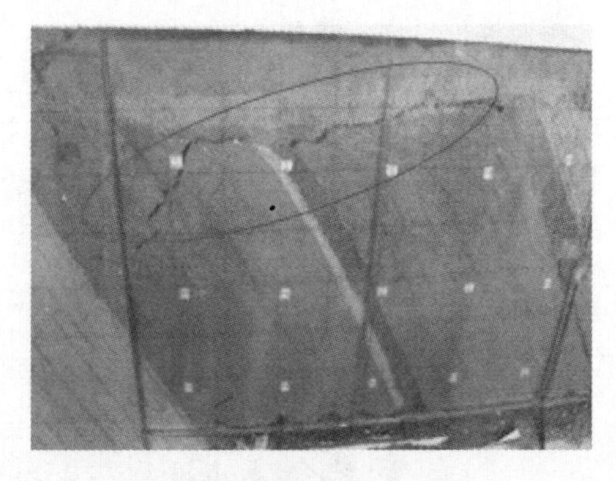

图 5-9　第一水平开挖后裂隙发育

由于采动影响诱导上方煤体出现的裂隙发育，有利于在放煤过程时顶煤的垮落和放出。但由于煤质相对较硬，同时，底板岩层对顶煤存在支撑作用以及顶板岩层本身具有一定的约束力，上方煤体很难充分破碎，因此，顶煤不可自动滑落，难以顺利被放出。针对现场以及实验中出现的情况，采取了对上方煤体进行注水软化的方法进行处理。在第一水平开挖结束之后，对顶煤实行注水软化，为使煤体充分软化、破碎，每次注水之后留设一定的间隔时间。

注水之后特征：在上方煤体实施注水一段时间之后，煤体内部松动裂隙不断增多，最终形成“三角形”垮落。但由于“顶板—煤层—底板”形成的整体结构对上覆煤体起到一定的承载作用，阻碍了顶煤的进一步垮落，导致还有一部分煤体附着在顶板上以及靠近底板上的煤体未垮落，如图 5-10 所示。为使顶底板周围的煤体也顺利垮落、放出，间隔一段时间之后，继续对上方煤体进行注水软化，最终彻底垮落呈碎块状。但在垮落煤体上方的顶板岩层只出现了显著的离层现象，由于受到煤体的支撑作用，未出现顶板岩层的垮落，如图 5-11 所示。

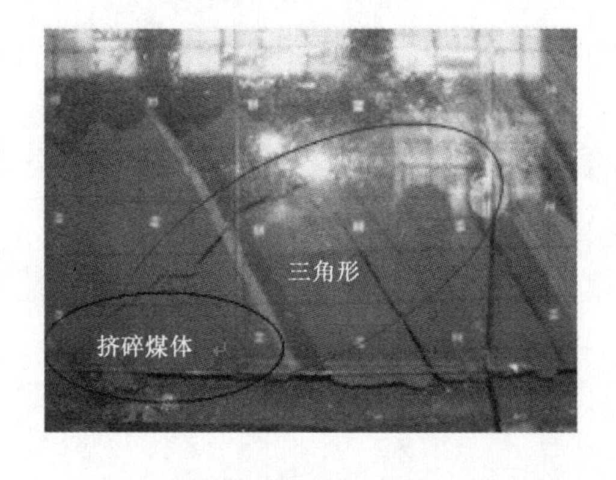

图 5-10　第一水平分层“三角形”垮落结构

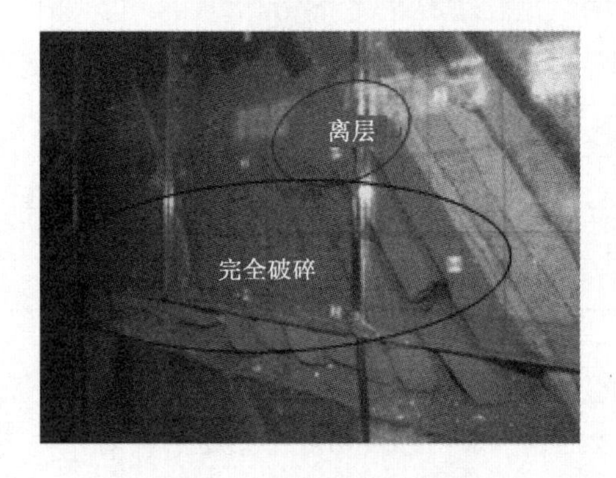

图 5-11　顶煤完全垮落

放煤前、后特征：在第一水平通过实施注水软化之后，上阶段上方煤体裂隙扩展延伸至顶底板充分破碎，顶煤开始发生垮落，如图 5-12 所示。从图中可以看到剩余的上方顶煤形成的由“顶板—煤层—底板”所组成的自然拱状结构，暂时趋于一种稳定状态，使顶煤无法正常垮落。但这种拱状结构容易造成上方煤岩体发生失稳现象，随着注水时间的延长，顶煤完全垮落，顶板岩层向采空区弯曲并有沿层面的向下移动趋势，底板也有轻微的凸起现象。在清理上方垮落的煤体之后，上覆岩层出现了垮落带、裂缝带和整体移动带，底板也形成了整体移动带或裂缝带，如图5-13所示。45°急倾斜煤层经过注水软化之后岩层移动所表现的特点，是由于水平分层放顶煤开采顶板一侧形成了丰富的裂隙带，因此，可以通过注水充分将上方煤体裂隙发育。

图5-12 第一水平分层放煤前

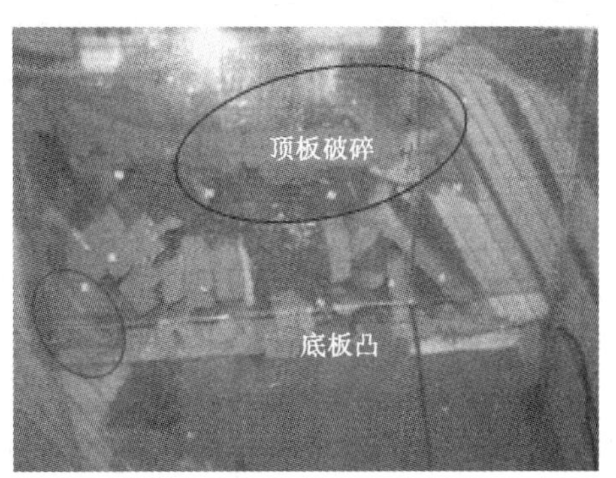

图5-13 第一水平分层放煤后

5.2.2.1.2 第二水平开挖、放煤特征

首先对第二分层煤层进行初次开挖模拟，在开挖结束后，顶煤开始出现裂隙发育，并随时间延长，存在明显下沉现象，裂隙发育加剧，沿着之前的裂纹扩展，但煤体中的裂隙未相互贯通。在进行注水软化之后，第二分层阶段煤体出现了“三角形”垮落结构，如图5-14所示。根据上下两分层阶段都出现了“三角形”垮落结构特征，可以推断这种垮落方式是45°急倾斜煤层垮落的一种常见方式，对这种垮落结构形状、特征的研究，可以为工作面的支护和特厚煤层的安全放煤提供依据。随着注水软化时间的延长，上方煤体中的裂隙相互贯通，最终导致顶煤充分破碎。将模拟实验中的煤体放出之后，煤层顶板发生了大面积的垮落，垮落结构具有急倾斜煤层共有的特征。靠近煤体附近中的岩层向采空区侧经历“弯曲—折断—滑落”过程规律，上覆岩层距煤体由近到远呈现此种垮落方式，同时，在底板处也有大片岩层发生隆起、下滑。煤层上方的表土层及地表形成巨大的由多次沉陷而导致的塌陷坑，坑周边产生多组间距较大的地表裂缝，如图5-15所示。

5.2.2.2 基于数字近景摄影的岩层位移测量

5.2.2.2.1 模型设置

依据乌东煤矿+575 m水平45#煤层西翼综放工作面为工程背景设计相似材料模型，此实验工作面分层高度为25 m，机采3.5 m，放顶煤21.5 m，采放比1∶6.1，采煤机截深0.8 m，放煤步距1.6 m，工作面日推进8 m。模型比例尺为1∶100，在相似材料模型的表面布设了95 cm×120 cm的平面控制格网(可作为检测点)，在模型煤体周围布置了66个变形监测标志点(含两个正对红绿三角形的矩形白色纸片)，监测标志点的位移变化情况，判定模型在不同开采水平阶段岩层运动变化情况及层位结构演化规律。在上覆岩层内部埋设了5个声发射(AE)传感器，辅助观测采空区上覆岩层损伤及破坏情况，如图5-16所示。

图 5-14　第二水平分层垮落结构图

图 5-15　第二水平分层放煤后

图 5-16　相似模拟实验架(5.0 m)全景

5.2.2.2.2　监测原理

数字近景摄影测量方法三维空间模型的建立,即利用非量测数码相机对研究对象进行影像获取,通过数码相机的检校,影像数据预处理,影像同名特征提取及匹配,数据编辑,真实纹理粘贴等步骤,建立可量测的三维立体模型的过程。

Photo Modeler 摄影测量方法三维重建,包括实景目标(布设有相对控制信息)影像数据的获取及预处理,同名特征的提取及匹配,结合相机检校信息、摄影测量方法目标点 3D 数据流的生成,三维重建及纹理粘贴等步骤。特征提取是通过图像分析和变换提取所需特征的方法,是影像匹配和三维信息提取的基础,也是影像分析与单幅影像处理的最重要任务。特征提取是通过特征提取算子实现的,算子分为点、线和面状特征提取算子。本实验中主要是通过点状特征提取算子来进行特征提取的。

影像匹配是指对不同条件下同一目标所获得的不同影像进行配准,并识别同名点(共轭点)的过程,常用的方法有基于核线约束的同名点匹配和基于特征的匹配两种方法。对于基于核线约束条件的同名点匹配方法,只要找到左右影像上对应的同名核线,则同名核线与影像上特征线的交点即为同名点。

三维重建是指通过一定方法获取物体表面上一系列点在某一参考坐标系的三维坐标及表面纹理信息,并重现其立体模型的过程。基于数字近景摄影测量的三维重建,主要包括目标及其相对控制系统影像数据的获取和预处理,结合相机检校结果进行同名特征点的提取和影像匹配,并对目标三维重建等过程。根据实验目的,依据所建可量测三维模型可分别基于点、线、面等特征实现预测模型随开采变化、模型岩层运动变化及层位结构演化规律等。

5.2.2.2.3　监测数据分析

在 45°煤层综放工作面顶板围岩移动规律物理相似实验中，将煤层划分为两个分层进行开采，第一个水平分层开挖、放煤时在相似模拟煤体周围各布设了 3 排变形监测点，每排 11 个。利用近景摄影测量技术监测标志点的位移特征，绘制出标志点的下沉曲线，对比分析在上分层开挖过程中注水前、后顶煤及覆岩的下沉情况，判定层位结构的演化规律。

(1) 第一分层注水前、后覆岩下沉分析。在第一分层开挖后注水前、后，顶煤及覆岩层位发生了较大变化，观测数据见表 5-2，表中分别记录了 3 排监测标志点的高程值。第一水平分层开挖后注水前、后对比如图 5-17 所示。在开采过程中上方煤体及岩层下沉具有瞬间突发性，下沉都是由下位岩层逐渐向上位岩层发展，由图可以看出，在注水前岩层移动值较小，只在第三排的观测点曲线稍微存在变化，一、二两排近乎为直线，表明在未注水的情况下，开挖后顶煤及覆岩由于裂隙发育不明显，保持完整性。但在注水之后，煤体及岩层裂隙开始大量产生，顶煤开始向工作面移动，三个排的观测点移动值都较明显，最终煤体及岩层移动达到稳定，一排的观测点在水平位置 60 cm 处变化值也达到 25 mm，上方煤体基本垮落至工作面，为下步的放煤工作顺利进行提供了保障。

表 5-2　第一分层开挖后注水前、后观测数据

观测点水平位置/cm	注水前			注水后		
	第一排观测点高程/mm	第二排观测点高程/mm	第三排观测点高程/mm	第一排观测点高程/mm	第二排观测点高程/mm	第三排观测点高程/mm
20	0	−125	−275	−5	−130	−277
30	−4	−130	−279	−7	−133	−280
40	−8	−135	−283	−13	−137	−285
50	−9	−136	−285	−18	−145	−288
60	−10	−137	−290	−25	−153	−303
70	−8	−135	−288	−20	−151	−300
80	−6	−133	−284	−18	−145	−299
90	−5	−130	−282	−15	−142	−294
100	−4	−128	−280	−12	−139	−286
110	−2	−127	−277	−9	−135	−283
120	0	−125	−275	−6	−131	−278

(2) 第一分层放煤前、后覆岩下沉分析(图 5-18)。观测数据见表 5-3。由图可知，放煤过程中引发上覆煤体及岩层发生了较为剧烈的移动，出现明显的下沉盆地、沉陷中心和台阶位移。下沉稳定后地表呈现非对称“V”字形下沉盆地，岩层整体向底板侧运动，最大位移变化量出现在下沉盆地中部，约在水平位置 60 m 处，由第一排地表标志点位移变化特征曲线可得出最大下沉量达到 225 mm。中上部岩层移动与地表移动类似，下沉曲线与地表下沉曲线相似，说明中上部岩层在运动过程中具有同步运动特征(由第二、三排标志点位移变化特征得出)。靠近工作面的岩层运动特征为整体垮落式运动方式，位移量几乎相等，下沉量平均为 57 mm。

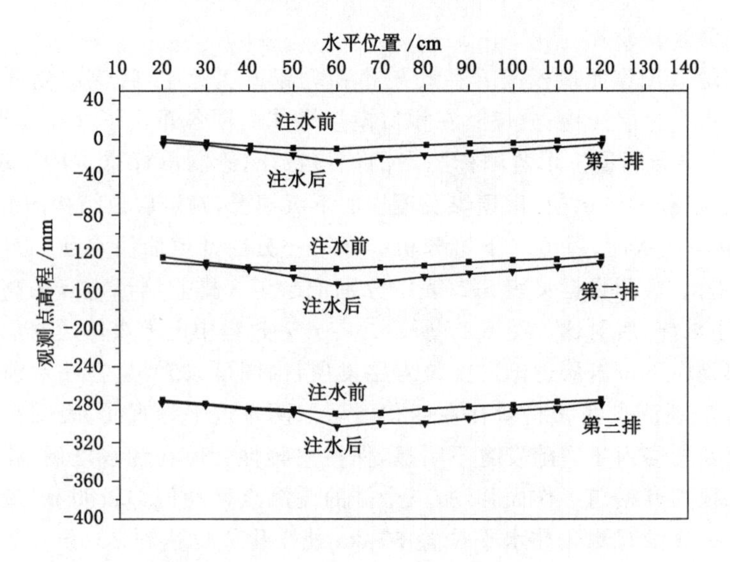

图 5-17　第一分层开挖后注水前、后对比

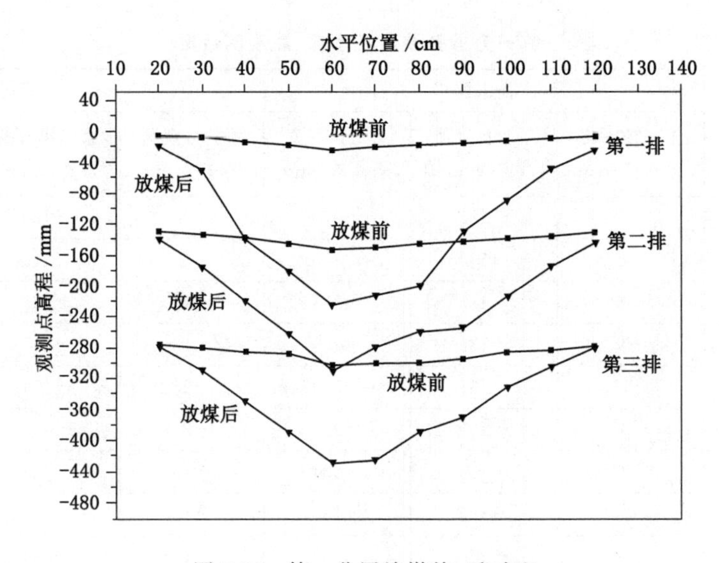

图 5-18　第一分层放煤前、后对比

表 5-3　　第一分层放煤前、后观测数据

观测点水平位置/cm	放煤前			放煤后		
	第一排观测点高程/mm	第二排观测点高程/mm	第三排观测点高程/mm	第一排观测点高程/mm	第二排观测点高程/mm	第三排观测点高程/mm
20	−5	−130	−277	−20	−140	−280
30	−7	−133	−280	−50	−175	−310
40	−13	−137	−285	−140	−220	−350
50	−18	−145	−288	−182	−262	−390
60	−25	−153	−303	−225	−310	−430
70	−20	−151	−300	−212	−280	−425

续表 5-3

观测点水平位置/cm	放煤前			放煤后		
	第一排观测点高程/mm	第二排观测点高程/mm	第三排观测点高程/mm	第一排观测点高程/mm	第二排观测点高程/mm	第三排观测点高程/mm
80	−18	−145	−299	−200	−260	−390
90	−15	−142	−294	−130	−255	−370
100	−12	−139	−286	−90	−215	−330
110	−9	−135	−283	−50	−175	−305
120	−6	−131	−278	−25	−145	−280

5.2.2.3 基于声发射顶板垮落特征分析

5.2.2.3.1 声发射监测原理

声发射是一种常见的物理现象,大多数材料变形和断裂时有声发射发生。目前声发射技术能够监测到的声源极其广泛:材料的塑性变形,即位错运动和孪生变形;裂纹的形成和扩展;岩石复合材料的钢纤维断裂、基体开裂、界面分离;坚硬岩石的断裂失稳等。实际上,被检测声发射信号的频带很宽,从几十赫兹到 2 MHz,幅度均较低,所以必须利用灵敏的电子仪器进行检测。从声源发出的弹性波在材料中传播,被置于物体表面的传感器接收,传感器将接收到的波形转换成电信号,再经信号放大器处理放大后,经滤波器去除背景噪声等无效信号成分,对有效信号再次放大后经计算机处理形成各种声发射信号参数,如图 5-19 所示。

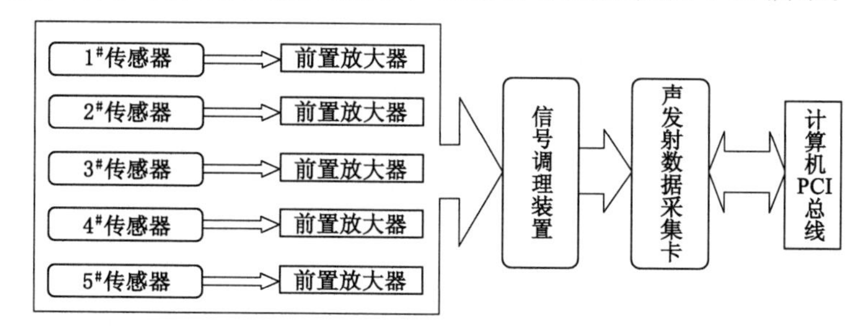

图 5-19 声发射测试系统

声发射监测仪是根据监测到的声发射波形特征来分析煤岩体在垮落过程中的变化规律。实验前,要先设置一个幅度门限,使声发射信号刚好出现,即最低幅度。实验时仪器只记录幅度大于这个最低幅度的声发射事件,监测时间段内大于最低幅度的量值和时间所构成的图形面积即为这段时间的能量。

5.2.2.3.2 监测数据分析

(1) 第一水平开挖过程声发射监测数据结果分析

① 1# 通道声发射信号分析:在模型实验中 1# 通道接收的声发射传感器数据来源于模型最上部的信号。第一水平分层开挖过程的声发射关系特征如图 5-20 所示。从图 5-20(a)可以看出,在开挖初期未出现较多的振铃,表明此时煤岩释放的弹性波能量较小,上方的煤岩体基本未发生破裂。在 12 min 左右振铃计数突发增加,这时,存在煤岩的断裂、破碎释放弹性波信号,图 5-20(b)、(c)持续时间和能量与到达时间的关系特征图上基本反映与振铃计数所表现的规律相同。在持续时间与到达时间的图上反映了在开挖初期接收到大量的小能

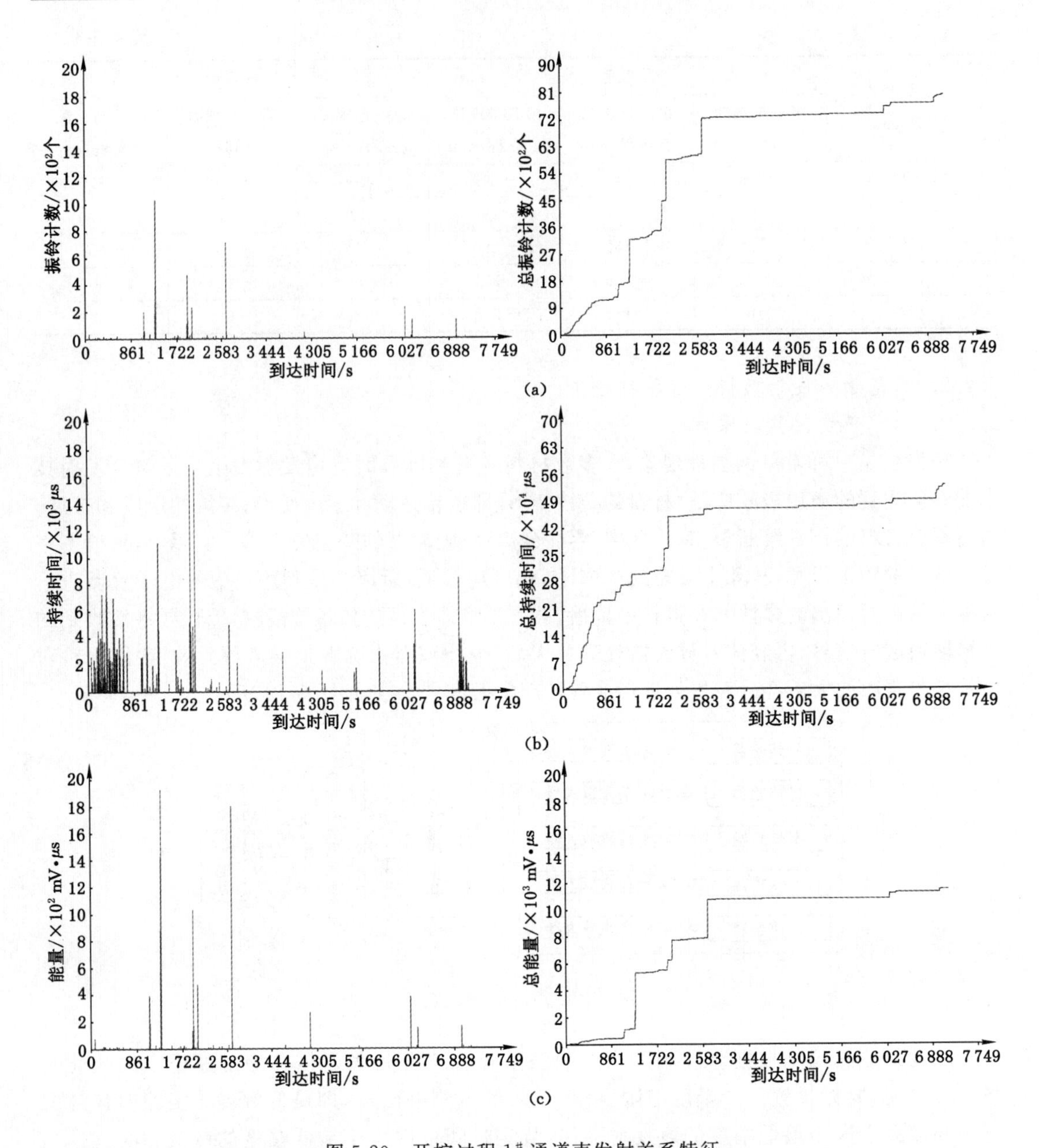

图 5-20　开挖过程 1# 通道声发射关系特征

(a) 振铃计数—到达时间、振铃总数—到达时间关系特征；(b) 持续时间—到达时间、总持续时间—到达时间关系特征；(c) 能量—到达时间、总能量—到达时间关系特征

量弹性波信号，且释放能量很是密集，表明在开挖初期整个岩层处于细微裂隙发育阶段，声发射信号活跃但围岩保持稳定。在开挖阶段的后期，约在注水时间达到 30 min，监测到一些声发射大事件，由于注水软化导致煤岩有新的裂纹损伤扩展，反映了在水的作用下煤岩微小裂隙的扩展过程。

② 3# 通道声发射信号分析：在模型实验中 3# 通道接收的声发射传感器数据来源于模型开切眼上部的信号，其声发射关系特征如图 5-21 所示。从图 5-21(a)可以看出，在开挖 18

min 左右接收到较多的振铃计数，在开挖初期由于顶煤及覆岩完整性较好，监测到的声发射信号很微弱，大事件、总事件数目较少，整体呈现波浪式跳跃发展，随着工作面推进，顶煤及覆岩整体性开始遭到破坏，裂隙大量发育，同时，能量和持续时间也反映出煤岩体的断裂与破坏。从图 5-21(b)持续时间与到达时间的关系图上反映了在开挖初期接收到了大量的小能量弹性波信号，且释放能量很是密集，表明在开挖初期整个岩层处于细微裂隙发育阶段。在开挖阶段的后期，约在注水时间达到 20 min，监测到一些声发射大事件，由于注水软化导致煤岩有新的裂纹损伤扩展，反映了在水的作用下煤岩裂隙的扩展过程。

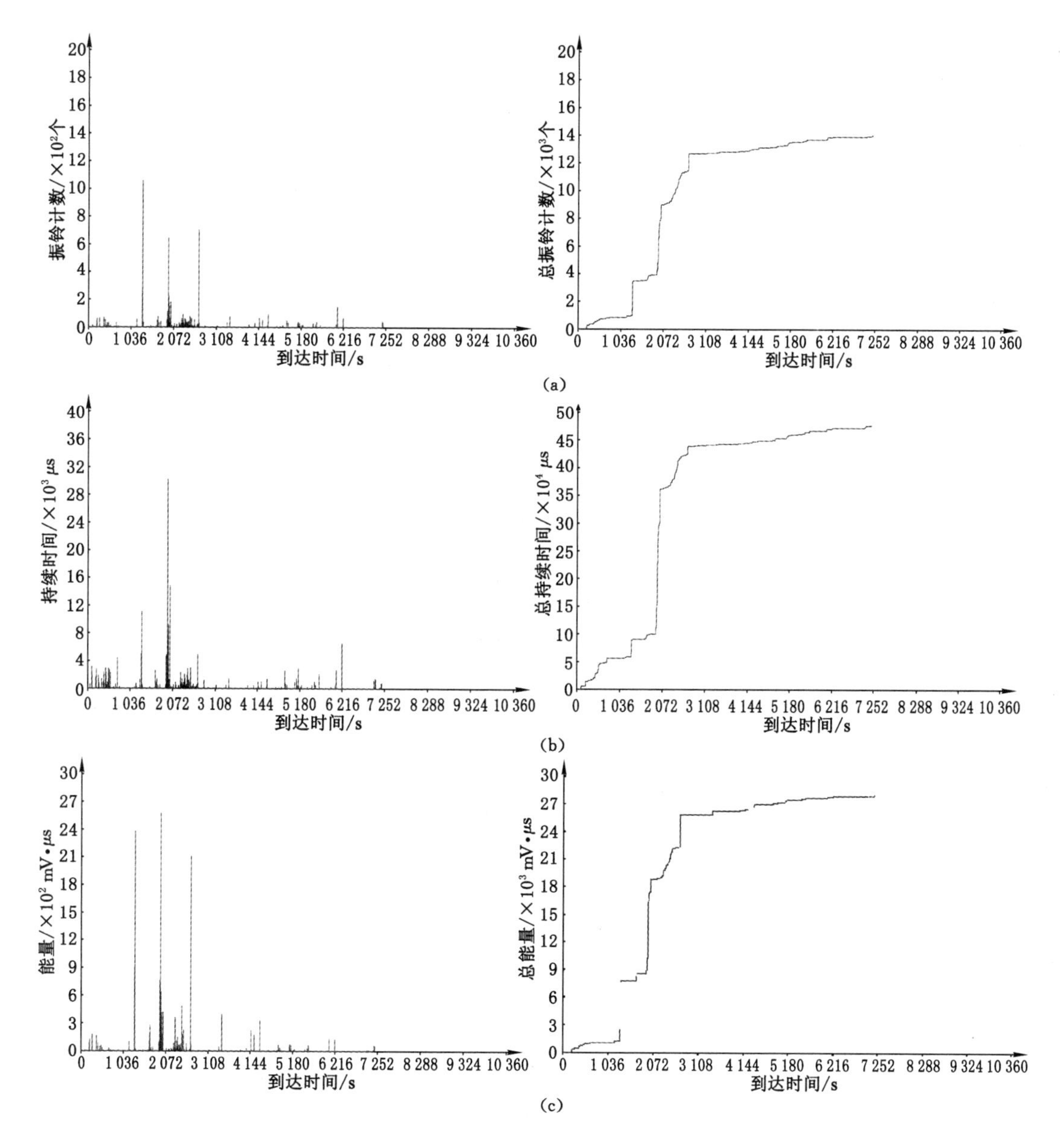

图 5-21　开挖过程 3# 通道声发射关系特征

(a) 振铃计数—到达时间、振铃总数—到达时间关系特征；(b) 持续时间—到达时间、总持续时间—到达时间关系特征；(c) 能量—到达时间、总能量—到达时间关系特征

③ 4# 通道声发射信号分析：模型实验中 4# 通道接收的声发射特征如图 5-22 所示。在开挖初始阶段，由于上方煤体及岩层完整性较好，声发射信号较为微弱，振铃计数间断出现，经历几次较小范围的波动，振铃总数最高达到 1 000 个，表明煤体中的裂隙逐步发育、扩展、延伸，能量逐渐累积，当达到一定极限后，产生较多的弹性波释放能量。从图 5-22(c)的总能量与到达时间的关系图可以看出在开挖初期呈现阶梯状上升趋势，最终趋于平缓，能量的释放过程每隔几分钟释放一次，产生大事件，反映了煤岩体裂隙的发育过程，但裂隙发育不是特别频繁，煤岩体未充分破碎。在开挖后期，随着注水时间的延长，煤岩体中的裂隙由于水

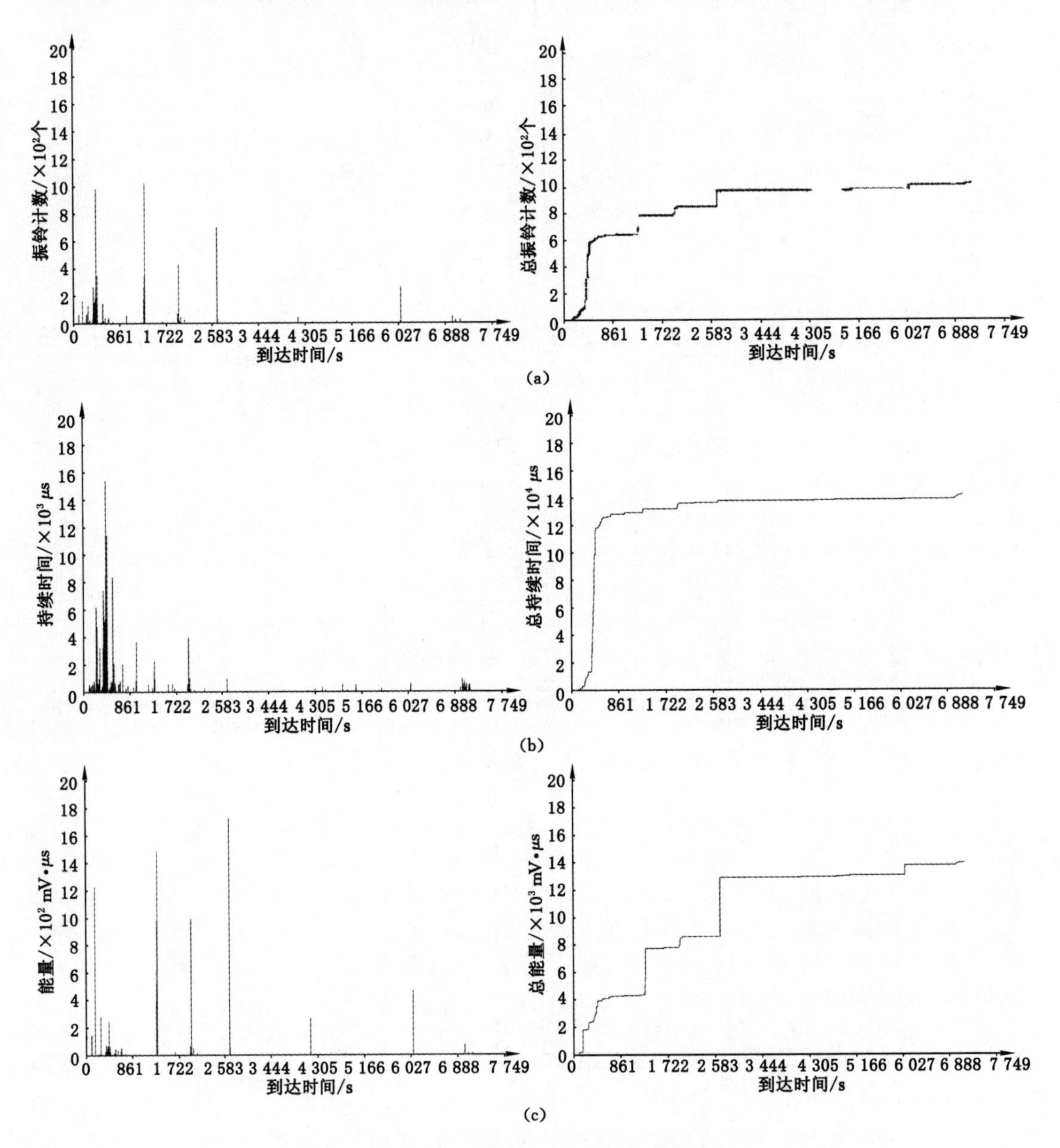

图 5-22　开挖过程 4# 通道声发射关系特征

(a) 振铃计数—到达时间、振铃总数—到达时间关系特征；(b) 持续时间—到达时间、总持续时间—到达时间关系特征；(c) 能量—到达时间、总能量—到达时间关系特征

的软化及渗流压力作用，裂隙再次扩展，监测到声发射信号。

(2) 第一水平放煤过程声发射监测数据结果分析

① 1# 通道声发射信号分析：放煤过程 1# 通道声发射的特征参数及规律如图 5-23 所示。在放煤前煤层及岩层处于基本稳定的状态，由于破碎煤体从工作面放出，顶煤及覆岩中的裂隙开始扩展，突然发生大面积垮落，声发射信号强度急增，振铃计数、能量以及持续时间均有剧烈的突增过程，并趋于平缓，经历一段时间的平静后，再次出现较小范围内的波动，表明放煤过程是一个动态的波动过程。从图 5-23(a)可以看出，在放煤初期，较频繁地出现了大事件，并且振铃总数最高达到 450 个，这时，工作面上方的破碎煤体不断地被放出，裂隙持续发育、扩展。但随着放煤的进行，裂隙发育趋于稳定，表明煤岩体不再受到压力，当上方的

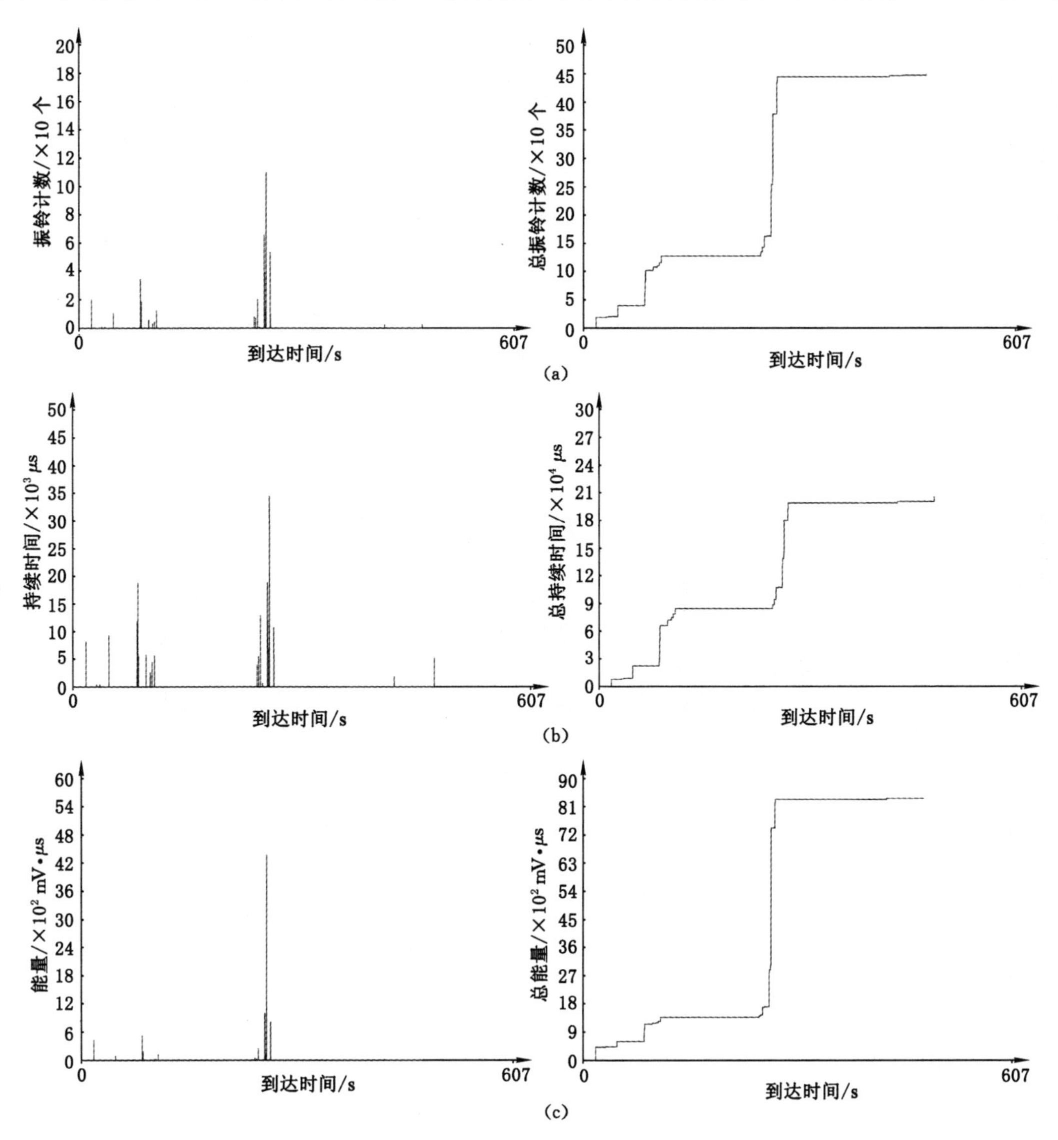

图 5-23　放煤过程 1# 通道声发射关系特征

(a) 振铃计数—到达时间、振铃总数—到达时间关系特征；(b) 持续时间—到达时间、总持续时间—到达时间关系特征；(c) 能量—到达时间、总能量—到达时间关系特征

煤体出现较大范围的悬空状态时，煤岩体再次产生高强度的声发射信号，表明煤岩体发生失稳，顶煤充分破碎。

② 3# 通道声发射信号分析：在模型实验中 3# 通道接收的声发射传感器数据来源于模型开切眼上部放煤过程中产生的弹性波信号，其声发射关系特征参数及规律如图 5-24 所示。从图 5-24(b)可以看出，在放煤初期 2 min 内监测的信号持续时间较长，表明这时产生的信号比较密集，顶煤及覆岩裂隙发育比较频繁，在放煤的同时裂隙不断扩展；在 2～4 min 时，未监测到声发射大事件，接收到的振铃计数也相对很少，此时，裂隙发育处于稳定时期；但在放煤时间约 4 min 时，再次出现较为频繁的弹性波信号，判断为上方的煤体出现较大范

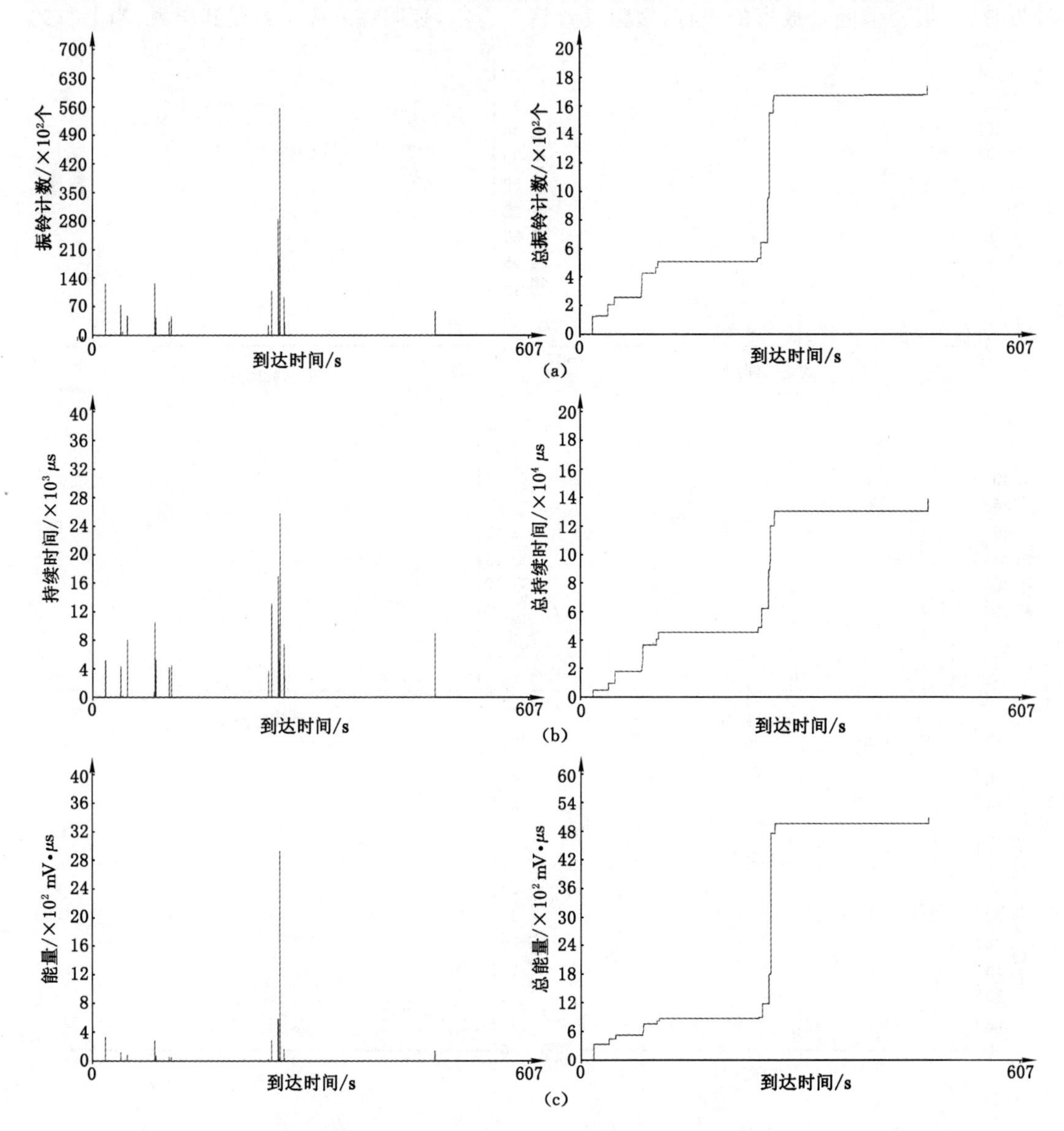

图 5-24 放煤过程 3# 通道声发射关系特征

(a) 振铃计数—到达时间、振铃总数—到达时间关系特征；(b) 持续时间—到达时间、总持续时间—到达时间关系特征；(c) 能量—到达时间、总能量—到达时间关系特征

围的悬空状态时，煤岩体再次产生高强度的声发射信号，表明煤岩体发生扭转等失稳，顶煤充分破碎。从图 5-24(c)可以看出，整个监测时域内，只在 4 min 时产生的信号能量最高，说明顶煤及覆岩在发生失稳的瞬间，内部裂隙发育最为剧烈，接收到的振铃计数也最多。

③ 4# 通道声发射信号分析：在模型实验中 4# 通道接收的声发射传感器数据来源于模型开切眼上部顶板岩层中产生的声发射信号，其声发射关系特征参数及规律如图 5-25 所示。从图 5-25(a)可以看出，在整个放煤过程中 4# 通道接收到的声发射数据信号最弱，表明在放煤时岩层裂隙基本无发育，只在上方煤体及覆岩发生失稳阶段岩层裂隙才开始发育。图 5-25(b)、(c)上也显示基本没有较多的弹性波信号，振铃计数、能量以及持续时间几乎为

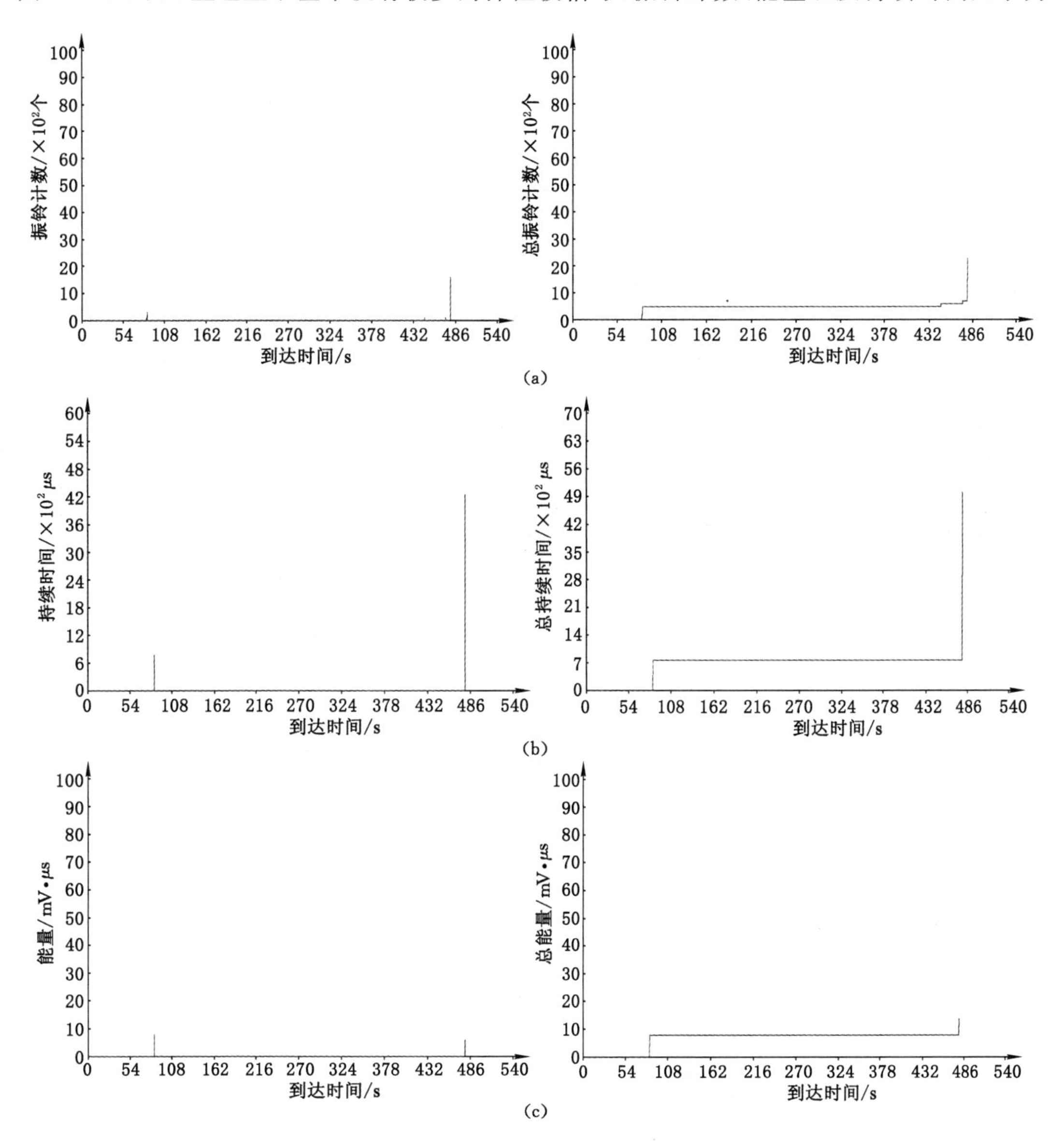

图 5-25　放煤过程 4# 通道声发射关系特征

(a) 振铃计数—到达时间、振铃总数—到达时间关系特征；(b) 持续时间—到达时间、总持续时间—到达时间关系特征；(c) 能量—到达时间、总能量—到达时间关系特征

零，裂隙无发育。从图 5-25 可以判断在模型实验放煤阶段，顶板岩层受采动影响较小，损伤与破裂不剧烈，裂隙不再产生。

(3) 第二水平开挖过程声发射监测数据结果分析

① 1# 通道声发射信号分析：在模型实验中 1# 通道接收的声发射传感器数据来源于二阶段煤层最上部的信号，其声发射关系特征参数及规律如图 5-26 所示。从 5-26(a)可以看出，在开挖初期未监测到声发射大事件，振铃计数几乎为零，只在开挖即将结束时开始出现声发射大事件，表明在开挖初期阶段最上方的煤体裂隙发育很弱，释放的弹性波能量较小，基本未发生断裂破碎。在开挖后期，煤岩体受到的水的软化和渗流压力作用，造成煤体内部

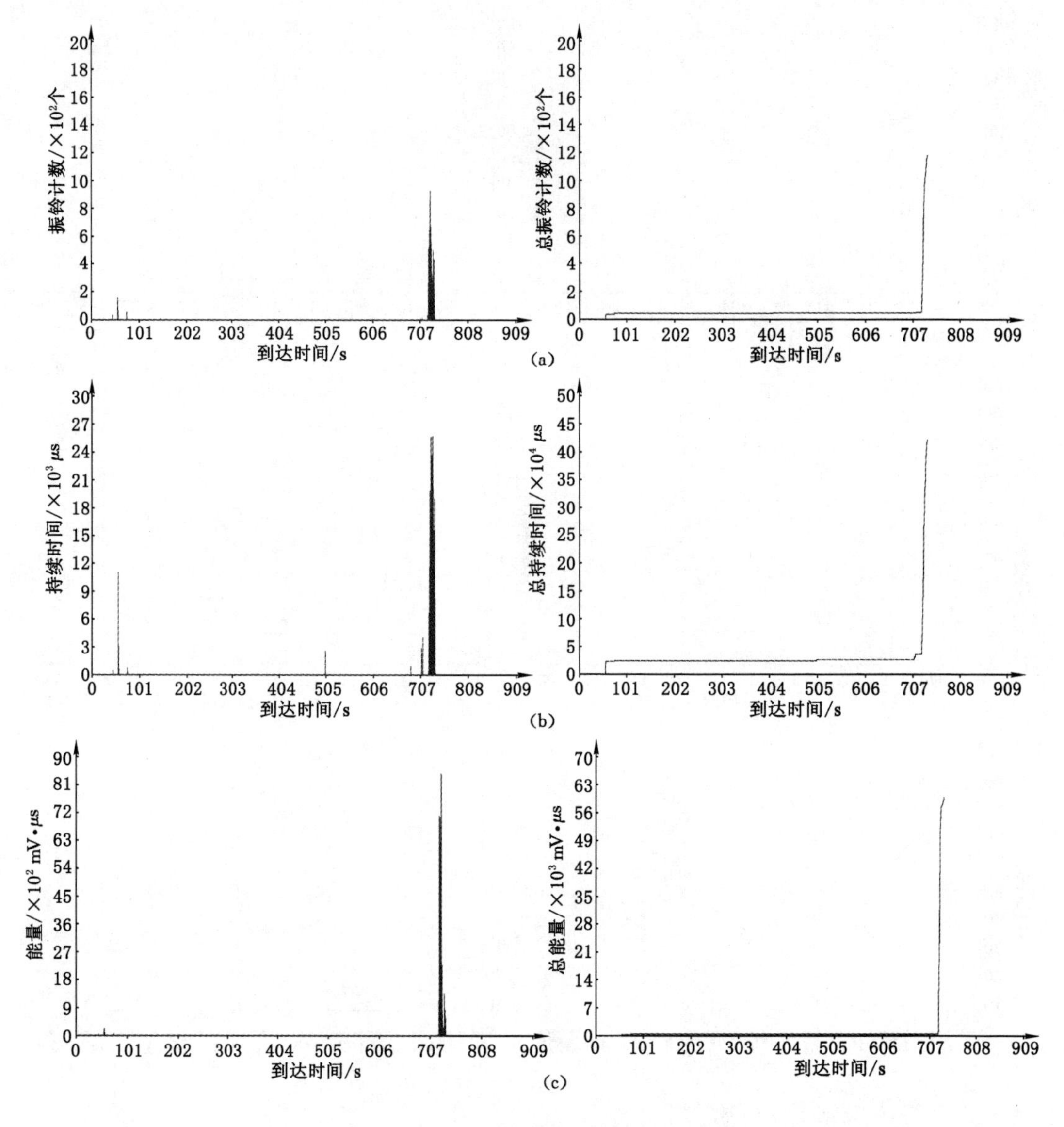

图 5-26　第二水平分层开挖过程 1# 通道声发射关系特征

(a) 振铃计数—到达时间、振铃总数—到达时间关系特征；(b) 持续时间—到达时间、总持续时间—到达时间关系特征；(c) 能量—到达时间、总能量—到达时间关系特征

损伤不断产生裂隙，监测到大量振铃计数。图5-26(b)、(c)持续时间和能量与到达时间的关系特征图上基本反映与振铃计数所表现的特征相同，只在注水软化时段内有新的裂纹损伤扩展，突显了水对顶煤及岩层裂纹发育和延伸的作用。

② 3# 通道声发射信号分析：在模型实验中 3# 通道接收的声发射传感器数据来源于二阶段煤层开切眼的信号，如图5-27所示。从图5-27(a)可以看出，在开挖7 min左右接收到声发射大事件，但信号的能量很小，表明在开挖初期煤岩层处于细微裂隙发育阶段，裂纹未发生扩展、贯通；在开挖12 min左右，监测到一些声发射大事件，由于注水软化导致煤岩有新的裂纹损伤扩展，反映了水的软化及渗流压力作用下煤岩微小裂隙的扩展过程。图5-27(b)反映了在顶煤注水后接收到了大量的小能量弹性波信号，且释放能量很是密集，表明在煤岩层处于细微裂隙发育阶段，声发射信号活跃但由于能量很小说明顶板岩层保持稳定性，未发生岩层失稳等

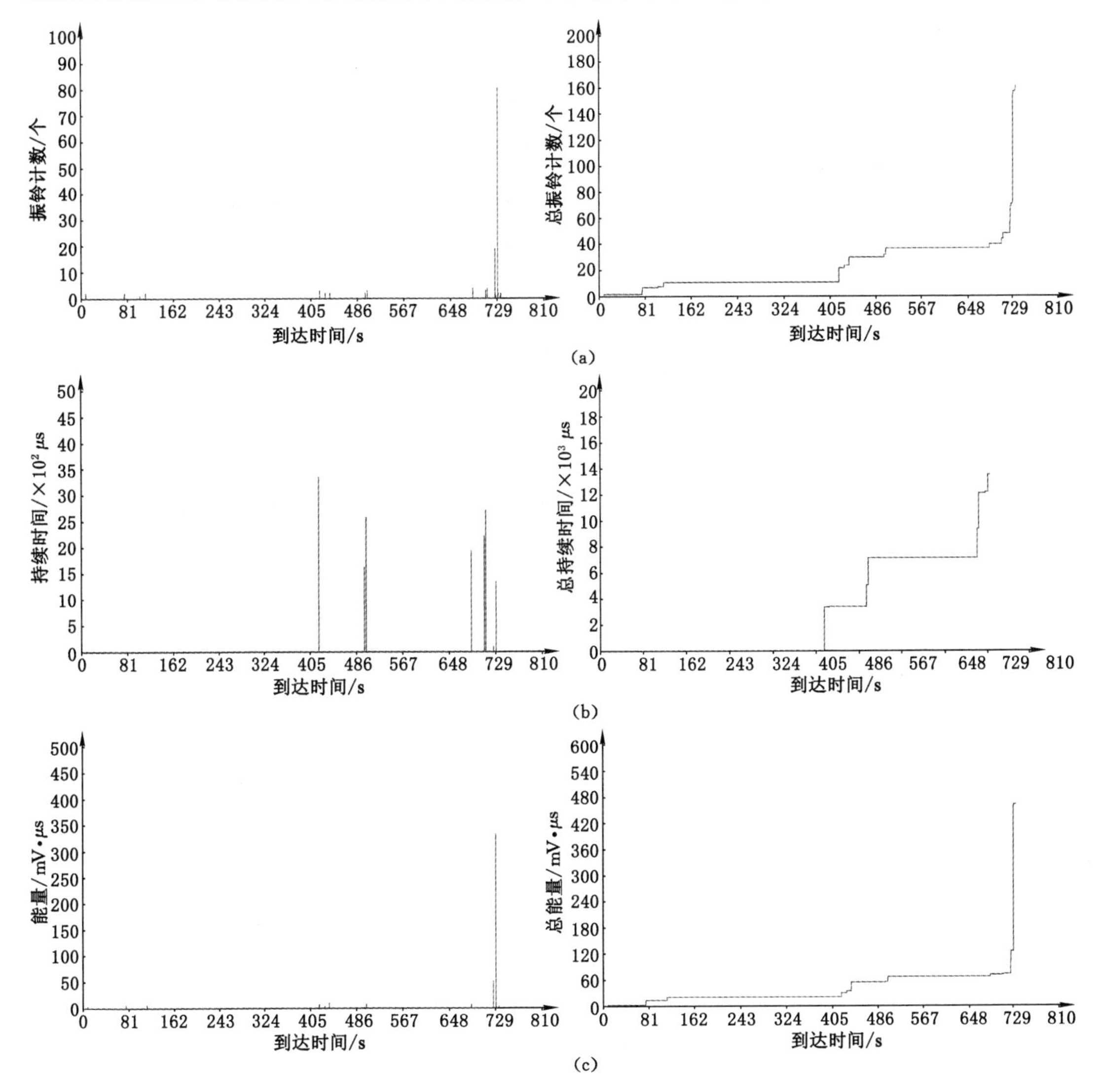

图5-27　第二水平分层开挖过程 3# 通道声发射关系特征

(a) 振铃计数—到达时间、振铃总数—到达时间关系特征；(b) 持续时间—到达时间、总持续时间—到达时间关系特征；(c) 能量—到达时间、总能量—到达时间关系特征

动力现象。

③ $4^{\#}$通道声发射信号分析：如图 5-28 所示。在开挖初始阶段，由于上方煤体及岩层完整性较好，监测的声发射信号大事件数较少，振铃计数基本为 0，在开挖约 7 min 时开始出现较少的振铃计数，表明煤岩层裂隙开始发育，处于细微裂隙发育阶段，从图 5-28(b)、(c)可以看出，在此阶段接收的弹性波信号能量很弱，但持续时间较长，表明释放出的弹性波比较

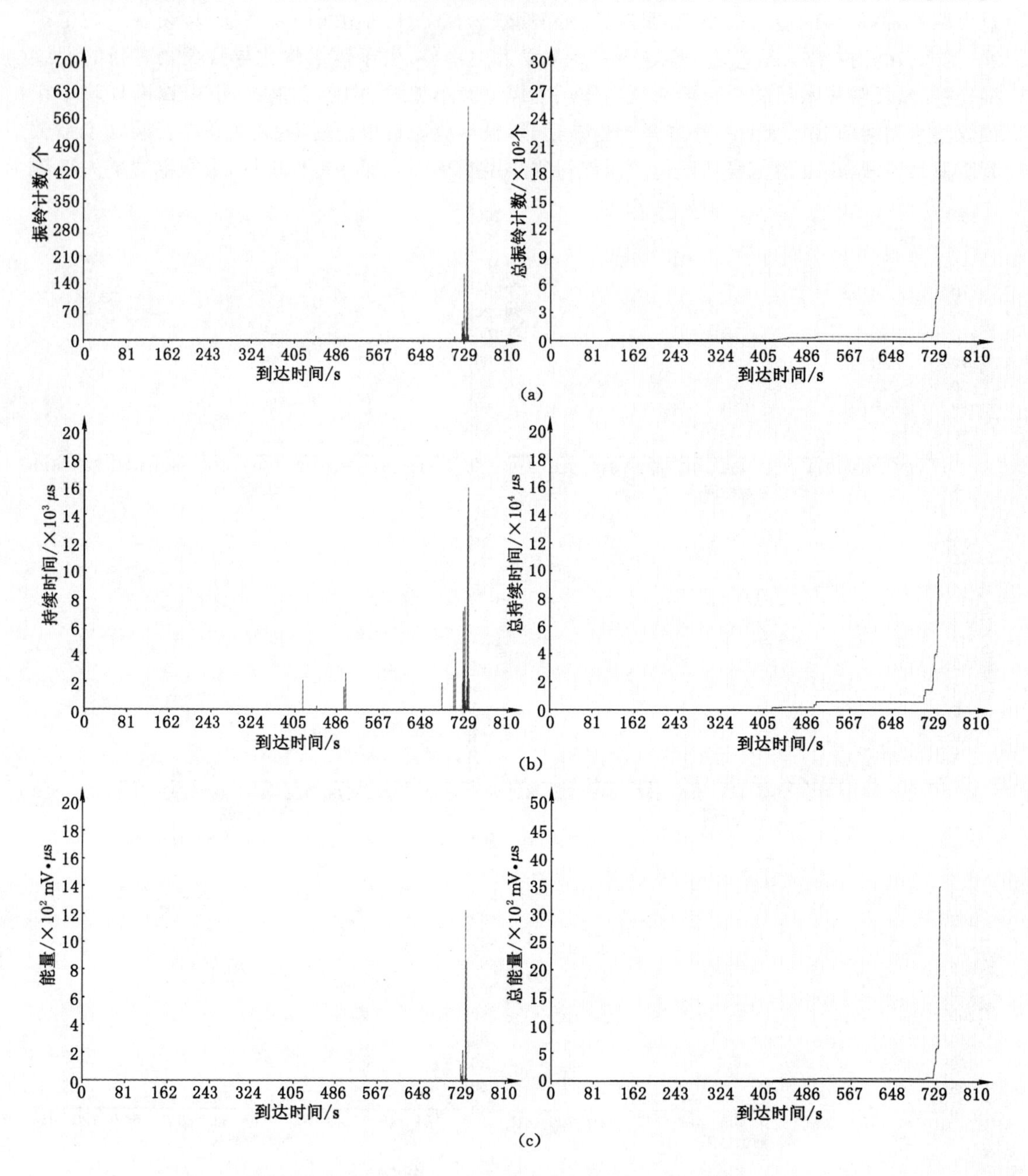

图 5-28　第二水平分层开挖过程 $4^{\#}$通道声发射关系特征

(a) 振铃计数—到达时间、振铃总数—到达时间关系特征；(b) 持续时间—到达时间、总持续时间—到达时间关系特征；(c) 能量—到达时间、总能量—到达时间关系特

频繁，属于弱能量事件。在开挖后期快结束时，监测到大量高能量事件，事件的振铃计数最高也达到 560 个，表明煤岩体裂隙大量产生，并存在裂纹扩展和延伸现象，释放较多的弹性波能量，为下一步顺利放煤提供有利的基础。

(4) 第二水平放煤过程声发射监测数据结果分析

① 1# 通道声发射信号分析：如图 5-29 所示。在放煤初期，声发射信号强度较强，振铃计数、能量以及持续时间均有剧烈的突增过程，经历一段时间平静后，再次出现较小范围内的波动，表明放煤过程是一个动态的波动过程。从图 5-29(a)可以看出，放煤初期 3 min 内，较频繁地出现了大事件，并且振铃计数最高也达到 600 个，这时，工作面上方的破碎煤体不

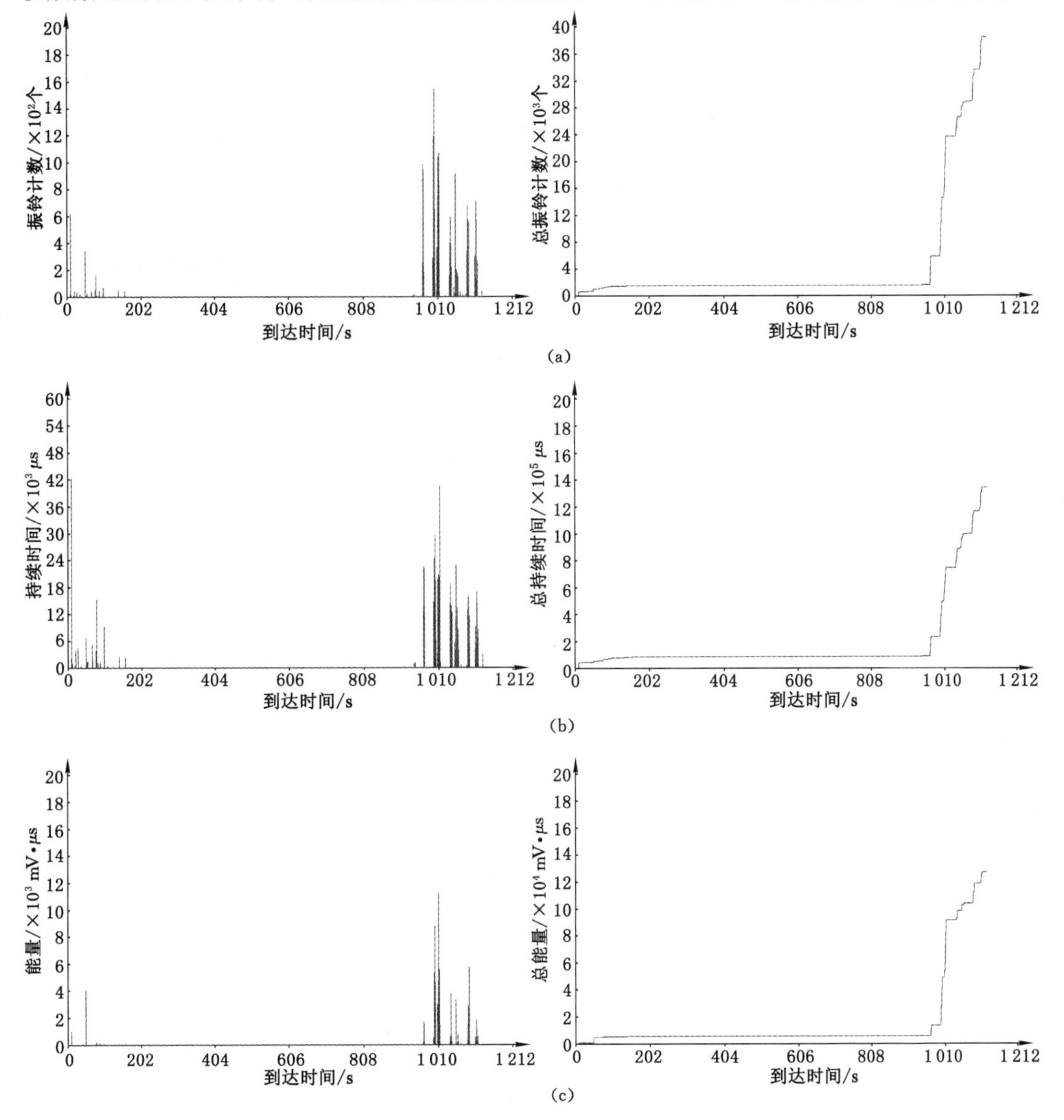

图 5-29　第二水平分层放煤过程 1# 通道声发射关系特征

(a) 振铃计数—到达时间、振铃总数—到达时间关系特征；(b) 持续时间—到达时间、总持续时间—到达时间关系特征；(c) 能量—到达时间、总能量—到达时间关系特征

断地被放出，裂隙持续发育、扩展。但随着放煤的进行，裂隙发育趋于稳定，表明煤岩体不再受到压力，当上方的煤体出现较大范围的悬空状态时，在结束前 4 min 时，煤岩体再次产生高强度的声发射信号，表明煤岩体发生扭转失稳，顶煤充分破碎，释放大量弹性波能量。

② 3# 通道声发射信号分析：如图 5-30 所示。从图 5-30(b)可以看出，在放煤初期 3 min 内监测的信号持续时间较长，其中持续时间最长的一个事件有 4.8×10^4 μs，表明这时产生的信号的振铃计数较多，释放的弹性波很频繁，顶煤及覆岩裂隙在放煤的同时裂隙不断扩

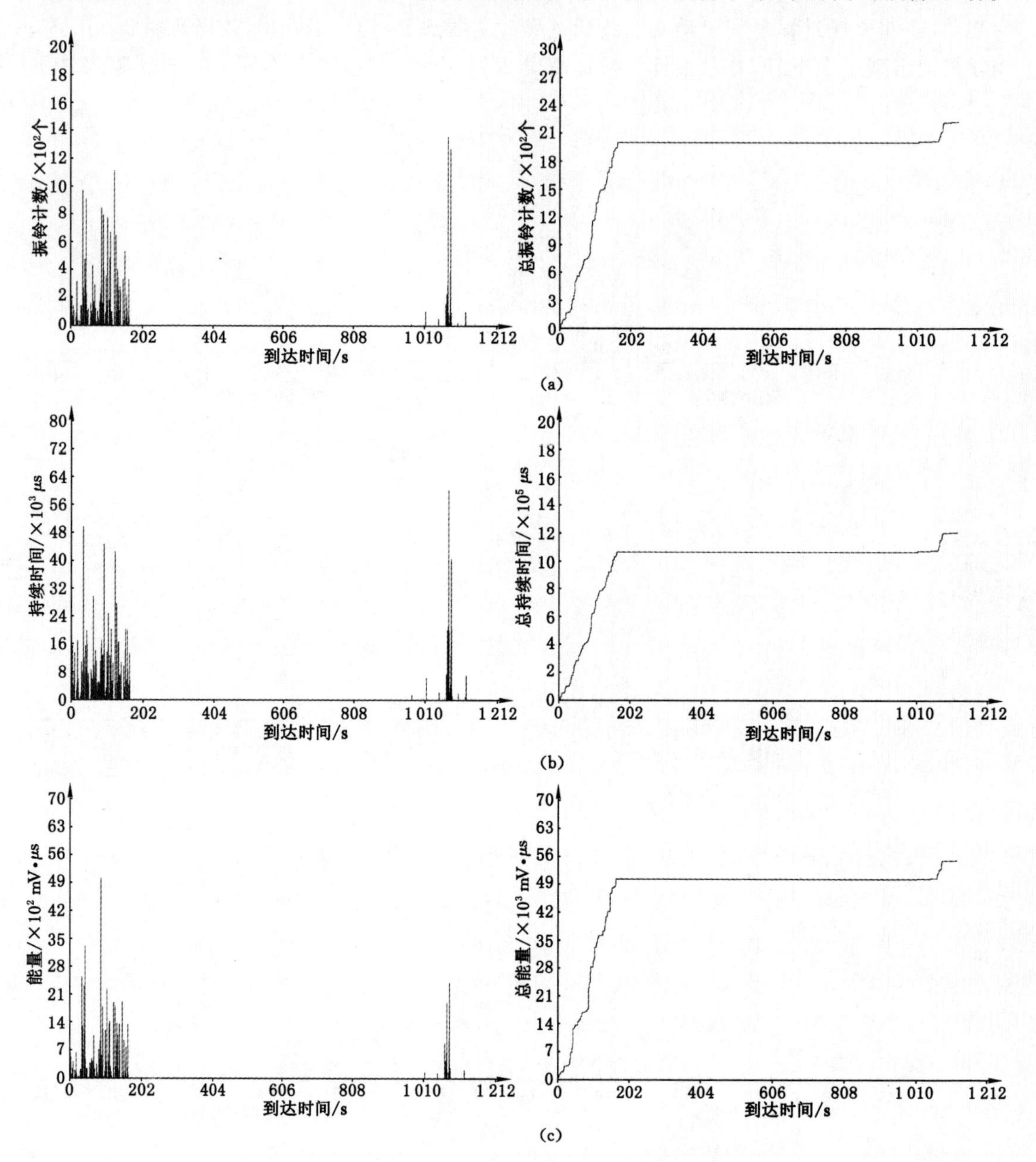

图 5-30　第二水平分层放煤过程 3# 通道声发射关系特征

(a) 振铃计数—到达时间、振铃总数—到达时间关系特征；(b) 持续时间—到达时间、总持续时间—到达时间关系特征；(c) 能量—到达时间、总能量—到达时间关系特征

展；之后，未监测到声发射事件，总持续时间与到达时间近似水平直线，表明煤岩体不再产生声发射现象，裂隙发育处于稳定时期，没有新的裂纹产生和扩展，判断在放煤过程中期会出现一段时间裂隙发育平静期。在放煤结束阶段，再次监测到较多的振铃计数，表明放煤顶煤及覆岩发生失稳，内部裂隙又剧烈发育。

③ 4# 通道声发射信号分析：如图 5-31 所示。从图 5-31(a)可以看出，4# 通道在放煤初期未监测到声发射事件，因其位于岩层中，在放煤初期只有破碎顶煤从工作面放出，岩层未受到相互挤压力作用，总体保持稳定，内部未产生裂隙。在放煤 15 min 以后，开始监测到大量声发射事件，振铃计数最大超过 4.2×10^3 个，此时岩层释放出大量的弹性能，判断上方覆

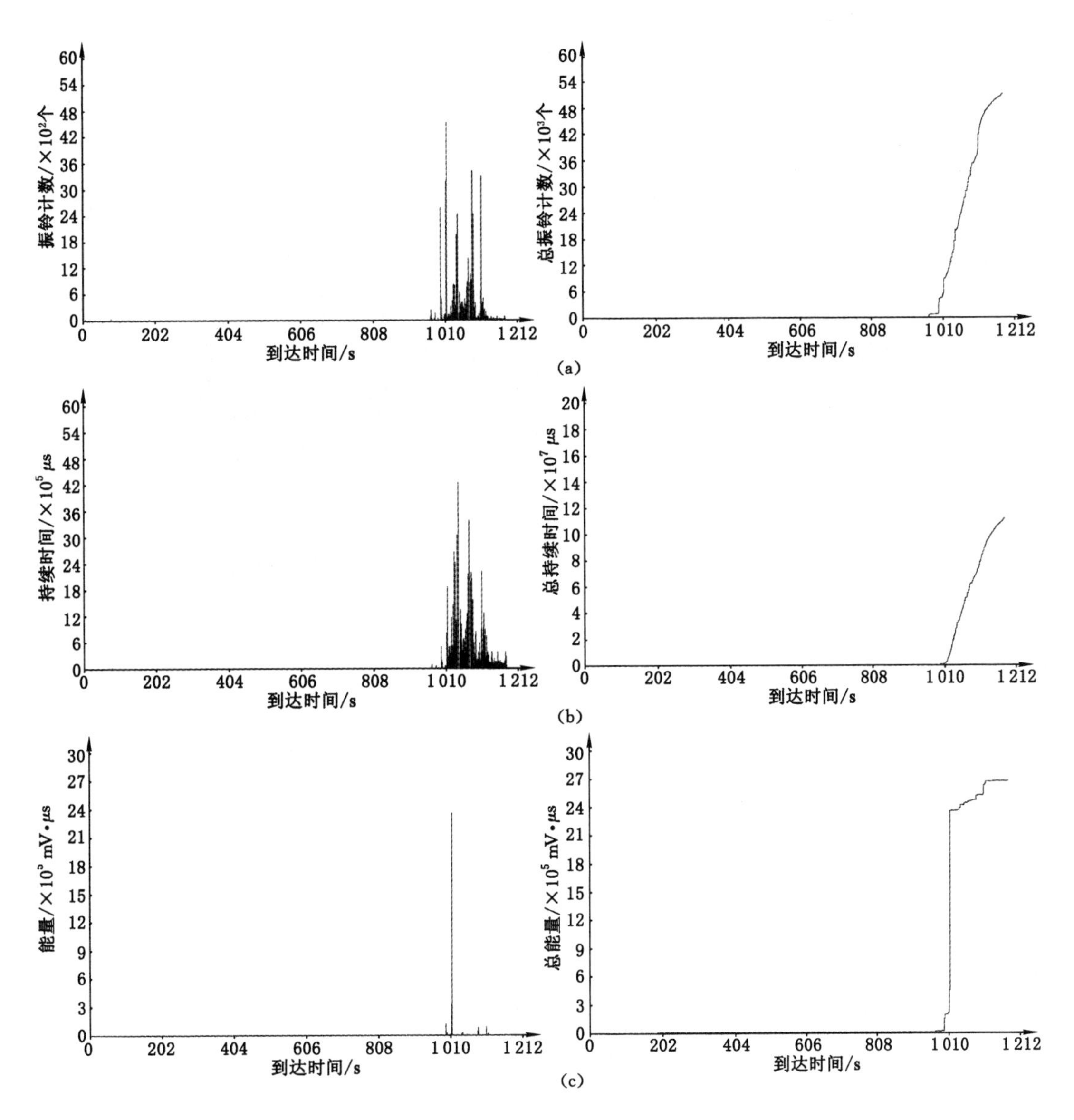

图 5-31　第二水平分层放煤过程 4# 通道声发射关系特征

(a) 振铃计数—到达时间、振铃总数—到达时间关系特征；(b) 持续时间—到达时间、总持续时间—到达时间关系特征；(c) 能量—到达时间、总能量—到达时间关系特征

岩发生断裂、失稳，内部裂纹不断产生、扩展、贯通，直至放煤结束，监测的振铃计数才开始下降，趋于稳定。

5.2.2.4　基于红外仪监测覆岩水体运移特征

通过红外热像仪对模型实验过程中连续拍摄，得到一系列红外成像图，经软件分析、处理，选取在实验过程中各阶段有代表性的 6 组。模型实验中拍摄的红外成像图上都会呈现出颜色深浅不一的"热斑"，"热斑"区域的温度相比于周围区域偏高。热图中央的"热斑"即对应着模型在该处的温度较高，"热斑"显现的越明显，"热斑"区域与实验周围区域的温度差越大。

5.2.2.4.1　上分层开采注水后红外仪成像图分析

如图 5-32 所示，随着上分层煤体的开挖，热水由顶部开始注入，从模型的整体结构分析，左上边缘和靠近右侧上边缘出现了较为明显的"亮斑"，并且颜色变化混沌不明显，基本表现为淡白色；整个下边缘和左、右两个下半部边缘的颜色呈现出浅灰色；中间出现一个类似方瓶状的区域则呈现出明显的深黑色。这是由于模型实验的上方煤体及覆岩较厚且煤岩层裂隙还未贯通造成热水注入后沿着煤层的两帮向下渗透，同时，还由于模型设置了一部分隔水层（位于煤层上方），造成水难以从煤层上方流入。

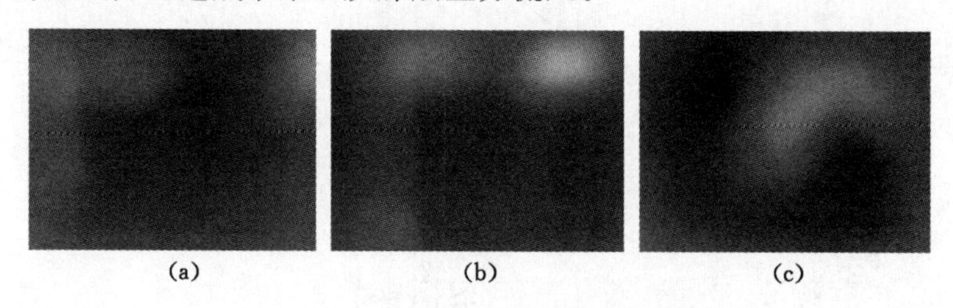

(a)　(b)　(c)

图 5-32　上分层开采注水后红外仪成像

(a) 初期；(b) 中期；(c) 稳定期

随着煤层的开挖和热水的注入与渗透，煤层上覆的隔水层逐渐被穿透并贯通，因此，煤层的上方岩层出现两个非常明显的椭圆形"亮斑"，同时，该两处"亮斑"区域的下方也出现了明显的细条状黑色区域，模型上边缘下方的深黑色区域逐渐由之前的"瓶状"变为两部分近似长方体，说明此处裂隙有一定量的热水向下移动且温度逐渐扩散。在煤层开挖程度不断增加的作用下，顶煤开始整体垮落，即实现放顶煤的模拟，由于上覆煤岩整体性垮落与铰接，整个上分层的结构发生变化，左侧煤体大范围的垮落造成热水无法继续向下渗透，形成一定范围的热量积聚，因此，模型的红外仪成像图像出现了一部分很明显的弯曲状"热斑"，颜色呈由外向内逐渐变亮的趋势。

5.2.2.4.2　下分层开采注水后红外仪成像图分析

如图 5-33 所示，下分层图像出现两个稳定的椭圆形"亮斑"区域，该区域的颜色由外到内逐渐变亮，颜色逐渐变暖，呈现出明显的温度上升梯度，由于上分层的整体性垮落，造成下分层中间出现"隔墙"，两个"亮斑"区域中间出现较细的浅灰色区域，模型的其余部分颜色则呈现截然相反的冷色。随着热水的渗透，下分层煤体中的裂隙逐渐贯通，因此少量的裂隙出现了渗透的现象，一系列细微的浅灰色条状区域开始显现。随着下分层的不断开挖和上分层的滑移作用造成下分层的顶煤得到冒放，且由于热水的下渗及温度的扩散，之前的"亮斑"

范围不断扩大，呈现近似的圆形区域，该区域颜色亮度相比较有所降低，表明温度出现一定程度的下降。整个图像的温度梯度可以近似归为3个部分，从上到下依次为：较低—高—较低。

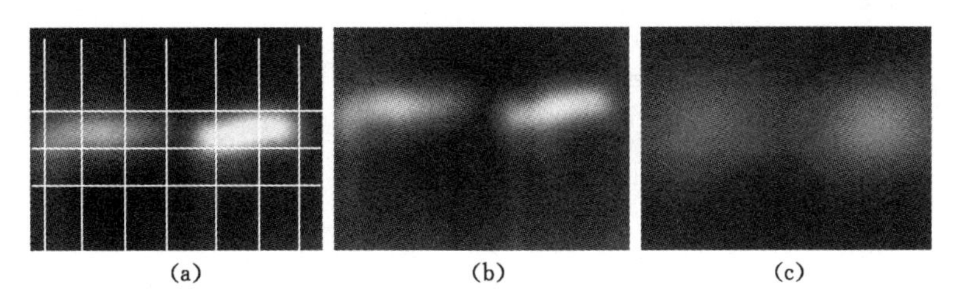

图5-33　下分层开采注水后红外仪成像
(a) 初期；(b) 中期；(c) 稳定期

5.2.2.4.3　上、下分层放煤稳定后红外仪成像图分析

模型实验在开挖完毕上、下两层顶煤基本垮落稳定后红外仪成像如图5-34所示。此时，上分层垮落并与下分层铰接在一起。从图上可以分析发现整个模型的颜色表现为两个明显的部分，模型中间不规则的弯曲“亮斑”区域和四周的黑色区域，“亮斑”所占的面积达到整个模型面积的一半。热水在渗透过程中，由于上、下分层的垮落程度逐渐增加，直至两个分层实现完全铰接，上覆岩层和顶煤逐渐向下滑移和下沉，出现了很大的裂隙，而且部分区域已经压实。此时，热水只能沿着这些有明显裂隙的垮落区域渗透和扩散热量，而压实的部分则无法有效渗透，整个热水的渗透情况完全由垮落的结构和裂隙所决定。随着热水的渗透，温度的变化，模型中“亮斑”的形状出现一定程度的变化，而周围的温度并未出现明显变化，说明整体跨落后，由于煤体结构的导水裂隙带发育程度较高，而垮落的岩层则相对较弱。

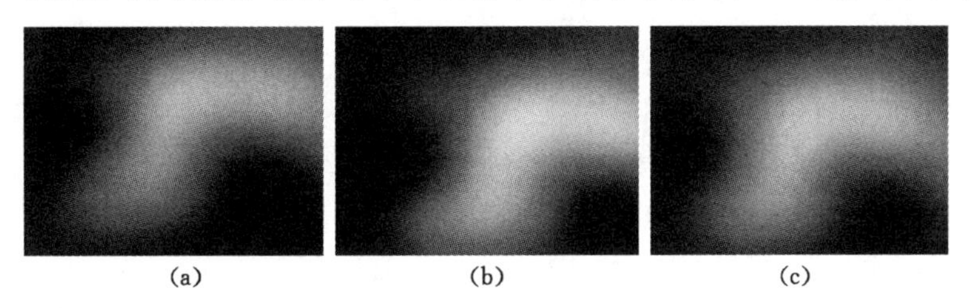

图5-34　上、下分层放煤稳定后红外仪成像
(a) 初期；(b) 中期；(c) 稳定期

综上所述，煤岩体是渗透性存在高度差异的渗透介质，由于煤岩体内部孔隙水压的存在和裂隙的不连续扩展与贯通，造成热水注入的整个过程中其渗透与流向的非均匀性。从红外仪成像图的变化过程得出，以热水为指示的流体介质在模拟实验中呈现出渗透—聚集—渗透—沿裂隙流动的整体特征。由于孔隙水压力对裂纹的扩展和贯通是双向的，因此，含水节理会进一步扩展，扩展的过程中渗流也在不断地发生。本实验反映出流体的渗透与致裂主要沿着煤层的倾斜方向发生，对45°煤层采空区积水与注水处理、参数设置提供了实验依据。

5.3 急倾斜煤层(80°以上)综放面围岩运移规律物理相似模拟分析

5.3.1 相似模拟实验模型设计与制作

根据实验室条件和研究需要,选用可调试角度的平面模型实验台。根据相似材料模拟实验的近似准则,确定其工程原型与模型的长度比为 $\alpha_L=200$,密度比为 $\alpha_\tau=1.5$,强度比为 $\alpha_\sigma=300$,时间比为 $\alpha_t=16$。模型装填尺寸长×宽×高=2 000 mm×240 mm×2 200 mm,建立的物理模型示意图见图 5-35。

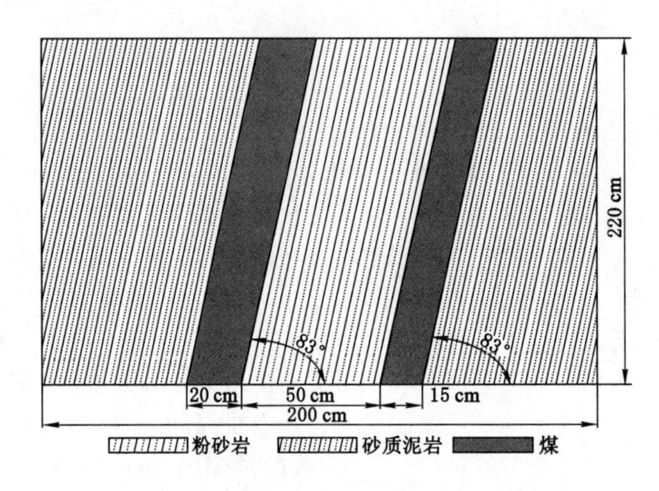

图 5-35 综放开采材料实验物理模型

以+360 m 开采水平至地表处+800 m 水平范围建立模型,建模高度 440 m,根据乌东煤矿已有地应力实测资料,+475 m 处的最大主应力值为 15.8 MPa,经过推算,模型最底端的最大主应力为 21.4 MPa,根据相似比计算出本模型设计侧向加载应力值取 0.035 MPa,折算成每个液压缸需提供 9.20 MPa。但实际操作过程中,8 个液压缸中真正能加上压力的油缸为 3 个,折算成每个液压缸需提供 12.26 MPa,实际侧压加到 11.6 MPa 时,B_{3+6}顶板出现裂隙,最终确定侧向加压值为 10 MPa。为了进一步确定乌东煤矿南区岩柱的失稳角度,将模型中的岩柱按照最小倾斜角度(83°)来设定,实验设想:如果岩柱在最小倾角 83°的条件下不出现"失稳"现象,那么在 87°~89°的条件下,岩柱也不会出现"失稳"现象。在 B_{1+2}煤层中布置 7 个应力测点,煤层顶板上方 50 mm 处布置 7 个应力测点,煤层底板下方 50 mm 处布置 7 个应力测点;在 B_{3+6}煤层中布置 7 个应力测点,煤层顶板上方 50 mm 处布置 7 个应力测点,煤层底板下方 50 mm 处布置 7 个应力测点;两煤层共计 42 个应力测点(图 5-36),利用 YJZ-32A 型智能数字应变仪和 TST-3822A 型智能数字应变仪实现应力实时监测。

时间相似比为 1/16,模型开挖过程中 1.5 h 相当于实际中的 1 d,根据工作面现场进尺计划,B_{3+6}煤层推进度为 6 m/d,所以在模型开挖中每 1.5 h 推进为 30 mm,乌东煤矿综放开采相似材料实验总体效果图如图 5-37 所示。乌东煤矿南区+800 m 水平至+645 m 水平的煤体均采用仓储式采煤法进行回采,如图 5-38 所示。由于采后保留大量的煤柱,所以在开采初期工作面上方没有明显变形下沉,覆岩结构基本保持稳定。+627 m 水平以后,乌东煤

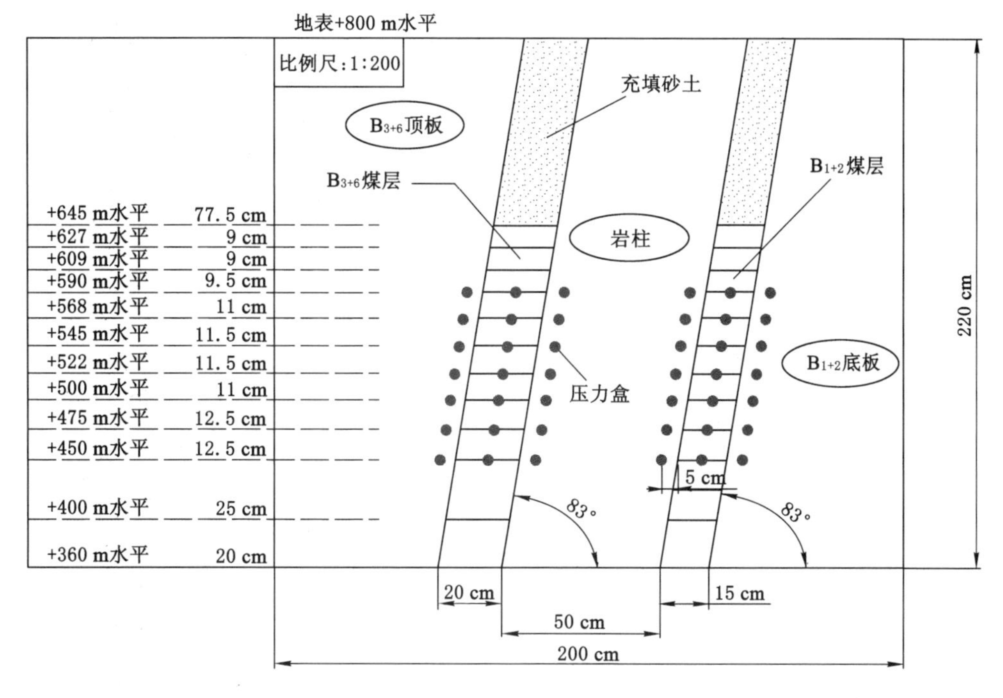

图 5-36　应力测点布置图

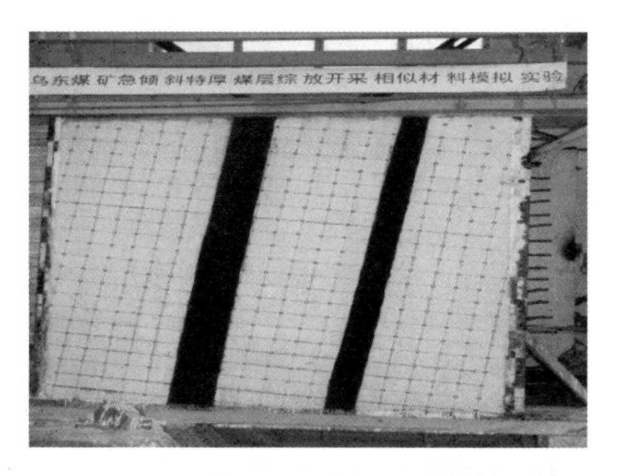

图 5-37　综放开采相似材料实验总体效果图

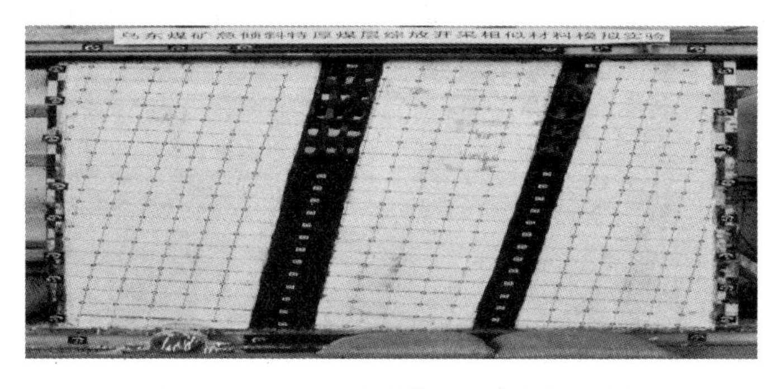

图 5-38　＋627 m 水平煤层开采完毕后形态

矿改进采煤工艺，采用水平分层综采放顶煤工艺进行回采，采放比为 1∶8。

＋609 m 水平煤层开挖结束稳定后，上覆岩层在自重应力的作用下会发生一定量的下沉移动变形，导致岩层失稳、破坏，B_{3+6}工作面顶板 35 m 处出现了轻微的离层现象，顶板 95 m处的离层裂隙较明显。＋590 m 水平煤层开挖结束稳定后，在 B_{3+6}煤层与 B_{1+2}煤层的采空区均充填砂土，B_{3+6}煤层底板下方约 6 m 处出现了纵向离层。乌东煤矿在＋500 m 水平回采时开始出现动力灾害现象，因此在相似材料模拟实验中对＋500 m 及其临近开采水平的位移和应力变化进行重点监测。

5.3.2 相似模拟结论

5.3.2.1 *覆岩位移监测分析*

以＋590 m 水平 B_{1+2}工作面开采完毕、稳定后的覆岩结构为参照基准，将以下各水平 B_{3+6}工作面和 B_{1+2}工作面开采后的覆岩结构与参照基准进行逐一对比，研究工作面开采过后模型各处岩层位移详细变化情况。从总体上看，与＋590 m 开采水平结束后相比，＋568 m 水平到＋450 m 水平靠近 B_{3+6}煤层一侧的岩柱没有出现明显的位移变化，表明岩柱在平均倾角 87°～89°的情况下，同时两侧采空区有砂土充填支撑的情况下，岩柱会保持稳定。＋522 m 水平至＋450 m 水平，B_{3+6}工作面与 B_{1+2}工作面开采后覆岩结构的运动与动态破坏部分特征如图 5-39 所示。

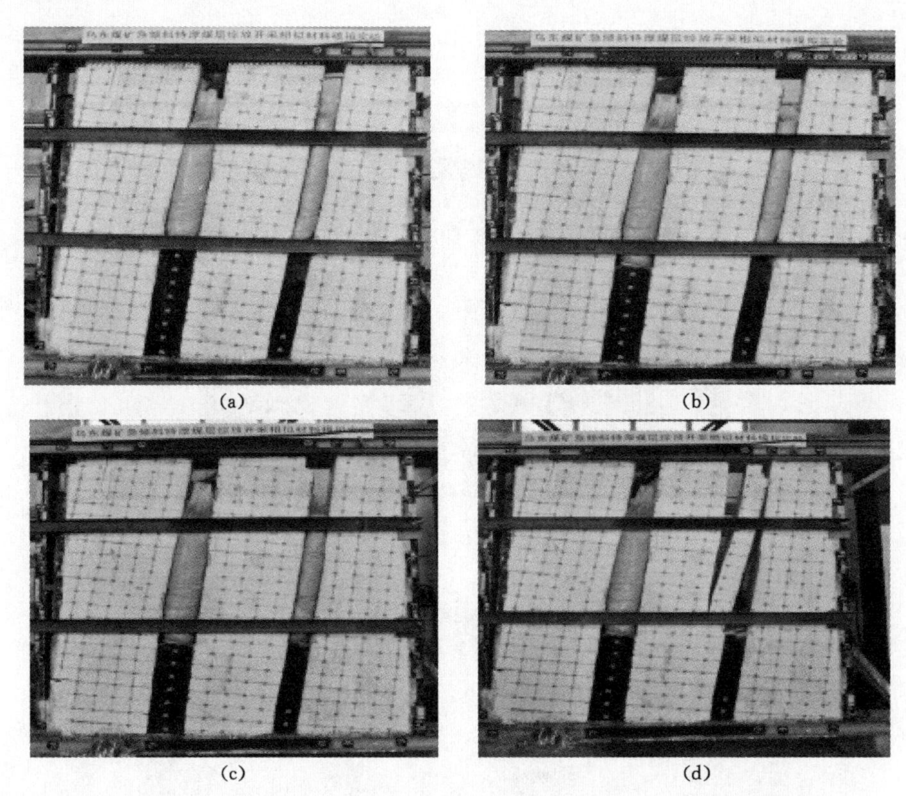

(a)　(b)　(c)　(d)

图 5-39　B_{3+6}工作面与 B_{1+2}工作面开采后覆岩结构的运动与动态破坏部分特征

(a) ＋522 m 水平 B_{3+6}工作面和 B_{1+2}工作面开采完后；(b) ＋500 m 水平 B_{3+6}工作面开采完毕后；
(c) ＋500 m 水平 B_{1+2}工作面开采完毕后(工作面上部充填体保留)；
(d) ＋500 m 水平 B_{1+2}工作面开采完毕(工作面上部充填体去除)

5.3.2.2　应力监测分析

从＋568 m 开采水平开始，共计在 7 个开采水平布置压力盒，每个水平布置 6 组。将＋522 m 水平至＋450 m 水平的两个工作面开采结束后，工作面各自顶底板的应力变化监测情况进行重点分析。

（1）沿煤层倾向方向，各水平 B_{3+6} 工作面开采后，岩柱及同一水平 B_{1+2} 煤层应力的变化情况大体相同，以＋500 m 开采水平为例进行详细分析。B_{3+6} 工作面开采过程中，B_{3+6} 煤层底板岩层 60 m 范围内应力值有所升高，升高幅度为 0.17～0.50 MPa。B_{1+2} 煤层顶板岩层 40 m 到煤层底板 10 m 范围应力值有所降低，降低幅度为 0.12～0.34 MPa。不同水平 B_{3+6} 煤层工作面开采岩柱和 B_{1+2} 煤层工作面应力的变化情况见图 5-40 和表 5-4。

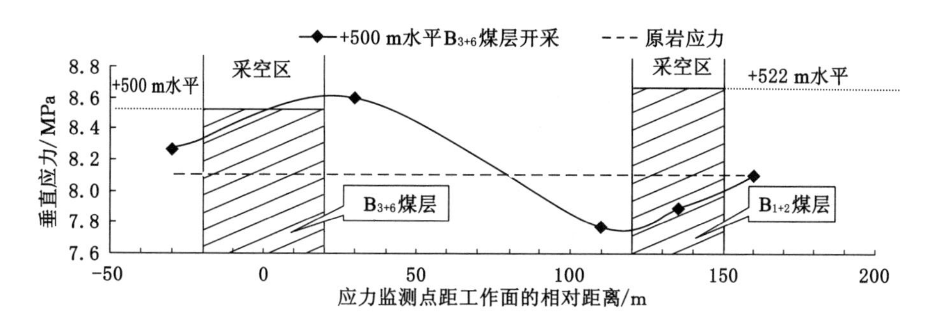

图 5-40　＋500 m 水平工作面应力监测点的应力分布规律剖面图

表 5-4　不同水平 B_{3+6} 煤层工作面开采岩柱和 B_{1+2} 煤层工作面应力的变化　MPa

开采水平	原岩应力	B_{3+6} 顶板	岩柱部分		B_{1+2} 煤层	B_{1+2} 底板
			B_{3+6} 底板	B_{1+2} 顶板		
＋522 m	7.51	7.84	7.85	7.4	7.3	7.2
＋500 m	8.1	8.27	8.6	7.77	7.98	7.89
＋475 m	8.78	8.8	8.85	8.75	8.78	—
＋450 m	9.45	9.85	9.42	9.45	9.45	—
平均升高或降低数值		＋0.23	＋0.22	－0.11	－0.08	—
平均升高或降低比例/％		＋2.72	＋2.53	－1.35	－0.99	—

（2）沿煤层倾向方向总体上看，各水平 B_{1+2} 煤层工作面开采后，岩柱及同一水平 B_{3+6} 煤层应力的变化情况大体相同，以＋475 m 开采水平为例进行详细分析，如图 5-41 所示。＋475 m 水平 B_{1+2} 工作面的开采对 B_{3+6} 煤层起到了一定保护效果，应力最大降低幅度为原岩应力的 0.34％，同时也使得岩柱局部区域的应力值升高，应力最大升高幅度为原岩应力的 1.14％。不同水平 B_{1+2} 工作面开采后岩柱和 B_{3+6} 工作面应力的变化情况见表 5-5，B_{1+2} 煤层开采后，岩柱部分应力平均升高 0.01～0.27 MPa，平均升高幅度为 0.001％～3.17％；B_{3+6} 煤层应力平均降低 0.17 MPa，平均降低幅度为 2.03％。

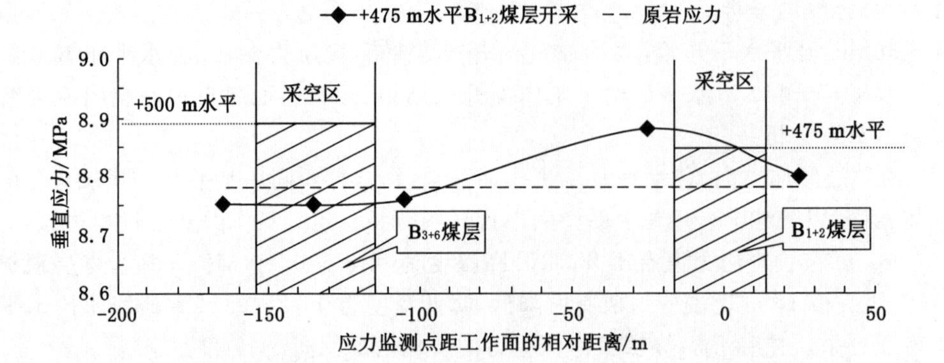

图 5-41　+475 m 水平工作面应力分布规律剖面图

表 5-5　B_{1+2} 工作面和 B_{3+6} 工作面不同开采水平应力变化　MPa

开采水平	原岩应力	B_{1+2}顶板	岩柱部分		B_{3+6}煤层	B_{3+6}顶板
			B_{1+2}底板	B_{3+6}顶板		
+522 m	7.51	7.98	7.74	7.34	7.18	—
+500 m	8.1	8.57	7.87	7.82	7.77	—
+475 m	8.78	8.88	8.8	8.75	8.76	8.75
+450 m	9.45	9.48	9.46	9.43	9.44	9.43
平均升高或降低数值		+0.27	+0.01	−0.13	−0.17	—
平均升高或降低比例/%		+3.17	+0.001	−1.48	−2.03	—

经过分析得到以下结论：

① 煤层开采时，由于采动影响，岩柱部分出现应力集中现象，其中 B_{3+6}煤层的开采将导致岩柱应力升高 0.22～0.23 MPa，B_{1+2}煤层的开采将导致岩柱应力升高 0.01～0.27 MPa。

② 由于煤层开采减小了水平方向应力传递作用，使另一侧煤层应力有所降低，其中 B_{3+6}煤层的开采可使 B_{1+2}煤层应力降低 0.08 MPa，B_{1+2}煤层的开采将使 B_{3+6}煤层应力降低 0.17 MPa；应力降低数值与两个工作面高差成正比。

③ B_{1+2}工作面和 B_{3+6}工作面开采完毕后对另一侧工作面有一定保护效果，在岩柱平均宽度 100 m 的情况下，开采顺序的不同，保护效果的变化幅度不明显。

5.4　急倾斜煤层采掘活动数值模拟分析

5.4.1　围岩活动数值模拟分析

5.4.1.1　力学模型构建

根据乌东煤矿南区地应力测量和力学参数建立的平面力学模型，如图 5-42 所示。图 5-42(a)所示为乌东煤矿南区真实开采情况的平面力学模型，煤岩体在该平面内主要受垂直应力 σ_V和水平应力 σ_H作用，由模型力学分析及上述实测分析可知，巷道及工作面煤体内的垂直应力很小，主要是因上覆采空所致，而水平应力实测结果较为明显，为了进一步分析煤岩体内水平应力的分布特征，可以将力学模型旋转 90°，如图 5-42(b)所示。

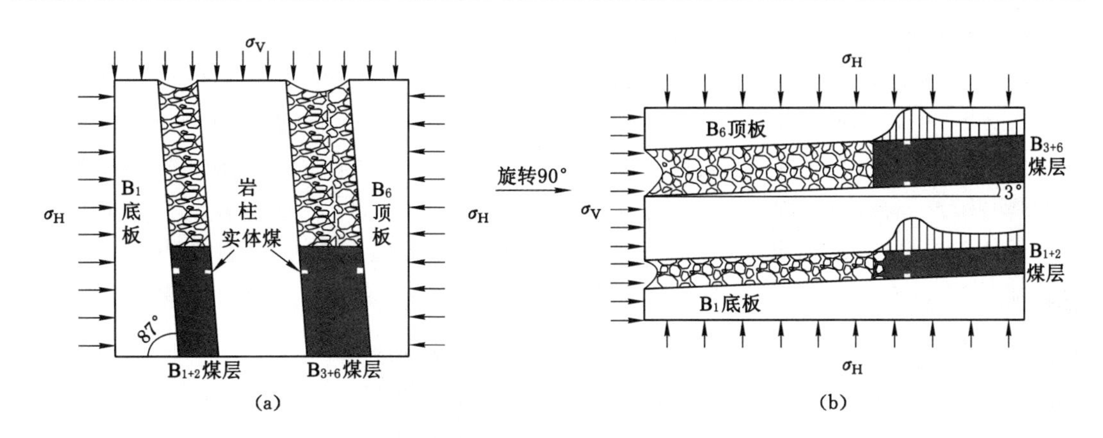

图 5-42　乌东煤矿南区平面力学模型

(a) 真实情况；(b) 转换后情况

这便转化成高垂直应力 σ_H 作用下的缓倾斜煤层群开采情况，原来的上覆采空区变成侧向采空区，该范围内的顶底板岩层由于煤层采空使得 σ_H 得到解放，因此主要受 σ_V 作用；而煤体侧，煤体受力主要为由 σ_H 作用所形成的侧向支承压力，顶底板岩层则受 σ_H 与 σ_V 共同作用。将此模型煤岩体的应力分布特征反推应用至乌东煤矿南区真实情况，则表现为开采水平及以下一定范围内的煤岩体受高水平应力作用，而开采水平以上的顶底板及岩柱则主要受其自重应力作用，从而解释了上述分析中微震事件主要集中在开采水平的现象。

为了验证力学模型分析结果，分析高水平应力的分布特征，及其作用在煤体上形成的应力峰值及影响范围，建立 FLAC^{3D} 数值模拟平面应力模型，模型依照实际的地质情况建立，模型采用的边界条件为：X 方向左右两端施加随深度线性递增的水平应力；Z 方向施加重力，底部采用速度控制；煤岩层力学参数根据岩石力学实验结果及现场地质调查进行赋值；整个模型的尺寸为 320 m×400 m，计算模型共划分 5 120 个单元，10 530 个节点。

5.4.1.2　*数值模拟结果分析*

图 5-43 为模型开挖后围岩破坏状态图。从图中可以看出，在工作面下方及巷道周围煤体主要为剪切破坏，这与模型底部受较高的水平应力有关，在开采水平以上，由于煤层开采，围岩应力得到解放，B_6 顶板与 B_1 底板的破坏形态一致，破坏形态为近直立的拱形，符合其旋转后高垂直应力作用下的缓倾斜煤层群开采过程中的围岩破坏规律。

图 5-44 为模型开挖后+500 m 水平 B_{3+6} 工作面及巷道周围垂直应力的分布情况。从图中可以看出，B_{1+2} 煤层与 B_{3+6} 煤层中垂直应力较小，且在 B_{3+6} 工作面下方呈现拱形的压力降低区，顶底板及岩柱中的垂直应力则层状分布，主要为其自身的自重应力，整体上来说，

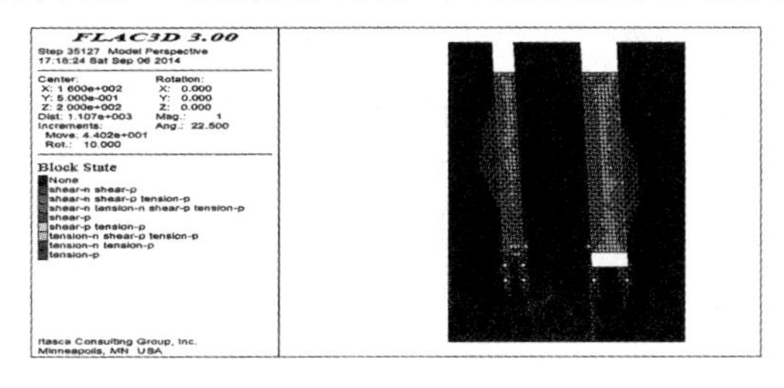

图 5-43　开挖后围岩破坏状态

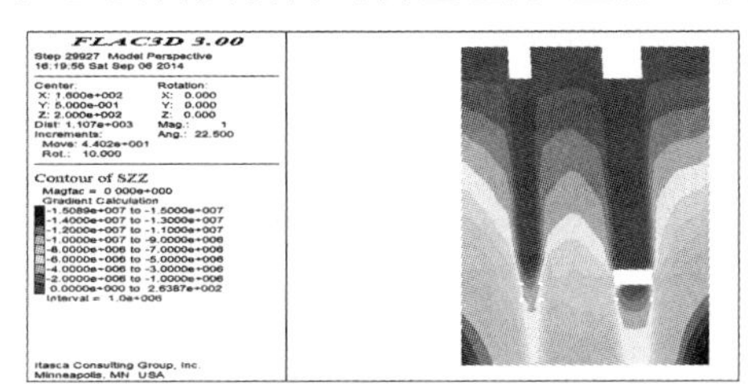

图 5-44　开挖后垂直应力分布情况

煤岩体周围的垂直应力对巷道及工作面的影响较小。

图 5-45 为模型开挖后+500 m 水平 B_{3+6}工作面及巷道周围水平应力的分布情况。从图中可以看出，开采水平以上的煤岩体水平应力非常小，开采水平及以下范围水平应力出现集中现象，主要分布在煤体及岩柱中。+500 m 水平 B_{3+6}工作面下方煤体水平应力呈较明显的“马鞍”形分布，与上述力学分析结果一致。图 5-46 为+500 m 水平 B_{3+6}工作面下方煤体应力分布曲线。从图中可以得出，在工作面下部水平应力主要影响深度为 0～50 m，峰值位置位于 30 m 左右，应力集中系数达到了 1.55。

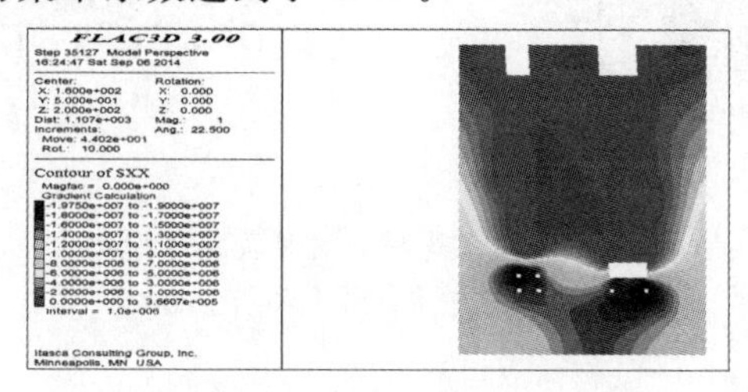

图 5-45　开挖后水平应力分布

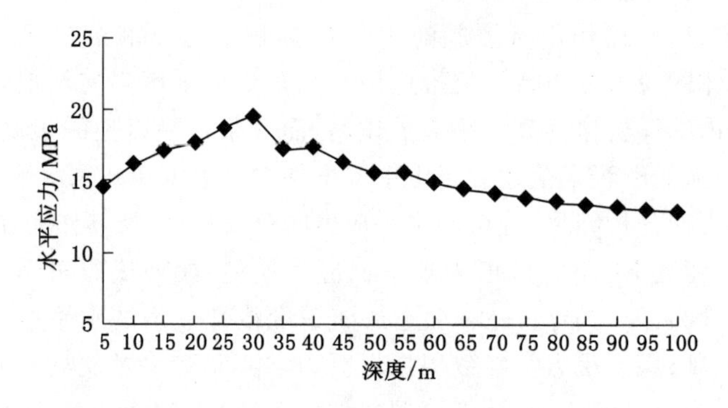

图 5-46　+500 m 水平 B_{3+6}工作面水平应力分布

为了进一步反映煤层开采的采场围岩运移特征，以乌东煤矿南区地质和开采技术条件为依据，建立 3DEC 三维计算模型。模型的水平方向宽 400 m，竖直方向高 380 m，煤层倾角 87°，岩层成层性好，与煤层近似平行，基岩上覆一层水平厚度约 15 m 的表土层。计算采用平面应变模型，模型两侧考虑了水平构造应力，在水平方向上施加了单倍自重应力大小的应力约束，模型底边施加固支约束，模型上边界（地表）为自由边界。煤层开挖自上而下开采，模拟开采分 12 个水平工作面，每层垂高 25 m，共计开采垂高 300 m。离散单元块体的划分，应以实际岩层的层理、节理和断层的发育及分布情况为准，兼顾岩层的力学性质，有如下几个原则：① 以天然岩体的层理作为分层划分块体的标准；② 对于松散破碎的岩体，块体的尺寸应小些，反之，块体的尺寸应大些；③ 在垮落带和裂隙带内，块体的尺寸应小些；而在弯曲下沉带，块体的尺寸应大些。根据上述原则建立的特厚急倾斜煤层水平分段开采离散元数值计算模型。模型上方覆盖层按等效载荷模拟代替。等效载荷按下式计算：

$$p = \sum H\rho g \tag{5-23}$$

式中　H——煤层上方未模拟煤层的厚度，m；

　　ρ——相应的煤岩层密度，取平均 2 500，kg/m³；

g ——重力加速度，取 9.81 m/s^2。

模型力学参数的选取是在综合多方面因素的基础上确定的，主要是根据室内外岩石力学实验、实际监测数据的分析和相关文献提供的岩体力学计算取值的基础上确定的。在模拟过程中，对所采煤层进行了水平分段开采，每个水平开采 25 m，每开采一个水平后运算 10 000 时步，最终得到开采不同水平时的围岩运移垮落状态图，如图 5-47 所示。

由图 5-47 可以看出：

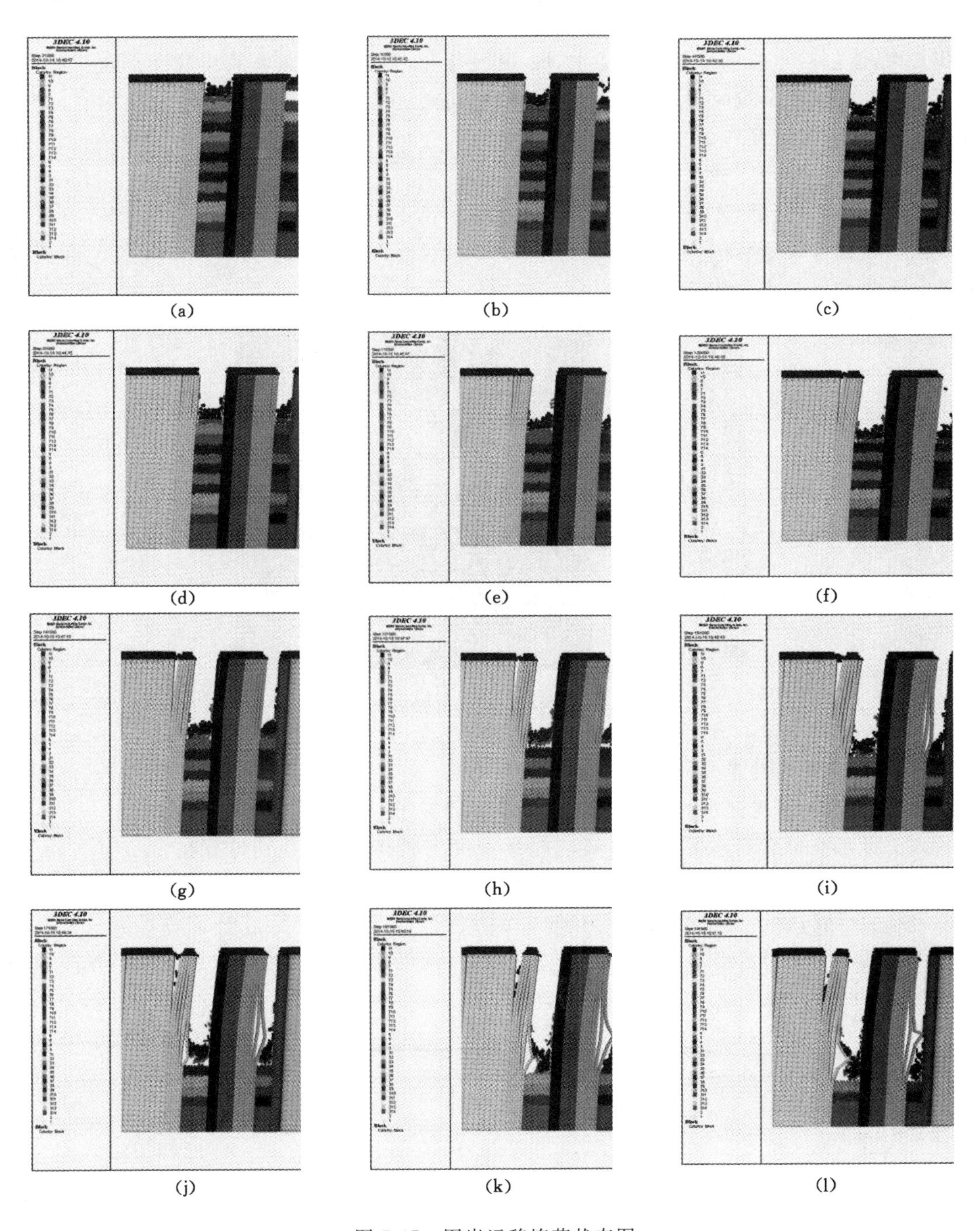

图 5-47　围岩运移垮落状态图

(1) 第一分段开采后，采空区上方煤层首先发生破坏垮落，顶底板岩层并没有发生明显变化。

(2) 第四分段开采后，顶板的悬露长度加大，B_6 顶板与 B_2 顶板开始发生弯曲离层。

(3) 随煤层的进一步开采，顶板的悬露长度加大，B_6 顶板与岩柱的弯曲离层现象快速发展，当第十分段开采后，B_6 顶板与 B_2 在中下部发生弯曲断裂，并逐层向底板侧倾倒，随着开采深度的继续增加，顶板的弯曲断裂继续发展。

本次模拟开挖 12 个分段，共计 300 m，相当于现场目前开采的＋500 m 水平。由数值模拟结果可以看出，在＋500 m 水平时，部分顶板岩层已发生弯曲断裂，随着开采深度的进一步加大，岩柱的弯曲程度进一步加大，B_6 顶板与 B_2 顶板的弯曲断裂将趋于严重，当顶底板岩层发生大面积断裂时，容易产生高能量的震动，有可能诱发动力灾害。

5.4.2 工作面推进度对动力灾害的数值分析

5.4.2.1 模型建立

以乌东煤矿南区地质条件为研究背景，根据＋800 m 水平地表标高至＋400 m 开采水平范围构建数值模型(图 5-48)。模型尺寸为 420 m(长)×200 m(宽)×400 m(高)，单元网格数为 196 120，节点数为 205 123。

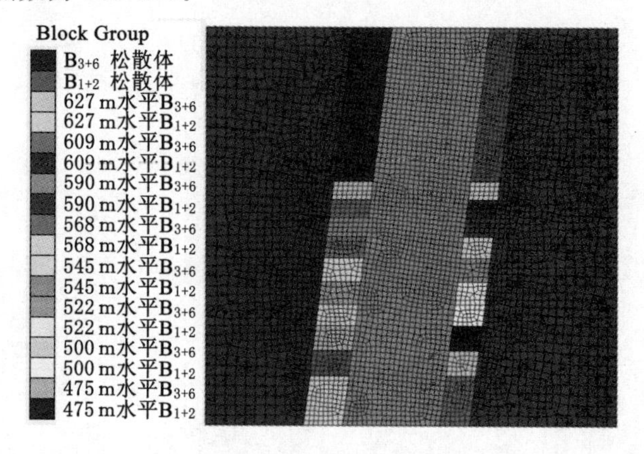

图 5-48 乌东煤矿南区数值计算模型

5.4.2.2 数值模拟结果分析

5.4.2.2.1 不同推进速度对 B_{3+6} 煤层能量密度的影响

为了研究不同推进速度对 B_{3+6} 煤层能量密度的具体影响，分别计算在 2 m/d、4 m/d、6 m/d、8 m/d、10 m/d 和 12 m/d 的推进速度下，＋500 m 水平 B_{3+6} 工作面连续开采 10 d 煤岩体的能量密度，分析变化情况。其中在 6 m/d 的推进速度下 B_{3+6} 工作面弹性能量密度部分变化情况如图 5-49 所示。不同推进速度对 B_{3+6} 煤层能量密度的影响见表 5-6，B_{3+6} 煤层不同区域不同推进度下能量密度变化见表 5-7。

表 5-6 不同推进速度对 B_{3+6} 煤层能量密度的影响

推进速度/(m/d)	开采前	2	4	6	8	10	12
能量密度峰值/(×10^5 J/m^3)	0.52	0.75	0.75	0.80	0.85	0.80	0.80
能量密度最大提高幅度/%	—	47.1	47.1	56.9	66.7	56.9	56.9
结论：开采活动使＋500 m 水平 B_{3+6} 工作面煤体能量密度峰值提高了 66.7%							

表 5-7　B_{3+6}煤层不同区域不同推进速度下能量密度变化汇总

推进速度	应力正常区 /(×10⁵ J/m³)	低应力区 /(×10⁵ J/m³)	应力梯度区 /(×10⁵ J/m³)	高应力区 /(×10⁵ J/m³)
开采前	0.52	0.35	0.74	1.07
2 m/d	0.77	0.52	1.09	1.55
4 m/d	0.77	0.52	1.09	1.55
6 m/d	0.82	0.56	1.16	1.68
8 m/d	0.87	0.59	1.23	1.78
10 m/d	0.82	0.56	1.16	1.68
12 m/d	0.82	0.56	1.16	1.68

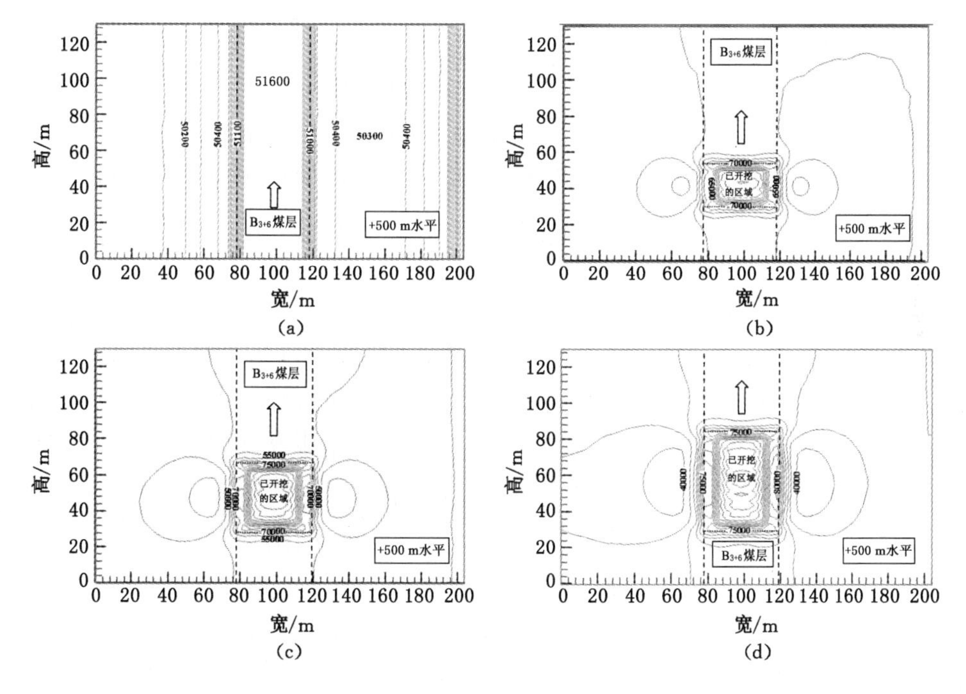

图 5-49　+500 m 水平 B_{3+6}工作面 6 m/d 开采速度下弹性能量密度变化结果

(a) 工作面开采前平面图;(b) 工作面推进 24 m 平面图;

(c) 工作面推进 36 m 平面图;(d) 工作面推进 54 m 平面图

由模拟结果可以得出,开采活动使 B_{3+6}煤层能量密度峰值提高了 66.7%,使工作面煤体内积聚的弹性能更加接近由稳态向非稳态转变的临界,动力灾害发生危险性进一步增强。乌东煤矿发生动力灾害所需的临界能量密度为 1.29×10^5 J/m³,结合岩体应力状态计算结果得到如下结论:

(1) 在+500 m 开采水平的 B_{3+6}煤层,未受到开采活动的影响下,处于低应力区、应力正常区和应力梯度区的煤体均不具备发生动力灾害的能量密度条件,但在高应力区的煤体能量密度峰值为 1.07×10^5 J/m³,已接近动力灾害发生的能量密度条件。

(2) 在开采活动的影响下,处于低应力区和应力正常区的煤体仍不具备动力灾害发生的能量密度条件，处于应力梯度区的煤体能量密度峰值为 1.23×10^5 J/m³，已基本达到了动力灾害发生的能量密度条件，处于高应力区的煤体能量密度峰值为 1.78×10^5 J/m³，已经超过动力灾害发生的能量密度条件。

(3) 为避免动力灾害的发生，建议处于 B_{3+6} 煤层应力梯度区的煤体应以 6 m/d(8 刀/d)以下的推进速度进行回采；处于高应力区的煤岩体应以 2 m/d(3 刀/d)以下的推进速度进行回采，同时在以上区域应加强动力灾害监测和采取解危措施。+500 m 水平 B_{3+6} 工作面推进速度与应力关系如图 5-50 所示。

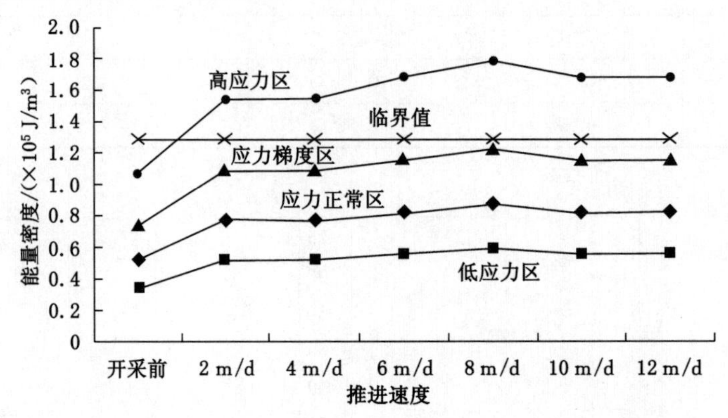

图 5-50　B_{3+6} 煤层不同区域不同推进速度下能量密度图

5.4.2.2.2　推进速度对 B_{1+2} 煤层能量密度的影响

B_{1+2} 煤层的日推进速度为 2～10 m 不等，为了研究不同推进速度对 B_{1+2} 煤层能量密度的具体影响，分别计算在 2 m/d、4 m/d、6 m/d、8 m/d、10 m/d 和 12 m/d 的推进速度下，+500 m 水平 B_{1+2} 工作面连续开采 10 d 煤岩体的弹性能量密度，分析变化情况。其中在 6 m/d 的推进速度下 B_{1+2} 工作面弹性能量密度部分变化情况如图 5-51 所示。不同推进速度对 B_{1+2} 煤层能量密度的影响见表 5-8，B_{1+2} 煤层不同区域不同推进度下能量密度变化汇总见表 5-9。

表 5-8　不同推进速度对 B_{1+2} 煤层能量密度的影响

推进速度/(m/d)	开采前	2	4	6	8	10	12
能量密度峰值/(×10⁵ J/m³)	0.53	0.66	0.66	0.76	0.80	0.80	0.80
能量密度最大提高幅度/%	—	23.3	23.3	42.3	50.9	50.9	50.9
结论：开采活动使+500 m 水平 B_{1+2} 工作面煤体的能量密度峰值提高了 50.9%							

表 5-9　B_{1+2} 煤层不同区域不同推进速度下能量密度变化汇总

推进速度	应力正常区/(×10⁵ J/m³)	低应力区/(×10⁵ J/m³)	应力梯度区/(×10⁵ J/m³)	高应力区/(×10⁵ J/m³)
开采前	0.53	0.37	0.75	1.08
2 m/d	0.66	0.45	0.93	1.33
4 m/d	0.66	0.45	0.93	1.33

续表 5-9

推进速度	应力正常区 /($\times10^5$ J/m^3)	低应力区 /($\times10^5$ J/m^3)	应力梯度区 /($\times10^5$ J/m^3)	高应力区 /($\times10^5$ J/m^3)
6 m/d	0.76	0.52	1.08	1.55
8 m/d	0.80	0.55	1.13	1.63
10 m/d	0.80	0.55	1.13	1.63
12 m/d	0.80	0.55	1.13	1.63

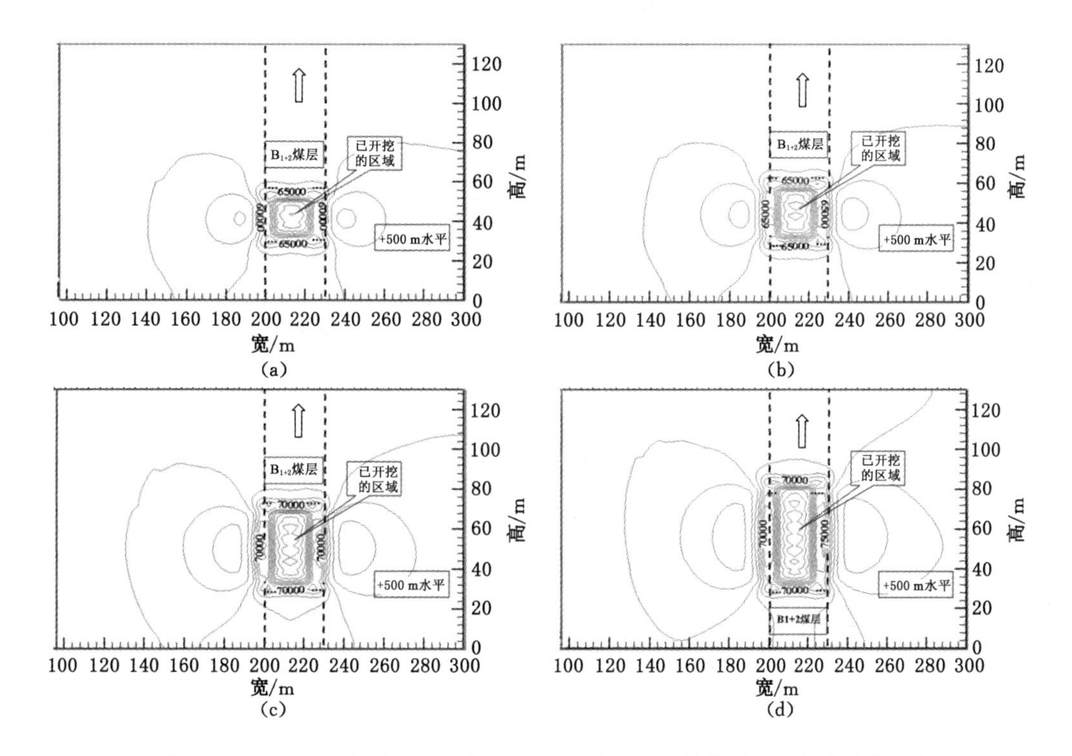

图 5-51　+500 m 水平 B_{1+2} 工作面 6 m/d 速度下弹性能量密度部分变化结果

(a) 工作面推进 24 m 平面图；(b) 工作面推进 30 m 平面图；

(c) 工作面推进 42 m 平面图；(d) 工作面推进 54 m 平面图

由模拟结果可以得出，开采活动使 B_{1+2} 煤层能量密度峰值提高了 50.9%，使工作面煤体内积聚的弹性能更加接近由稳态向非稳态转变的临界，动力灾害发生危险性进一步增强。乌东煤矿发生动力灾害所需的临界能量密度为 1.29$\times10^5$ J/m^3，结合岩体应力状态计算结果得到如下结论：

(1) 在+500 m 开采水平的 B_{1+2} 煤层，未受到开采活动的影响下，处于低应力区、应力正常区和应力梯度区的煤体不具备发生动力灾害的能量密度条件，但在高应力区的煤体能量密度峰值为 1.08$\times10^5$ J/m^3，已接近动力灾害发生的能量密度条件。

(2) 在开采活动的影响下，处于低应力区和应力正常区的煤体仍不具备发生动力灾害的能量密度条件，处于应力梯度区的煤体能量密度峰值为 1.13$\times10^5$ J/m^3，已基本达到了动力灾害发生的能量密度条件，处于高应力区的煤体能量密度峰值为 1.63$\times10^5$ J/m^3，已经超过动力灾害发生的能量密度条件。

(3) 为避免动力灾害的发生，建议处于 B_{1+2} 煤层应力梯度区范围内的煤体以 6 m/d (8 刀/d)以下的推进速度进行回采；处于高应力区的煤岩体以 2 m/d(3 刀/d)以下的推进速度进行回采，同时以上区域应加强动力灾害监测和采取解危措施，如图 5-52 所示。

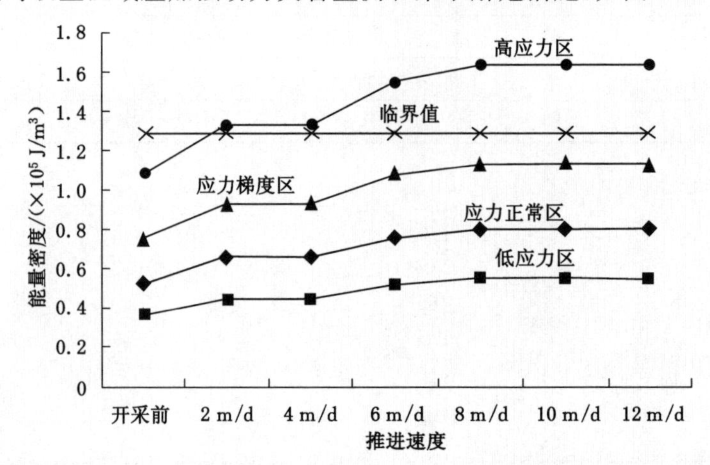

图 5-52　B_{1+2} 煤层不同区域不同推进速度下能量密度图

5.5　急倾斜煤层采掘活动现场监测分析

乌东煤矿南区和西区位于八道湾向斜南翼，煤层倾角为 83°～88°，为国内罕见的近直立煤层，采用水平分段综采放顶煤工艺，自然跨落法管理顶板。通过对乌东煤矿南区和西区动力灾害影响因素研究，造成动力灾害显现的主要因素为围岩活动程度以及采掘活动。鉴于微震监测技术具有直观性和可靠性，特采用微震监测数据分析的方法对近直立煤层围岩活动情况进行研究。

5.5.1　围岩活动规律微震监测分析

井下煤岩体是一种应力介质，当其受力变形破坏时，将伴随着能量的释放过程，微震是这种释放过程的物理效应之一，即煤岩体在受力破坏过程中以较低频率(f<100 Hz)震动波的形式释放变形能所产生的震动效应。微震监测系统通过对煤岩破坏启动发射的震动波的响应，对震源进行定位和能量计算，以此反映出煤岩体活动规律。

5.5.1.1　微震事件空间分布规律

微震系统监测到的矿井围岩的微震事件定位结果如图 5-53 和图 5-54 所示，其中不同颜色和半径的球体代表能量级不同的微震事件。从这段时间的微震事件定位结果看，微震事件大部分集中在 B_2-B_3 的岩柱中，矿井围岩中共发生微震事件 1 321 次，其中，B_2-B_3 岩柱发生微震事件 743 次、B_6 顶板产生微震事件 306 次、B_1 底板产生微震事件 272 次，B_2-B_3 岩柱中的微震事件占围岩总微震事件的 56%。通过对微震事件统计分析，B_2-B_3 岩柱中的发生微震事件分别占围岩中总微震事件的 53%、51%、67%、43%、52%、55%、66%、64%、58%，由此可见，B_2-B_3 岩柱处于两煤层中间，同时受到两个工作面的采动影响，且两煤层上覆采空区充填不实使得 B_2-B_3 岩柱存在一定的自由度，致使 B_2-B_3 岩柱活动相对剧烈，微震事件发生较为频繁。

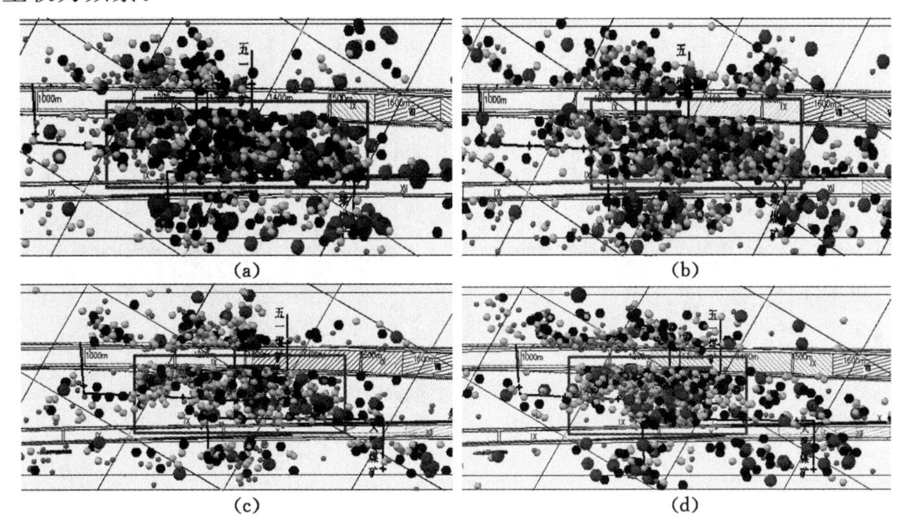

图 5-53　矿井围岩微震事件平面分布图

(a) 10 月份微震事件平面分布;(b) 11 月份微震事件平面分布;

(c) 12 月份微震事件平面分布;(d) 1 月份微震事件平面分布

从微震事件的平面分布结果看,围岩中的微震事件走向分布主要集中在工作面前、后各 150 m 范围内,且随着工作面的推进,微震事件的分布范围也相应地向前移动,表明采掘活动对微震事件的产生具有较大影响,加剧了围岩活动破坏程度;当工作面推进至五一煤矿与大梁煤矿危险区域时,即距石门 1 100～1 400 m 时,微震事件明显增多,且高能量的微震事件也相对较多,表明该区域特殊的空间结构导致围岩活动相对较剧烈。围岩中的微震事件倾向分布主要集中在 B_2-B_3 整个岩柱倾向范围、B_6 顶板倾向 50 m 范围内和 B_1 底板倾向 50 m 范围内。

从微震事件的剖面分布结果看,微震事件绝大部分还是集中在采动水平范围,空间分布范围较大,高度上在 400～600 m 范围,主要原因是该时间内实施了地面钻孔爆破岩柱工程,岩柱的整体性遭到破坏,岩柱内部裂隙的产生与发展增加了微震事件的次数。由此可见,在正常采掘下,围岩活动主要集中在采动水平范围内。

5.5.1.2　微震事件时间分布规律

微震系统监测到的矿井围岩微震事件的日释放能量与日释放频次曲线如图 5-55 所示,从微震日释放能量与频次统计曲线看,由于日释放频次的变化范围较小,其起伏较为明显,但整体上来说微震日释放能量与日释放频次的走势基本一致。工作面正常推进时微震日释放能量随时间变化主要呈升高—平缓—升高的间歇式变化,表明围岩活动经历高发期—平静期—高发期的变化规律,反映了围岩释放能量—积累能量—再次释放能量的循环过程。

为了进一步研究围岩活动经历的高发期—平静期—高发期的周期规律,由于 2014 年 4 月1 日+500 m 水平 B_{1+2}工作面封闭,将 3 月期间围岩中微震事件的日释放能量的相对峰值进行统计,具体情况见表 5-10。从表中的统计数据并结合图 5-55 微震日释放能量的变化曲线可以看出,微震事件的日释放能量存在较明显的周期性,每隔 15～30 d 有一次微震事件的高发期,这一高发期通常持续 1～7 d,随后微震事件进入平静期,表明围岩循环释放能量的周期在 15～30 d。

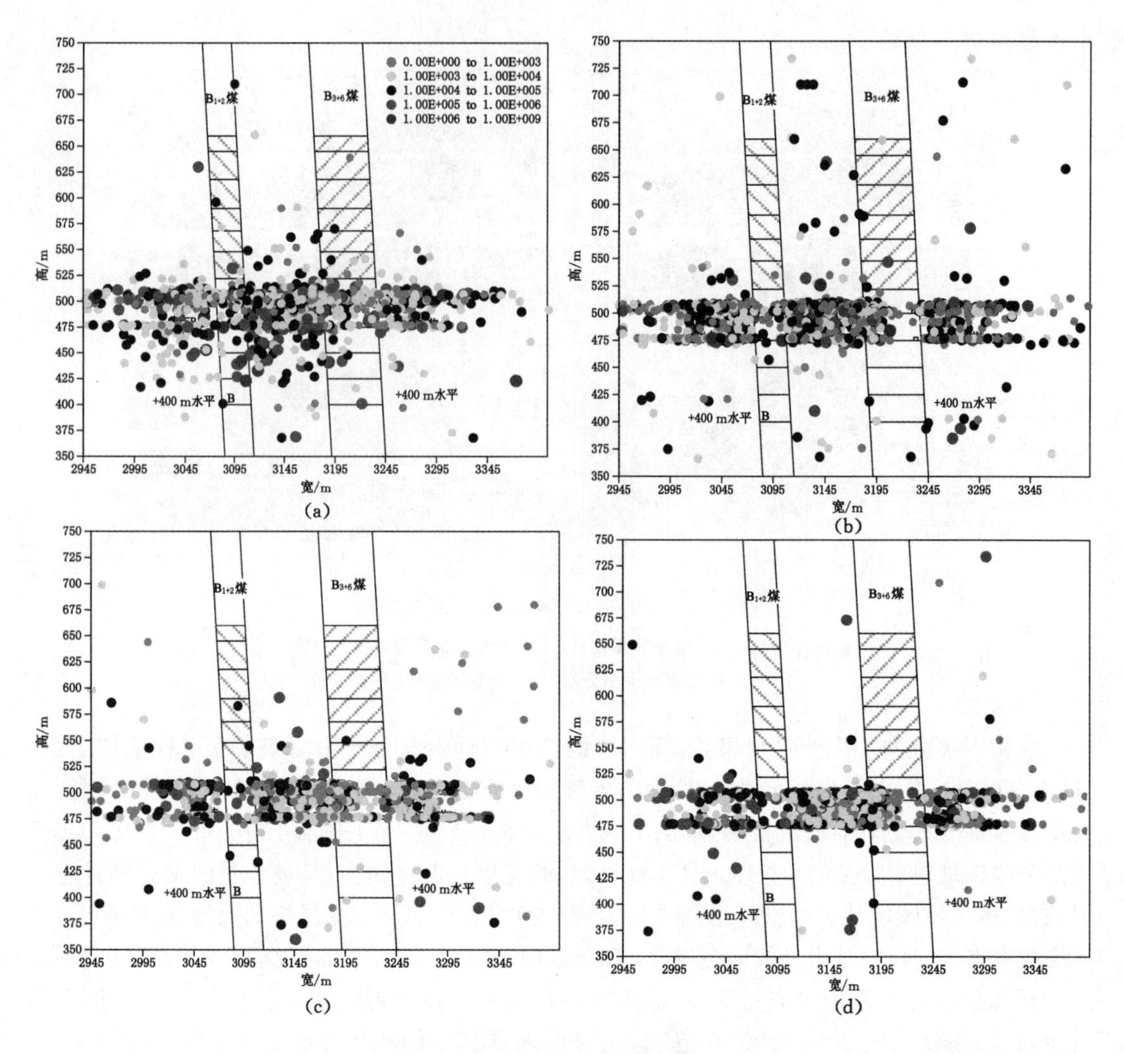

图 5-54　矿井围岩微震事件剖面分布图

(a) 10 月份微震事件剖面分布；(b) 11 月份微震事件剖面分布；

(c) 12 月份微震事件剖面分布；(d) 1 月份微震事件剖面分布

表 5-10　　微震日释放能量峰值统计

日期	微震事件日释放能量/J	日期	微震事件日释放能量/J
10-14	1.92×10^{7}	10-15	2.16×10^{7}
10-16	6.85×10^{7}	10-17	6.37×10^{7}
10-25	1.02×10^{7}	11-14	3.83×10^{7}
11-20	9.84×10^{6}	12-07	8.98×10^{7}
01-06	3.80×10^{6}	02-07	4.97×10^{6}
02-09	8.42×10^{6}	02-09	7.28×10^{6}
03-01	1.07×10^{7}	03-17	9.49×10^{6}
03-21	5.29×10^{7}	03-24	2.03×10^{7}

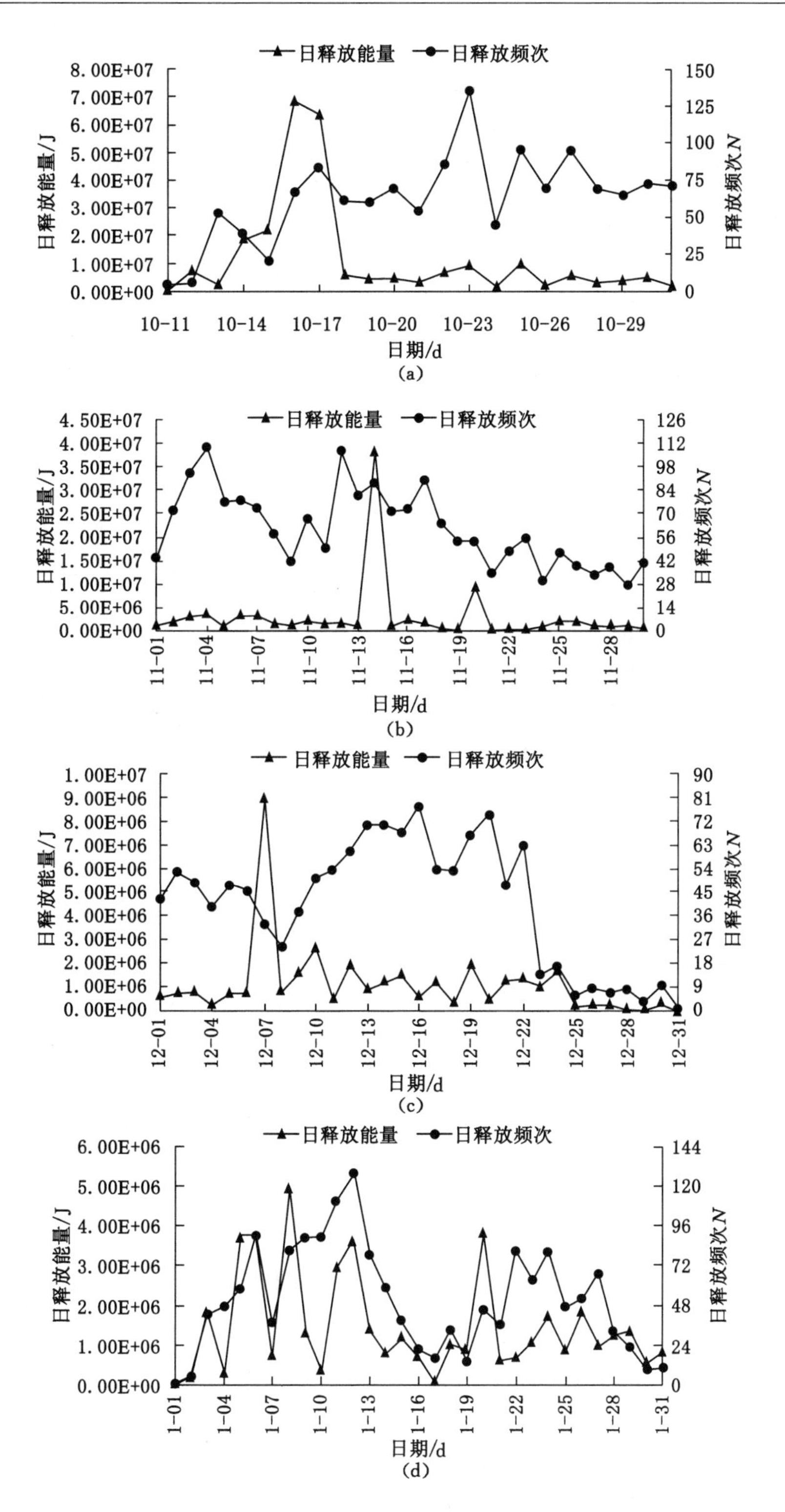

图 5-55　微震事件日释放能量与频次变化曲线

(a) 10 月份;(b) 11 月份;(c) 12 月份;(d) 1 月份

5.5.2 围岩活动与动力灾害发生的关系

2014 年 3 月 24 日 5 时 12 分，在＋475 m 水平 B_3 巷道发生一起动力灾害事件，冲击造成＋475 m 水平 B_3 巷 1 120～1 150 m 区域底鼓变形，主要集中在 B_3 巷南帮侧，平均底鼓量为 400 mm；1 120～1 150 m 区域内有 5 架 U 型钢支架受到不同程度的变形，其中 3 副支架钢箍崩断；冲击伴随巨大声响，在＋500 m 水平 B_{1+2}、B_{3+6}工作面以及 B_6、B_1、B_2 掘进工作面均听见响声。动力灾害发生时，微震监测系统监测到岩柱活动产生的事件，通过定位和能量计算，该事件发生在 B_2-B_3 煤层之间的岩柱，走向距离 B_{3+6}工作面 76 m，走向距离 B_{1+2}工作面 130 m，倾向距离 B_3 巷 55 m，倾向距离 B_2 巷 44 m，能量为 2×10^7 J，事故显现的位置和震源的位置不在同一位置，冲击位置在＋475 m 水平 B_3 巷上覆 B_{3+6}工作面前后 15 m 区域，具体如图 5-56 所示。

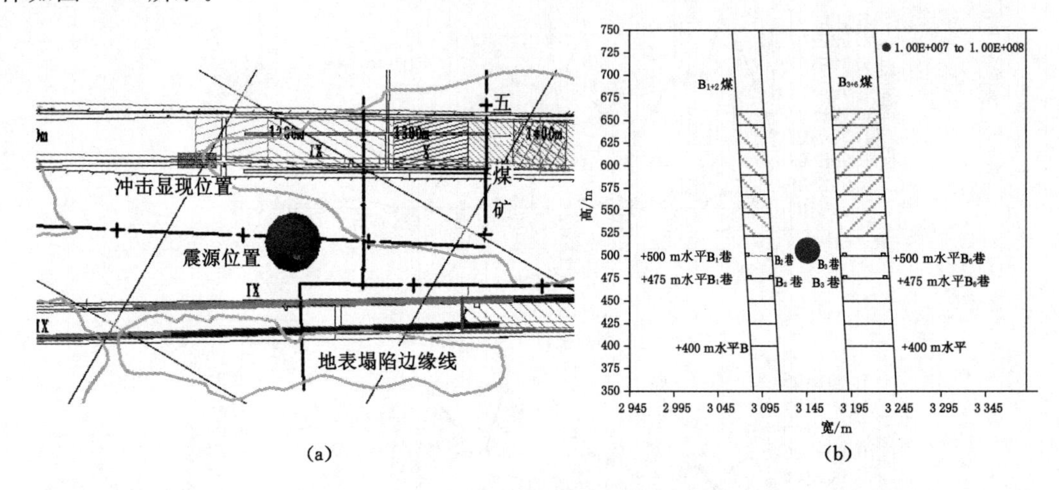

图 5-56 “3·24”冲击事件定位结果

(a) 平面分布；(b) 剖面分布

本次动力灾害显现地点及震源定位表明围岩活动为本次灾害的主要危险源。图 5-57 为“3·24”动力显现事件发生前后微震事件日释放能量与日释放频次的统计曲线。“3·24”动力灾害事故发生前，微震事件日释放能量和频次均有较大的变化，从 3 月初到 3 月 17 日，微震日释放能量始终保持较低水平，且日释放频次相对较高，动力灾害事故发生前一周，微震日释放能量变化剧烈，日释放能量突然升高，且维持在较高的水平，而日释放频次却开始

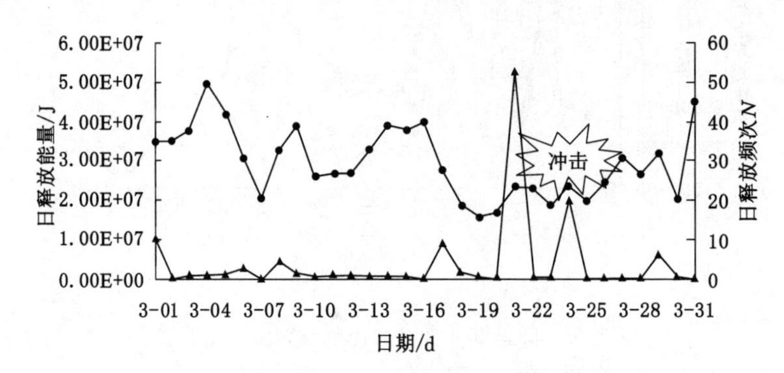

图 5-57 “3·24”冲击事件发生前后微震统计

明显下降，并维持在较低水平。表 5-11 为“3・24”动力灾害事故前微震事件能量与频次统计。

表 5-11　日均微震能量与频次统计

时间	日释放能量/J	日频次	单个事件平均能量/J	时间	日释放能量/J	日频次	单个事件平均能量/J
3-13	9.77×10^5	33	2.96×10^4	3-14	9.92×10^5	39	2.54×10^4
3-15	9.60×10^5	38	2.53×10^4	3-16	3.85×10^5	40	9.64×10^3
3-17	9.49×10^6	28	3.39×10^5	3-18	1.89×10^6	19	9.93×10^4
3-19	9.77×10^5	16	6.11×10^4	3-20	4.72×10^5	17	2.78×10^4
3-21	5.29×10^7	24	2.20×10^6	3-22	6.95×10^5	23	3.02×10^4
3-23	8.16×10^5	19	4.30×10^4	3-24	2.03×10^7	24	8.45×10^5

由表 5-11 可以发现，3 月 17 日至 3 月 24 日，微震日释放频次保持在 20 次左右，3 月 17 日事件平均能量达到了 3.39×10^5 J，3 月 21 日事件平均能量达到了 2.20×10^6 J，事件最大能量达到了 5.29×10^7 J，3 月 24 日单个事件平均能量达到了 8.45×10^5 J，事件最大能量达到了 2.03×10^7 J，表明灾害事故前一周围岩频繁活动，且活动较为剧烈。由此可见，围岩活动经历一段时间的平静期，此时围岩处于积累能量状态，当积累一段时间后，围岩活动开始频繁，即释放能量，当单个事件释放的能量较高时，则有可能诱发或直接造成动力灾害事故。

5.6　本章小结

(1) 45°厚煤层围岩活动规律

通过对乌东煤矿 45°煤层综放工作面顶板和采空区上覆岩层运移规律进行相似模拟实验和数值模拟实验，得出以下结论：

① 急倾斜煤层在开采过程中，直接顶上覆坚硬岩层由于大角度的作用，顶板岩层比缓斜条件更加易于形成沿倾斜的铰接结构。在工作面上方容易形成拱状稳定结构，导致工作面顶板形成长度较大的悬空，工作面顶板岩层上方形成的稳定拱状结构的“底部拱角”遭到破坏，顶板的稳定性将遭到破坏，给煤矿生产带来安全隐患。

② 通过对顶煤注水前、后煤岩体运动及演化特征和岩层位移变化分析，揭示了在实施注水软化后，顶煤及覆岩裂隙扩展延伸至顶底板，并形成由“顶板—煤层—底板”所组成的自然拱状的稳定结构。随着注水时间的延长，顶煤完全垮落，顶板岩层向采空区弯曲并有沿层面的向下移动趋势，底板也有轻微的凸起现象，可以通过注水软化实现上方煤体裂隙充分发育。

③ 在放煤的过程中当上方的煤体出现较大范围的悬空状态时，煤岩体再次产生高强度的声发射信号，顶煤及覆岩中的裂隙开始扩展，突然发生大面积垮落，声发射信号强度急增，振铃计数、能量以及持续时间均有剧烈的突增过程，表明煤岩体发生扭转等失稳，顶煤充分破碎。

④ 通过对第一分层工作面(首分层开采)开采时的视频与声发射事件数分析可以得出，

在第一分层开采过程中工作面围岩裂隙发育情况相对较少。但在 120 s 时附近能量有一次较大程度的释放并且在此时间点附近声发射事件数相对较多，第一分层工作面最左侧顶板处发生了顶板断裂情况并形成了裂隙带，随着开采进一步推进这条裂隙带进一步扩大。由于第一分层工作面采空区顶板由于没有完全垮落造成了第二分层工作面顶板在开采时继续承受第一分层应力的影响，出现应力叠加的现象。同时对照第二分层开采过程的视频与照片发现在此时间段内采空区顶板基本无垮落，工作面悬顶面积持续增大，采空区顶板所承受的应力也持续增大。

⑤ 通过对第三分层开采过程中 1# 通道收集的声发射数据绘制的图线可以看出，1# 通道收集的声发射信号能量值、振铃计数、幅度与撞击数小于第一、第二分层开采过程中收集的声发射信号，主要是由于在工作面开采后的对于采空区充填的填充物对采空区顶板起到了良好的支撑作用。由于对采空区的及时充填致使在整个第三分层开采过程中工作面围岩始终能够保持在初步受到开采扰动后迅速恢复到稳定状态，因而导致在整个第三分层开采过程中工作面围岩基本呈稳定状态，所以在此过程中基本无声发射事件发生，由开采造成的工作面围岩运动释放的能量也很少。

⑥ 借助红外仪成像对工作面覆岩中水体运移规律分析，反映出流体的渗透与致裂主要沿着煤层的倾斜方向发生，并对煤层间与采空区的气体具有显著的驱动作用，由于孔隙水压力对裂纹的扩展和贯通是双向的，因此，含水节理会进一步扩展，扩展的过程中渗流也在不断地发生。

(2) 近直立厚煤层围岩运移规律

通过对乌东煤矿南区近直立厚煤层微震数据统计分析，研究围岩运移规律以及采动扰动影响程度，在此基础上对围岩运移规律进行数值模拟和相似材料模拟，掌握近直立厚煤层围岩运移规律，具体内容如下：

① 微震监测表明近直立围岩活动有明显的区域分布特征：围岩活动绝大部分还是集中在采动水平范围，走向分布主要集中在工作面前、后各 150 m 范围内，倾向分布主要集中在 B_2-B_3 整个岩柱倾向范围、B_1 底板、B_6 顶板倾向 50 m 范围内，表明采掘扰动对围岩活动具有较大影响，加剧了围岩活动破坏程度；当采掘作业进入划分的冲击危险区域时，围岩活动趋于剧烈。

② 微震监测表明围岩活动是乌东煤矿南区动力灾害的主要诱发因素，围岩活动经历高发期—平静期—高发期的周期性特征，在平静期围岩一直处于积累能量状态，当能量积聚到一定程度时，容易突然释放能量，诱发冲击显现。

③ 通过力学模型类比分析及数值模型计算，动力灾害发生的主要力源因素为水平应力，煤岩体应力分布呈以下特征：煤体所受垂直应力影响很小，在开采水平及以下的煤岩体中存在水平应力集中现象，主要影响范围为开采水平往下延深 0～50 m 内，峰值位置位于往下 30 m 左右，应力集中系数达到了 1.55；开采水平以上围岩因煤层采空应力得到解放，围岩破坏形态为近直立的半圆拱形。

④ 通过近直立厚煤层相似材料模拟，煤层开采时，由于采动影响，岩柱部分出现应力集中现象，其中 B_{3+6} 煤层的开采将导致岩柱应力升高 0.22～0.23 MPa，B_{1+2} 煤层的开采将导致岩柱应力升高 0.01～0.27 MPa。B_{1+2} 工作面和 B_{3+6} 工作面开采完毕后对另一侧工作面有一定保护效果，在岩柱平均宽度 100 m 的情况下，开采顺序的不同，保护效果的变化幅度

不明显。

⑤ 近直立煤层围岩活动受采掘因素影响较为明显，为了控制围岩活动剧烈程度，工作面日推进度应控制在8刀以下，并保证平稳的推进速度，控制日产量与放煤量，避免过量放煤。

⑥ 近直立煤层动力灾害的力源为两侧采空到一定程度的岩柱弯曲对煤体产生的作用力，可以形象地将这种产生动力灾害的力源称为“撬杆效应”，即岩柱在自重和水平地应力作用下产生弯曲后对开采水平及以下的煤体产生撬动作用，煤体产生应力及能量集中。

第6章　急倾斜厚煤层动力灾害防治关键技术研究

根据急倾斜复杂构造厚煤层围岩运移规律，结合乌东煤矿地质动力区划，对急倾斜煤层注水软化煤岩技术、顶煤静态弱化技术、耦合致裂技术进行相似模拟及数值模拟分析，为形成符合急倾斜煤层动力灾害特色的防治技术奠定基础。

6.1　急倾斜煤层注水软化煤岩关键技术

6.1.1　注水软化煤岩破坏机理

煤层及顶板岩层由多种介质组成，含有大量的裂隙和孔隙。一般情况下，在裂隙、孔隙的空间中，含有游离水和气两种不同形式的流体。注水压裂及软化在石油开采中的地层压裂及煤矿中顶煤致裂软化得到广泛的应用，其对煤岩体的破坏大多采用浸润半径和降尘效果评估，是一个与注水压力、注水时间、煤岩体物理力学特性等多参数相关的结果，主要包括水化学损伤和压裂两种作用[103-107]。

6.1.1.1　*岩石水化学损伤的机理分析*

6.1.1.1.1　化学成分分析理论

水是一种具有很强溶解能力的溶剂。岩石在水中会发生溶解—沉淀的一系列反应。从化学角度分析，水不仅会破坏岩石内部颗粒之间的连接，还会破坏晶粒本身。岩石的化学损伤效应主要包括以下两点：① 水溶液的流态、成分及化学性质和温度等；② 岩石的亲水性、矿物与胶结物的成分、透水性、结构及裂隙裂纹的发育状况等。

(1) 溶解和沉淀作用

① 溶解作用：在水溶液中矿物质的颗粒物质和胶结物的溶解受其表面扩散迁移和化学反应两方面的影响。由于岩石是矿物的集合体，水溶液首先是沿着颗粒之间接触面的微间隙和岩石中的微裂纹及细微裂隙等结构面往岩石内部渗透。

② 沉淀作用：水—岩化学作用可能生成难溶盐，也可能由于水溶液中离子浓度提高而生成可溶盐，形成结晶物沉淀于岩石颗粒的表面或裂纹、孔隙及裂隙等缺陷上，这对岩石力学性质具有重要作用。

(2) 吸附作用与氧化还原作用

① 吸附作用：吸附作用是固体表面反应的一种普遍现象。矿物的溶解是由表面吸附了水溶液组分并形成表面络合物，吸附有物理吸附和化学吸附两种类型。物理吸附是由于分子间的力引起的，其速率非常快，它是水中离子与岩石表面上的离子的一种离子交换作用，它是可逆的。化学吸附需要活化能，并且吸附速率很慢。在化学吸附过程中，液相中的离子是靠键力强的化学键(如共价键)结合到固体颗粒表面的，被吸附的离子进入颗粒的结晶架，成为晶格的一部分，它不可能再返回水溶液。

物理吸附作用会改变岩石的表面及裂纹、裂隙的结构，从而影响岩石的力学效应。虽然产生化学吸附作用的一个基本条件是，被吸附离子直径与晶格中网穴的直径大致相等，不会使结晶架发生变化。但是，化学吸附导致的结晶格架中离子成分的变化，会使结晶格架中结点的大小及间隙多少会产生一定变化，离子质点间的强度可能发生变化，与可能使其电荷不对称(异价离子交换)，甚至发生晶变现象。因此，化学吸附作用也能影响岩石的力学性质。

② 氧化还原作用：氧化还原作用对岩石力学性质具有正效应和负效应的双重作用。一般来说，氧化作用产生正的力学效应，而还原作用产生负的力学效应。岩石中的矿物和胶结物所含的阳离子，在中性水或中低酸性水中的游离氧的作用下被氧化，使岩石表面形成一层氧化膜，保护着岩石不被水溶液进一步地侵蚀。

6.1.1.1.2　能量观点

能量观点认为，水—岩的化学作用实际上也是岩石矿物的能量平衡变化的一个过程，利用岩石矿物由水化学的作用而产生相应的能量变化可解释并定量分析水—岩反应的力学效应。

水化学作用在岩石的腐蚀过程中，使岩石的内聚能不断减少，最终达到岩石最低的能量状态。岩石之所以发生这一过程，是因为它遵循了这样的自然规律，即获得与周围环境相适应的内部结构。岩石在外部能量(化学、机械和生物过程等)不断作用下，总是通过各种反应向与周围环境相适应的平衡态调整。矿物表面对活跃的化学成分的吸收将导致固体表面能的减少，当达到一个临界值时，矿物晶格能就要被破坏并释放出来。由于上述作用，受力岩石尖端的化学键将被打破，如此又产生新表面能区域，微观裂隙也将扩展。

表面化学活性水溶液对岩石表面有较大的亲和力，覆盖的表面越大，岩石表面的比表面能越低，能自动地入渗到微细裂纹并向深处扩展，好像在裂纹中打入一个“楔子”，不仅起到劈裂作用，而且防止新裂缝愈合或颗粒黏聚，在此过程中，水溶液的化学性质(如亲水性)起着重要作用。

总结起来，水对岩石的损伤作用主要有以下几个方面：

(1) 吸附与吸收作用。岩石中含有大量的黏土矿物，其粒径不大于 0.005 mm，所以它的比表面积很大。因为比表面积大，能吸附大量水分子，而且能以强烈的结合力将水吸入矿物层间结构中，形成结晶水、层间结合水、自由水，使矿物强度随吸水量的增加而降低，进而破坏黏土矿物的胶结作用。

(2) 水合作用。在水溶液中，黏土矿物微粒表面都具有负电性。在水中形成带电的水合分子，致使微粒之间相互排斥，黏结力受到破坏，使岩石强度大大降低。

(3) 楔入作用。岩石和矿物中有原生的及机械作用而形成的大量裂隙、显微裂隙和层理弱面，这些裂隙和弱面对水除有吸附作用和吸收作用外，水对裂隙尚有楔入作用。在高压水的作用下这种作用尤为突出。这就扩大了裂隙层理的范围，并逐渐使岩石破坏。因此节理裂隙和层理弱面的发育程度对岩石注水软化的作用影响很大。在井下可以清楚地看到沿节理裂隙破坏的岩块和沿层理弱面破坏的薄层状岩石。

(4) 溶解作用。砂岩中的黄铁矿和矿井水发生氧化水解作用而产生硫酸，促进碳酸钙和碳酸镁等的溶解作用。

6.1.1.2　高压致裂作用

水对顶板岩层强度的影响主要来自于水压力和水化学损伤两方面的作用，而水压力又包括静水压力和动水压力。顶板岩层的注水软化显然是注入高压水，因此，在这里考虑的主要是动水压力。

水压力的作用主要表现在以下几方面：① 降低面上的正压力，减少摩擦阻力，进而产生对裂纹尖端应力强度因子的影响；② 孔隙水压力的“楔入”作用，推动了裂纹的扩展过程，使岩体产生渐进破坏；③ 在动水压力作用下，岩体中某些接触面上的颗粒被渗透水冲刷转移，使岩体产生渗透变形，强度降低而产生变形破坏；④ 在压力水的作用下使渗透范围扩大，煤岩体受渗透水的影响，在此区域内顶板得以弱化。

6.1.2 注水条件下 45°煤层物理相似模拟实验

6.1.2.1 物理相似模型构建

本研究以乌东煤矿＋620 m 水平 45# 煤层西翼工作面为例，该工作面走向长度 1 170 m，设计回采长度 987 m，煤层相对瓦斯涌出量 3.37 m^3/t，钻孔瓦斯最大压力 0.75 MPa。工作面由北巷进风巷和南巷回风巷组成，煤层平均厚度 26.2 m，平均倾角 45°，中硬煤层，层理和节理发育程度明显。由于该工作面上部煤层已经回采完毕，为完全模拟现场工作面地质开采条件，实验设置上、下两个分段开采，其中下分段为工程背景工作面，同时该分段实验也是本研究的侧重点。为模拟乌东煤矿水平分段综合机械化放顶煤开采情况，在实验室按照 1∶100 的相似比例设计采场模型，采场模型模拟综放开采实际的工作面，其设计相应参数如下：煤层赋存倾角 45°，实验煤层厚度 25.0 cm，机采 3.0 cm，放顶煤高度 22.0 cm，采放比 1∶7.3。相似模拟实验中试样制备选取的介质材料为河沙、石膏、大白粉和水。

在相似材料模型的表面布设 95 cm×120 cm 的平面控制格网(可作为检测点)，在模型煤体周围布置了 52 个变形监测标志点，监测标志点的位移变化情况，判定模型在不同开采水平阶段岩层运动变化情况及层位结构演化规律。在上覆岩层内部埋设了 5 个声发射(AE)传感器，辅助观测采空区上覆岩层损伤及破坏情况。在模型顶部设置 5 个注水装置，注水位置 2 个位于煤层上部，模拟煤层注水软化效果；3 个位于顶板上部，模拟顶板注水软化的效果。如图 6-1 所示。

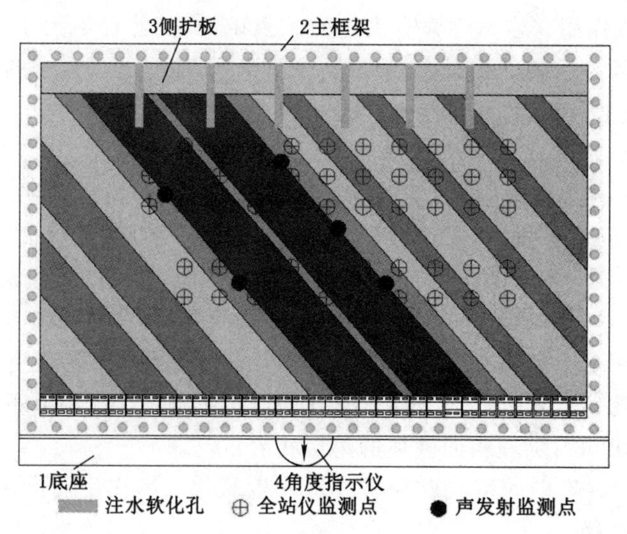

图 6-1 实验设计布局

6.1.2.2　顶煤与顶板围岩运动及演化特征

在工作面上方煤体实施注水一段时间之后，顶煤由于受到水运移、自身膨胀压力等作用，煤体开始出现软化现象，煤体内部松动裂隙不断增多，最终成“三角形”垮落。但由于“顶板—煤层—底板”形成的整体结构对上覆煤体承载作用影响下，阻碍了顶煤的进一步垮落，导致还有一部分煤体附着在顶板上以及靠近底板上的煤体未垮落，如图 6-2(a)所示。为使顶底板周围的煤体也顺利垮落、放出，间隔一段时间之后，继续对上方煤体进行注水软化。此时，靠近底板的煤体被垮落下的“三角形”煤体挤压破碎后，“三角形”煤体发生轻微旋转，煤体和顶板之间裂隙明显增大，大块三角形煤体本身也开始出现破碎、离层等现象，最终彻底垮落呈碎块状。但在垮落煤体上方的顶板岩层只出现了显著的离层现象，由于受到煤体的支撑作用，未出现顶板岩层的垮落，如图 6-2(b)所示。

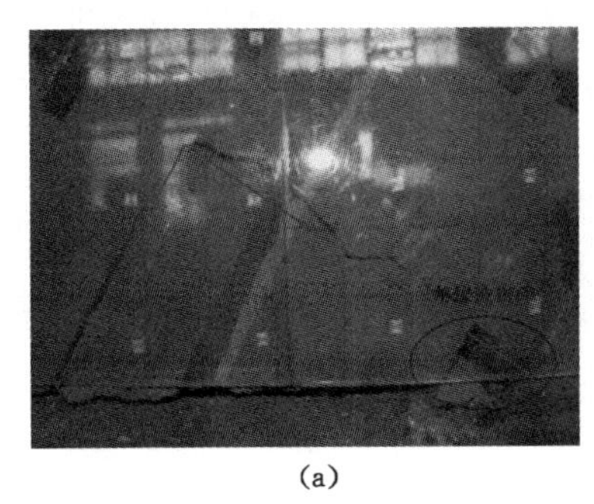

(a)

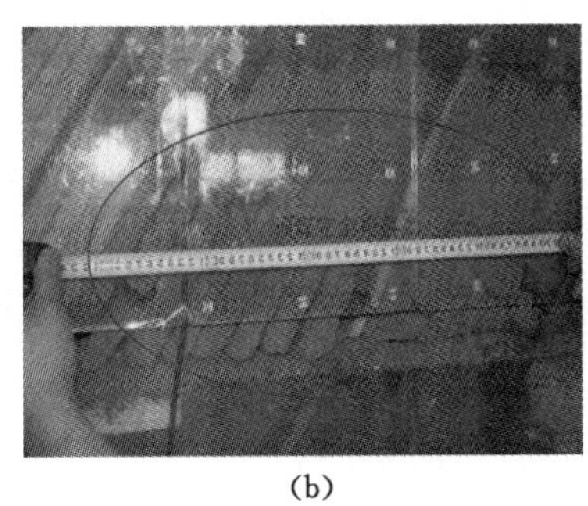

(b)

图 6-2　注水后顶煤垮落特征

(a)“三角形”垮落结构；(b) 顶煤完全破碎

第二分段煤层开挖结束后，顶煤开始出现裂隙发育，并随着时间延长，存在明显的下沉现象，裂隙发育加剧，沿着之前的裂纹扩展，但煤体中的裂隙未相互贯通。在进行注水软化之后，第二分段阶段煤体出现了“三角形”垮落结构，如图 6-3(a)所示。根据上、下两分段都出现了“三角形”垮落结构特征，可以推断这种垮落方式是急倾斜煤层垮落常见方式。对垮落下来的破碎煤体进行放煤处理，在煤体清理完毕后，发现上部煤体没有跟随放煤完全垮落，而是在工作面上方形成一个与第一水平相似的由“顶板—煤层—底板”所组成的自然拱状结构，此拱状结构的拱顶靠近顶板一侧，距离底板较远，并呈非对称性分布，如图 6-3(b)所示。此稳定结构导致顶煤难以垮落，为破坏此稳定结构，对顶煤继续注水，注水一段时间后，拱状结构出现裂隙，并且沿着煤层方向向深部发育；继续注水一段时间拱状顶煤发生破碎，煤体垮落，垮落煤体呈块状分布。

随着注水软化时间的延长，上方煤体中的裂隙相互贯通，最终导致顶煤充分破碎。将模拟实验中的煤体放出之后，煤层顶板发生了大面积的垮落，垮落结构具有急倾斜煤层共有的特征。靠近煤体附近中的岩层向采空区侧经历“弯曲—折断—滑落”过程规律，上覆岩层距煤体由近到远呈现此种垮落方式，同时，在顶板下部形成一定高度的悬空顶板。在底板处也有大片岩层发生隆起、下滑。煤层上方的表土层及地表形成巨大的由多次沉陷而导致的塌陷坑，坑周边产生多组间距较大的地表裂缝，如图 6-4(a)所示。

急倾斜煤层开采时，岩层移动和缓斜煤层有所不同。一般情况下，当急倾斜煤层采空后，顶板岩层向采空区弯曲并伴随有沿层面的向下移动，有时底板岩层也会向采空区凸起并

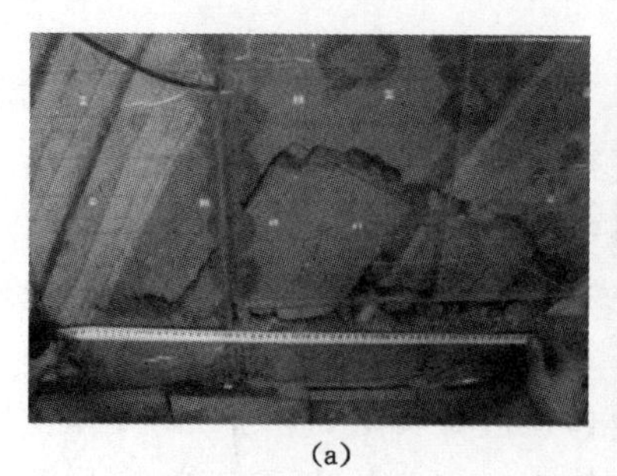
(a)

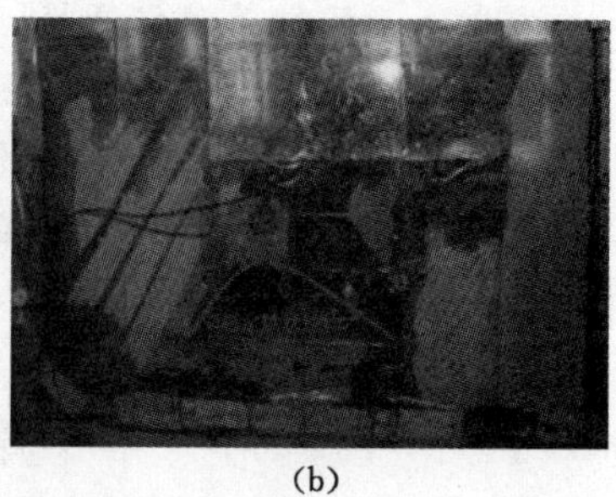
(b)

图 6-3　第二水平放煤后顶煤垮落特征

(a)“三角形”垮落结构；(b) 稳定拱状结构

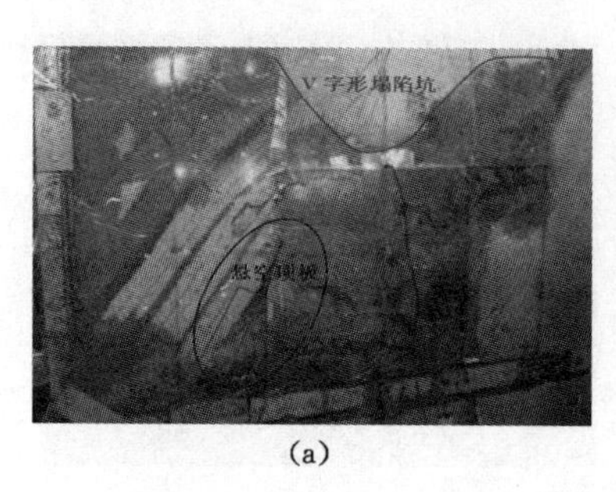

(a)

(b)

图 6-4　采空区塌陷特征

(a)“V”字形垮落及悬空顶板；(b) 现场地表塌陷坑

伴随层面下滑。随着采空区的扩大，岩层将产生破裂、垮落，岩层移动稳定后，上覆岩层会出现垮落带、裂缝带和整体移动带，有时底板也会出现整体移动带或裂缝带，如图 6-4(b)所示。急倾斜煤层开采岩层移动的这一特点，使急倾斜煤层水平分段放顶煤开采工作面在顶板一侧形成裂隙丰富的裂隙带。同时，分段放顶煤开采后，表土层和地表由垮落、塌陷引起的裂缝与采空区中的裂隙相互贯通，从而导致采空区产生大量的漏风供氧通道，为采空区中遗煤自燃提供了供氧途径，造成遗煤自燃，并随下水平分段阶段放煤进入工作面，对工作面造成严重的发火隐患。

6.1.2.3　注水过程中顶板垮落声发射特征分析

岩体或煤体微观的能量释放在宏观上体现出一定的外在表现，在破裂极限临近时信息的种类、强度急剧增加，声发射检测是接受从破裂及失稳煤岩介质内部释放的弹性波，通过分析确定破裂源头特征及判断其动力学失稳倾向性的技术。在物理相似模拟实验中，通过监测模型开挖过程中上方煤体及覆岩破裂、失稳所产生弹性波，分析其声发射波形特征，揭示煤岩体裂隙发育、垮落以及水对煤体或岩体致裂等规律。

1# 通道声发射信号分析。在实验过程中，1# 通道接收的声发射传感器数据来源于模型距离煤层顶板较远的测点信号，其声发射关系特征参数及规律如图 6-5 所示。从图中可以看出，在注水前顶板岩层事件数和能量都趋于一种平衡状态，注水之后一段时间内声发射事件数和能量并未发生变化。由于注水工作刚刚开始，注入液体未发生渗流作用，对岩体软化效果不明显，岩层总体保持稳定，内部未产生裂隙。在注水一段时间之后，开始监测到大量声发射事件，振铃计数突然增多并达到最大值，此时岩层释放出大量的弹性能，监测到的能

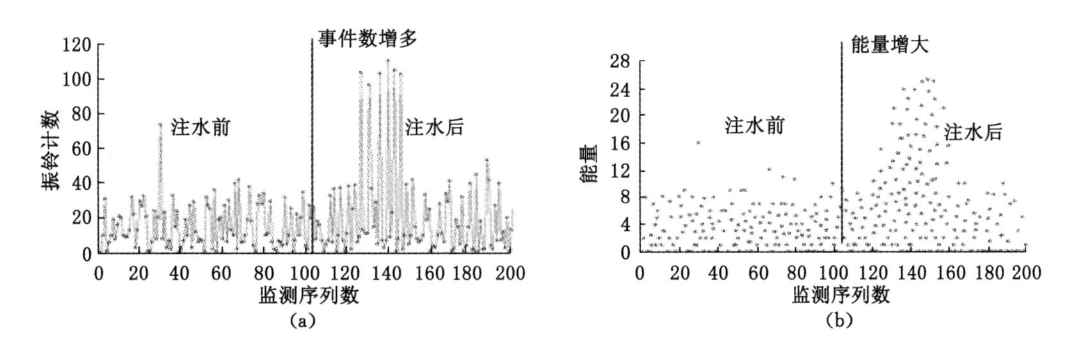

图 6-5　注水过程中 1# 通道声发射关系特征

(a) 事件数—监测序列数的关系特征;(b) 能量—监测序列数的关系特征

量峰值几乎为原来 3 倍,判断上方覆岩发生断裂、失稳,内部裂纹不断产生、扩展、贯通,直至顶板垮落结束,监测的振铃计数和能量才开始下降,并趋于稳定。

2# 通道声发射信号分析。在实验过程中,2# 通道接收的声发射传感器数据来源于距煤层顶板较近的测点信号,其声发射关系特征如图 6-6 所示。从图中可以看出,在注水初期接收到了少量的振铃计数和能量,在注水初期由于未完全垮落的顶煤有一定的破碎下滑情况,监测到极个别的大事件和能量,事件数目和能量在一定范围内有一定变化,但整体稳定。随着注水工作的进行,顶板覆岩整体性开始遭到破坏,裂隙大量发育,接收到事件数和能量短时间内急剧增加,顶板岩层完全垮落后监测数据重新趋于稳定。

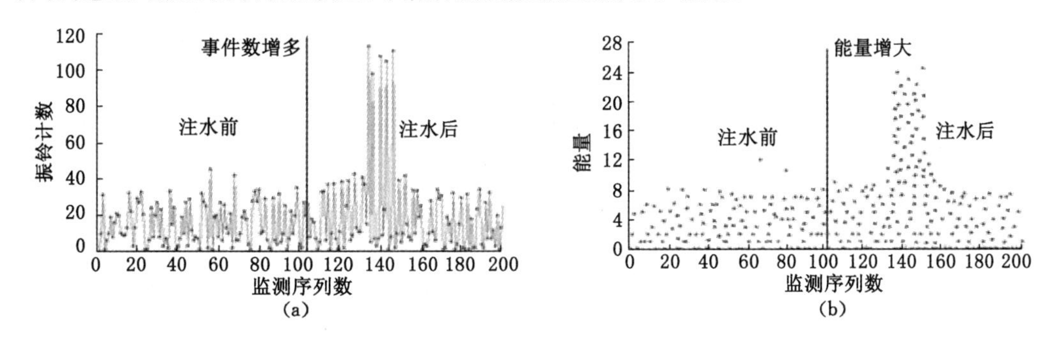

图 6-6　注水过程中 2# 通道声发射关系特征

(a) 事件数—监测序列数的关系特征;(b) 能量—监测序列数的关系特征

3# 通道声发射信号分析。在实验过程中,3# 通道接收的声发射传感器数据来源于煤层底板较近的测点信号,其声发射关系特征如图 6-7 所示。在注水初期,声发射信号强度较强,振铃计数、能量均有剧烈的突增过程,主要有顶煤未完全垮落的部分发生破碎掉落。随后图像处于稳定阶段,表明模型整体处于稳定状态,无破碎事件发生。经历一段注水后,信号突然出现较大波动,较频繁地出现了大事件,能量较之注水前发生较大的跳跃,此时,顶板裂隙持续发育、扩展。随着注水的进行,顶板垮落后重新稳定,信号趋于稳定。

6.1.3　顶板注水现场实践

6.1.3.1　注水方案

根据煤层顶板岩层赋存条件和节理发育,为使注水软化实验效果更好,注水位置位于 +620 m 水平 45# 煤层西翼南巷距工作面 50 m 到距 1# 煤门 132 m 处,共计 560 m。考虑到

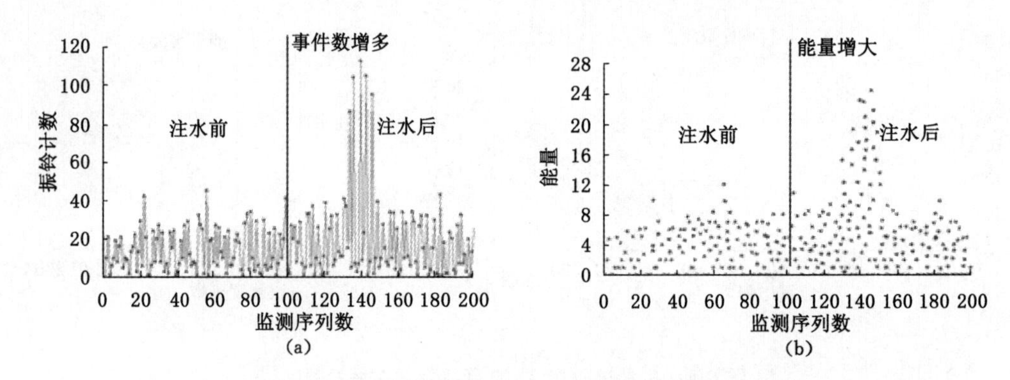

图 6-7　注水过程中 3# 通道声发射特征

(a) 事件数—监测序列数的关系特征；(b) 能量—监测序列数的关系特征

注水对巷道顶板造成破坏，影响后期回采，为此，注水采用短孔分为两个阶段进行，第一阶段总长 320 m，第二阶段总长 240 m。采取超前长钻孔高压连续注水方式注水，井下注水区域及注水点布置如图 6-8 所示。

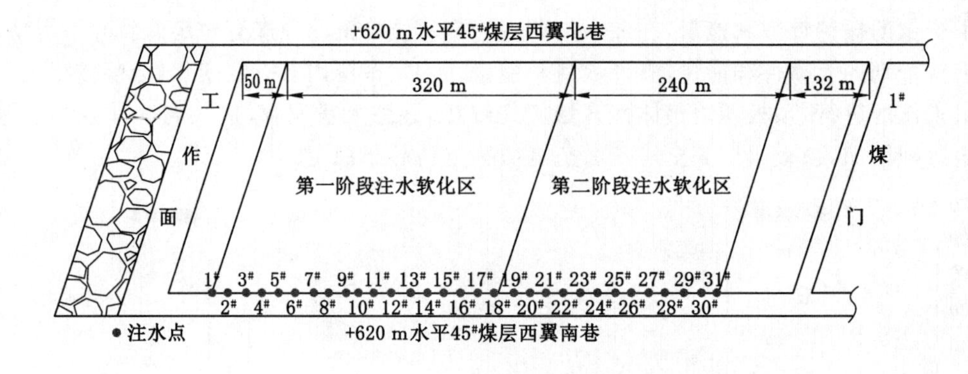

图 6-8　注水区域及注水点布置

在注水区域，沿巷道走向每隔 20 m 安排一个注水点，每个注水点设置 3 个注水孔，对顶板进行注水软化，具体布置如图 6-9 所示。钻孔具体参数见表 6-1。注水采用 BZW200/56 型注水泵动压注水，每个注水孔直到注水压力没有大的变化，顶板岩层全部被水浸泡停止。

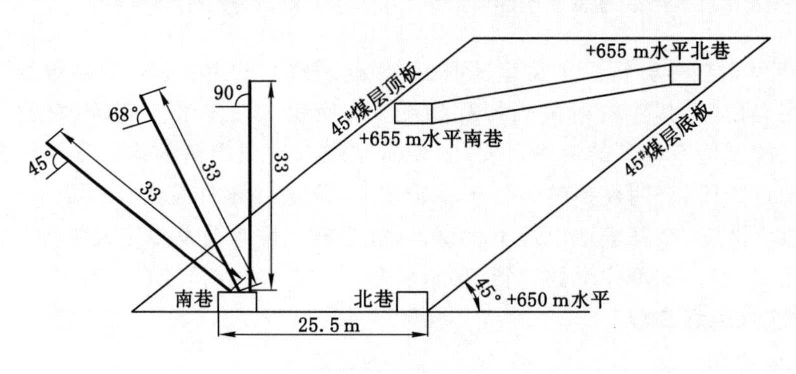

图 6-9　顶板注水孔布置

表 6-1　注水孔参数

编号	角度/(°)	长度/m	孔径/mm
1#	90	33	75
2#	68	33	75
3#	45	33	75

6.1.3.2　实际注水量分析

由于注水过程干扰因素较多，注水孔实际注水量采用 1# 注水点的 2# 注水孔的实际注水情况进行代表性分析，该注水孔累计注水 58.7 m^3。注水压力、注水流量、泵站出口压力、注水压力曲线图如图 6-10 所示。通过对以上各种曲线和现场注水写实情况分析，该孔连续注水 4 d 后，泵站出口压力和孔口压力处于平稳不变值，说明岩层注水量趋于饱和状态。经过后 2 d 注水后，注水流量和注水压力曲线趋于稳定，泵站出口压力曲线急剧升高，因此可以确定此时岩层注水量已饱和。

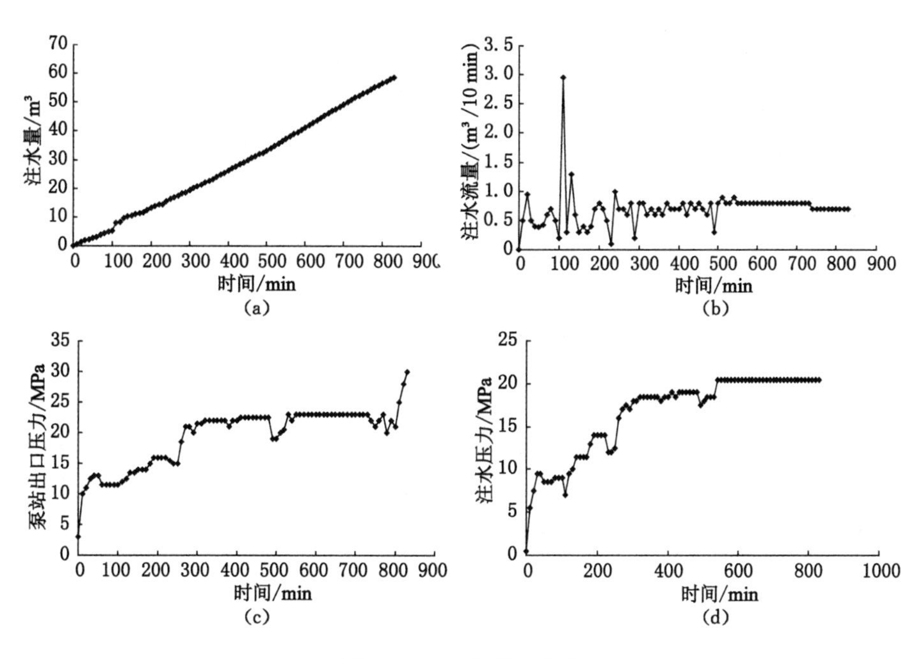

图 6-10　注水压力曲线

(a) 注水量变化曲线；(b) 注水流量量变化曲线；

(c) 泵站出口压力曲线；(d) 压力曲线

6.1.4　顶板注水效果检验

6.1.4.1　地质雷达监测

针对乌东煤矿相应的煤层开采实际情况及地面特点，选用 SIR-20 专业型高速地质雷达光谱地磁技术对介质(如煤层、顶板和采空区)结构进行探测。

6.1.4.1.1　探测方案

为了使探测结果更加准确、可靠，根据乌东矿地质资料，对＋620 m 水平 45# 煤层西翼南巷采用地质雷达进行监测。探测长度和注水软化长度相同，从距工作面 50 m 到距煤门

132 m 处，共计 560 m。由于探测电缆长度为 30 m，探测时主机放于中间位置，一次可探测长度为两个电缆长度 60 m，故每条测线分 10 次探测完毕，具体探测位置如图 6-11 所示。

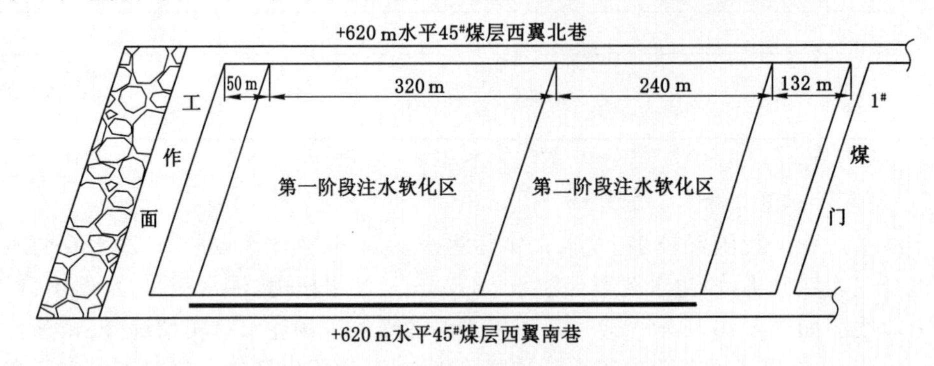

图 6-11　地质雷达探测线平面对应关系

在地质雷达探测过程中，安排两条测线来观测顶板岩层的破碎情况。一条垂直于巷道顶部，另一条偏南 45°。探测深度为 35 m，探测线布置如图 6-12 所示。

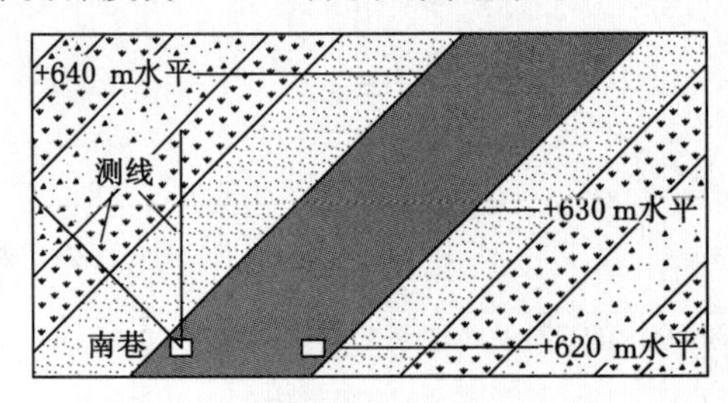

图 6-12　地质雷达探测线剖面对应关系

6.1.4.1.2　探测结果分析

由于探测结果较多，取偏南 45°测线中 3 次探测结果进行分析，对比注水前、后顶板岩层破碎情况。第一次为距工作面 170～230 m 段的探测结果；第二次为距工作面 350～410 m 段的探测结果；第三次为距工作面 530～590 m。

图 6-13 为距工作面 170～230 m 段地质雷达探测图，注水前后图像发生了明显变化。由 6-13(a)所示图像的 0～15 m 和 45～60 m 范围内颜色呈杂乱状态分布，中间 30 m 范围内颜色无明显变化。由地质雷达图像颜色差异代表该区域反射波能量、强度不同可知：在 170～230 m 范围内，煤层顶板没有大的破碎情况，只是在该探测段前 15 m 和后 15 m 范围内岩层内部裂隙较多。由图 6-13(b)可以看出，图像颜色与注水前发生了明显的变化，图像 10～20 m、30～40 m 和 55～60 m 范围内颜色变得明亮鲜艳。此种现象主要是高压水致使煤层顶板破碎，且在裂隙带内富含水的原因造成的。图像 0～10 m、20～30 m 和 40～55 m 范围内图像颜色也变得比较杂乱，表明此范围内雷达波波形振幅比较杂乱，由波形振幅代表波形能量可知，此范围内煤层顶板岩层含有丰富的裂隙。主要是因为岩层长时间被水浸泡后强度降低造成的。

如图 6-14 为距工作面 350～410 m 段地质雷达探测图，注水前后图像发生了明显变化由图 6-14(a)所示图像在 10 m 和 35 m 处颜色变化比较明显，表明此范围内岩层比较破碎。在 40～60 m 范围内，图像颜色比较杂乱，表明雷达波穿介电常数不同的介质较频繁，波形

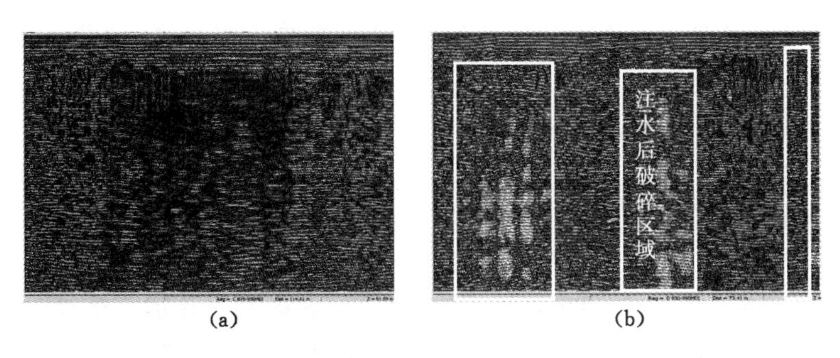

图 6-13　距工作面 170～230 m 段地质雷达图像

(a) 注水前;(b) 注水后

变化不规律,岩层内含裂隙较多。由图 6-14(b)可以看出,图像颜色与注水前发生了明显的变化,图像在 30～40 m 范围内较之注水前变得更加鲜艳明亮,表明此处雷达波波形振幅频率比较高,振幅较高,介质的介电常数较大。此种现象主要是由于高压水致使煤层顶板原有的破碎地方更加破碎造成的。

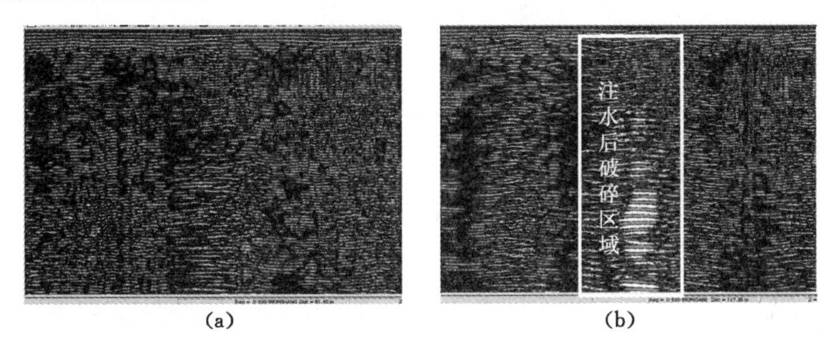

图 6-14　距工作面 350～410 m 段地质雷达图像

(a) 注水前;(b) 注水后

图 6-15 为距工作面 530～590 m 段地质雷达探测图,注水前、后图像发生了明显变化。由图 6-15(a)所示图像 5～20 m 的深处和 35～40 m 范围内岩层破碎比较严重,4～60 m 范围内含有较多的裂隙。由图 6-15(b)可以看出,图像颜色与注水前发生了明显的变化,变化区域主要集中在图像 5～20 m、25～45 m 范围内,注水后此区域图像颜色明亮区域明显扩大,由图像颜色代表雷达波的能量大小以及波形频率等性质可知,此范围内介质的介电常数

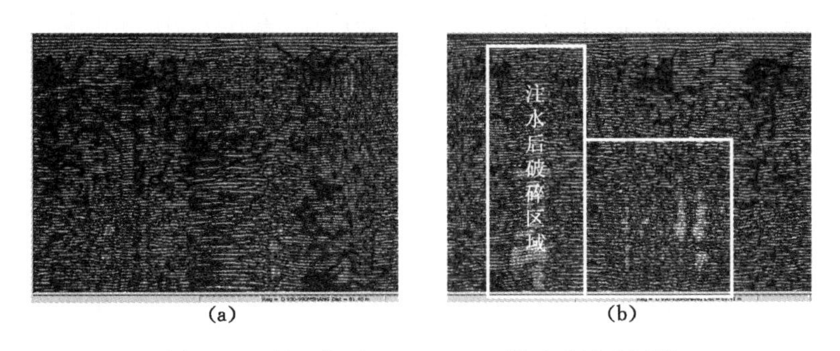

图 6-15　距工作面 530～590 m 段地质雷达图像

(a) 注水前;(b) 注水后

较大，波形较密集。此种现象主要是高压水致使煤层顶板破碎范围扩大造成的，且由于注水周期较长，破碎区域内富含水。

6.1.4.2　光学钻孔摄像系统监测

6.1.4.2.1　工作原理

防爆光学钻孔摄像系统用于任意方向煤岩体松动圈及裂隙窥视、水文探孔、瓦斯抽采孔孔内情况探查、锚杆孔质量检查和裂隙观察等。采用高清晰度探头及彩色显示设备，可分辨1 mm的裂隙及不同岩性，与微机可直接连接，便于图像的实时显示。针对45#煤层顶板岩性特点，为掌握采空区顶板破碎情况及垮落程度，选用YS(B)光学钻孔摄像系统对围岩裂隙发育程度进行直接观测，具体工作原理如图6-16所示。

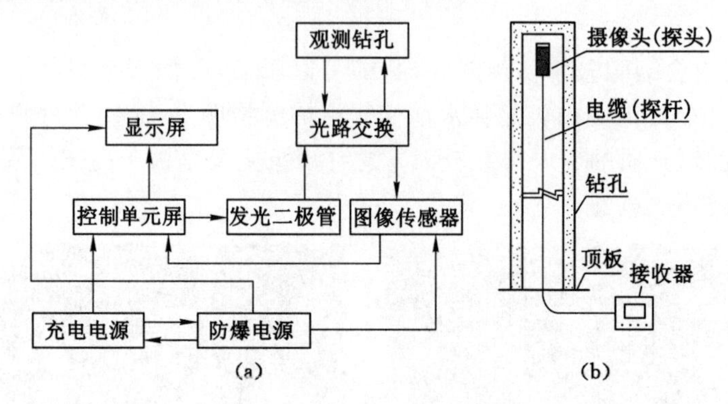

图6-16　YSZ(B)光学钻孔摄像系统工作原理

(a) 工作原理；(b) 钻孔监测

6.1.4.2.2　现场探测方案

采用光学钻孔摄像系统在乌东煤矿+620 m水平西翼45#煤层南巷进行探测。在注水软化区域每隔50 m打一个垂直于巷道顶部的钻孔，进行观测，共11个，钻孔深度20 m，具体探测区域及钻孔布置方式如图6-17所示。

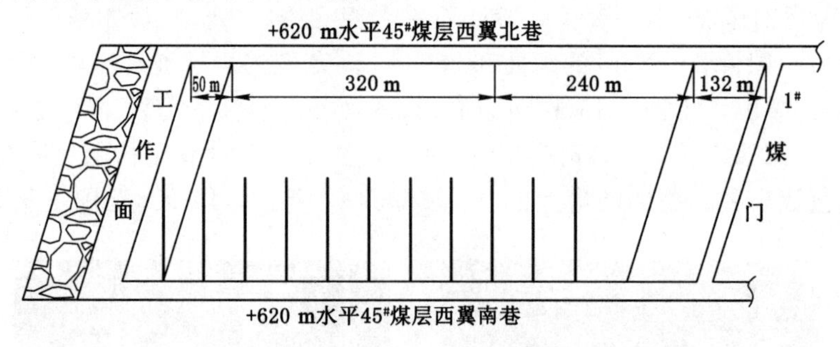

图6-17　光学钻孔摄像系统探测区域

6.1.4.2.3　监测结果分析

结果分析过程中把钻孔监测视频每0.5 m截图一张，观测、分析钻孔孔壁破碎情况。然后对比注水前、后钻孔相同位置孔壁的分析结果，来判断注水效果。由于截图及分析结果较多，故取距工作面150 m、350 m和550 m处的三个钻孔，并取每个钻孔5 m、10 m、15 m三个深度的图像进行比较。

如图 6-18(a)所示,在注水之前,钻孔孔壁比较光滑,只是在 5 m 钻孔孔壁没发现一条细微的裂隙。注水之后,5 m 处钻孔孔壁发现纵向裂隙,10 m 处钻孔孔壁发生片状脱落,15 m 处钻孔出现环状裂隙和块状岩石脱落现象,如图 6-18(b)所示。通过分析注水前、后钻孔孔壁的破碎情况,可以看出注水软化效果明显,岩层在长时间水的浸泡作用下,自身强度明显降低,并且在高压水的破坏情况下发生破碎。

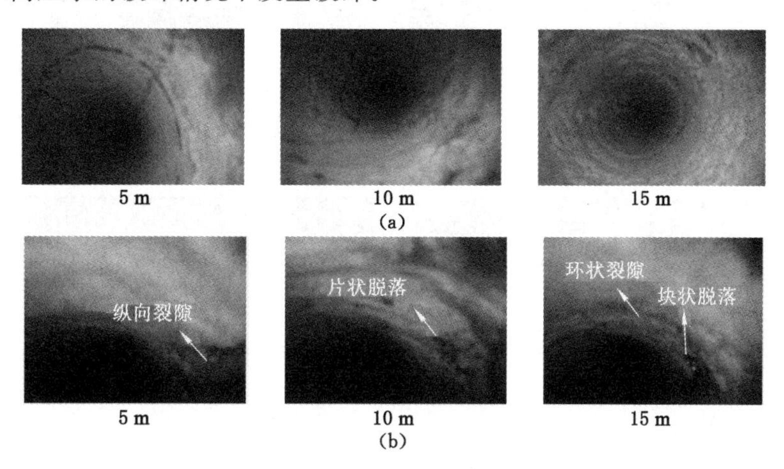

图 6-18 距工作面 150 m 处光学钻孔摄像系统图像

(a) 注水前;(b) 注水后

如图 6-19(a)所示,在注水之前,钻孔孔壁没有破碎情况,孔壁完整,未发现裂纹及破碎情况。注水之后,5 m 处钻孔孔壁破碎严重,不仅出现大的纵横交错的裂纹,还出现了片状的破碎区域;10 m 处钻孔孔壁发现两条裂纹,在钻孔内不交织到一块,但在交织点出现了一个环状裂纹;15 m 处钻孔孔壁粗糙,发现块状剥落现象,如图 6-19(b)所示。通过分析注水前、后钻孔孔壁的破碎情况可知,顶板岩层在注水软化一段时间后,自身稳定性遭到破坏,发生破裂断碎情况。

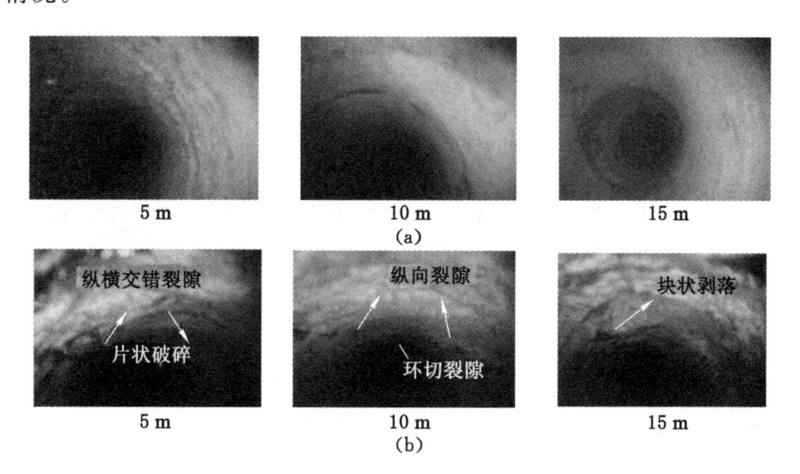

图 6-19 距工作面 350 m 处光学钻孔摄像系统图像

(a) 注水前;(b) 注水后

如图 6-20(a)所示,在注水之前,钻孔孔壁完整、光滑,未发现裂纹等破坏结构。注水之后,5 m处钻孔孔壁发现一条斜切裂纹,裂纹宽度较大;10 m处钻孔孔壁发现一条环状裂隙,裂隙周围孔壁比较粗糙;15 m处钻孔孔壁发现一条纵向裂纹,裂纹直达钻孔深处,如图6-20(b)所示。通过分析注水前、后钻孔孔壁的破碎情况,可以看出顶板岩层在注水软化后,出现离层、破碎、断裂等破坏结构,顶板稳定性结构遭到破坏。

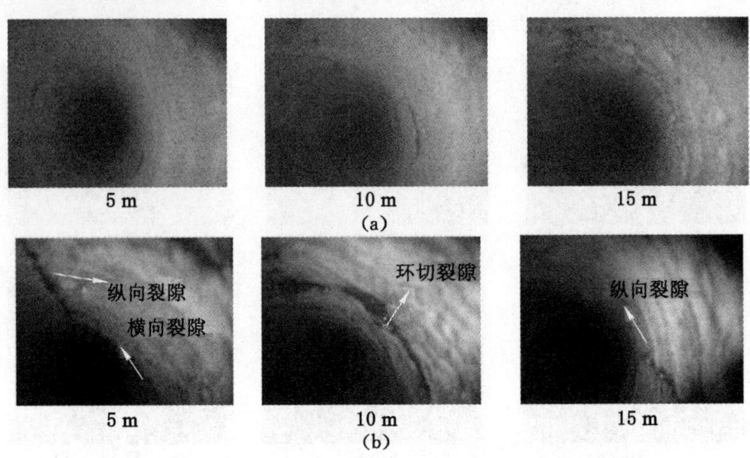

图6-20 距工作面550 m处光学钻孔摄像系统图像

(a) 注水前;(b) 注水后

6.2 急倾斜煤层顶煤静态弱化技术研究

6.2.1 顶煤静态破碎机理

6.2.1.1 炸药的爆轰波原理及其模型

爆轰波是指在炸药中传播并伴随有快速化学反应冲击波,也称为反持性或自持性冲击波,实际上爆轰波也是炸药爆破能力的重要内容。其理论模型主要有C-J模型和ZDN模型,爆轰波的C-J模型是在热力学和流体力学的基础上建立起来的,该理论提出并论证了爆轰波定常传播所必须遵守的条件,并进一步揭示了爆轰波能够沿爆炸物定常传播的物理本质,并由此建立了计算爆轰波的各个参数。尽管如此,该理论所考察的是平面一维的理想爆轰波的定常传播过程,将爆轰波当作一个包含化学反应的强间断面,实际上就意味着对爆轰波中化学反应结构进行了忽略。虽然该模型从很大程度上简化了复杂的爆轰过程,甚至大量实验证明该理论在处理相关实际具体问题时也能得到满意结果,但是爆轰的化学反应过程并非瞬间完成,在一定的化学反应速度之下,会出现一个原始炸药变成爆轰反应产物的化学反应区,对于一般的高效炸药,反应区宽度仅有几个毫米大小。

ZDN模型是对C-J理论的进一步修正和完善。ZDN模型把爆轰波视为一个前沿冲击波和一个化学反应区的整体结构,在冲击作用下,未反应的炸药首先温度升高,密度增加,此后发生一定速率的化学反应,随着化学反应的连续进行,未反应炸药变成了终态爆轰产物。在化学反应区内,由于化学反应放热作用,介质的状态及其参数也将随之变化,与冲击波头相比压力渐渐下降,比容和温度慢慢上升,反应结束过程中,由于放热量减少,温度开始出现下降。所以反应区内不同截面上的参数是各不相同的,对冲击波而言,由于波阵面很窄,在此期间炸药来不及发生化学反应，还属于一个强间断面。从前沿冲击波强间断面到化学反应结束的整个区间范围内，为爆轰波的完整结构，并且以相同速度沿着爆炸物传播，如图 6-21 所示。

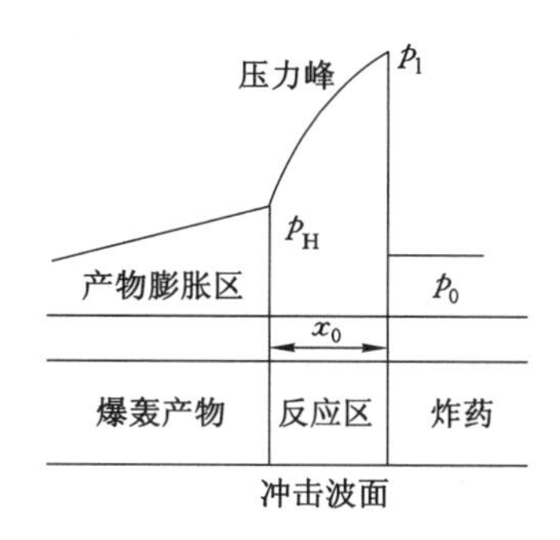

图 6-21　爆轰波的 ZDN 模型

6.2.1.2　*静态破碎剂破碎原理*

破碎剂与水调和成浆状，装入提前处理好的岩石或混凝土钻孔内，通过水化反应，生成膨胀性的结晶水化物——氢氧化钙。据测定，氧化钙密度为 3.35 g/cm^3，氢氧化钙密度为 2.24 g/cm^3，氧化钙转化为氢氧化钙时，其体积膨胀率达到 49.5%，除此之外，每克分子还释放出 6 kJ 的热量。因此来讲，随着化学反应的进行，破碎剂的温度会出现一定程度的上升，体积膨胀，在被爆煤岩体内会产生径向压应力和切向拉应力的双向应力。而煤岩体大多属于脆性材料，其抗拉强度仅为抗压强度的 1/50～1/10，岩石的抗压强度有 30～300 MPa，而其抗拉强度一般低于 20 MPa。这种破碎方法的原理是利用装在炮眼中的静态破碎剂的水化反应，晶体因此而发生变形，体积便出现膨胀，从而缓慢地将膨胀压力施加给炮眼壁，由于炮眼壁的约束作用，这种膨胀应力便成为拉伸应力。对于脆性材料，其抗拉强度要强于其抗压强度，所以材料在这种拉伸应力作用下容易发生破碎。

静态破碎剂在炮眼中所产生的膨胀压力，可以通过测定静态破碎剂在钢管中水化后所产生的轴向和切向应变值后，利用下式来计算管中径向与轴向的压力：

$$P_r = \frac{E(b^2 - a^2)}{2(1-\mu^2)a^2}(\varepsilon_\theta - \mu\varepsilon_z) \tag{6-1}$$

$$P_z = \frac{E(b^2 - a^2)}{(1-\mu^2)a^2}(\varepsilon_z + \mu\varepsilon_\theta) \tag{6-2}$$

式中　P_r, P_z—— 径向和轴向膨胀压力；

a, b—— 测试管子的内径与外径；

E, μ—— 测试管子的弹性模量和泊松比；

$\varepsilon_\theta, \varepsilon_z$—— 测试管子的外壁的切向和轴向应变值。

静态破碎剂破碎机理如图 6-22 所示，将破碎圈的煤岩体视为一个弹性体厚壁筒，其内半径(炮眼半径)为 r_1，外半径为 r_2，作用在炮眼壁上的膨胀压力为 P_r，则在厚壁筒内任意半径 r 处的切向拉升应力 σ_θ 可用下式求得：

$$\sigma_\theta = \frac{r_2^2 P_r}{r_2^2 - r_1^2}\left(1 + \frac{r_2^2}{r^2}\right) \tag{6-3}$$

当切向拉伸应力 σ_θ 所产生的变形超过介质的抗拉断变形量时，介质中便会产生破裂，出现裂隙,继而发生破碎,如图 6-22 所示。

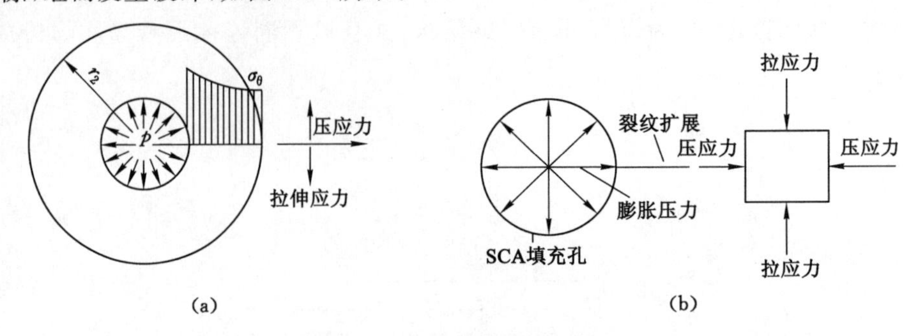

图 6-22　静态破碎剂应力示意图

(a) 破碎机理;(b) 应力相互作用示意图

6.2.1.3　流体孔隙压力理论

6.2.1.3.1　煤层注水渗透运动机理

在煤层注水过程中,水在煤体中运动的动力有两种,一种是孔口的注水压力,是来自于注水泵的外在动力;另一种是煤体中的微裂隙、孔隙对水的毛细作用力,是取决于煤体结构特征的内在动力,两种动力之和为煤层注水的动力。在瓦斯压力较大的煤层中,瓦斯压力阻止水的运动,成为不可忽略的注水阻力,注水压力是驱动水在裂隙系统中运动的动力,它的大小决定水在裂隙系统中流动的快慢。随着孔隙直径的变小和水流路途的加长,到达细小孔隙处所剩余的注水压力已经很小,但孔隙的毛细作用力却随孔径的变小而增大。因此,水在小孔隙中流动时,水泵的注水压力已不再是使水继续运动的主要动力,而主要依靠毛细作用力将水引向孔隙深处,下式可以计算出各类孔隙的毛细作用力数值:

$$P_{\mathrm{m}} = E_1 \alpha \cos\theta / a \tag{6-4}$$

式中　α——水的表面张力系数;

θ——水对煤的湿润边角;

a——毛细管的直径;

E_1——克泽尼常数,对于圆形 $E_1=0.5$,正方形 $E_1=0.561\ 9$,等边三角形 $E_1=0.597\ 4$。

6.2.1.3.2　单孔隙弹性理论

最初关于流体在可变形饱和孔隙介质中的流动与变形耦合问题的研究是从 1923 年太沙基(Karl Terzaghi)提出一维固结模型开始的。然后,1941 年由比奥从一维推广到一般三维形式,其后的发展,孔隙介质都被当作具有同一渗透率、单一类型裂隙连续分布的介质,即具有单孔隙度单渗透率的介质。考虑有效应力影响及孔隙压力的一般应力—应变关系可表示为:

$$\varepsilon_{ij} = \frac{1+\mu}{E}\sigma_{ij} + \frac{\mu}{E}\sigma_{\mathrm{m}}\delta_{ij} - \frac{1}{3H}p\delta_{ij} \tag{6-5}$$

式中　ε_{ij},σ_{ij}—— 应变张量和应力张量;

p—— 流体压力;

E—— 杨氏模量;

υ—— 泊松比;

H——biot 常数;

σ_m—— 静水应力，即 $\sigma_m = \sigma_{11} + \sigma_{22} + \sigma_{33}$。

则体积应变为：

$$\theta = \varepsilon_{ii} = \frac{1-2\mu}{E}\sigma_m - \frac{1}{3H}p = \frac{3(1-2\mu)}{E}(\sigma_c - \alpha_0 p) \tag{6-6}$$

biot 系数 $\alpha_0 = \dfrac{E}{3H(1-2\mu)}$，平均应力 $\sigma_c = \dfrac{\sigma_m}{3}$，不计体积力和惯性力时的平衡方程：

$$\sigma_{ij,j} = 0 \tag{6-7}$$

应力—位移关系为：

$$\varepsilon_{ij} = \frac{1}{2}(\mu_{i,j} + \mu_{j,i}) \tag{6-8}$$

式中　μ_i——位移。

将式(6-5)和式(6-6)代入式(6-8)，可得固体变形控制方程：

$$G\mu_{i,ij} + (\lambda + G\mu_{k,kj}) + \alpha p_j = 0 \tag{6-9}$$

式中　α——压力比率系数；

G——剪切模量；

λ——拉梅常数。

对于流体相，达西速度可表达为：

$$\mu_i = -\frac{k}{\mu'}p_i \tag{6-10}$$

式中　k——渗透率；

μ'——流体动黏度。

流体流动的连续性要求是：流速的散度等于单位体积空间流体储量的比率，即：

$$v_{i,i} = \phi\varepsilon_m - c^* p \tag{6-11}$$

式中　c^*——集总可压缩性。

将式(6-10)代入式(6-11)得到流体控制方程：

$$-\frac{k}{\mu}p_i = \phi\varepsilon_m - c^* p \tag{6-12}$$

式(6-9)和式(6-12)就是单孔隙度单渗透率介质与变形有关的流体控制方程，一般来说此模型适用于无裂隙的具有均匀孔隙率和渗透率的地层。

6.2.1.3.3　裂隙岩体介质的弹性方程

对裂隙岩体，通常认为出于裂隙的存在而把岩体介质分成岩隙(裂隙体)和岩基(孔隙体)，其中裂隙体中的裂隙称为次生孔隙，其孔隙度(裂隙度)称为次生孔隙度；而孔隙体是内裂隙分割成的小岩块，其孔隙称为原生孔隙，其孔隙度称为原生孔隙度。裂隙介质的双孔隙度概念认为，在裂隙中的流体和在岩基中的流体是相互独立(有各自独立的控制方程)而又相互重叠的(由公用函数联系在一起的)介质。与通常的双孔隙度介质不同，流体流动主要是通过高渗透性的裂隙流动，非渗透性的裂隙系统等效成具有不同孔隙度的单渗透介质。

此时，固体变形控制方程可表示为：

$$G\mu_{i,ij} + (\lambda + G)\mu_{k,ki} + \sum_{m=1}^{2}\alpha_m p_{m,j} = 0 \tag{6-13}$$

其中，$m=1$ 和 2，分别代表岩基和裂隙。相应的流体相的控制方程为：

$$-\frac{k}{\mu}p_{m,kk}=\alpha_m\varepsilon_m-c^*p_m\pm\Gamma(\Delta p) \tag{6-14}$$

式中 k—— 等效单渗透率，或总体系统的平均渗透率；

Γ—— 因压差 Δp 引起的裂隙流体和孔隙流体交换强度的流体交换速率；

前面的正号表示从孔隙中流出，负号表示流入孔隙中。

6.2.1.4 急倾斜煤岩体静态破碎效应

急倾斜特厚煤层属复杂难采煤层。乌鲁木齐矿区急倾斜煤层地质赋存环境复杂，煤层角度(45°～87°)与厚度大(30 m 以上)。特殊赋存条件下高阶段水平分段(15～27 m)综放开采顶煤难破碎、冒放性差、采收率较低。加之煤体含有大量 H_2S，增加安全开采难度。目前采用水力致裂和超前预爆破方法弱化顶煤。水力致裂方法注水周期较长且注水极限范围难以调控；超前预爆破方法易导致巷道破坏和衍生动力灾害发生。既要实现顶煤有效破碎与提高冒放性，又可调控巷道失稳，研究一种普适性急倾斜煤岩体破碎剂对促进超前致裂工艺改进至关重要。静态破碎剂(static crack agent，SCA)在煤岩体弱化破碎应用中备受关注，已有 HPC-1 型静态破碎剂、石灰—水泥复合型静态破碎剂、钠基膨润土及添加剂，增加破碎剂的膨胀力，缩短膨胀时间。通过理论分析，数值计算、模拟实验，声发射(acoustic emission，AE)与裂隙光学摄像(crack optical acquirement，COA)等方法，揭示石灰水静态碎裂过程中煤岩内部裂隙发生与扩展过程，探讨以“CaO—水—煤岩”介质材料间耦合作用及静态破碎效应，为急倾斜顶煤弱化大规模工程应用提供科学依据。

急倾斜煤层注水弱化的难点在于：受煤层倾角、顺层节理和裂隙影响，已注水煤体无法实现保(水)压致裂，弱化区域及范围调控难度较大，制约煤体破碎效果、冒放性和安全高效开采。煤岩体静态破碎是通过添加剂在一定时间内产生较大膨胀压力，其压力能均势向外传递，使煤岩体内部开裂和破碎。破碎剂以 CaO 为主要成分，膨胀压主要来源于 CaO 的水化反应：

$$CaO+H_2O=\!=\!=Ca(OH)_2+E(\text{能量})$$

$$Ca(OH)_2+H_2S=\!=\!=CaS\downarrow+2H_2O$$

静态破碎剂的膨胀主要在于 $Ca(OH)_2$ 颗粒体积的增大。另外，煤体内含有 H_2S 与 $Ca(OH)_2$ 反应，促进固体颗粒的生成及其结构变化，加剧煤体内裂隙扩展与强度劣化。同时，$Ca(OH)_2$ 与 H_2S 会发生一定程度的化学反应，生成硫化钙，对于硫化氢具有明显的降解作用。从物质转移来看，石灰加水混合后，水分子会向石灰粒子内部运移扩散，并与之发生水化反应，生成水化产物，同时水化反应物也会向原来充水空间转移，在水化速度大于水化产物转移速度情况下，新的反应产物会冲击原来的反应层形成膨胀压力。

$$U=KJ \tag{6-15}$$

式中 U ——断面的平均流速；

K ——渗透系数；

J ——渗流的水力坡度。

根据达西定律和急倾斜煤层节理裂隙倾角大特点，石灰水注入煤体后，渗流形成一定水力坡度，石灰水裂解作用增加了膨胀压力，引起煤体内部裂隙结构发生变化，其内部裂隙与孔隙也将进一步发生和扩展，缩短了膨胀时间，长时间的作用会对煤岩产生静态破碎作用，增加致裂区域与范围。

6.2.2　碱性基质的静态破碎效应相似模拟实验

6.2.2.1　试件制备与监测设计

试件所用材料为河沙、煤粉、大白粉、石膏与水。配比为河沙∶煤粉∶大白粉∶石膏＝30∶30∶5∶5∶10，配比添加水量为试件总质量的10%。试件半径7.5 cm，高30.0 cm。石灰水的灰水质量比为1∶1～1.5∶1。

对岩样试件外部进行束缚，这样能有效控制内部裂隙发生扩展释放的能量，利于观测其裂隙孔隙的发生、发展。在岩样试件上顶面预制孔洞，在上底面中心打钻2个直径为3.0 cm、深20.0 cm的孔（孔1、孔2），在其周围均匀打钻6个直径为2.2 cm、深度为20.0 cm孔（孔3～孔8），如图6-23所示。孔1用于安放声发射仪探头，孔2用于安放内窥仪探头，用注射器在孔3～孔8开始均匀注入石灰水。同时开始声发射与光学窥视监测。

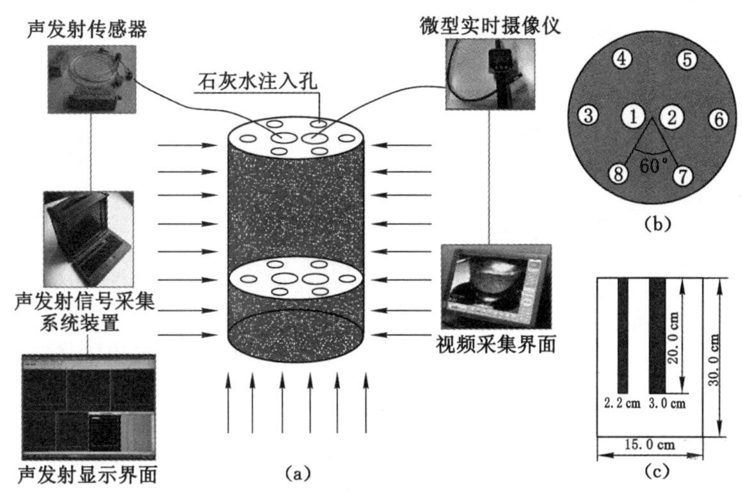

图6-23　静态破碎弱化实验原理

(a) 测试系统总体结构；(b) 钻孔分布示意图；(c) 钻孔剖面示意图

6.2.2.2　破碎过程监测仪器

声发射（AE）与裂隙光学摄像（COA）是实时、科学、有效监测与考查煤岩损伤与破裂过程的方法。本次静态破碎效应实验中，采用声发射仪测试试件内部裂隙和孔隙的发生及扩展导致的声发射信号；通过光学内窥仪观测试件内部的裂隙和孔隙的发生及发育程度的宏观现象。

（1）声发射监测装置：试件内部的声发射检测就是利用声发射仪接受从试件内部释放的弹性波，通过分析来确定破裂源头特征及判断其动力学失稳倾向性的技术。为全面反映岩石的声发射特性，必须选取适当的参数。声发射信号特征参数有总事件、大事件、能率、频谱、波形以及多通道信号间的时差等。

（2）光学内窥装置：为监测石灰水注入过程中试件内部的裂隙节理变化情况，在实验试件的孔洞中接入微型钻孔窥视装置，该装置通过视频压缩卡将所录制的视频导入计算机，进而分析整个过程中的裂隙发育与变形特征。

6.2.2.3　实验结果分析

（1）试件致裂过程的声发射监测分析

图 6-24 描绘的是试件声发射总事件数和能率与到达时段的关系，整个实验过程中事件数量处于一个较高的水平，以中小事件为主，幅度较低，低于 45.5 dB 的占到了 80%，总事件数最大 1 066 个。最大能率 629，持续时间18 654.5 μs，总事件数和能率呈现为先增后减，最后趋于稳定的现象，在接近中间时间段内，事件数与能率均达到最大值，到达时间为 32 min 附近。在加注石灰水后的初期，由于水分还没有发生渗透扩散，所以声发射信号并不明显；随着石灰水逐渐渗透，试件内部裂隙面得以软化，同时石灰水因固结作用产生了一定的膨胀压力，这一过程中声发射信号出现了明显的突变，其总事件数与能率都达到最大；随着石灰水的持续作用，膨胀压力稳定释放，试件内部裂隙有了进一步的发展，声发射信号虽然出现了一定的衰减，但该阶段的事件数与能率都在 43 min 附近出现突变；由于石灰水的膨胀压力逐渐减弱直至消失，声发射信号在这一阶段明显减弱，由于能量回弹作用，事件数和能率在 55 min 附近再次出现小规模的突变。

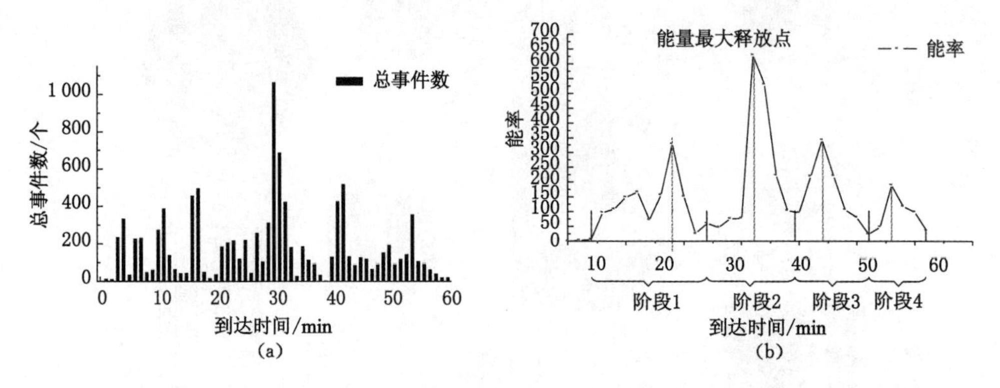

图 6-24 事件数、能率与时间关系图

(a) 事件数—时间关系图；(b) 能率—时间关系图

(2) 致裂过程的裂隙光学摄像分析

通过微型光学裂隙摄影手段来获取试件内部的裂隙图像，选取试件内距孔口 10 cm 处到孔底范围内这一段钻孔内壁的裂隙变化过程图像，并统计 4 个阶段中裂隙的数量、长度、宽度以及裂隙的产状与方位情况。如图 6-25(a)所示，受预制孔洞的影响，在石灰水注入初期试件内壁上边缘处出现少许破损的裂隙，长度较小，并没有新的裂隙出现；随着石灰水的不断注入，有大量微裂纹逐渐出现，如图 6-25(b)所示，试件孔壁裂隙的数量在之前的基础上增加至 16 个，增幅明显，长度与宽度均处于较低水平，除此之外，这一阶段内孔底也出现明显的裂隙；之后，由于石灰水的渗透与固结扩张作用的不断累积，如图 6-25(c)所示其膨胀压力促使试件内部微裂纹长度与宽度进一步增加和扩展，并出现新的破坏，因此裂隙数量进一步增加，其裂隙总数量达到 25 个，裂隙长度与宽度进一步增加，同时之前的裂纹也转变为明显的裂隙；随着石灰水对孔壁的膨胀作用逐渐减弱至消失，能量的逐渐释放，如图6-24(d)所示，这一阶段虽然增加了 1 条新的裂纹，但试件内壁的裂隙在长度和宽度上基本没有明显的增加。

6.2.3 单孔膨胀压力数值分析

6.2.3.1 FLAC^{3D}数值模拟简介

6.2.3.1.1 FLAC^{3D}数值模拟理论

单孔膨胀压力的数值模拟采用 FLAC^{3D}数值模拟软件，FLAC^{3D}(fast lagrangian analysis of

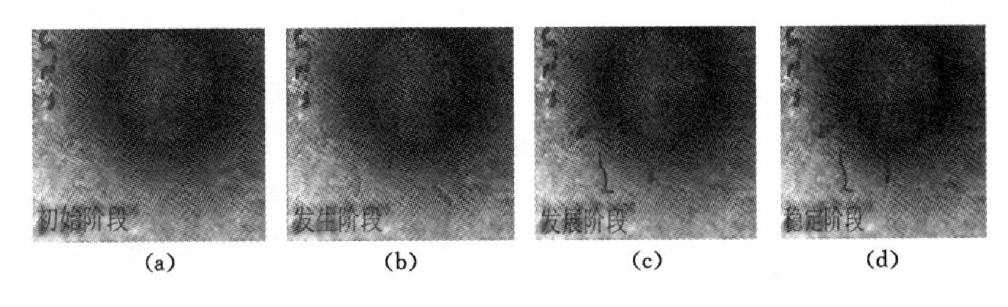

(a)　(b)　(c)　(d)

图 6-25　试件内部裂隙发展阶段图

(a) 初始阶段;(b) 发生阶段;(c) 发展阶段;(d) 稳定阶段

continua)是美国依泰斯卡咨询集团公司(Itasca Consulting Group Inc)于 1986 年开发的拉格朗日元法,成功地将流体力学中跟踪运动的拉格朗日方法应用于解决岩体力学的问题,并编制了 $FLAC^{3D}$ 软件。$FLAC^{3D}$ 是连续介质显式有限差分程序,该程序的基本原理和算法与离散元相似,但它应用了节点位移连续的条件,可以对大变形和扭曲进行分析,特别适合追踪材料的渐进破坏和垮落。一般情况下,$FLAC^{3D}$ 设计有 7 种弹塑性力学材料模型,主要包含:① 各向同性弹性材料模型;② 横观各向同性弹性材料模型;③ 库仑—莫尔(Coulomb-Mohr)弹塑性材料模型;④ 应变软化、硬化塑性材料模型;⑤ 双屈服塑性材料模型;⑥ 节理材料模型;⑦ 空单元模型、可用来模拟地下开挖和煤层开采。程序将计算模型划分为若干不同形状的三维单元,单元之间用节点相互连接。对于某一节点施加载荷后,该节点的运动方程可以写成时间步长的有限差分形式,在某一微小的时间内,作用于该点的载荷只对周围的若干节点有影响。根据单元节点的速度变化和时间,程序可求出单元之间的相对位移,进而可以求出单元应变;根据单元材料的本构方程可以求出单元应力,随着时间的推移,这一过程将扩展到整个计算范围内,直到边界。这样的程序可以追踪模型从渐进破坏直至整体破坏的全过程,$FLAC^{3D}$ 将计算单元之间的不平衡力,并将此不平衡力重新加到各节点上,再进行下一步的迭代运算,直到不平衡力足够小或者各节点的位移趋于平衡为止。

6.2.3.1.2　计算准则

单孔膨胀压力数值模拟采用准则为库仑—莫尔屈服准则,其描述岩体强度特征如下:

$$f_s = \sigma_1 - \sigma_3 \frac{1+\sin\varphi}{1-\sin\varphi} - 2c\sqrt{\frac{1+\sin\varphi}{1-\sin\varphi}} \tag{6-16}$$

$$f_1 = \sigma_3 - \sigma_t \tag{6-17}$$

式中　σ_1,σ_3——最大和最小主应力;

c,φ——材料内聚力和摩擦角;

σ_t——抗拉强度。

当 $f_s \leqslant 0$ 时,岩层将发生剪切破坏;当 $f_1 = 0$ 时,产生拉破坏。岩土体应力达到屈服极限后将产生塑性变形,在拉应力状态下,如果拉应力超过岩土体的抗拉强度,将会产生拉破坏。$FLAC^{3D}$ 中规定拉应力为正,压应力为负。

6.2.3.2　模型构建及参数选定

根据现场开采需要,采取了工作面煤岩样品,在西安科技大学岩层控制重点实验室与教育部西部矿井开采及灾害防治重点实验室,分别完成了单轴和三轴岩石力学参数实验,获得了煤与岩体的定量物理力学参数,这为三维数值计算提供了可靠的定量参数与依据。本模型尺寸为高 30 cm、半径 7.5 cm 的圆柱体,中心开一半径为 2 cm 的圆孔代表注液孔,划分单元 30×15×15。建立模型为弹性结构模型,体积弹性模量为 2×10^{8} Pa,剪切弹性模量 10^{5} Pa,内聚力 10^{5} Pa,抗拉强度 10^{5} Pa,内摩擦角 40°,模型主要材料密度取值为 2 050。如图 6-26(a)所示,该模型为通过 FLAC^{3D}数值模拟软件建立的三维网格模型,其中深灰色部分为模型开挖的注液孔区域,外围黑色部分为模型试件实体区域,在参数设置中本模型以渗流为主要考虑条件,并设定渗透系数和孔隙率,主要分析孔隙水压力的大小、分布与渗流面分布情况。图 6-26(b)、(c)分别为模型在注液后外部整体和内部剖面瞬时孔隙压力分布特征,由图分析可知,流体在渗流过程中为不均匀渗透,孔隙压力分布呈明显的区域式分布,孔隙压力在模型靠近外侧的孔壁区域较为明显,整体主要集中在孔口到孔底这一范围,并且受压区和受拉区较明显,其余区域压力值相对较小。

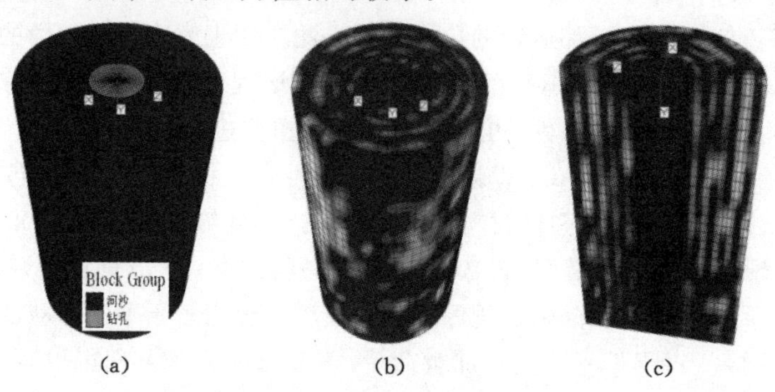

图 6-26　单孔膨胀数值模拟

(a) 模型图;(b) 孔隙压力分布特征;(c) 模型内部孔隙压力分布

6.2.3.3　单孔压力数值计算结果及分析

6.2.3.3.1　模型径向应力变化

除此之外,将对试件模型从注液开始到结束运算的整个过程进行受力分析,选取模型钻孔径向应力变化情况为具体对象,分析如下:

第一阶段:原始破坏压密阶段。随着液体的注入,液体从试件模型的下底面开始累积,同时液体也通过钻孔中心向四周开始逐渐渗透。图 6-27 为试件模型注液之后初始阶段的径向应力等值线图,模型运算 200 步,从图上可知,模型整体上受压应力影响,主要表现为从钻孔中心向四周的径向压应力,图中钻孔中心区域颜色变化为深灰色-浅灰色-黑色,说明压应力在距离钻孔中心密集的范围内有逐级增大趋势,沿着钻孔径向的整体区域也基本上表现出这一特征。

第二阶段:后破坏初始渗流扩散阶段,以图 6-28 为试件模型注液之后初始阶段的径向应力等值线图,模型运算 800 步,从图上可以发现沿钻孔中心径向 2～4 cm 范围内出现明显的黑色,黑色为负压力,说明该范围内主要表现为沿钻孔中心向孔壁四周的径向压应力。随着运算的进行,该范围的黑色逐渐减少,而代表正压力的深灰色慢慢出现,这说明由于钻孔内部裂隙受横向拉伸作用而表现出受拉的现象。

第三阶段:后破坏裂隙加速发展阶段。如图 6-29 所示,随着液体注入量的不断增加和液体的持续渗透扩散,试件模型钻孔内壁开始出现明显的深色区域,即出现较为明显的拉应力区域。除此之外,试件整体范围内主要表现为受压,受液体渗透作用影响,压应力表现为沿钻孔径向逐渐减小,至试件表面逐渐稳定的趋势。这一阶段为液体膨胀压力效应最为明

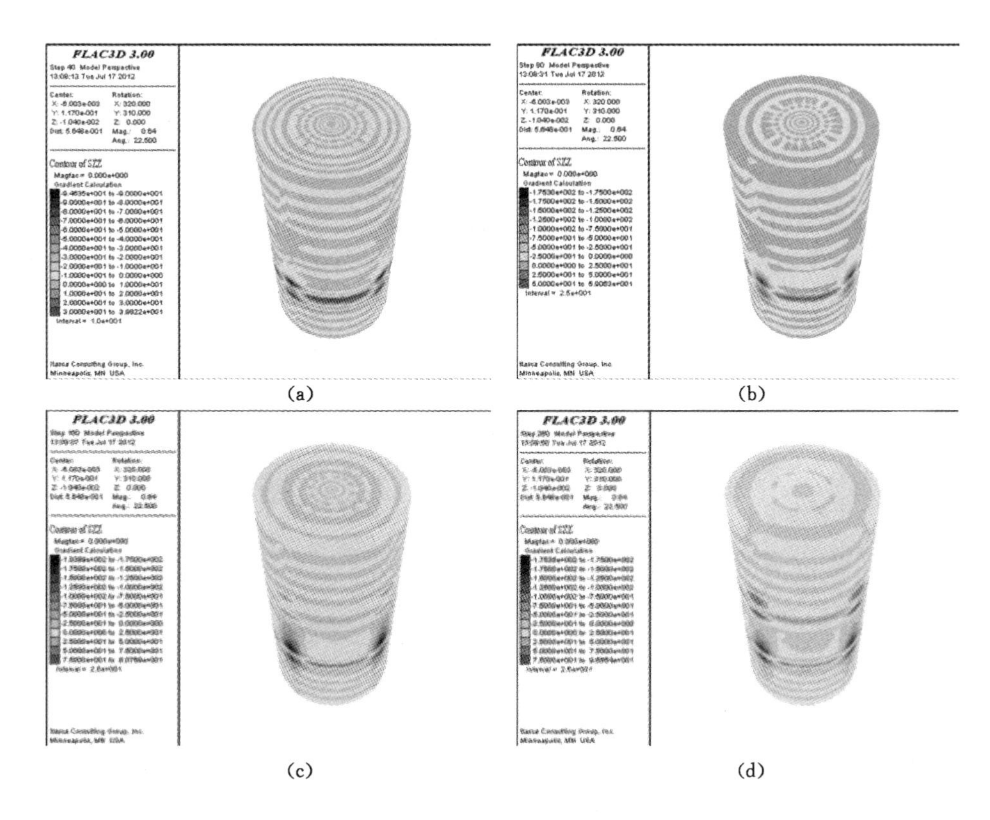

(a)　(b)　(c)　(d)

图 6-27　模型运算 200 步时径向应力云图

(a) 运算 40 步；(b) 运算 80 步；(c) 运算 100 步；(d) 运算 200 步

显和试件裂隙发展程度最高阶段，因此，模型试件表现为拉压区域明显，钻孔内壁与试件模型表面出现一定面积的受拉区域，而试件其余部分则主要表现为受压作用。

第四阶段：后破坏稳定发展及能量回弹阶段。如图 6-30 所示，这一阶段注入液体渗透逐渐停止，液体的膨胀效应也逐渐消失，试件模型整体受力情况也趋于稳定，而由于能量回弹作用，试件在局部区域会表现出一定程度的反作用力，即从钻孔外部向钻孔中心方向的压应力，从应力分析的角度上表现为拉应力，因此试件整体受力情况出现局部区域的改变，并逐渐稳定。

6.2.3.3.2　模型竖向应力及位移变化特征

图 6-31 表述了模型试件内部剖面的垂直压力分布特征和位移分布特征。从图 6-31(a)可知，模型试件在垂向的压力呈现出对称的分布特征，且钻孔中心部位的应力明显高于钻孔中心两侧；由图 6-31(b)可知，随着运算步数的增加，计算过程中单孔径向孔隙压力分布表现为压力先增后减，中后期出现峰值压力。这同时与前述静态破碎效应实验监测结果互相印证：加入静态碎裂剂后，煤岩体钻孔内部破裂程度加剧、裂隙活性显著增强，强度明显降低。

在注浆压力的膨胀作用下，模型试件内部监测点的位移分布及其数据处理特征如图 6-32 所示，分析可得，模拟注液后，孔内各监测点位移都出现了较大幅度的变化，沿钻孔方向位移持续增大，在中后期出现位移峰值。

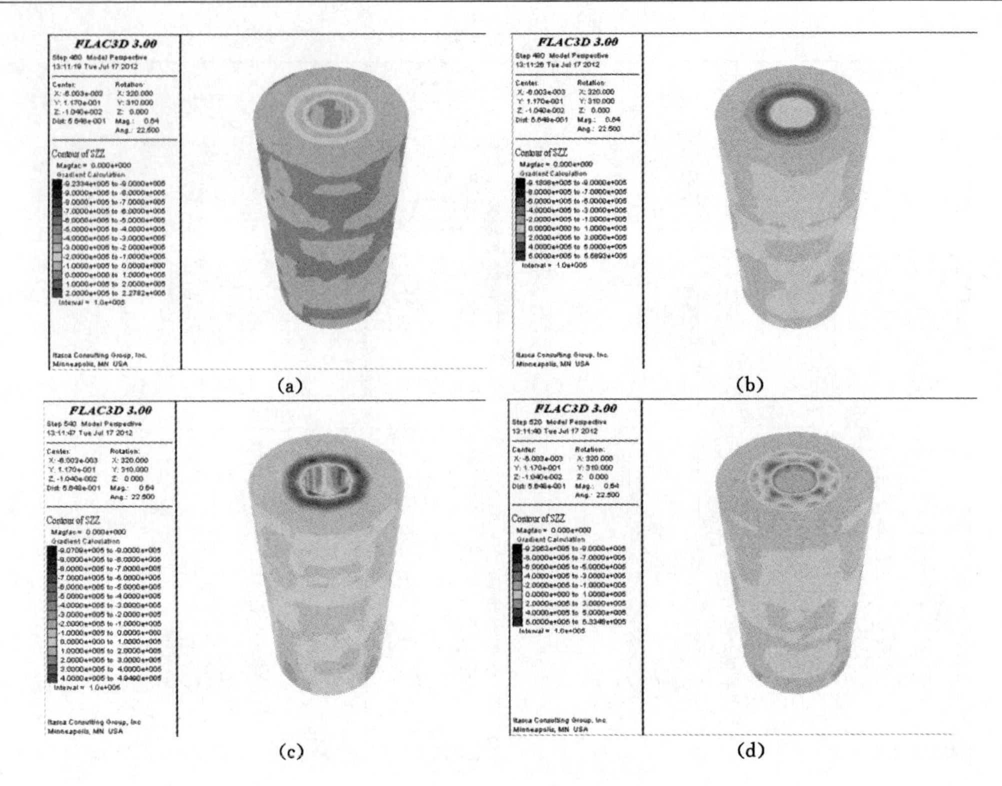

图 6-28　模型运算 800 步时径向应力云图

(a) 运算 400 步；(b) 运算 600 步；(c) 运算 700 步；(d) 运算 800 步

6.2.4　多孔膨胀压力数值模拟

6.2.4.1　RFPA 数值模拟简介

RFPA 软件是基于 RFPA 方法(即真实破裂过程分析方法)研发的一个能够模拟材料渐进破坏的数值实验工具。其计算方法基于有限元理论和统计损伤理论，该方法考虑了材料性质的非均性、缺陷分布的随机性，并把这种材料性质的统计分布假设结合到数值计算方法(有限元法)中，对满足给定强度准则的单元进行破坏处理，从而使得非均匀性材料破坏过程的数值模拟得以实现。

图 6-33 为三种不同均质度介质 RFPA 随机赋值的弹性模量的分布形式。图中基元的灰度代表了弹性模量值的大小，灰度越高，弹性模量值越高；反之，则越低。由于均质度系数越低，图 6-33(a)中基元弹性模量值相差很大，表现出很强的离散性；由于均质度系数越高，图 6-33(c)中基元之间弹性模量值差别小，整体上灰度趋于一致。图 6-33(a)～(c)反映了某种介质弹性模量非均匀性分布情况。其中横坐标表示弹性模量单位，纵坐标表示分布所占的单元数。随着均匀性系数 m 的增加，基元体的弹性模量将集中于一个狭窄的范围之内，表明弹性模量分布较均匀；而当均匀性系数 m 值减小时，则基元体的弹性模量分布范围变宽，表明弹性模量分布趋于均匀。

6.2.4.2　数值计算与分析

6.2.4.2.1　模型建立及其设计参数

对于多孔条件下孔隙压力的数值分析，采用 RFPA 数值分析软件，相关参数设计如下：

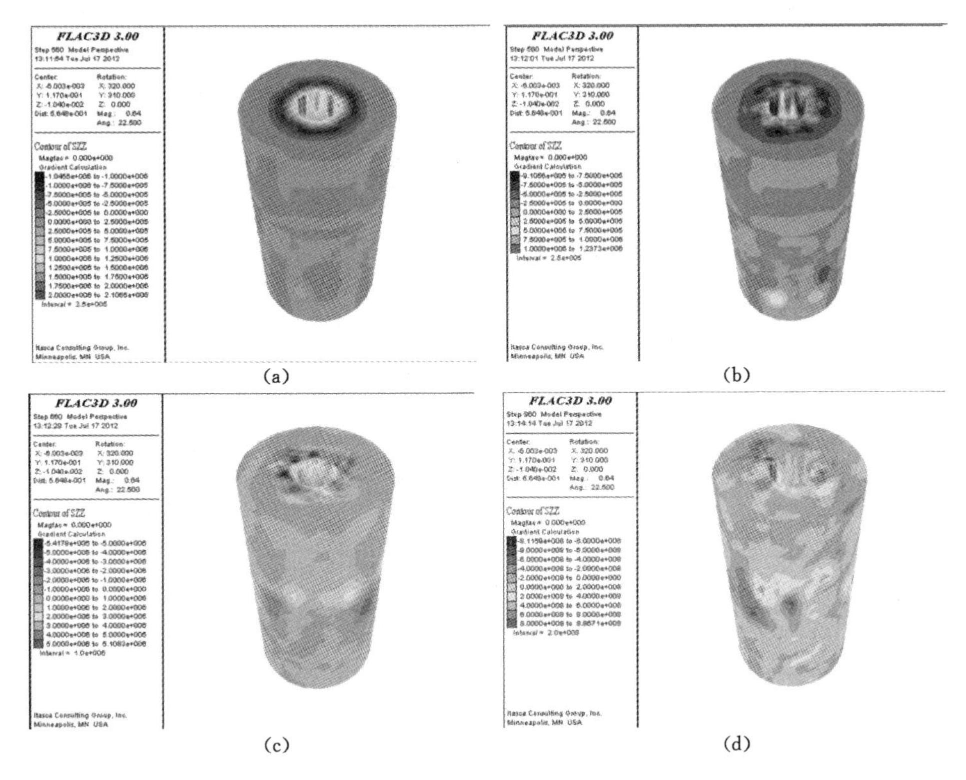

图 6-29　模型运算 1 200 步时径向应力云图

(a) 运算 900 步；(b) 运算 1 000 步；(c) 运算 1 100 步；(d) 运算 1 200 步

数值模型采用二维平面应力薄板模型。试样模型尺寸 80 mm×50 mm，网格划分为 160×100 个基元；整个加载过程通过位移加载方式；轴向加载位移增量为 $\Delta s=0.01$ mm；侧压 $p_2=4$ MPa，上、下边界孔隙压力 p_3 和 p_4 分别为 2.3 MPa 和 3.8 MPa；左、右边界孔隙压力为 0；控制步数为 100 步。力学性质参数见表 6-2。

表 6-2　　　　模型分析参数表

均质度	弹性模量/MPa	强度/MPa	泊松比	压拉比
2	10 000	100	0.25	10
摩擦角/(°)	孔隙率	渗透系数	孔隙水压系数	耦合系数
30	0.1	0.1	0.6	0.1

初始注水压力为 5 MPa，然后以每步 0.2 MPa 的速度递增。根据设立参数，建立模型如图 6-34 所示，现就模型在多孔压力作用下裂隙发生与发展进行说明分析。

6.2.4.2.2　数值计算结果分析

下列各图为模拟多孔条件下注液，煤壁受孔隙压力膨胀拉压作用的变形过程。图 6-35 为模拟注液初期煤壁裂隙的发生情况，可以看出裂隙主要集中出现在钻孔周围。事实上，由于煤壁在钻孔过程中会出现应力集中现象，因此在钻孔附近也最容易出现裂隙，裂隙也最容易进一步扩展。

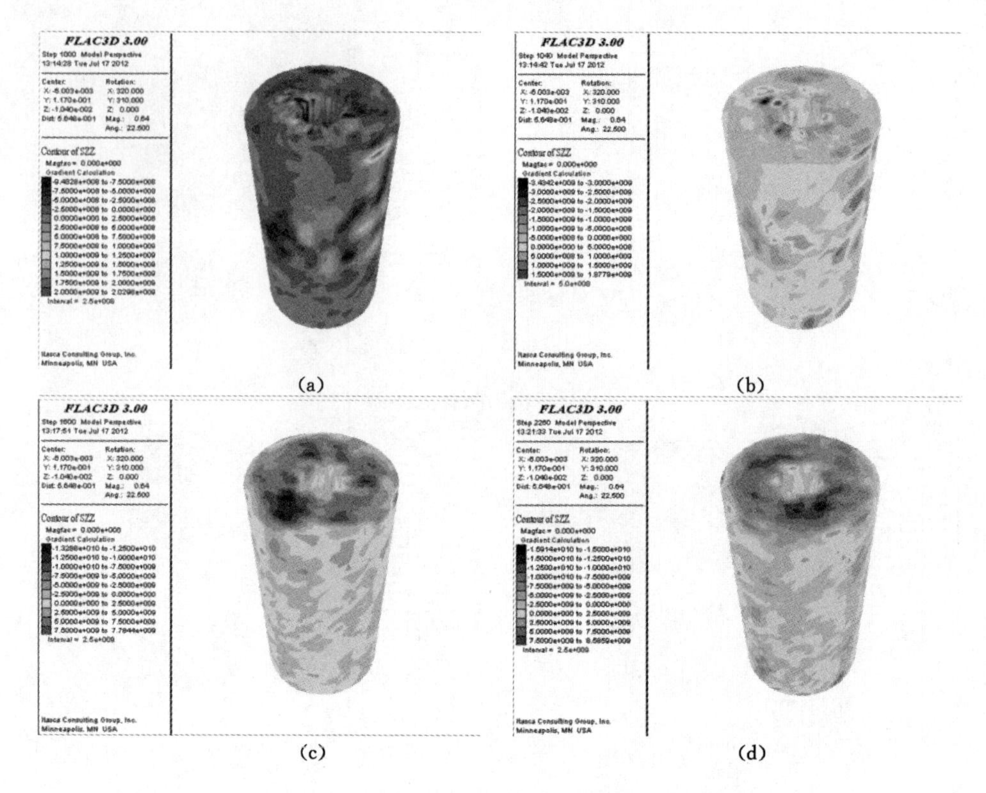

图 6-30　模型运算 1 600 步时径向应力云图

(a) 运算 1 300 步；(b) 运算 1 400 步；(c) 运算 1 500 步；(d) 运算 1 600 步

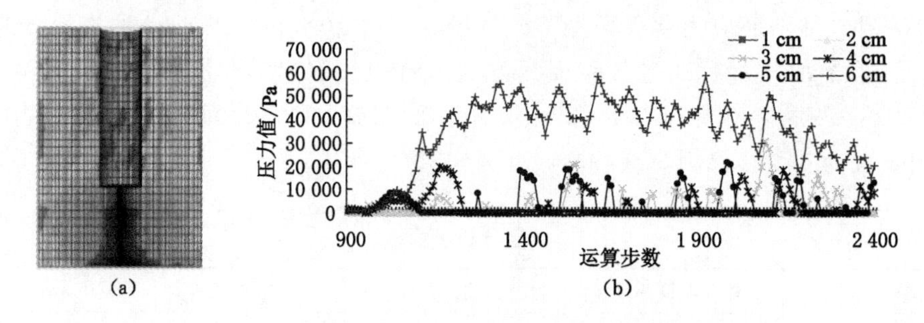

图 6-31　模型试件内部剖面的垂直压力分布特征和位移分布特征

(a) 沿钻孔径向孔隙压力剖面图；(b) 沿钻孔径向孔隙压力分布图

图 6-36 为持续注液，并增大注液压力时的情况，各个钻孔周围大面积出现新的裂隙，之前的裂隙也出现了一定程度的扩展。

图 6-37 为注液压力进一步增大，注液时间持续增加的情况，可以看出孔隙压力不断增大造成钻孔周围裂隙大面积扩展，造成大范围的裂隙贯通现象，部分钻孔发生一定程度的变形。

图 6-38 为随着注液压力的增大和时间的持续增加，煤壁内部孔隙和裂隙完全扩展并贯通的情况，可以看出裂隙出现大面积的贯通，钻孔也出现了大范围的连通，煤壁出现断裂面，整体结构出现破坏和变形。

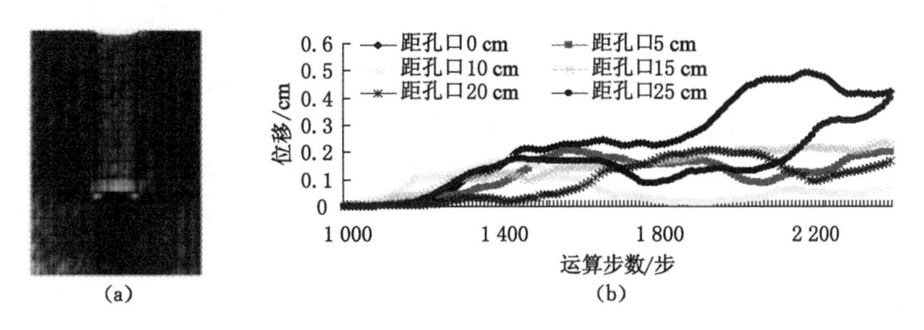

图 6-32　模型试件内部监测点的位移分布及其数据

(a) 垂直压力剖面特征；(b) 位移分布特征

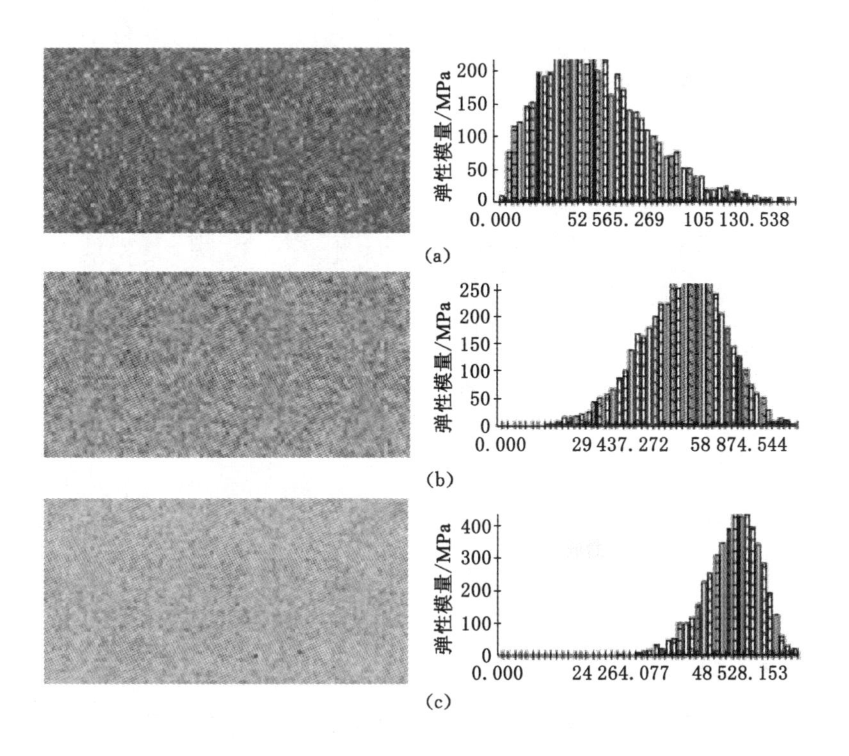

图 6-33　不同均质度介质弹性模量空间分布形式与对应的分布图

(a) $m=2$；(b) $m=5$；(c) $m=10$

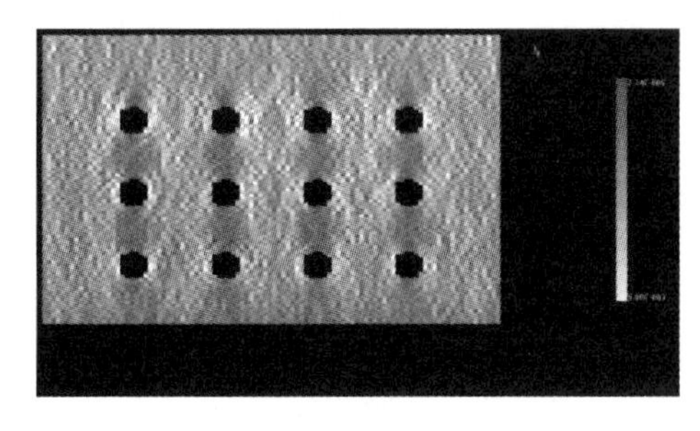

图 6-34　多孔压力耦合模型

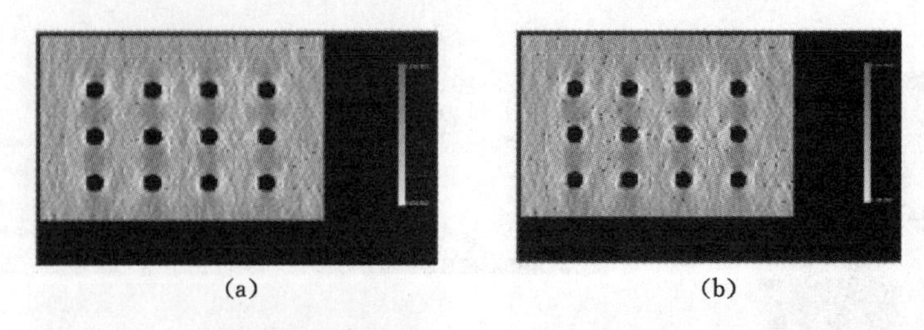

图 6-35　多孔压力模型裂隙初始阶段

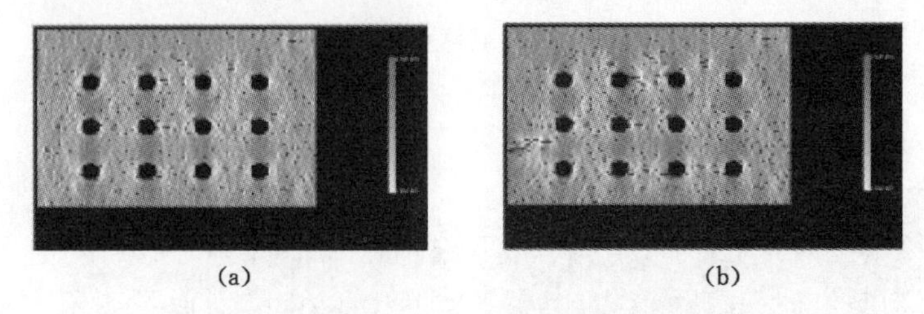

图 6-36　多孔压力模型裂隙发展阶段

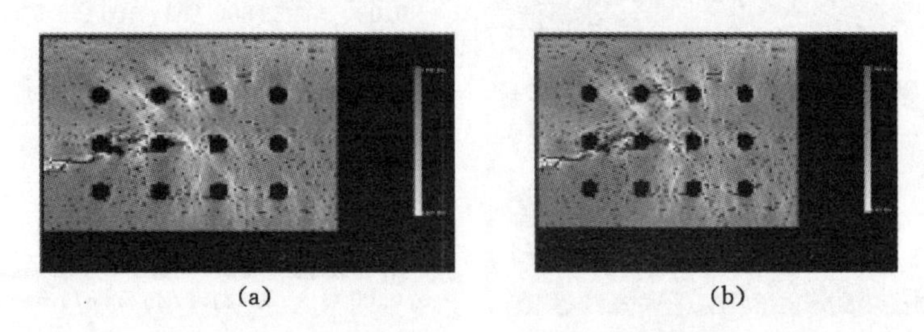

图 6-37　多孔压力模型裂隙耦合阶段

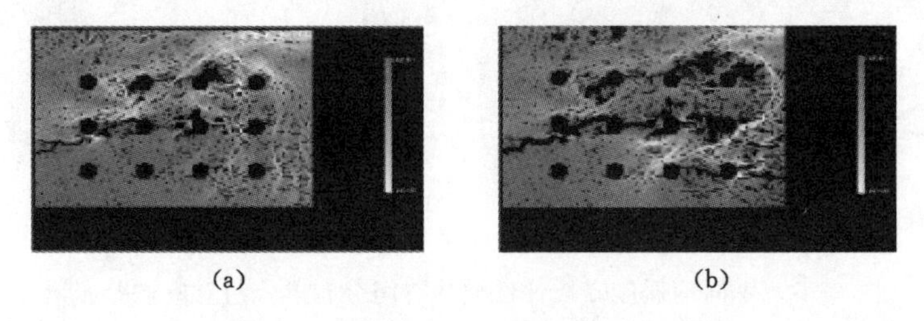

图 6-38　多孔压力模型结构破坏阶段

通过单孔膨胀压力与多孔耦合膨胀压力数值计算综合分析，得出以下结论：

(1) 在整个注液过程中单孔径向孔隙压力分布表现为压力先增后减，中后期出现峰值压力，沿钻孔方向位移持续增大，在中后期出现位移峰值。

(2) 对于多孔条件下沿煤壁方向的注液模拟计算表明，随着液体的不断渗透，煤岩体内裂隙也不断发展扩大，由于各孔之间的裂隙贯通耦合作用，造成煤岩体内部破裂程度加剧、裂隙活性显著增强，强度明显降低。

6.2.5　现场工程实例

以乌东煤矿西区＋518 m 水平 B_{4+6} 工作面为例，煤层倾角为 85°，厚度为 50.5 m，走向长度为 450 m，倾斜长度为 23 m。选取距离开切眼 150～160 m 区域阶段具体施工情况进行说明，提前工作面 10 m 处开始采用 ZDY-800 型液压钻机在进风巷施工钻孔，钻孔的直径为 110 mm，相邻两排钻孔之间的间距为 3 m，钻孔深度为 20～40 m，由于钻孔数量庞大，这里仅选取 3 组，每组挑选 2 个钻孔进行说明，具体如图 6-39 和图 6-40 所示。6 个钻孔各流程施工参数见表 6-3。

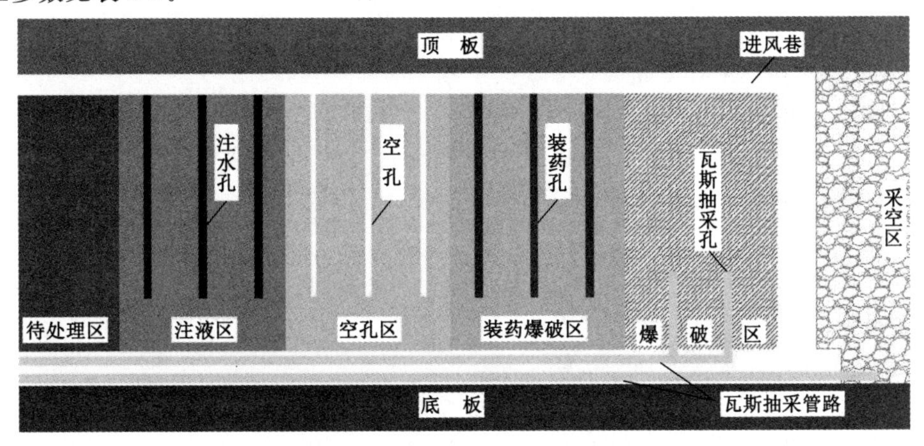

图 6-39　综合弱化工艺流程示意图

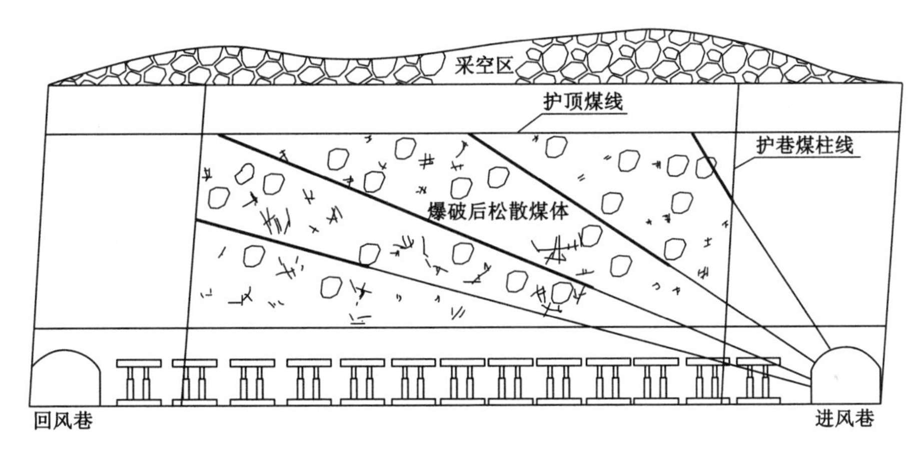

图 6-40　顶煤综合弱化工艺示意图

（加粗线条为碱性介质溶液注入区域）

表 6-3　　选取的 6 个钻孔的实际参数

钻孔名称	距开切眼位置/m	钻孔长度/m	倾角/(°)	钻孔直径/cm	装药长度/m	封孔长度/m	装药方式	碱性介质溶液注入量/kg
8-1	152	24.6	25	110	11.8	7	连续正向	55
8-2	152	21.5	37	110	8.3	7	连续正向	45
9-1	155	32.6	21	110	16.6	8	连续正向	90
9-2	155	25.3	35	110	12	8	连续正向	60
10-1	158	22.8	19	110	9.5	8	连续正向	50
10-2	158	36.0	32	110	17.5	8	连续正向	100

(1) 封孔处理时采用的封孔材料为黄土(也可采用膨胀水泥);封孔处理一般采用 BQF-100 封孔器,钻孔区域煤体变形或破碎严重的情况下采用马丽散封孔袋。

(2) 碱性材料质量配比按照 CaO∶水∶粉煤灰∶膨润土比例为 65∶27∶5∶3。

除此之外,向煤层的工作面喷洒质量浓度为 1%的 Na_2CO_3 水溶液,向过渡支架区域涂撒 Na_2CO_3 粉末。

6.2.6 H_2S 治理技术措施

6.2.6.1 H_2S 对现场生产造成的危害

由于煤层含硫分较高,因而造成空仓或采空区内积聚了大量 H_2S 气体,由放顶煤过程中带出。从工作面现场情况看,不放煤时 H_2S 气体量减小,但仍然超过 0.000 66%,一旦后部放煤,气体浓度就要严重超限,给安全开采带来隐患,并造成极大损失。H_2S 产生的危害主要包括以下几个方面:

(1) 对工作面作业人员造成伤害:H_2S 气体是一种窒息性气体和刺激性气体,其主要损害中枢神经系统和呼吸系统,也可伴有心脏等器官损害,对毒作用最敏感的组织是脑和黏膜接触部位,其毒作用随浓度增加和接触时间长短而异。

(2) 对设备与支护结构损害:工作面 H_2S 酸性气体与支架或支护结构(锚网)铁质设备及其氧化物发生反应生成 FeS、FeS_2、Fe_2S_3 等组成的混合物,最后生成大量 H_2S 气体。

氢鼓泡:腐蚀过程中氢原子向设备钢中扩散,在钢材的非金属夹杂物连续处聚集形成分子氢,由于氢分子难以从钢组织内部逸出,从而形成巨大内压导致周围组织屈服,形成表面层下的平面孔穴。

氢致开裂:在氢气压力的作用下,不同层面上的氢鼓泡裂纹相互连接形成阶梯状,内部裂纹形成氢致开裂。

硫化物应力腐蚀开裂:应力腐蚀属于一种低应力脆性破坏,断裂前很少出现宏观的塑性变形,因此往往会导致无先兆的灾难性事故。湿硫化氢环境中的氢原子渗透到钢铁的内部,使钢铁脆性增加,严重部位的金属网,用手一捏就粉碎,如图 6-41(a)所示。在外加应力及残余应力作用下形成开裂,主要出现在高强度钢或焊缝上,如图 6-41(b)所示。

在应力引导下,夹杂物和缺陷处因氢聚集形成的裂纹沿垂直应力方向开裂,形成应力导向氢致开裂。硫化氢浓度对应力腐蚀影响明显,湿硫化氢引起的开裂有硫化氢应力腐蚀、氢诱导、应力导向氢致开裂、氢鼓泡等,如图 6-41 所示。

(3) 诱致煤层自燃倾向性:硫化氢存在,易产生硫化铁。硫化铁可与空气中的氧气接触发生氧化还原反应,大量放热,散热受阻,逐渐达到自燃点从而引发煤层自燃。

6.2.6.2 治理措施

除了向煤体内注入碱性介质溶液外,还增加了多角度全方位抽采手段,以确保有效遏制硫化氢气体带来的危害。

6.2.6.2.1 抽采配套系统

碱沟煤矿移动瓦斯抽采泵站设置:西一采区+541 m 水平 B_3 煤层与石门交叉点硐室内,泵房硐室规格:深×宽×高=20 m×5 m×3.7 m;东三+556~+564 m 上山,泵站规格:长×宽×高=15 m×4.6 m×3.9 m,硐室锚喷支护。共配备 4 台真空度高、负压大、流量小、安全性好的水环式真空泵,型号 ZWY110/16DG,单台额定抽采能力为 110 m^3/min。目前正在建设地面永久瓦斯泵房,竣工后将采用 2BEC100 型和 2BEC52 型(各 2 台)瓦斯抽

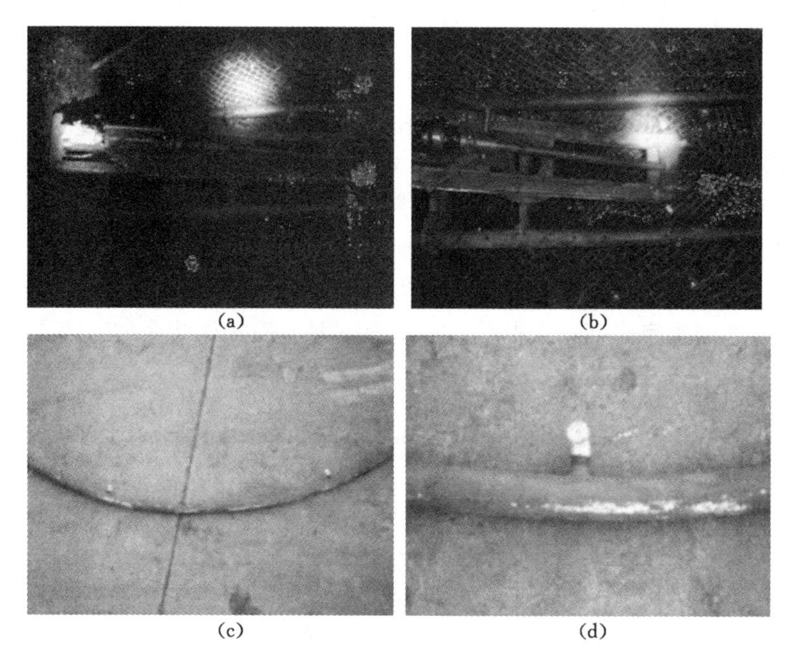

图 6-41　硫化氢应力腐蚀断裂
(a) 金属网腐蚀;(b) 金属网开裂;(c) 钢管表面腐蚀;(d) 钢管表面腐蚀特写

采泵对井下有毒有害气体进行抽采。

6.2.6.2.2　抽采方法

(1) 工作面尾巷埋管抽采。如图 6-42 所示,预埋管路采用 ϕ108 mm 焊缝钢管和弹簧软管布置于东三+541 m B_1 巷尾巷 3～6 m 处,管头用木垛保护或悬管设置,尾巷必须及时封闭。预埋 ϕ108 mm 焊缝钢管根据工作面推进度及时回撤。预埋抽采管路采用双埋管法,当第一条埋管达到 3 m 以外时,预埋第二条管路,在第一条管路的 3 m 以外处用三通和阀门

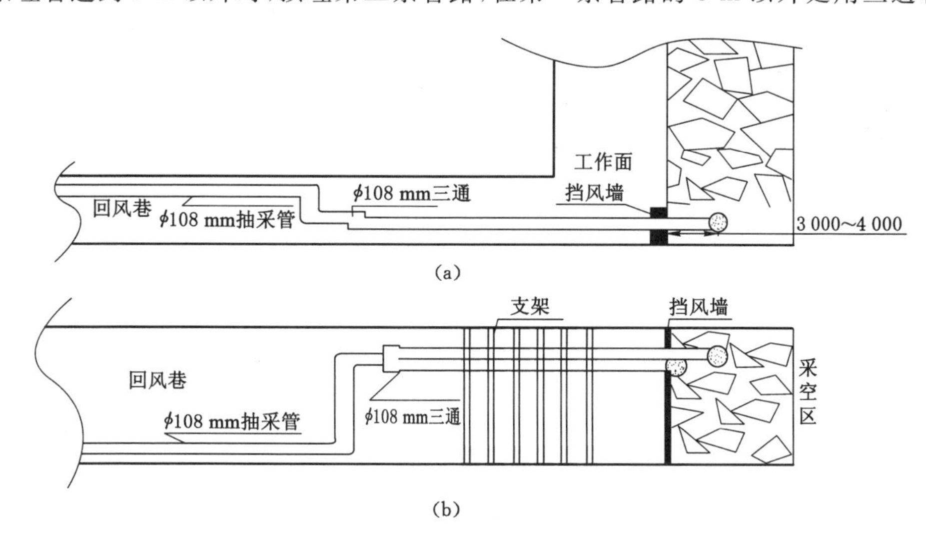

图 6-42　综放工作面尾巷抽采系统示意图
(a) 平面图;(b) 剖面图

与第二条管路相连，此时第二条管路处于关闭状态，当工作面推过第二条管路管口 3 m 以外时，打开第二条管路的阀门并投入抽采。

(2) 顺层高位钻孔抽采。采空区高位钻孔抽采工作面采空区的裂隙瓦斯，用于解决上隅角、支架上部和架间硫化氢气体超限问题。在工作面回风巷北帮施工硐室，起孔高度 2 m 沿煤层走向每隔 100 m 向采煤工作面采空区提前施工 3 个钻孔，孔径 110 mm，长度 100 m 的高位走向钻孔抽采采空区裂隙带内的高浓度瓦斯。3 个钻孔终孔位于综放工作面煤层往上 10～16 m，终孔间距 2 m。当采煤工作面煤壁推到距钻场 20 m 时，下一个钻场内的走向抽采钻孔必须全部施工完毕并投入抽采。沿走向方向上的其他钻场内的钻孔按上述施工顺序依次进行施工。工作面高位孔抽采系统图如图 6-43 所示。

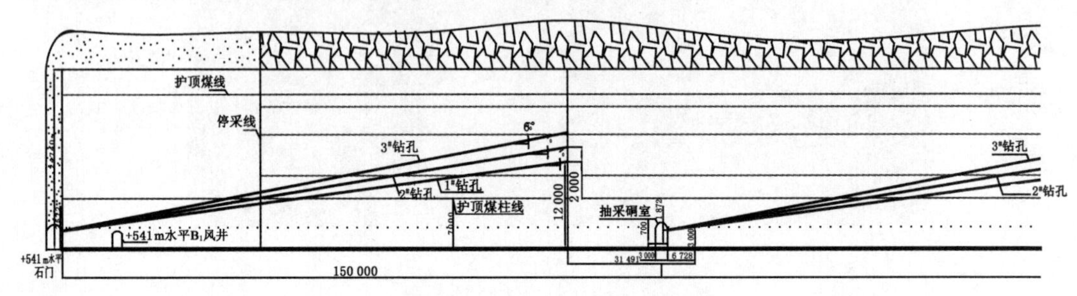

图 6-43　工作面高位孔抽采系统图

(3) 工作面撒布碳酸钠干粉。在工作面和回风巷道底板定量撒布碳酸钠粉末，一是直接中和工作面风流中硫化氢气体；二是部分遗留至采煤工作面采空区中和采空区内硫化氢气体，减少采空区气体涌出量；三是井下空气含水及降尘喷雾洒水溶解碳酸钠粉末形成溶液，自然渗透至下分层煤体中中和煤体中硫化氢气体，为下分层安全回采创造条件。

由于未测定煤体中硫化氢气体含量，碳酸钠粉末撒布量暂按照以下技术要求进行：① 工作面推进 1.2 m 在工作面回风端头及 1～3 架间，撒布量不少于 15 kg，4# 支架以后的每副架子间撒布量不少 2 kg，碳酸钠粉末（或生石灰）撒布要求均匀，覆盖整个工作面架间、架后、回风端头和尾巷。在工作面回风巷道底板均匀撒布 0.2 kg/m，撒布区域超前工作面 100 m。② 撒布碳酸钠粉末前对工作面及回风巷全面洒水，水量应充足。③ 生产期间防尘喷雾必须正常开启。

6.3　急倾斜煤层煤岩耦合致裂技术研究

6.3.1　耦合致裂理论

6.3.1.1　耦合致裂理论提出

煤岩体的弱化主要涉及顶煤可放性与降低应力集中的问题，国内外许多学者进行了大量的相关研究，由于其方法与机理相同，在此主要对顶板岩层的弱化问题进行分析。顶板岩层弱化效果的决定因素可分为两方面：内因和外因。内因是顶煤自身的赋存特性，如埋深、厚度、倾角、强度、裂隙密度等物理力学性质；外因是开采扰动产生的矿山压力（不考虑采取人为弱化措施）。

顶板强度及破碎程度改变需要施加人工辅助措施以降低岩体的整体强度、提高裂隙及结构面的数量，从而达到顶板弱化的目的。合理利用开采扰动造成的应力集中可以破碎顶板，将矿山压力变害为宝。但是急倾斜煤层水平分段综放工作面的矿压规律不同于缓倾斜煤层。急倾斜煤层综放工作面覆岩形成“拱、壳”结构，成拱作用阻止了顶板的自然垮落，从而降低了顶板破碎程度。因此，这就需要采取措施提高煤岩体内部的裂隙、结构面数量，降低煤岩体整体的强度与块度分布。

经过多年的研究，煤岩体致裂的方法主要有：爆破致裂[108-113]、水压致裂、生物弱化、空气炮弱化。图 6-44 是对爆破、注水、空气炮三种方式效果的描述，可以看出：爆破的压力最大、见效最快；高能气体的压裂时间处于中间但是压力明显不足，对于大体积煤体的压裂存在较大难度；水力压裂所需时间较长，但随着时间的增加效果将逐渐提高，并可以起到除尘、降温的效果。

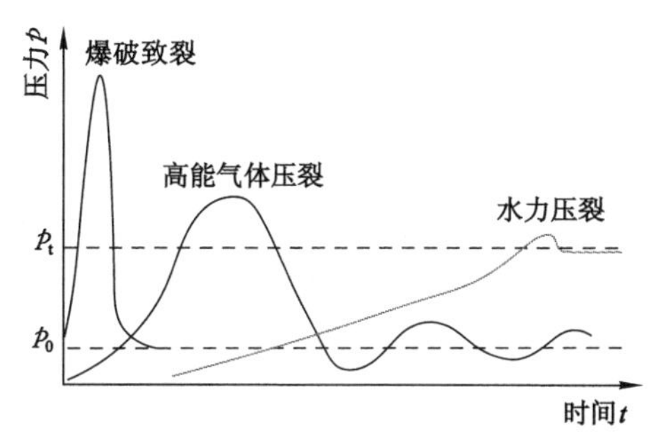

图 6-44　综合压裂顶板的效果(p-t)描述

表 6-4 是对上述致裂方法优缺点的综合概述，可以看出就致裂效果来说爆破的方式是最佳选择，安全性来说注水是最佳的且具有相当程度的效果。若将爆破和注水两种方式结合起来，则既具有了爆破见效快的特点，又克服了煤尘较多、温度升高等安全与环境方面性的问题。

表 6-4　　致裂方法优缺点比较

致裂方法	优点	缺点
爆破致裂	效果好、见效快	产生大量的煤尘、安全性差
单一注水	降温、降尘与降火	低渗透性煤层致裂效果差、见效慢
空气炮	弱化效果较好	1. 空气炮会增温，易产生衍生灾害； 2. 释放能量不足以破碎煤体

由前文理论分析可知：乌东煤矿北区在开采 45°特厚煤层过程中，由于煤层倾角大，即上覆岩层沿岩层法线方向作用于基本顶的应力小；与此同时，基本顶岩层具有厚度大、强度高、整体性好和自稳能力强等特点。所以随着工作面的推移，基本顶很难在上覆岩层的作用下发生断裂。从而造成采空区大面积悬顶，为工作面的安全生产带来了诸多不安全因素。

综上分析可得：为了使乌东煤矿北区实现安全高效生产，应对基本顶实施注水与爆破相结合的人工弱化技术。即采用爆破致裂的同时结合水压致裂的方式，对采空区靠近顶板一侧位移较小的岩层进行弱化，使其失去对顶板岩层的支撑作用，从而达到弱化顶板、防治动力灾害的目的。

为了充分地结合注水弱化与爆破弱化各自的优点,具体可以采用注水与爆破耦合弱化的方式对顶板进行弱化。通过选择合理的排距、钻孔长度、注水压力、注水时间、装药量等参数,使岩体裂隙中的注水在爆轰波的作用下继续向四周扩展。与此同时,注水对爆破时所产生的热量起到一定的降温作用。

爆破与注水结合起来实施时,存在先后顺序问题,即是先注水后爆破还是先爆破后注水。注水需要有较好的封孔效果,实现"保压"才能有效地致裂煤岩体,实际的工程实践中注水作用造成裂纹扩展后经常出现泄水现象,爆破后裂纹数量相对更多,泄水现象更加突出。下面分别阐述两种实施方案时的差异性。

(1) 先爆破后注水

如果先爆破后实施注水,过多的裂隙使得泄水现象频现,导致带有一定压力的水无法撑裂煤岩体,注水的致裂与软化效果均难以达到。

(2) 先注水后爆破

鉴于注水的周期较长,超前注水不影响工作面的开采,注水是将原始煤岩体在一定程度上致裂并浸润,在煤岩体已被注水弱化的基础上(此时煤岩体呈固液耦合状态)实施爆破,这样可进一步增加裂纹的数量及密度,规避了注水所需的保压问题。爆生气体在强度已降低的煤岩体中传播进一步加大了爆破的致裂效果。

通过对以上两种实施方案的分析,选择方案(2),超前于工作面在煤岩体中实施注水,在致裂与软化煤岩体的基础上再实施爆破。

注水工艺的实施降低煤岩体的整体强度和裂纹应力强度因子,在固液耦合态煤体的基础上完成爆破,进一步增加爆破冲击波与爆生气体致裂形成裂纹的数量和密度。由于爆破与注水致裂煤岩体机制较为复杂,且作用特点有显著差别:爆破的反应时间较短而注水致裂软化所耗时间较长。将两者结合起来分析致裂机制、效果及裂纹扩展准则时,要从细观层面来分析考虑两者的共同作用。由于注水致裂的长期性特点,可以将超前注水后的煤岩体看作固液耦合态体,在此基础上实施爆破以进一步提高爆破的致裂效果。在对爆破和注水单独作用机制及破坏规律研究的基础上,开展爆破动载作用下固液耦合态煤岩体的破坏特性研究,采用理论分析和数值计算的方式研究耦合致裂效果,定量化评估耦合致裂后强度的劣化程度,最后运用离散元方法实现煤体"整体—散体"的等效转化,分析破碎后离散态煤体的垮落规律及顶煤块体间的铰接结构,为煤岩体耦合致裂程度评估及方案设计提供基础数据支撑。

6.3.1.2 耦合致裂的界定与致裂机制

6.3.1.2.1 耦合致裂的界定

耦合致裂定义为"在煤岩体已被注水弱化的基础上(超前注水使煤岩体呈固液耦合状态)实施爆破"。耦合致裂的煤岩体在爆破致裂前呈固液耦合状态,实施的整个过程是注水致裂与软化效果和爆破致裂作用的叠加,是长期和短期效应的叠加,也是孔隙水压和爆破应力波及爆生气体压力的叠加,属于应力场、湿度场、弹性波场等的综合作用,是液体、固体、气体的相互作用。为此,将注水及爆破结合实施的方法定义为耦合致裂[114-117]。

工程实践中要考虑工艺间实施的适应性与工序间的影响。考虑到注水的周期较长,超前注水不影响工作面的开采,故提出超前于工作面在煤岩体中实施注水;然后在已被致裂、软化煤岩体的基础上实施爆破,这样相当于在强度已降低的煤岩体实施爆破,降低了裂纹的应力强度因子,可促使注水无法扩展的裂纹进一步延展。同时爆生气体在强度已降低的煤岩体中传播进一步加大了同等条件下炸药爆破的致裂效果，增加了裂纹的数量及密度，并规避了先实施爆破时裂纹较多导致注水时所需的保压问题。

6.3.1.2.2　耦合致裂机制

爆破和注水都是通过对煤岩的局部进行改造，降低爆破和注水影响范围内煤岩体的强度增加其自身变形量和裂隙量，从而达到提高煤岩体冒放性和围岩卸压的目的。煤岩体在注水后形成固液耦合态体，围岩除原生裂隙外注水产生新的裂隙，浸润了煤岩体，也降低了围岩结构体分子间的黏结力，进而降低了煤岩体整体的内聚力和强度，促进了裂纹的萌生与扩展。

在注水致裂及软化煤岩体的基础上实施爆破，利用爆炸产生的爆生气体楔入注水前的原生裂隙和注水后生成的新裂隙中，在煤岩体强度降低的基础上爆破等于降低了煤岩体的断裂韧度和裂纹扩展的临界值，这将提高爆生气体的扩展范围、增加炸药爆炸致裂煤岩体的效果，可以得出：耦合致裂技术不单单是两种方法的简单叠加，其本质是爆炸形成的爆生气体和冲击波共同在已软化的煤岩体中传播，致裂效果大于两种方法的叠加。湿润的煤体亦可大大降低爆炸产生的粉尘量和热量，有力地抑制了爆炸致裂的缺点，达到了优势互补，即改善了注水致裂时效性较差的缺点，又弥补了爆炸所具有的温度高、粉尘大的劣势。在注水的基础上实施爆破也提高了煤岩体单独实施爆破的弱化程度。耦合致裂除了用于提高顶煤的冒放性外，还可适用于围岩集中应力的卸压，降低动力灾害产生的频次和危害程度。

6.3.1.3　耦合致裂分析方法

注水实践的经验表明，裂隙过于发育将导致注水孔压力急剧下降甚至局部出现涌水，达不到注水致裂所要求的“保压”，所以需要建立固液耦合态模型，在完成注水致裂及软化的基础上施加爆炸荷载。固液耦合态模型在爆破动载作用下的分析设计思路如图 6-45 所示，具体步骤如下：

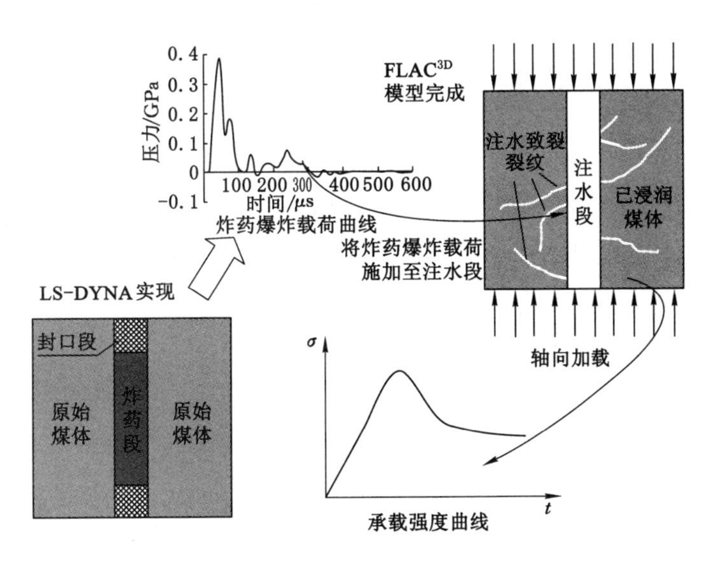

图 6-45　固液耦合态模型施加爆破动载模型设计思路

(1) 建立 FLAC^{3D}模型并开启固液耦合模式，完成固液耦合态模型的构建，获取注水后模型试件的强度劣化特性。

(2) 利用 LS-DYNA 模拟爆破，获取不同装药量情况下爆破动载的压力时程曲线；

(3) 将(2)获得的爆炸动载施加到(1)所建立的模型上,并完成施加爆破动载后的模型加载,掌握动载作用下固液耦合态模型强度劣化程度。

6.3.2 煤岩体耦合致裂数值计算

6.3.2.1 煤岩体耦合致裂模型构建

6.3.2.1.1 固液耦合致裂模型设计

岩石单向抗压强度是目前煤矿地下开采过程中使用最广的岩石力学参数,本实验即为制取耦合致裂后试件的单轴抗压强度。为提高模型强度曲线获得的准确性,严格按照岩石力学实验的高径比设计模型的大小。在数值模型运算开始前按照与岩石力学实验相似的步骤:在试件上、下两端利用刚性端头加载,用作用在模型 Y 方向的位移边界代替岩石力学实验中的轴向加载,确定耦合致裂后模型的最大可承受荷载。依据《煤和岩石单向抗压强度及软化系数测定方法》(MT 44—1987),标准试件为直径 50 mm 的圆柱体,高径比 2∶1。因此,模型在 FLAC^{3D}中进行压缩实验时应为圆柱体,在设计模型时应满足模型高径比的要求,耦合致裂的模型设计还要考虑到注水和爆破两方面多参数的需求。

(1) 满足注水水压和爆破计算需求

不同水压及装药量作用下其耦合致裂效果是不同的。根据以往研究,注水致裂压力至少应在 3 MPa 以上,工程尺度下注水水压应尽可能加大。为了使研究结果更具有适应性和对比性,应选取不同的致裂水压。为此对注水水压的范围进行扩展,定为 2~12 MPa,以期为其他高强度、低渗透煤岩体的致裂提供借鉴。为了反映不同装药量对注水后模型的破坏作用,需要设计不同孔径大小的装药钻孔,然后利用 LS-DYNA 获得不同装药量的动力载荷曲线,将其施加至不同水压作用后的模型中,完成固液耦合态模型动力载荷的施加。综合考察不同水压、不同装药量作用下的破坏特性。钻孔的孔径不同也会影响注水的效果,潘鹏志等研究表明水压致裂时孔径不同其最终的破裂模式相差不大,但致裂水压随着孔径增加而下降。倪冠华等研究表明钻孔直径越大,同样的水压可产生较大的致裂以及湿润范围。这表明在同一注水压力下,不同孔径的注水孔造成的注水影响效果不同,所以在注水时应采取大直径钻孔注水,提高注水软化煤岩体的实施效果。为同时满足爆破载荷所要求的不同药量需求,设计了不同孔径大小的计算方案,具体见表 6-5。表中注水孔半径和装药半径一致;注水压力分布在 2~12 MPa,可以反映不同水压下的弱化效果。

表 6-5　　耦合致裂方案设计

名称	模型 1	模型 2	模型 3	模型 4	模型 5	模型 6
水压/MPa	2	4	6	8	10	12
炸药半径/cm	2.1	3.0	3.75	4.7	5.65	6.65
钻孔半径/cm	2.1	3.0	3.75	4.7	5.65	6.65

(2) 模型大小设计

为保障模型的一致以实现结果的准确对比,注水致裂与爆破的数值模型大小及规格相同,均为圆柱形。为方便模型设置边界条件及初始压力的施加,模型设计形状为外方、内圆。炸药的爆破影响范围与安装炸药的半径有关,为保障有足够的安全边界,将模型内部圆柱体的半径设计为最大半径 6.65 cm 的 30 倍,取整数后为 200 cm。在 FLAC^{3D}内部圆柱模型外侧构建 100 cm 宽的边界便于施加边界条件。模型中圆柱体的宽度 400 cm，按照高径比 2∶1 设计，则高度应为 800 cm。模型最终为高 800 cm、宽 600 cm 的长方体，如图 6-46 所示。在进行单轴压缩实验时将模型外侧的 Group(外围)挖掉即可，围压按照急倾斜围岩应力特征施加，模型进行单轴加载时去掉围压并挖掉 Group 外围。

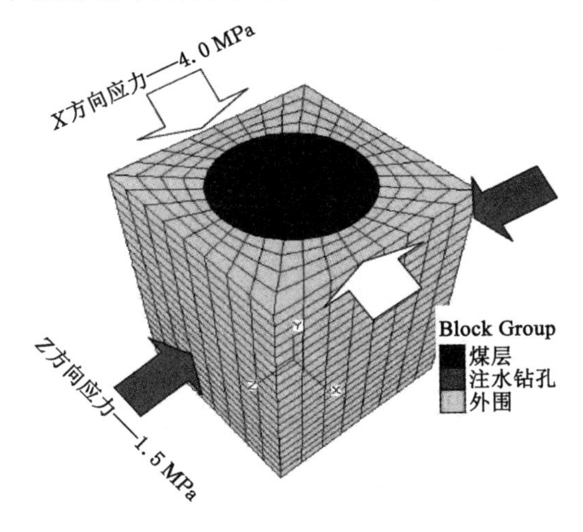

图 6-46　注水整体模型

6.3.2.1.2　爆破致裂的三维数值模型构建

爆破致裂煤岩体与炸药用量、布置形式以及煤岩体自身的物理力学性质有关，一般在设计爆破方案时根据经验公式进行，大多没有形成完备的炸药和煤岩体致裂效果间可以量化的表达关系。针对顶煤超前预爆弱化问题，需要对顶煤爆破参数的优化问题。提出通过数值模拟实验与理论分析获得炸药使用量与煤岩体劣化参数的量化规律，为下一步爆破方案及固液耦合致裂方案的优化提供基础性依据，指导后续的工业性实验。

炸药的爆破时间非常短暂，但其中所涉及的力学问题却十分复杂，开展室内实验具有一定的风险性且对爆炸荷载的测量存在较大的困难。数值模拟作为有效的研究手段可以用来进行该类具有一定危险性的模拟分析。为保障模拟的准确性，需要选用恰当的数值分析方法。目前，在工程领域内常用的数值分析方法有：有限元法、离散单元法、边界元法、数值流形法等。

LS-DYNA 以其能够提供高能炸药的材料模型和各种炸药的状态方程，并准确地模拟整个冲击波的传播过程和结构的瞬态响应历程，一般选择 LS-DYNA 进行炸药爆炸的模拟。LS-DYNA 是著名的显式动力分析程序，可用于分析爆炸与高速冲击等涉及大变形的动力响应问题。其以 Lagrange 算法为主，兼有 ALE 和 Euler 算法；以显式求解为主，兼有隐式求解功能；以结构分析为主，兼有热分析、流体—结构耦合功能。其在工程应用领域被广泛认可为最佳的分析软件包。主要以非线性动力分析为主，兼有静力分析功能；适用于求解高速碰撞、爆炸等高度非线性问题。在工程界得到广泛应用，无数次实验结果的对比证实了该程序计算结果的可靠性和准确性。为此选用 LS-DYNA 程序进行爆炸分析，通过数值模拟直观地再现炸药从开始点火、达到峰值压力、压力回归零的演化时程，为掌握炸药爆炸对被爆破体的作用效果进而提出合理的爆破方案提供依据。

(1) 煤岩体损伤计算模型

炸药爆炸时炮孔近区材料瞬间受强大载荷冲击时的加载应变率效应明显，采用包含应变率效应的塑性硬化模型：

$$\sigma_\gamma = \left[1 + \left(\frac{\varepsilon}{C}\right)^{\frac{1}{P}}\right](\sigma_0 + \beta E_p \varepsilon_p^{eff}) \tag{6-18}$$

$$E_p = \frac{E_\gamma E_{tan}}{E_\gamma - E_{tan}} \tag{6-19}$$

式中 σ_0——岩体的初始屈服应力，Pa；

E_γ——杨氏模量，Pa；

ε——加载应变率，s^{-1}；

C,P——应变率参数；

E_p——塑性硬化模量，Pa；

E_{tan}——切线模量，Pa；

β——各向同性硬化和随动硬化贡献的硬化参数，$0\leqslant\beta\leqslant1$；

ε_p^{eff}——岩体有效塑性应变，按下式定义：

$$e_p^{eff} = \int_0^t d\varepsilon_p^{eff} \tag{6-20}$$

$$d\varepsilon_p^{eff} = \sqrt{\frac{2}{3} d\varepsilon_{ij}^P d\varepsilon_{ij}^P} \tag{6-21}$$

式中 t——累计发生塑性应变的时间，s；

ε_{ij}——塑性应变偏量分量。

实践过程中在爆破瞬间的冲击作用下被爆体的动态抗压强度会随加载应变率升高而加大，而动态抗拉强度 σ_{td} 随着加载应变率的变化较小，σ_{cd} 与 σ_c 之间可由下式近似表达：

$$\sigma_{cd} = \sigma_c^{\sqrt[3]{\dot{\varepsilon}}} \tag{6-22}$$

式中 $\dot{\varepsilon}$——加载应变率（s^{-1}），在工程爆破中，其加载速率分布在 $1\sim10^4\ s^{-1}$，与加载速率有关。

（2）物理力学参数与炸药载荷计算模型

人工装填乳化炸药劳动强度大、效率低、危险性高。采用基于现场炸药混装技术的装药机装药，弥补了上述缺点。炮孔内泵送的乳胶基质炸药在进入炮孔后 10～15 min 敏化为炸药，根据敏化后的炸药性能，并结合煤体的物理力学特性确定了计算参数，见表 6-6 和表 6-7。煤体材料类型选用 LS-DYNA 中自带的 Isotropic Elastic 模型。

表 6-6　炸药及其状态方程参数

密度/(kg/m³)	爆速/(m/s)	A/GPa	B/GPa	R_1	R_2	ω	E_0/GPa
1 100	4 050	217.08	0.184	4.25	0.91	0.15	4.244

表 6-7　煤体基本物理力学特性参数

密度/(kg/m³)	弹性模量/GPa	泊松比	剪切模量/GPa	体积模量/GPa	抗压强度/MPa	屈服强度/MPa	抗剪强度/MPa	抗拉强度/MPa
1 320	2.7	0.28	1.05	2.05	13.46	6.73	4.91	0.62

在利用 LS-DYNA 计算爆炸载荷时，基于规定中高径比 2∶1 的要求，按照炸药长度为 8 m、两端边界各为 2 m 设计。考虑到本次模拟主要为获得炸药爆炸的荷载，不涉及模型中各点及单元变形和压力的监测分析，因此将模型半径定为 1 m，减少计算负荷。爆炸荷载的计算模型设计见图 6-47(a)～(c)，利用 Ansys 建立的 6 个炸药载荷计算模型见图 6-47(d)。调用 LS-DYNA 模块即可进行非线性运算分析，获得 6 个装药方案相对应的爆炸荷载曲线。

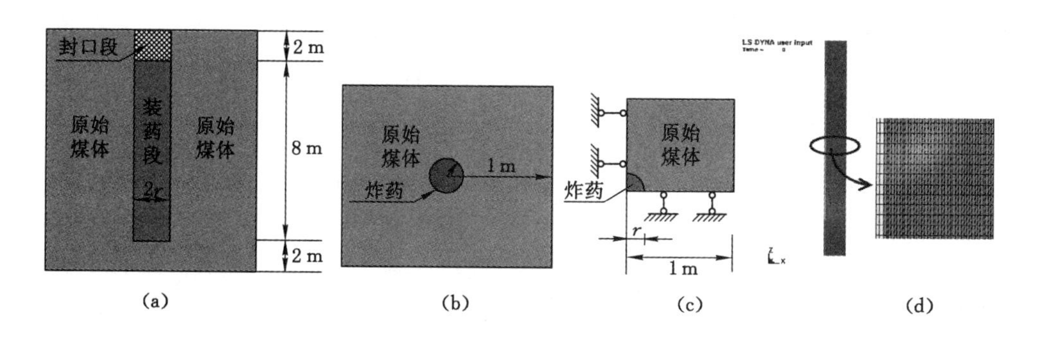

图 6-47　炸药爆炸的荷载计算模型

(a) 整体剖面图；(b) 平面图；(c) 计算图；(d) 数值模型

6.3.2.2　数值计算结果分析

6.3.2.2.1　固液耦合态模型的强度劣化

注水压力的增大将对试件造成更多的破坏，使更多的单元体进入屈服状态，这直接降低了试件的承载能力，有利于煤岩体的顺利垮放，改善顶煤及工作面围岩冒放困难的局面。在按照固液耦合设计方案构建数值模型进行计算后，去掉圆柱形试件的外围，向模型顶部施加位移控制的荷载，获得了不同注水压力下对应试件的最大承载压力演化历程(图 6-48)，即单轴抗压强度。

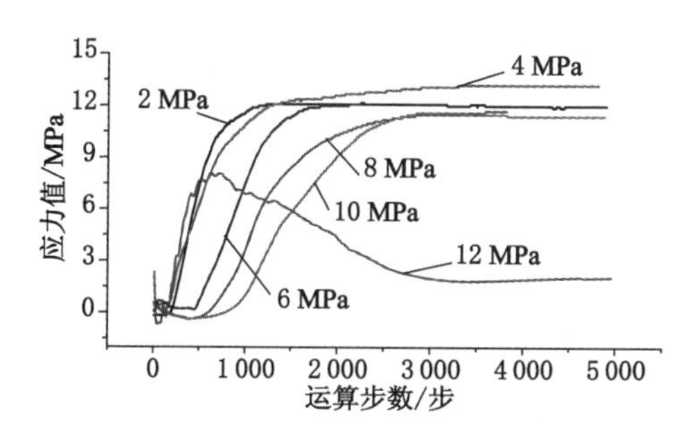

图 6-48　不同注水水压下的强度曲线

为了验证本方法的准确性，首先对 6 个自然状态下试件的强度进行计算，见表 6-8。模拟值误差最大仅有 1.04%，表明该方法是准确可行的。将模型注水后模拟得到的抗压强度与注水前的数值计算结果比较发现，各个试件的强度均出现了下降，即强度劣化现象。强度的劣化与注水的压力大小密切相关，整体趋势是随着注水压力的加大，模型的强度不断下降，劣化程度逐步上升。

表 6-8　　注水后模型强度的劣化程度分析

注水压力/MPa	钻孔半径 r/cm	自然状态值/MPa	实验值/MPa	误差/%	注水后值/MPa	劣化率/%	R/r
2	2.1	13.46	13.33	0.97	12.11	9.15	95
4	3.0	13.46	13.32	1.04	13.20	0.90	67
6	3.75	13.46	13.32	1.04	12.18	8.56	53
8	4.7	13.46	13.36	0.74	11.71	12.35	43
10	5.65	13.46	13.38	0.59	11.44	14.50	35
12	6.65	13.46	13.42	0.30	8.07	39.87	30

图 6-49 反映了随注水压力的增加模型强度及强度劣化率的变化，模型整体承载能力和强度劣化率呈负相关关系，前者随注水压力的增大而减小，后者随注水压力的增大而增大。在压力达到 12 MPa 时试件的强度急剧下降，劣化率达到 39.87%；当水压在 6 MPa 以内时，强度劣化率仅在 10%以内，这说明提高注水压力可加大对煤岩体材料的致裂效果，注水压力对强度劣化率有着重要的影响。

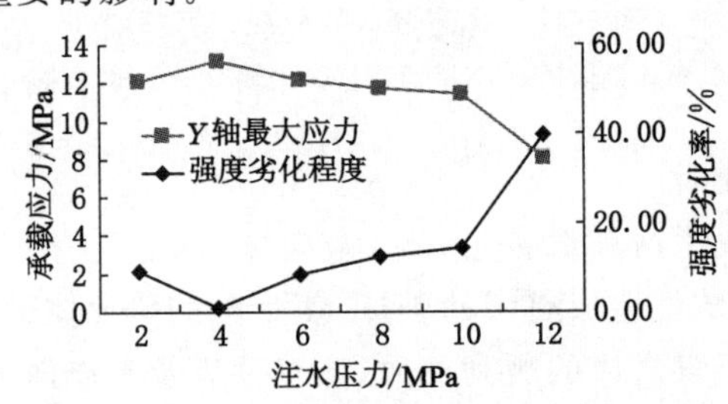

图 6-49　不同注水水压致裂降低强度的效果分析

对数据整理拟合分析获得了注水压力和试件最大承载力间的关系，得出了考虑急倾斜围岩应力条件下注水压力 p 和模型试件强度 σ_c 的关系式：

$$\sigma_c = -0.1851p^2 + 1.904p + 8.614 \tag{6-23}$$

按照上述式子可将不同注水水压作用下试件的抗压强度与自然状态相比，评估煤岩体的注水效果。这表明注水产生新的裂隙及其软化作用降低了材料整体的强度，提高了材料的劣化率，从而达到提高煤岩体冒放性的目的。同时，强度的降低将大大减小出现应力集中的现象，有效地控制了出现动力灾害的规模和概率。

6.3.2.2.2　固液耦合态模型动载作用下的强度劣化

经过对程序 LS-DYNA 运算过程中测点的速度监测，将动力计算时间设为 0.01 s，此时质点的速度趋于零，表明模型受动载的作用接近结束。实际动力荷载变化历程为 0.004 s，但为了使得模型内部各节点的振动速度平衡、接近于为零，不影响后续模型的加载，将动力运算时间适当加大，以达到模型内部动载的充分平衡，通过 LS-DYNA 计算得到的 6 个装药方案所对应的爆炸荷载曲线如图 6-50 所示。

将该爆破载荷施加到注水后的固液耦合态模型中，在为期 0.01 s 的动力计算结束后完成轴向加载，得到不同耦合致裂方案下试件的强度变化(图 6-51)。可以看出，施加爆炸动载后试件强度进一步下降，同样随着钻孔孔径的加大其装药量也增加，这直接导致钻孔孔径

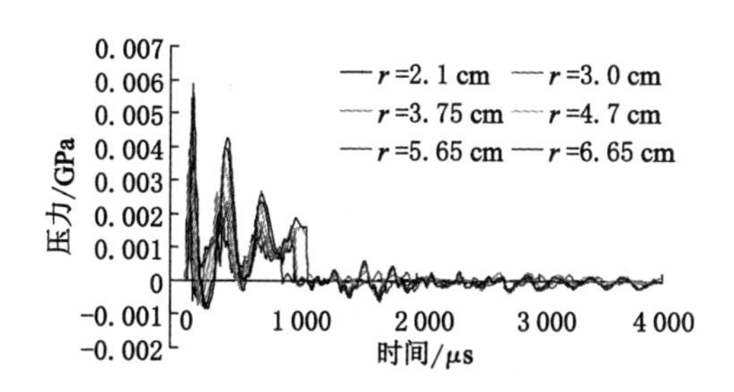

图 6-50　不同孔径对应的爆炸荷载曲线

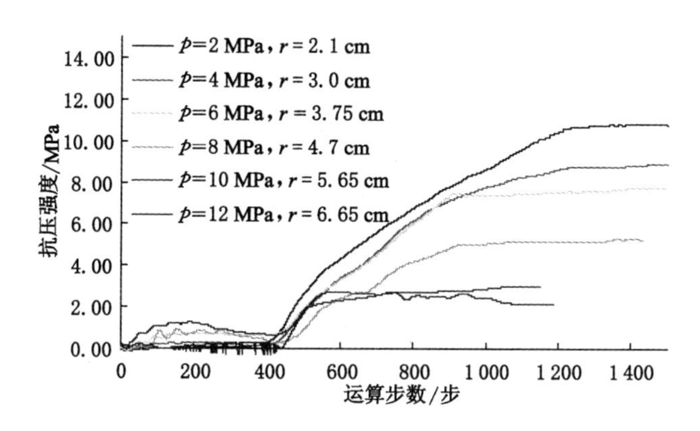

图 6-51　耦合致裂后试件强度变化

较大的试件强度下降显著。

6.3.2.2.3　耦合致裂下的强度劣化与孔径关系评估

煤岩体注水后，一部分压力水直接形成裂纹；另一部分水以浸润煤岩体的方式渗入分子间，水分子间的范德华力降低了煤岩体分子间的内聚力，当骨架间的孔隙压力足够大到裂纹起裂的抗拉强度时，新的水力裂纹产生。加上煤岩体沉积过程中附加的可溶性介质(胶结质、蒙脱石等)的溶蚀，形成充满压力水的一定空间，造成煤岩体原有的微观结构发生变形，这都将促使新裂隙的产生。接着带有一定压力的水继续向前渗透，并重复这一致裂过程，直至局部出现泄水现象、孔隙压力大幅下降后停止。注水工艺完成后在煤岩体内实施爆破，冲击波、应力波和爆生气体等共同作用下产生更多裂隙并楔入注水形成的裂纹中，进一步提高了致裂效果，实现煤岩体的高效、耦合致裂。由此可见，耦合致裂并不仅仅是两种工艺的简单叠加，而是涉及细观层面上水—煤/岩—裂隙—气体—应力间的多重多态介质耦合作用。

实验中耦合致裂效果与模型的半径有着重要联系，这对应着工程实践过程中“钻孔排距”的大小。为保障耦合致裂实施效果，在耦合致裂方案的设计中应注意炸药钻孔半径和排距的关系，并将注水和爆炸的主要参数一并考虑。为此以能够反映装药量的炸药单耗来表征这一特点。考虑到强度劣化率随着注水压力和装药量的加大不断上升，建立了注水压力 p、装药量 Q 与强度劣化率 f 间的函数关系：

$$f = 0.3716(pQ)^{0.3509} \tag{6-24}$$

式中　f——耦合致裂的强度劣化率，%；

p——注水压力，MPa；

Q——炸药单耗，kg/m^3。

$$均方根误差 = \left[\sum_{i=0}^{N}\frac{(T_i - A_i)^2}{N}\right]^{1/2} \tag{6-25}$$

式中 T_i——准确值；

A_i——预计值；

N——数据个数，在此为 6。

表 6-9　　　　耦合致裂强度劣化率预计

名称	模型 1	模型 2	模型 3	模型 4	模型 5	模型 6
准确值/%	20.51	32.76	44.50	61.14	77.12	80.76
f 函数/%	20.36	33.75	45.13	58.70	72.43	86.31
均方根误差	0.06	0.40	0.26	1.00	1.91	2.27

为检验函数的准确性，计算了公式的均方根误差，见表 6-9。均方根误差总和仅为 0.059，表明数据的离散度较小、拟合度较高，可以作为耦合致裂效果的预计手段。

图 6-52 考察了实验中试件半径与钻孔半径的比值与耦合致裂效果的关系。可见在同一 R 值时，随着钻孔半径的加大耦合致裂后强度下降趋势明显，劣化率持续升高。因此，在条件允许的情况下应尽可能地施工大直径钻孔实施注水和爆破，在增大钻孔孔径的同时控制耦合致裂钻孔的排距，大于式(6-25)所要求的炸药单耗对应的排距则强度劣化率得不到保障，过小则造成炸药单耗上升带来的成本攀升，不利于经济效益的提高。

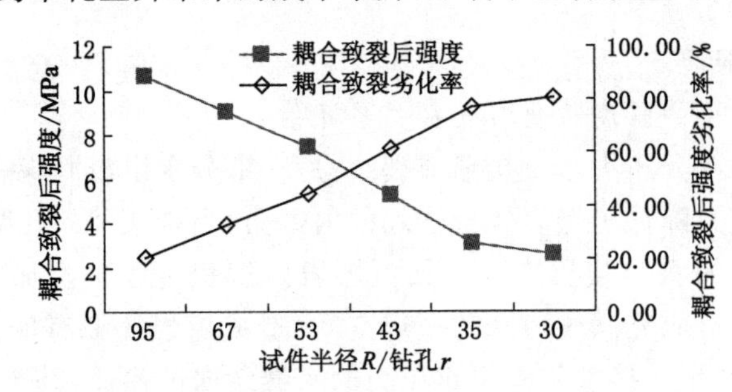

图 6-52　试件半径与耦合致裂效果的关系

6.3.2.2.4　耦合致裂的破坏特性

经过注水后，煤岩体强度降低、裂隙密度进一步加大，此时在此基础上向钻孔内装填炸药完成对煤岩体的二次致裂。爆炸形成的冲击波、爆生气体作用于已软化的煤岩体中，增加了压碎区、裂隙区的扩展半径，更多区域的煤岩体趋于破坏或进入塑性状态。因此，相较于注水前模型中塑性区的分布面积，耦合之后塑性区的范围进一步拓展。

图 6-53 反映了塑性区随着装药量的增加而扩展的演化过程。由图 6-53 可知，耦合致裂后塑性区的面积得到了有效增加。在单独实施注水的模型中塑性区的分布呈现出椭球体形态，在注水压力为 12 MPa 时亦遵循这一特点，不过由于耦合致裂作用较强而模型较小，使得塑性区的椭球体形态不够突出。将注水后塑性区分布特征的椭球体在 Y 和 Z 方向投影的椭圆标注在耦合致裂模型中，可以看出耦合致裂后塑性区面积的扩展显著，具体特征表现在装药半径在 2.1 cm 的模型中，耦合致裂后的塑性区扩展面积相对于单独实施注水时变

化不大；炸药半径 3.0 cm 时，塑性区在 Z 方向的高度比单独实施注水增加了近两倍；装药半径为 3.75 cm 时，塑性区在 Z 方向的高度比单独实施注水增加近一倍；装药半径为 4.7 cm时，塑性区在 Z 方向的高度增加近一倍；装药半径为 5.65 cm 和 6.65 cm 时，塑性区已经扩展值模型边界处。这表明加大装药半径可以起到较大的破碎作用，使更多的模型单元进入塑性状态即表明实践工程中将有更大范围的煤岩体屈服、破坏，从而达到提高煤岩体冒放性和解除应力集中的目的。

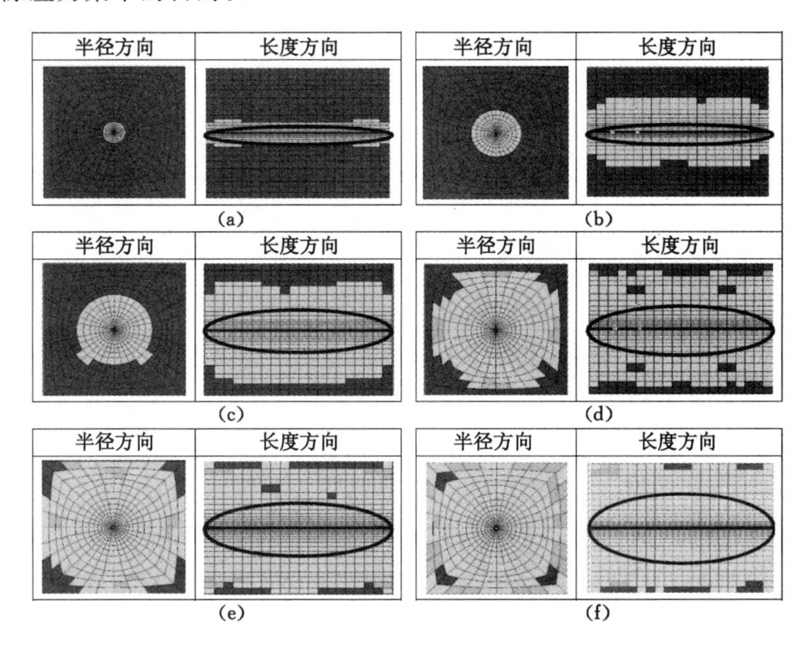

图 6-53　耦合致裂后模型中塑性区分布特征

(a) p=2 MPa，r=2.1 cm；(b) p=4 MPa，r=3.0 cm；(c) p=6 MPa，r=3.75 cm；
(d) p=8 MPa，r=4.7 cm；(e) p=10 MPa，r=5.65 cm；(f) p=12 MPa，r=6.65 cm

爆炸过程除了对煤岩体本身造成直接的冲击压力作用外，还涉及爆炸产生的震动影响，在 FLAC^{3D}模型中，对 5 个层面（Y 轴 0 m、2 m、4 m、6 m、8 m）上距离 Y 轴中心分别为 0.5 m、1.0 m 和 1.5 m 处的节点速度进行了监测记录，如图 6-54 所示。节点的速度在运算初期即达到峰值，这与炸药爆破的特性有关，爆炸后冲击波的能量虽然较大，但作用时间较短，在其对孔壁的压缩做功迅速衰减为应力波，所以在爆炸初期质点的速度达到峰值之后便随着应力波逐渐向弹性波的衰减趋于零。图 6-54 中 Y 轴各层位上距 Y 轴不同距离质点的速度，愈靠近炸药边界，速度越大、变化频次越大，远离炸药中心的质点，炸药的能量传导至该端需要一个过程，所以其质点速度的变化出现一定的延迟性。

同一层位距 Y 轴不同距离上监测点的速度变化亦随时间的延长而不断衰减。在距离 Y 轴 0.5 m 处的节点最大速度约为 6.5 m/s，1.0 m 处和 1.5 m 处分别降到 4 m/s 和 3.2 m/s，相对于图 6-54(a)中曲线的变化来说，节点的速度变化也在逐渐变得缓慢，反映出远离爆炸中心的位置受到的爆炸震动影响较小。

耦合致裂除了造成煤岩体破碎之外，由于其能够降低煤岩体的强度增加节理裂隙数量和密度，提前诱导应力的释放，从而将起到控制集中应力、降低动力灾害发生规模和概率的

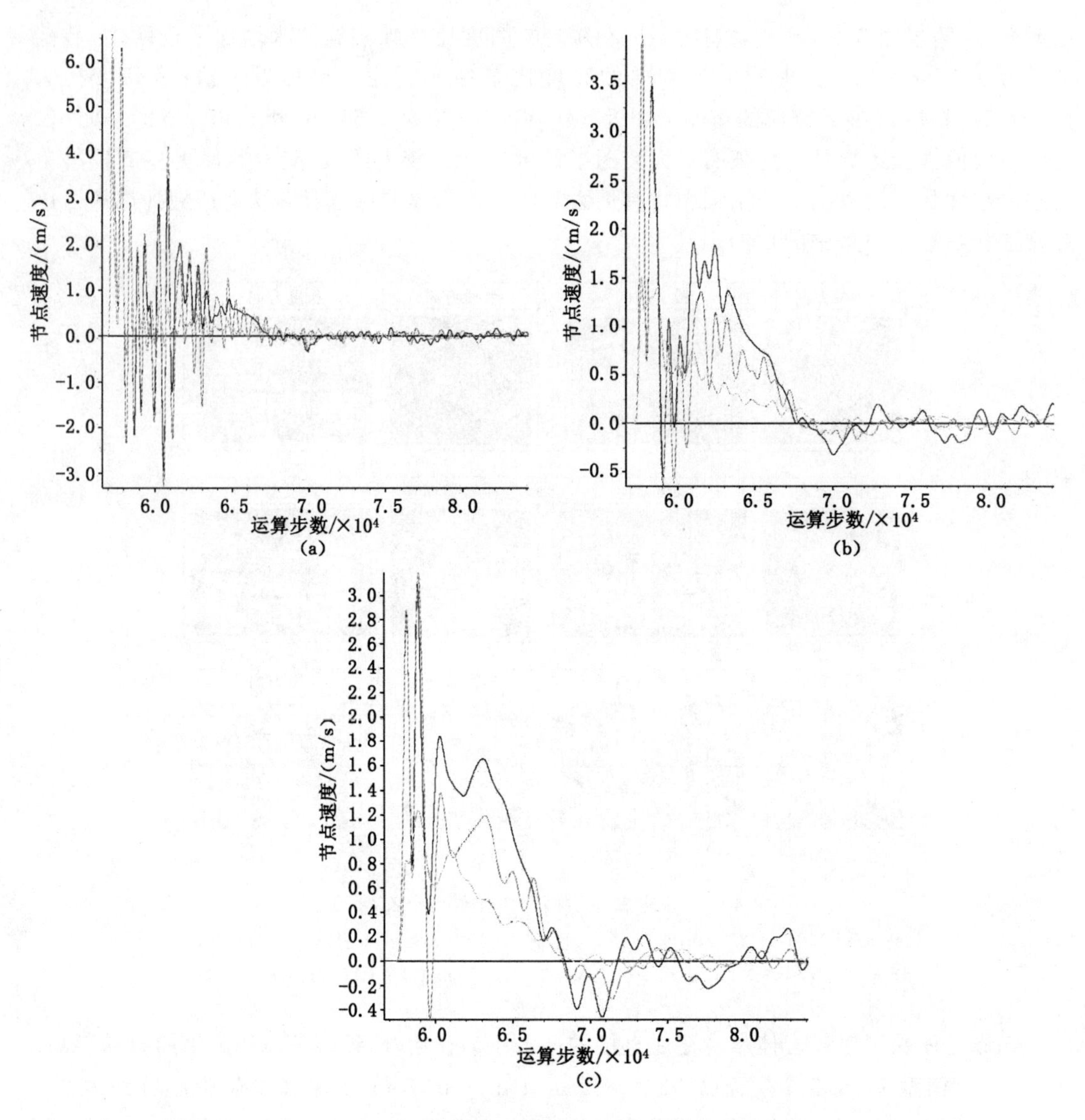

图 6-54　半径 2.1 cm 的 Y 轴 5 个层面上距 X 轴不同距离处节点速度变化历程

(a) 0.5 m；(b) 1.0 m；(c) 1.5 m

作用。以注水压力 12 MPa，装药半径 6.65 cm 的模型内部应力分布进行分析，如图 6-55 所示。

在注水后模型内部最大主应力主要集中在注水孔附近，数值可到 32.417 MPa，钻孔附近的应力仍处于高位，耦合致裂即实施爆破后压力显著下降，钻孔附近的应力集中现象得到改善，最大应力值减少到 7.495 8 MPa，1～2 MPa 的区域远大于仅实施注水的方案。最小主应力的应力云图也表明耦合致裂具有明显的优势，耦合致裂后模型整体的应力处于 5～7.5 MPa，而注水方案中大部分区域的应力处于 10～20 MPa。综合表明，耦合致裂不仅可以降低被爆炸体的强度，降低其承载能力，还可降低模型整体范围内的应力水平，减小应力分布梯度，这对于改善煤岩体的冒放性和集中应力区域的卸压十分有益。

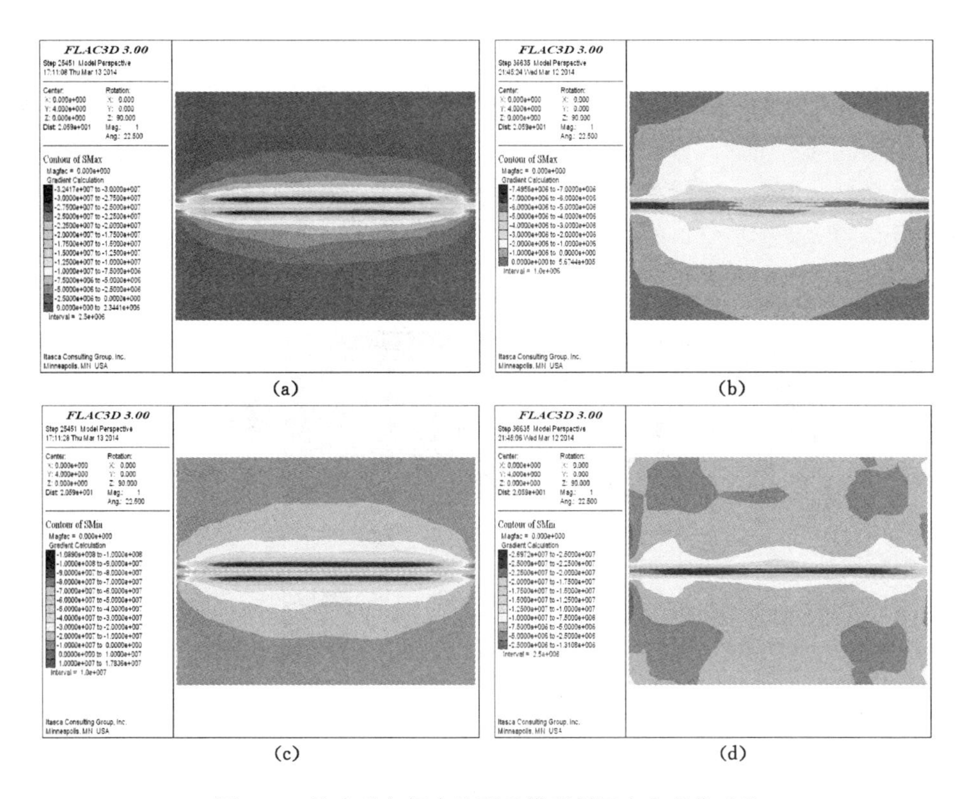

图 6-55　注水后与耦合致裂后模型剖面应力变化对比

(a) 注水后(12 MPa)最大主应力；(b) 耦合致裂后(r=6.65 cm) 最大主应力；

(c) 注水后(12 MPa)最小主应力；(d) 耦合致裂后(r=6.65 cm)最小主应力

6.3.2.3　耦合致裂参数与可放性指数的量化关系

煤层按照硬度系数(单轴抗压强度除以 10 MPa)的不同分为极硬煤层($4<f<5$)、硬煤层($3<f<4$)、中硬煤层($1.5<f<3$)、软煤层($0.8<f<1.5$)、极软煤层($0.5<f<0.8$)五种，本研究所涉及的煤层为煤层群，各个煤层硬度不一，按照硬度划分应属于中硬煤层。耦合致裂的目的即是降低煤体的整体强度，将硬及中硬煤层转化为软煤层。但是这种划分方式只是对煤体的硬度做了说明，对于某一定硬度下的煤层所对应的可放性程度并没有定量化的描述。

顶煤的可放性除了与煤层的硬度有关外，还有裂隙发育程度、埋深、倾角等其他因素，不同地质条件下同硬度的煤层冒放性也不尽相同。在使用数值模拟再现顶煤的垮放模拟时，比较难以统计回收率，但是可以精确地识别流进支架放煤口的颗粒数量，为此将统计不同耦合致裂方案中运算同样时间从低位放顶煤支架后部流出的颗粒数量。通过对 6 组放煤数量的累加求和，求出每个方案放出颗粒所占的比例 R_i，建立不同强度煤体在同样放煤时间和条件下的可放性指标 U 来描述可放性(由于放顶煤工作面最高回采率不可能达到 100%，式中 $R_{\max}$ 小于实际开采中放出的煤量，一般放顶煤工作面最大回采率接近 90%，故乘以 90%)。

$$R_i = \frac{Num_i}{\left(\sum_{i=1}^{N} Num_i\right)} \times 100\% \tag{6-26}$$

$$U=\frac{R_i}{R_{\max}(1,2,\cdots,N)}\times 90\% \tag{6-27}$$

图 6-56 为建立的离散元垮放模型，在支架上方加一个“wall”，限制初期顶煤及覆层散体的垮落，正式开始计算时，删除“wall”，目的在于避免架后沉积的煤矸混合物的影响，模拟煤岩体在不同耦合致裂方案时的垮放情况，在模型下部设置收集流出颗粒的空间，运用颗粒统计程序计算越过支架放煤口的颗粒数量，进而评估耦合致裂参数与可放性指数间的关系。不同的耦合致裂方案对应的可放性指数见表 6-10。

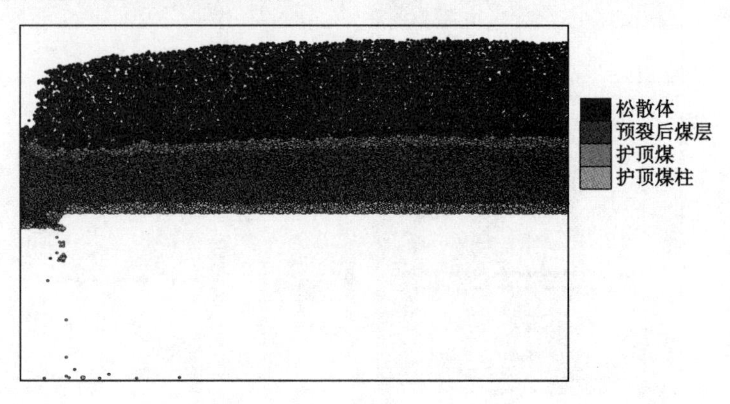

图 6-56　等效耦合致裂效果的颗粒流垮放模型

表 6-10　　耦合致裂方案对应的可放性指数

序号	方案 1	方案 2	方案 3	方案 4	方案 5	方案 6
注水水压/MPa	2	4	6	8	10	12
炸药单耗/(kg/m³)	0.09	0.19	0.29	0.46	0.67	0.92
垮放数量/个	681	829	898	991	1 053	1 018
可放性指数/%	60.21	73.29	79.39	87.61	93.09	90.00

结合文献[118]中提到的凤凰山、阳泉一矿、王庄等矿煤层的单轴抗压强度和其对应的工作面回采率，综合本实验得出的煤岩体耦合致裂后的放出率，得到了 30 MPa 以下的煤体强度和可放性指数间的关系，如图 6-57 所示。从图中可以看出，放出指数与煤体强度呈现出显著的反比关系，强度愈大、可放性越差。在试件强度处于 5 MPa 以下时放出率差异不大，表明试件强度在 5 MPa 以下时已能够实现充分垮放，所以放出颗粒数量基本均等，这从侧面反映出将 5 MPa 作为煤体充分垮放的指标值是合适的，可以作为煤岩体耦合致裂实施效果评判的考量值。将煤岩体耦合致裂参数与离散元放煤模型中颗粒的放出率结合考虑，获得了耦合致裂作用下煤岩体整体状态的抗压强度 σ_c 与放出指数 U 间的定量化表达式：

$$U=-0.019\,2\sigma_c+0.917\,2 \tag{6-28}$$

按照国家规定，煤层厚度大于 3.5 m 的回采率要大于等于 75%，放顶煤开采的煤层厚度一般均大于 3.5 m，即要求放顶煤工作面顶煤采出率不低于 75%。将此要求代入上式计算可得 σ_c 为 8.7 MPa，即煤层耦合致裂后满足回采率要求时整体强度至少应小于 8.7 MPa。在此基础上，建立耦合致裂参数和可放性指数间的关系，形成具有实践指导意义的煤岩体耦合致裂设计依据，见下式：

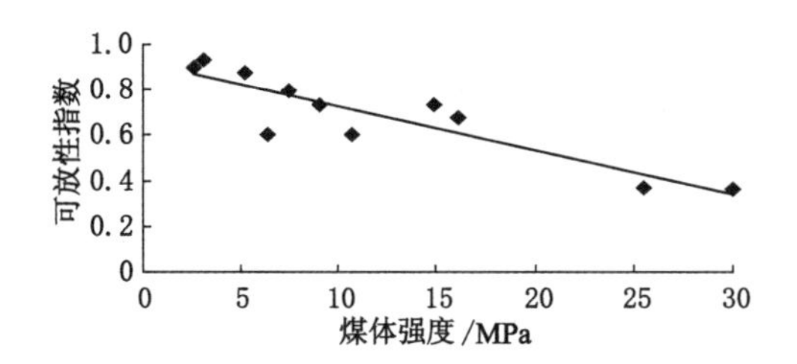

图 6-57　煤体不同强度对应的可放性指数

$$U = 0.7404(pQ)^{0.1059} \tag{6-29}$$

6.3.2.4　低位放顶煤工作面顶煤流动规律

通过应力—应变曲线获得的 PFC 参数即可认为是耦合致裂后煤岩体的破碎参数，将此参数输入 PFC 构建的顶煤垮放模型中，即可开展顶煤的垮放实验，分析耦合致裂后煤体散体化后的流动规律。

在放顶煤开采中，低位放煤的方式以其放煤效率高、不容易卡住放煤口的特点逐渐替代了高位及中位放煤。传统所应用的放煤理论是椭球放矿理论，其来源于金属矿山的崩落法，主要针对高位放煤；放煤位置的改变也将引发放煤形态的变化。低位放煤时，破碎的顶煤在支架后方以散体的形态流动，架后煤体及矸石的流动迹线与传统的椭球放矿理论不同。

为实时对比两种开采方法所形成颗粒流动规律的差异性，构建了放矿模型，在同一个模型中同时完成高位放煤和低位放煤。具体是将模型横向平均分成两份，中间用刚性“wall”隔开，“wall”左侧为高位放煤，右侧为低位放煤，放煤口大小相同并同时打开，模型中以多种颜色的颗粒代表标志层，用以区分、识别颗粒的流动迹线。放煤过程如图 6-58 所示。

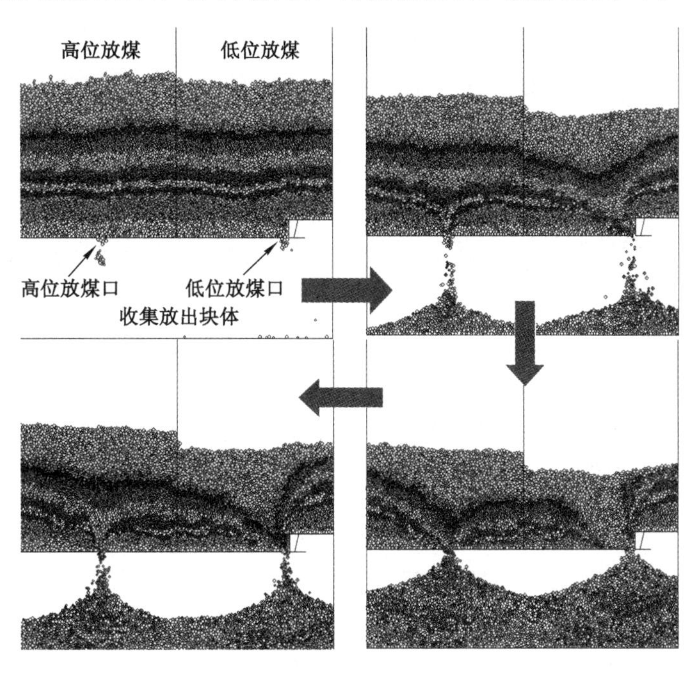

图 6-58　高、低位放煤时煤岩体垮放形态差异性考察

低位放煤与高位放煤的差异性可从图 6-58 观察到：一是低位放煤的效率较高。右侧颗

粒的顶部平面在放出过程中均明显低于左侧，表明同样时间内低位放煤的方式放出的颗粒数量大于高位放煤。二是煤岩体的流动迹线在两种放煤方式的模型中存在显著差异。主要是高位放煤时模型中颗粒的流动迹线在靠近放煤口时垂直向下延伸，而低位放煤时流动迹线斜向放煤口方向，这表明传统的椭球体放矿理论在低位放煤中需要调整。

针对低位放煤工作面架后煤体的放出规律，中国矿业大学(北京)的王家臣教授通过相似模拟、数值计算、现场实测等方式创新性地提出了散体介质流理论。笔者通过图 6-58 的高、低位放煤形态的数值实验认为，在低位放煤中散体介质流理论较为契合开采实践，适用于顶煤充分致裂散体化的低位放煤。为此，基于散体介质流理论，经过对放出煤体后各层煤体垮落状态的详细分析。图 6-59 给出了特厚煤层耦合致裂综放开采低位放煤的煤体流放模型[119-122]。其中，放出前边界——*AD* 弧线，放出后边界——*BC* 弧线，放出煤量即 *SABCD* 围成的面积，根据 *SABCD* 围成的面积即可估算放出煤量的大小。

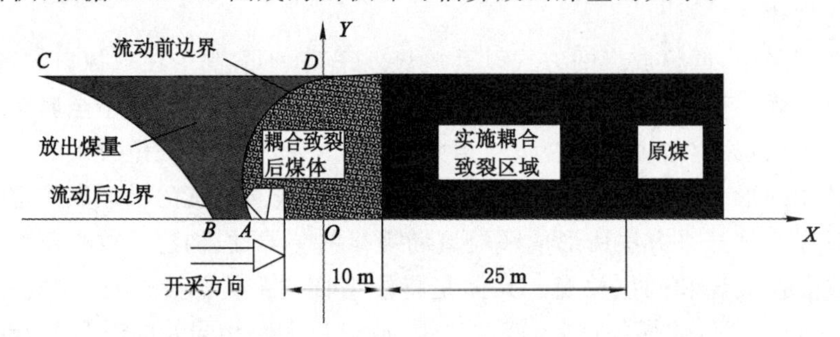

图 6-59　特厚煤层耦合致裂综放开采的煤体流放模型

6.3.2.5　离散化块体的铰接结构及支架载荷分析

很多时候，影响顶煤放出是因素架后煤体形成结构，无法随着支架的支撑和移动而坍塌、垮落。借助于离散元模型中众多颗粒的运动模拟，以及众多颗粒间铰接、接触形态的分析，可以查看架后煤矸混合物形成的结构，分析不同耦合方案力链结构的差异性。

图 6-60 为耦合致裂后块体垮放过程中相互间接触力的链式结构。在支架前方有着较大的压应力出现，煤体强度越高，压应力的力链愈宽、密度越大，表明强度大的煤层工作面前方支承压力较大。

从图 6-61(a)～(f)的力链稀疏程度可以看出，随着模型强度的降低，力链趋于稀疏、宽度减小，支架后方颗粒间的铰接结构减小，有利于架后颗粒的放出，体现出耦合致裂是通过降低煤体整体强度实现了减少煤体块度和块体铰接形成结构的概率，提高了煤体的冒放性和采出率。图 6-62 中接触的分布特征也显示出随着模型整体强度的降低，颗粒间的接触数量显著减少，这就减轻了颗粒间铰接的程度及数量，增加了颗粒的离散化程度，更有利于颗粒的顺利发出。

不同耦合致裂方案中煤岩体的块度不同，垮放及流动过程中对支架的顶梁和尾梁的冲击作用也存在差异。强度劣化率高的方案中颗粒的破碎程度较高、块度间黏结力小，颗粒间的接触数量少，颗粒的离散化程度高，煤岩体垮放有序，流动较为均匀，减轻了对支架及工作面的冲击，放出率也较高。破碎程度较低的煤岩体块度大，垮放困难，突然的垮放必将对支架及工作面产生较大的冲击载荷，甚至压迫采空区内的有毒有害气体进入工作面及回采巷道中，严重影响工作面作业人员的安全和支架的使用寿命。

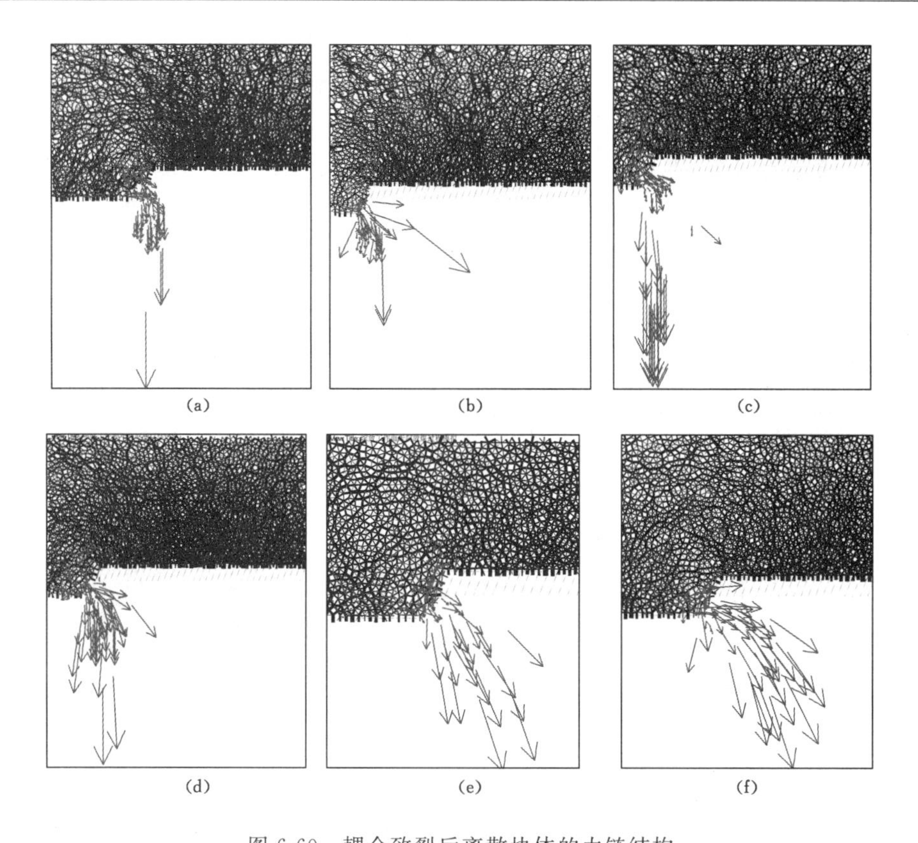

图 6-60　耦合致裂后离散块体的力链结构

(a) DEM 方案 1;(b) DEM 方案 2;(c) DEM 方案 3;(d) DEM 方案 4;(e) DEM 方案 5;(f) DEM 方案 6

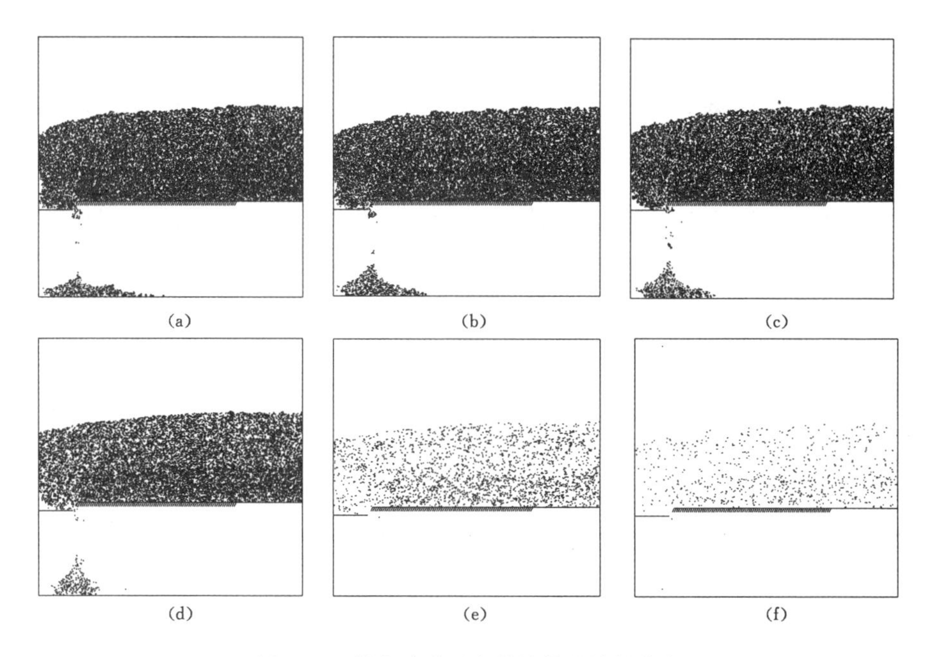

图 6-61　耦合致裂后离散块体的接触分布

(a) DEM 方案 1;(b) DEM 方案 2;(c) DEM 方案 3;(d) DEM 方案 4;(e) DEM 方案 5;(f) DEM 方案 6

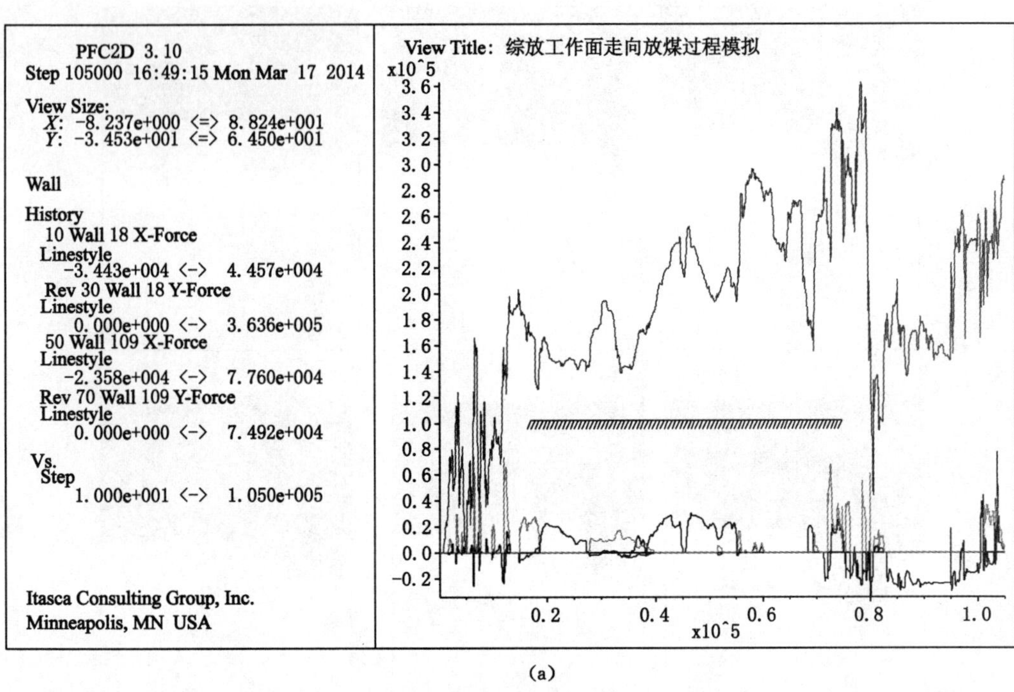

(a)

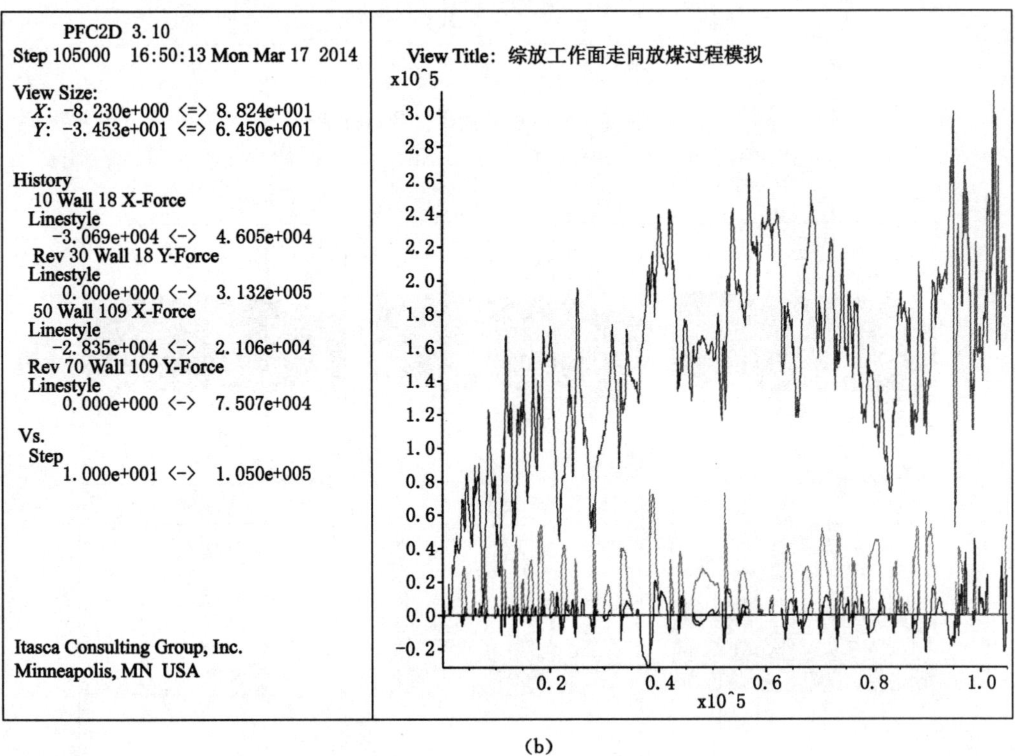

(b)

图 6-62 顶梁(wall 18)和尾梁(wall 109)水平和垂直方向载荷

(a) 方案 1:σ_c=10.7 MPa;(b) 方案 6:σ_c=2.59 MPa

从图 6-62 垮放模型中顶梁和尾梁承受的水平和垂直方向载荷变化可看出，煤体强度高时，支架承受载荷冲击相对较大；煤体强度低时支架载荷的变化频率较高，这与煤体垮放及流动充分导致支架持续不断受力所致；煤体强度高时，垮放具有冲击性。表现出实施煤岩体耦合致裂措施以降低强度、提高冒放性的必要性及措施的合理性。

6.4　本章小结

(1) 通过对注水软化煤岩技术进行数值模拟、物理相似模拟以及现场实测，利用数字近景摄影监测、声发射监测、地质雷达监测和光学钻孔摄像观测顶板等技术手段，结果表明：急倾斜煤层开挖过程中，顶煤呈“三角形”垮落，煤体垮落后顶煤形成一个三角形拱状稳定结构。高压水致使原有裂隙扩大、破碎；完整岩体在水长时间浸泡下自身强度降低，产生裂隙，加速煤层垮落。在煤层垮落后，顶板岩层发生一定的破碎，但是在靠近工作面附近形成大量的悬空。

(2) 通过对顶煤静态弱化技术进行数值模拟、物理相似模拟研究，煤岩破裂过程大致可分为压密初始破裂、后破坏加速破裂、后破坏稳态演化和能量回弹释放 4 个阶段。加入静态碎裂剂后，煤岩体破裂程度加剧、裂隙活性显著增强，强度明显降低。裂隙光学观测结果反映了 4 个主要变化过程：无裂—出现裂纹—裂隙增加—稳定。综合说明了试件孔隙内部在加注石灰水过程中发生了能量的释放，产生了一定的膨胀压力，增加致裂区域与范围。鉴于急倾斜顶煤的弱化大规模工程化应用需求，增加有效的活性剂，这对促进急倾斜煤岩体致裂工艺改进和安全高效开采具有现实性。从内部破裂声发射特征规律可看出，以 CaO—水—煤岩介质作为静态破碎基质，煤岩裂隙活性增强，声发射能率显著降低，演化—扩展以及孔洞整体变形明显，有利于煤体弱化，增加致裂区域与范围，单纯以石灰水作为试剂，其宏观膨胀效应并不明显，需要增加有效的活性剂，优化配比，对促进急倾斜煤岩体致裂工艺改进和安全高效开采具有必要性和现实性。

(3) 通过耦合致裂概念的提出，基于煤岩体注水与爆破耦合弱化理论研究，推导得出耦合致裂裂纹扩展判据，建立了动载作用下固液耦合态体的分析模型，定量评估了炸药单耗和注水压力所对应的煤岩体破坏程度，揭示了急倾斜煤岩体注水与爆破耦合弱化规律，研发了煤岩动力灾害注水加爆破耦合的动态调控技术。数值模拟发现，耦合致裂不仅可以降低被爆炸体的强度，降低其承载能力，还可降低整体的应力水平，减小应力分布梯度，这对于改善煤岩体的冒放性和集中应力区域的卸压十分有益。通过垮放实验研究了高、低位放顶煤的流动规律，建立了煤岩体不同强度和不同耦合致裂参数时分别所对应的可放性指数，认为散体介质流理论更能诠释低位放顶煤工作面架后顶煤的垮放规律，并以此建立了特厚煤层耦合致裂后综放开采的煤体流放模型。

第7章　巷道围岩受力失稳现场监测分析和支护研究

本章通过对急倾斜煤层围岩应力和围岩结构进行研究,得出急倾斜围岩受力失稳的主要影响因素。结合乌东煤矿北区、南区围岩松动圈测试、地质雷达测试结果,对矿井现有支护提出改进方案,经现场应用,取得较好的效果。

7.1　巷道开挖引起的围岩应力及围岩结构变化

7.1.1　岩体中的原岩应力

原岩应力是指天然存在于岩体内而与任何人为因素无关的应力,包括自重应力、构造应力、岩石遇水后因物理化学变化引起的膨胀应力、温度引起的热应力、岩体不连续引起的自重应力波等。由于影响原岩应力的因素众多,其中许多因素与应力的关系目前还不能定量描述。所以迄今为止对原岩应力分布规律的认识主要来自应力实测结果,但大多数研究者认为:原岩应力主要是由自重应力和构造应力构成的。

地壳中任意一点的自重应力等于单位面积的上覆岩层的重量。若取距地表深度为 H 的一个单元岩体,其上作用的应力 σ_x、σ_y 和 σ_z 形成岩体单元的自重应力状态。在均匀岩体内,岩体的自重应力状态为:准确认识动压巷道的矿压显现规律及其稳定性特征是有效进行巷道围岩控制的前提。

$$\sum z = \lambda H ; \sigma_x = \sigma_y = \sigma_z ; \tau_{xy} = 0 \tag{7-1}$$

而构造应力与岩体的特性(岩体中的裂隙发育密度与方向,岩体的弹性、塑性、黏性等),以及正在发生过程中的地质构造运动和历次构造运动所形成的地质构造现象(断层、褶皱等)有密切关系。构造应力一般以水平应力为主,具有明显的区域性和方向性。

巷道在开挖前,岩体在原岩应力的作用下处于三维应力平衡状态。巷道开挖过程,实质上是一个卸载过程,其力学效应包括两个方面:地应力以能量的形式一部分随开挖面释放,围岩发生瞬时回弹变形;另一部分则向围岩深部转移,发生应力重分布和局部区域应力集中,并不断调整以期达到与当前环境相适应的新平衡状态。巷道开挖后,由于巷道开挖所引起的"卸载"效应,导致环向应力大幅度增加,应力集中,而同时径向应力则显著降低,在巷道边沿,径向应力几乎为零,原来的三维应力状态立即会变为二维应力状态,随着沿巷道径向距离的增加,巷道内的法向应力也逐渐增加。总体来说,巷道的围压环境由以前的高围压环境转变为低围压环境。一般认为,岩石是一种能在不同受力状态下具有弹性、塑性和流变变形特征的材料。在三维高应力围压条件下,岩石一般以弹性状态为主,而在二维低围压条件下巷道围岩则表现为比较复杂的塑性或流变特征。

各向均压作用下的圆形巷道,在开挖的扰动影响下,巷道围岩物理力学性质发生了很大的改变，在巷道径向距离较远处的围岩，应力变化微弱，岩体物性状态基本不会发生改变，围岩仍处于弹性状态。随着径向距离的减小，巷道围岩逐渐产生应力集中，如果围岩局部区域的应力超过岩体强度，则岩体进入塑性状态，形成塑性变形区。这时巷道围岩的变形特征以塑性或流变为主，同时应力向围岩深部转移，如图 7-1 所示。在塑性区的内圈(A)，围岩发生了塑性破坏，围岩进入峰后状态，处于峰后状态的巷道围岩脆性成倍增加而围岩强度明显削弱。因此，承载能力急剧下降，围岩发生破裂并产生位移，形成破碎区，破碎区围岩应力低于原始应力，破碎区也叫卸载区或应力降低区。塑性区外圈(B)的应力高于原始应力，它与弹性区内应力增高部分均为承载区，也称应力增高区。这样巷道围岩就依次形成了破碎区、塑性变形区、弹性变形区和原始应力区。

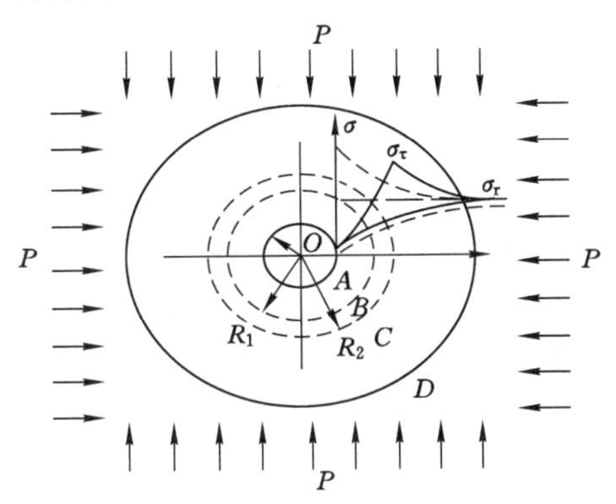

图 7-1 圆形巷道围岩弹塑性变形区及应力分布

A——破碎区；B——塑性区；C——弹性力区；D——原始应力区；P——原始应力；

σ_τ——切向应力；σ_r——径向应力；R_1——破碎区半径；R_2——塑性区半径

7.1.2 动压巷道的围岩失稳过程分析

根据对巷道开挖后围岩应力及结构变化的分析，动压巷道围岩结构失稳过程可概括为以下几步：

(1) 巷道开挖使围岩产生局部应力集中，形成物理力学有明显差别的不同区域，并最终在各个区域内达到应力平衡。

(2) 在动压的影响下，巷道围岩内的应力平衡状态再次遭到破坏而产生局部应力集中，在局部集中的应力作用下，围岩沿着其各个区域内的弱结构面发生破坏并产生新生裂隙，但破裂的范围和变形量较原破碎区要小得多。

(3) 受动压所引起的局部集中应力的影响，岩体沿原生和新生破裂面产生滑移、错动、剪胀变形，并释放出大量的变形能。

(4) 处于底围压下的岩石，脆性特征明显，其本身不可能承受如此大的变形量，所以遭到彻底破坏，必然也会引起其他部位围岩变形破坏加剧，向开挖空间挤进而造成失稳。这种失稳现象的力学本质是裂隙发育的弱结构体在峰后的继续形变而形成的再次破坏。

(5) 巷道在巨大变形能和不断改变动压的双重作用下，围岩遭到继续循环的破坏而引起围岩的二次应力场不断调整，从而引起围岩变形不断变形破坏。

巷道围岩破坏是逐渐进行的，破坏区从出现、扩展、破坏失稳到最终稳定下来需要相当长时间，但这种不断变化过程，将导致巷道围岩的塑性区和破碎区的不断增大。随着破碎区的扩展，围岩剪胀变形所起的作用越来越大，而巷道破坏变形主要是由剪胀变形引起的。故此，围岩变形主要是弱结构岩体破裂后的力学行为。

7.1.3 动压巷道变形破坏机理分析

不同的围岩条件会在巷道周围形成除原始应力区外，大小和形状不等的弹性区、塑性区以及破碎区，其中塑性区岩石具有一定的流变性，破碎区围岩易沿着弱结构面发生剪切破坏而产生碎胀变形，从而降低了承载能力。当巷道在支护体系作用下处于稳定状态时，巷道内部应力也处于极限平衡状态。一旦受到外部因素的扰动，巷道内容易形成应力集中，从力学角度上讲，集中的应力表现为比较大的应力偏张量，使岩石沿着各自区域内的弱面破坏，弹性区一部分岩石进入塑性状态，扩大了塑性区的范围，同时塑性区在集中应力的作用下也重新“激活”了其流变性能，产生流动挤压力，迫使一些塑性区的岩石进入峰后状态成为破碎区的一部分。最终，巷道最外层的破碎区围岩范围扩大并在塑性区流动压力和集中应力的共同的影响下遭到破坏，产生较大的碎胀变形和强大的围岩压力。

失去应力平衡的巷道围岩，如果不能得到支架的有效控制，巷道将发生明显变形。与此同时，巷道围岩又沿着原来的裂隙产生新的次生裂隙，而塑性区的再次流动变形又将次生裂隙挤压至破坏失稳。这种传递性的破坏是循环的，只要外界的影响在继续，巷道围岩的变形失稳就不会停止，而且每增加一个循环，围岩的破碎区就会降低破裂区内的围岩自身稳定性，能否长期稳定主要取决于支护体系的作用和受采动影响的程度，而巷道支护体在很大程度上的作用就是支撑住破碎圈内的除了岩石本身所能承载的重量之外的岩石自重。如果一旦破碎区内围岩发生了较大的碎胀变形，那就意味着围岩对巷道支护体系的压力就会增加，如果支护体不能抵抗住这种变形力，很可能就会导致了巷道支护体系的变形失稳，这也就是动压巷道变形破坏的机理所在。

7.1.4 影响动压巷道稳定性因素分析

通过研究，影响动压巷道稳定性的主要因素有：巷道围岩物理力学性质、巷道受动压影响的强烈程度、巷道的支护状况、巷道岩层的地质条件、巷道受动压影响的次数。具体内容如下：

(1) 巷道围岩物理力学性质

巷道围岩的物理力学性质的强弱能够显示出围岩的抗变形能力，巷道围岩的物理力学性质越好，在外界的扰动下，其抗变形能力就越强。巷道围岩的物理性质指标一般包括岩石的密度、空隙率、吸水性、透水性以及膨胀性、崩解性和碎胀性。巷道围岩的力学性质包括岩石的强度和变形性质。岩石的物理性质指标不仅有其实用的物理意义，同时还有重要的力学意义。岩石材料结构中空隙的存在降低了其强度，增加了它的变形性。一个小的孔隙会发生明显的力学效果。孔隙率变动范围很大的某些岩石，其力学性质也很悬殊。那些勃土含量高的松软岩石，在短期湿的或干的风化作用下，就容易膨胀松动或者崩解。

(2) 巷道受动压影响的强烈程度

对动压巷道来说，动压影响的强烈程度是巷道除了围岩自身条件外的最重要的影响因素。以上对工作面支承压力传播规律的研究结果表明：动压的影响直接导致巷道围岩的应力大幅度增加，给巷道围岩支护体系增加了极大的负担，引起巷道围岩不同程度的变形破坏。

(3) 巷道的支护状况

巷道的支护体系能向巷道围岩提供一定的支护阻力，一定程度控制巷道围岩的变形，在围岩应力不变的情况下，支护体的强度和支护状况就显得非常重要了。支架的支护阻力越大，在支护过程中受力越均匀，抗变形能力就越强，如果巷道支护体系的强度不够，巷道在遭受动压影响时，不能及时控制围岩的变形，巷道围岩将很快失稳。

(4) 巷道岩层的地质条件

巷道岩层的地质条件是巷道围岩的原始环境。岩层的地质条件包括巷道的埋深、巷道的构造应力、巷道围岩的断层以及地下水情况等，巷道越深，巷道上覆岩层自重应力就越大，从而使巷道顶板受到的压力就越大，巷道变形越容易。构造应力的大小和方向也都对巷道围岩的稳定性起着非常重要的作用。

(5) 巷道受动压影响的次数

与一次采动影响的巷道相比，多次采动影响的巷道变形破坏更为剧烈。当巷道受采动影响时，巷道在发生变形破坏的同时也加大了围岩松动圈的范围，导致巷道围岩自稳能力降低和应力环境的破坏，当再次受到采动影响时，巷道围岩将表现出更大的变形破坏，使巷道支架快速破坏失稳。

7.2　动压巷道现场监测与分析

7.2.1　监测区域和方案确定

急倾斜煤层进入深部开采后由于开采巷道顶部是上分层开采所遗留的采空区，具有地质结构特殊、围岩应力分布不均等特征。及时探测和发现上覆围岩的应力分布情况，对巷道围岩的冲击危险性进行评价是保证安全生产的重要措施。结合乌东煤矿南区＋500 m 水平发生的两次动压失稳的具体情况，制订了综合监测方案，为开采巷道围岩稳定性的综合评价提供了重要数据支撑。

如图 7-2 所示，根据矿井长期开采经验、上分层回采情况和巷道现场变形情况结合最近发生的两次动力灾害事故，初步划定＋501 m B_{3+6}综采工作面 1 660～1 820 m 回采区域为应力集中区，需加强动力灾害防治管理，为本次监测的重点区域。如图 7-3 所示，针对现场的具体情况，本方案采用从整体到局部的监测方法对乌东煤矿南区开采扰动下巷道的围岩稳定性进行综合监测。

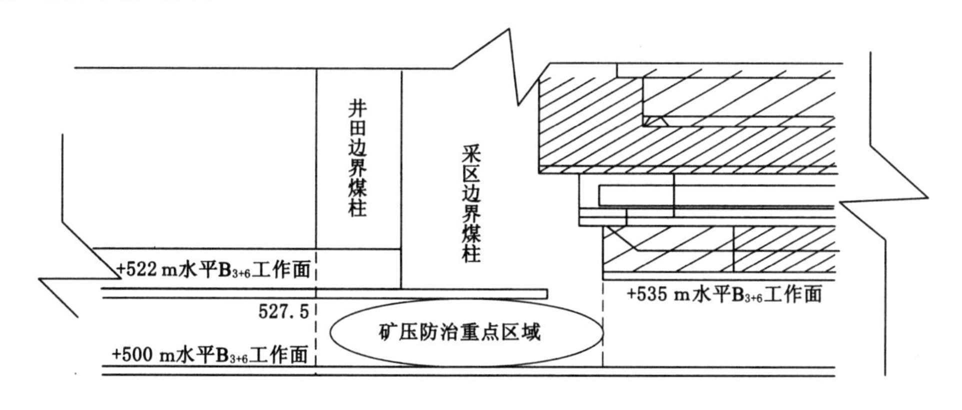

图 7-2　矿压防治重点区域

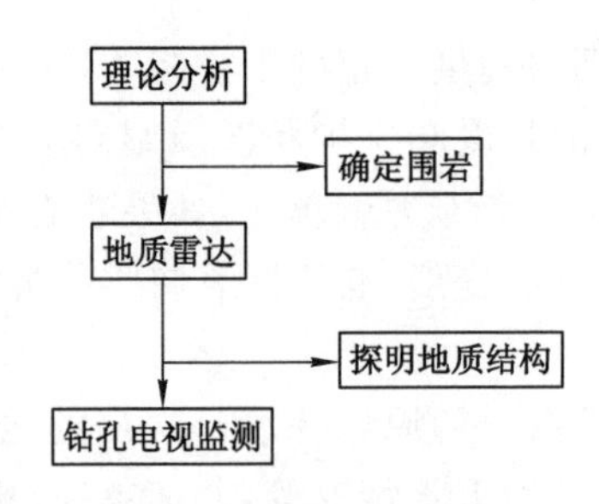

图 7-3 监测技术路线

7.2.2 地质雷达探测

7.2.2.1 具体监测区域

为全面揭示乌东煤矿南区+500 m 水平 B_{1+2} 和 B_{3+6} 巷道围岩地质结构情况，分别运用地质雷达在乌东煤矿南区+500 m 水平 4 个平巷进行探测，探测区域见图 7-4。

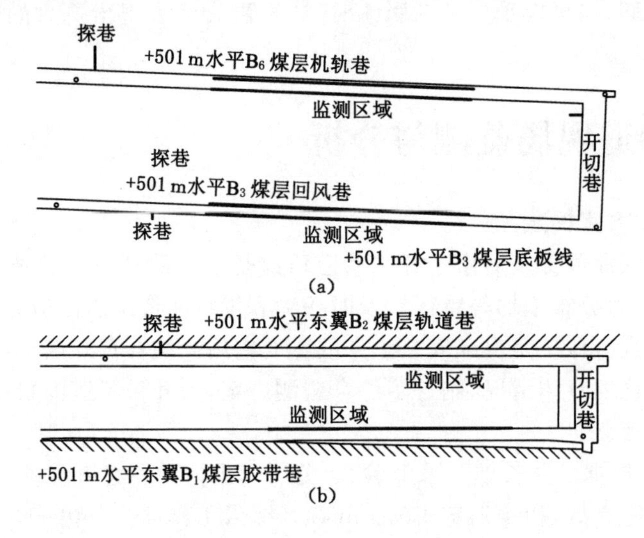

图 7-4 地质雷达监测范围

(a) B_{3+6}巷道地质雷达监测范围；(b) B_{1+2}巷道地质雷达监测范围

7.2.2.2 监测结果及分析

如图 7-5 所示，在探测+500 m 水平 B_1 巷道的地质雷达波形图中，距离工作面 50～55 m 处出现了一段波形异常区域，扫面特征图出现了不连续特征，在垂向 3.0 m 及 26.0 m 范围处线扫描图颜色发生变化，反射率相对较强，说明此处存在岩性不同，所探测深度区域内存在明显的地质分层界面。由反射波的频谱特性分析表明，反射波形与入射波形极性相同，波速从低速介质进入高速介质，岩层介电常数由小向大穿透，推测此区域内岩层损伤明显，煤体破碎严重；在垂向 32.0 m 以下，波形变化适中，推断此处整体煤体结构较完整，局部可能存在破碎。

图 7-6 是在 B_3 巷道距工作面 140～145 m 处所监测到的地质雷达影像图，从扫描特征图可以明显发现南帮围岩 10～20 m 处出现了明显的松散层，地质结构不再紧密。由反射波的频谱特性分析表明，反射波形与入射波形极性相同，波速从低速介质进入高速穿介质，

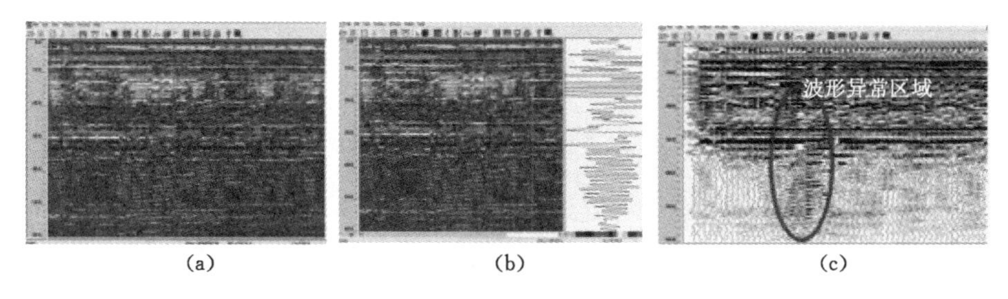

(a)　(b)　(c)

图 7-5　B_1 巷道典型位置地质雷达影像

(a) 探测线扫描特征；(b) 探测扫描波形对比；(c) 波形时间剖面

岩层介电常数由小向大穿透，推测此区域岩层裂痕损伤明显，煤体破碎严重。在垂向 1.3～32.0 m 范围内的反射波波形的能量较大，但频率较小，局部呈现白区域，判断此处为破碎煤岩体，富含水；在垂向 32.0 m 以下测程范围内出现斑状黑色区域，判断此处岩层局部存在破碎情况。

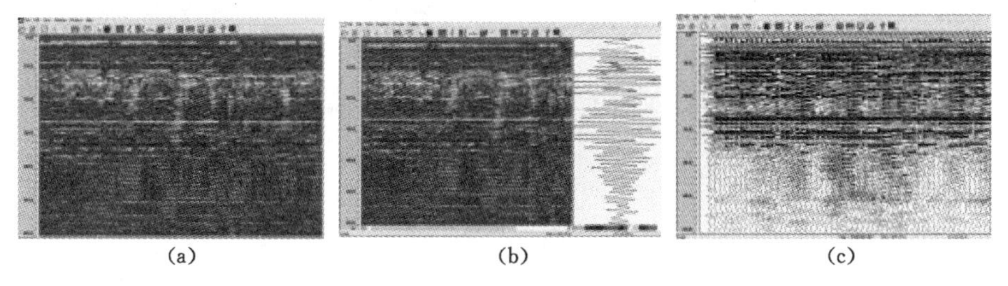

(a)　(b)　(c)

图 7-6　B_3 巷道典型位置地质雷达影像

(a) 探测线扫描特征；(b) 探测扫描波形对比；(c) 波形时间剖面

图 7-7 为乌东煤矿南区＋500 m 水平 B_6 巷道的一组地质雷达探测结果。从图 7-7(a) 可知，在所探测深度区域内存在明显的地质分层，垂向 1.8 m 和 30.5 m 处出现较大的反射分层界面，在垂向测程 1.8～30.5 m 范围内颜色混乱，存在较大变化。在垂向 30.5 m 以下部分主要为同种颜色，未出现大的变化。从图 7-7(b)可看出：在垂向 0～1.8 m 范围内，波形变化不大，说明煤层结构较完整；在垂向测程 1.8.0～30.5 m 范围内波形为正波，由反射波的频谱特性分析表明反射波形与入射波形极性相同，波速从低速介质进入高速介质，岩层介电常数由小向大穿透，推测此区域岩层裂痕损伤明显。从图 7-7(c)可看出：在垂向 1.8～30.5 m 范围内的反射波波形的能量较大，但频率较小，判断此处为破碎煤体或富含水；在垂向 32.0 m 以下测程范围内的反射波波形能量相对较中，判断此处岩层整体相对较完整。

7.2.3　应力异常区钻孔电视监测及结果分析

7.2.3.1　监测区域的选定

根据地质雷达及声发射结果所显示的应力异常区域，对乌东煤矿南区＋500 m 水平 B_{3+6} 巷道中进行打钻孔电视监测，具体监测位置如图 7-8 所示，其中黑点代表井下钻孔的位置。

本次监测采用武汉 GD3Q-G 型煤矿专用数字孔内电视对具有冲击倾向性的地区采区分段打孔监测。在井下设备中采用了一种特殊的反射棱镜成像的 CCD 光学耦合器件将钻孔孔壁图像以 360°全方位连续显现出来，利用计算机来控制图像的采集和图像的处理，实

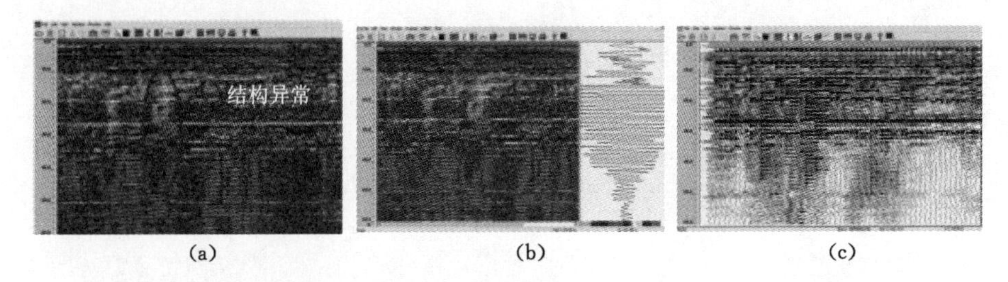

(a) (b) (c)

图 7-7 B_6 巷道典型位置地质雷达影像

(a) 探测线扫描特征;(b) 探测扫描波形对比;(c) 波形时间剖面

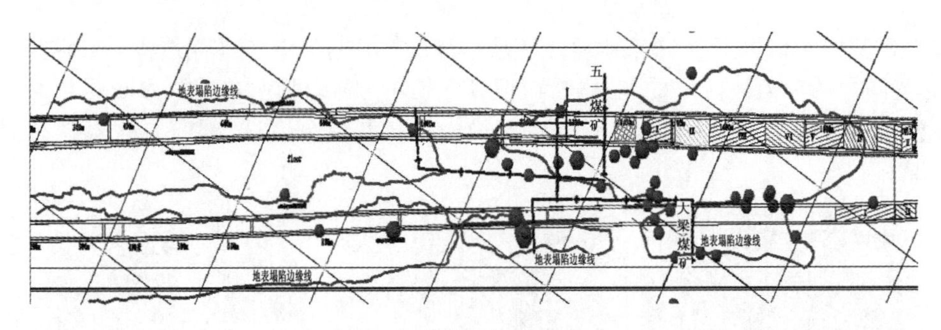

图 7-8 钻孔电视监测位置

现模—数之间的转换。图像处理系统自动地对孔壁图像进行采集、展开、拼接、记录并保存在硬盘上,再呈二维或三维的形式展示出来。亦即把从锥面反射镜拍摄下来的环状图像转换为孔壁展开图或柱面图。

7.2.3.2 监测结果分析

图 7-9 为乌东煤矿南区+500 m 水平 B_{3+6} 巷道距离端头 50 m(综采工作面 1 372 m)处的一组钻孔电视成像图。从图中可以明显看到,在距离顶板 15～19.3 m 处有一层明显的软弱煤夹层,该夹层煤质松散,颜色呈棕褐色。结合现场施工情况及地质雷达探测结果分析,该夹层是明显含水率较高的软弱夹层,其水分来源可能是开采活动中注水软化的结果。

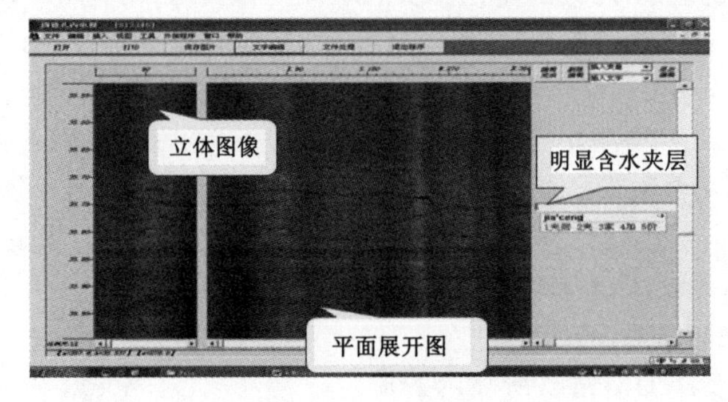

图 7-9 夹层示意

图 7-10 为乌东煤矿南区+500 m 水平 B_{3+6} 巷道与 B_{1+2} 巷道之间岩柱的一组钻孔电视柱状图像,具体监测区域位于距离端头巷道 150 m 综采工作面(1 301 m)处。从图 7-10(a)可以看出,由于该区域应力比较集中矿压显现明显,导致该区域岩柱内部出现了严重的破坏。破坏范围为 0.5 m,破坏深度为 2.1～2.9 m。从图 7-10(c)中可以明显看到煤体中还存

在一定夹矸，由于不同岩性之间的应力分布不均匀，导致该区域在高应力作用下煤岩体沿着夹矸与煤层结合点出现较大裂隙，最大裂隙宽度达到 2 cm。

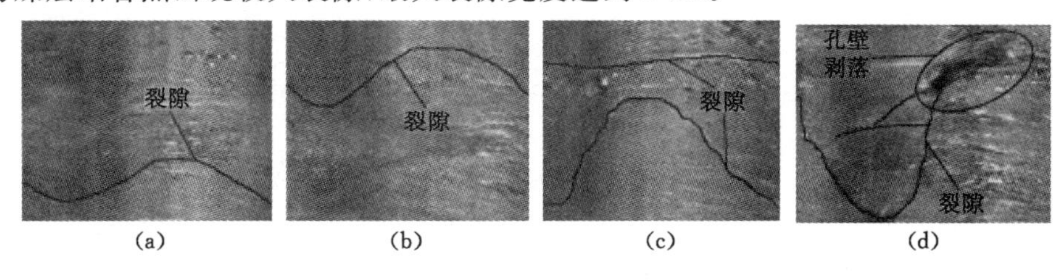

图 7-10　围岩裂隙发育情况

图 7-11 为乌东煤矿南区＋500 m 水平 B_{3+6} 巷道距离端头 75 m 处的一组煤层裂隙监测图像。从图像中可以清楚地看到，随着开采扰动以及上分层采空区作用下的应力分布不均匀，该区域已经出现了较为明显的裂隙。裂隙深度为距离巷道表面 4 m、裂隙宽度 2 cm、裂隙倾角大致沿煤层倾向。说明该区域巷道上覆煤岩体存在顶板离层现象，应该及时考虑加强支护措施。

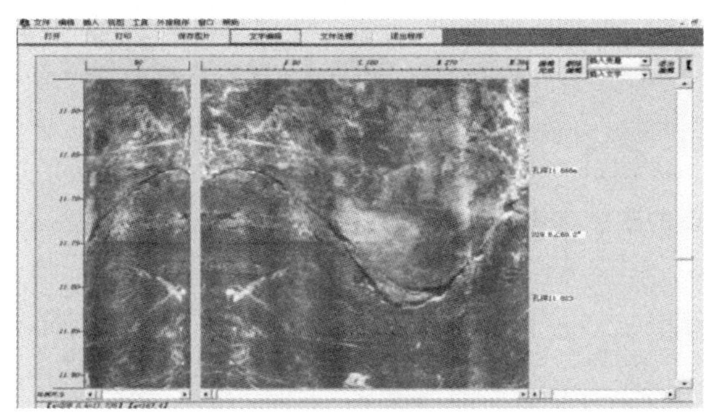

图 7-11　煤层裂隙

7.3　巷道围岩稳定性现场监测

为保障工作面的安全生产，确保超前预爆破实施过程中巷道的稳定，运用松动圈测试仪和地质雷达对北区的 5 条巷道进行了探测，总结了每条巷道的裂隙发育程度、围岩松动范围和破碎程度，为巷道稳定性评价及支护设计提供了依据。

7.3.1　围岩稳定性监测位置

针对工作面顶煤和相关回采巷道特点，选用武汉岩石力学研究所研制的 RSM-SY5 型智能松动圈检测仪进行煤体和岩石强度及缺陷检测。针对工作面顶煤和相关回采巷道特点，为配合 RSM-SY5 型智能松动圈测试仪的监测，我们选用了 YS(B)型钻孔窥视仪对围岩裂隙发育程度进行直接观测。防爆钻孔窥视仪可用于任意方向煤、岩体松动及裂隙窥视、水文探孔、瓦斯抽采孔孔内情况探查、锚杆孔质量检查和裂隙观察等。采用高清晰度探头及彩色显示设备，可分辨 1 mm 的裂隙及不同岩性，与微机可直接连接，便于图像的实时显示。

通过对乌东煤矿北区＋400 m 水平、＋500 m 水平、＋575 m 水平开拓巷道变形量与巷道围岩破碎程度进行调研，对＋500～＋575 m 水平轨道上山，＋400 m 水平集中联络大巷，＋500 m水平 43# 煤层东、西翼工作面，＋500 m 水平 45# 煤层东、西翼工作面 6 条巷道进行松动圈监测。松动圈测试每 3 个测试钻孔为一组，顶板中心处 1 个，两帮距离底板 1.5 m 处各 1 个，每个钻孔深度 10 m，直径 50 mm；松动圈测试点巷道布置断面如图 7-12 所示。

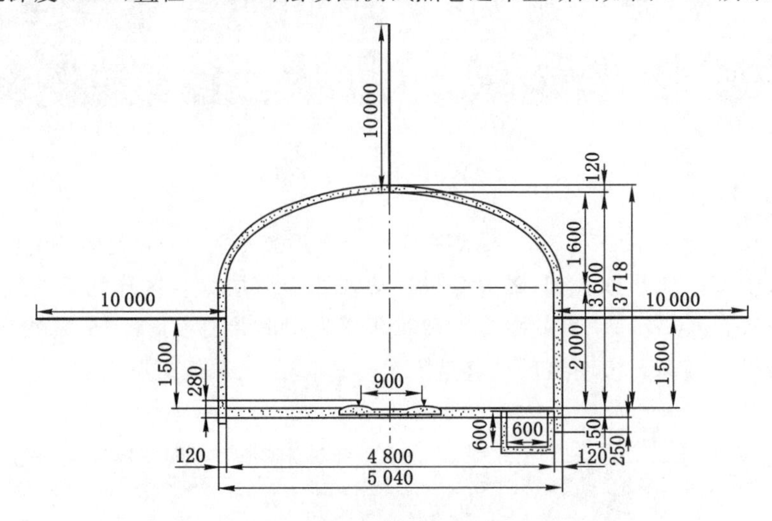

图 7-12　测点布置巷道断面示意图

7.3.2　探测巷道目前的支护方案

7.3.2.1　＋500 m 水平东翼 43# 煤层南巷支护情况

由于北区 43# 煤层介于 2、3 类围岩之间，为“层间结合不良的软、硬互层—松软—散块状结构”，倾向于“松软～散块状结构”，属软岩范畴，应用锚网支护理论中的挤压拱理论和组合拱理论进行设计，＋600 m 水平东翼 43# 煤层南巷采用“锚网＋钢带＋锚杆＋锚索联合支护”为永久支护，方案如图 7-13 所示。

该巷道锚杆支护选用 ϕ18 mm 长度 2.2 m 的等强金属锚杆，锚杆排距 800 mm，间距为 800 mm，帮部锚杆间距为 800 mm，平行布置。铁托盘采用 120 mm×120 mm×9 mm 碟形托板。沿巷道中间布置一排 ϕ15.24 mm×6 500 mm 钢绞线锚索，锚索长度为 6.5 m，排距为 5 m。锚索采用端面锚固，锚固长度 1.75 m。锚索铁托盘尺寸：300 mm×300 mm×12 mm 钢板。锚网规格为 9 000 mm×900 mm。最大空顶距为 1 100 mm，最小空顶距为200～300 mm。切割前永久支护到工作面的距离为 200～300 mm，即支护紧跟迎头，切割后永久支护到工作面的距离不大于 1 100 mm，如遇顶板破碎，应缩短架金属支架来加强支护。

锚杆、锚索安装说明：锚杆、锚索锚固方式为端头锚固，锚固剂采用型号为 MSK2335，规格 ϕ23 mm×350 mm 的树脂锚固剂，每根锚杆使用 2 节树脂锚固剂，凝固时间 20～30 s；每根锚杆的锚固力不得小于 60 kN，每根锚索至少 5 节树脂锚固剂，每根锚索的锚固力不得小于 180 kN。

7.3.2.2　＋600 m 水平东翼 45# 煤层南巷支护情况

由于北区 45# 煤层介于 2、3 类围岩之间，为“层间结合不良的软、硬互层—松软—散块状结构”，倾向于“松软～散块状结构”，属软岩范畴，应用锚网支护理论中的挤压拱理论和组合拱理论进行设计，＋600 m 水平东翼 45# 煤层南巷采用“锚网＋钢带＋锚杆＋锚索联合支

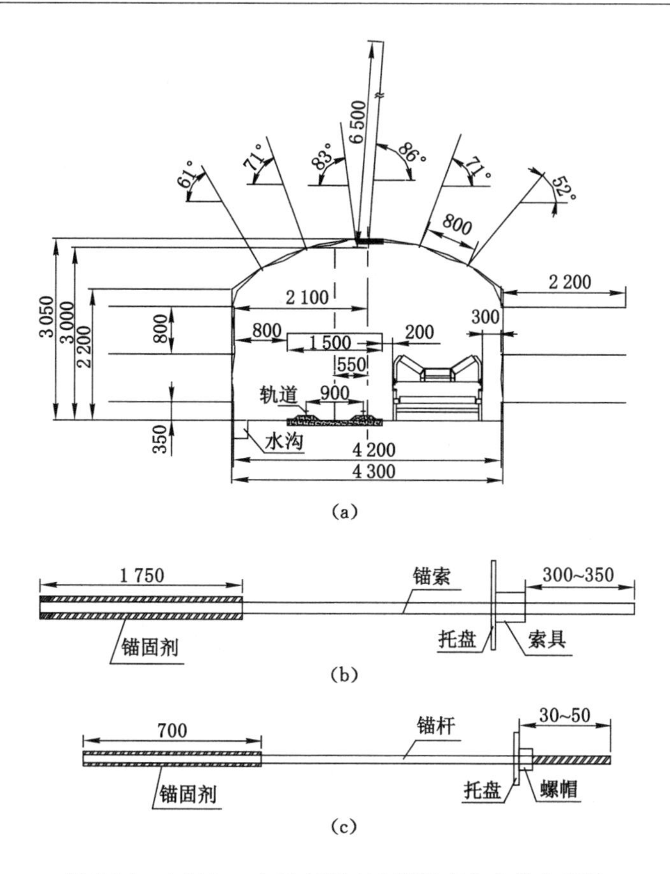

图 7-13　+600 m 水平东翼 43# 煤层南巷支护方案图
(a) 巷道断面支护方案图;(b) 锚索安装示意图;(c) 锚杆安装示意图

护"为永久支护,方案如图 7-14 所示。

该巷道锚杆支护选用 ϕ18 mm、长度 2.0 m 的等强金属锚杆,锚杆排距 1 000 mm,帮间距为 900 mm,顶间距为 800 mm,平行布置,巷道两帮底角不施工锚杆及两帮底角起 1.2 m 不铺设网片。铁托盘采用 120 mm×120 mm×10 mm 碟形托板。沿巷道中间布置一排 ϕ15.24 mm×6 300 mm 高强度钢绞线锚索,锚索长度为 6.3 m,排距为 5 m。锚索采用端面锚固,锚固长度 1.75 m。锚索铁托盘尺寸:300 mm×300 mm×12 mm 钢板。

锚网规格为 8 000 mm×1 200 mm,网孔为 52 mm×52 mm 的网孔,锚网采用 12# 铁丝编制。最大空顶距为 1 300 mm,最小空顶距为 300 mm。爆破前永久支护到工作面的距离为不大于 300 mm,爆破后永久支护到工作面的距离不大于 1 300 mm,如遇顶板破碎,应缩小锚杆间排距或改架金属支架来加强支护。

锚杆、锚索安装说明:锚杆、锚索锚固方式为端头锚固,锚固剂采用型号为 MSK2335,规格 ϕ23 mm×350 mm 的树脂锚固剂,每根锚杆使用 2 节树脂锚固剂,凝固时间 20～30 s;每根锚杆的锚固力不得小于 60 kN,每根锚索至少 5 节树脂锚固剂,每根锚索的锚固力不得小于 120 kN。

7.3.3　松动圈测试结果与分析

松动圈测试仪是通过对接收围岩中声波传播速度的差异变化来研究巷道围岩的松动程

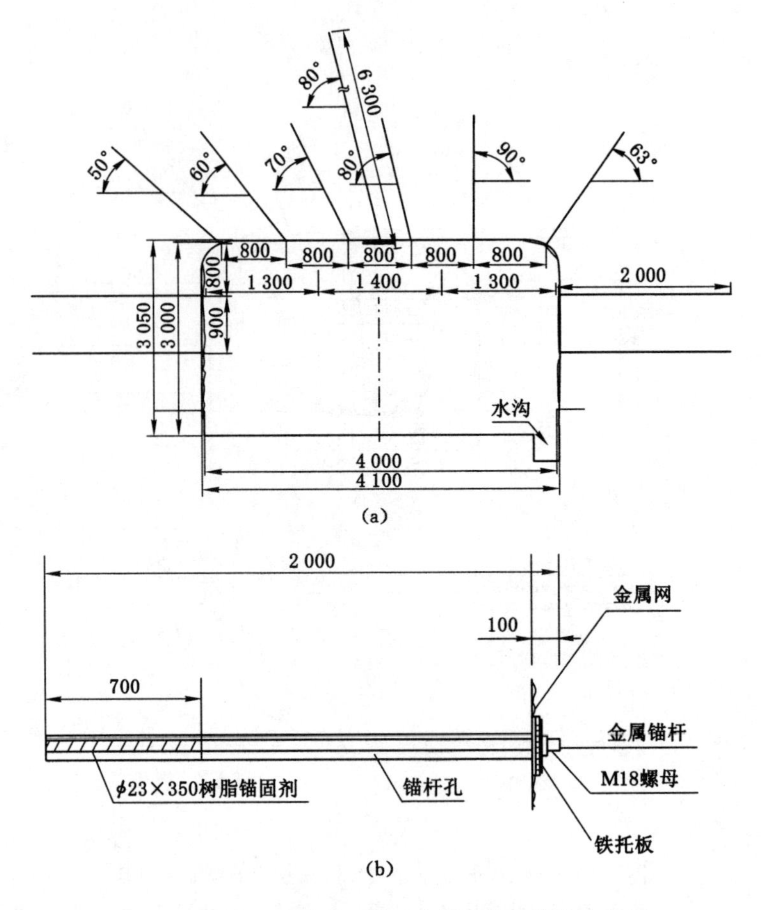

图 7-14　+600 m 水平西翼 45# 煤层南巷支护方案图

(a) 巷道断面支护方案图；(b) 锚杆装配示意图

度与范围。接收到的声波速度越大，围岩越稳定、裂隙越小；反之，围岩裂隙发育、松动范围大。为此，按照上述方案对乌东煤矿北区＋500～＋575 m 轨道上山，＋500 m 水平，＋400 m水平的东翼 43# 煤层南巷和 45# 煤层南巷几条巷道进行了松动圈测试，掌握了巷道的围岩松动圈范围，为评估巷道的稳定性及支护设计提供了依据。

7.3.3.1　＋500～＋575 m 水平轨道上山松动圈测试

距迎头位置 10 m 断面。图 7-15 是声波传播速度随钻孔深度的变化曲线。由图可以看出，钻孔深度 0～1.1 m 波速由 7 843 m/s 降到 6 153 m/s；钻孔深度 1.1～2.1 m 波速又逐渐增大，说明围岩越稳定；2.1～5.1 m 时波速慢慢减小，到钻孔深度 5.1 m 时波速达到最小 3 361 m/s；钻孔深度 5.1～6.1 m 波速又逐渐增大；钻孔深度 6.1～8.1 m 处开始达到稳定，一直保持在 7 600 m/s 左右。由于总体波速比较大，即表明整个岩体保持稳定状态。这反映出该断面顶端部分围岩稳定性较好，保持稳定。松动范围小于 1.1 m。

7.3.3.2　＋500 m 水平 45# 煤层南巷松动圈测试

(1) 南巷 200 m 断面。图 7-16 是 45# 煤层南巷北帮 200 m 孔声波速度随钻孔深度变化曲线。由图可以看出，钻孔深度 1.1～3.15 m 声波速度呈下降趋势，从约 9 999 m/s 下降到 4 500 m/s 左右；钻孔深度 3.15 m 之后声波速度从 4 597 m/s 开始直线上升，这反映出该断

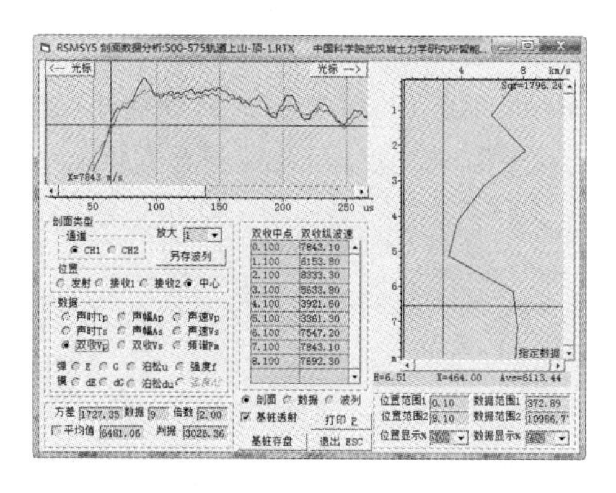

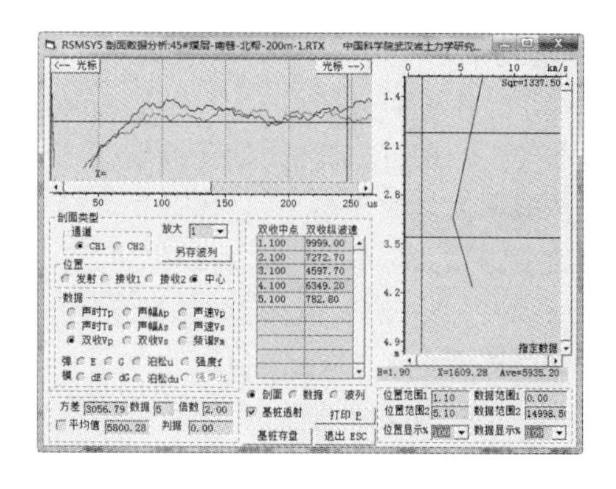

图 7-15　距迎头 10 m 处波速随钻孔深度变化曲线　　　图 7-16　孔声波速随钻孔深度变化曲线

面北帮波速大约在 4 500 m/s 以上，认为煤体的整体较稳定，可以判定该断面处松动圈范围在 1.1 m 以内。

(2) 南巷 400 m 断面。图 7-17(a)是南巷 400 m 处南帮孔声波传播速度随钻孔深度的变化曲线。由图可以看出，钻孔深度 1.1 m 以下的部分声波速度较小，基本在 6 km/s 以下，呈线性增加，在钻孔深度 1.1 m 达到最大值；钻孔深度 1.1 m 之后声波速度为 6.06 km/s，并保持稳定状态。这反映出该断面南帮松动圈范围为 1.1 m，1.1 m 之后的部分围岩稳定性较好，保持稳定。图 7-17(b)是南巷 400 m 处北帮孔声波传播速度随钻孔深度的变化曲线。由图可以看出，钻孔深度 0.1～1.1 m 时声波速度呈线性增加，并在钻孔深度 1.1 m 时声波速度达到最大值 9.9 km/s，钻孔深度 1.1～2.1 m 声波速度与钻孔深度 0.1～1.1 m 时声波速度呈对称线性减小，在钻孔深度 2.1～3.1 m 时声波速度基本稳定，钻孔深度 3.1～4.1 m 时声波速度下降至 0.00 m/s，钻孔深度 4.1～5.1 m 声波速度保持稳定，钻孔深度 5.1～6.1 m 声波速度再次上升至 3.4 km/s，在钻孔末端(6.1 m)达到 3.5 km/s。反映出该南巷北帮 4.1 m 处声波速度为 0.00 m/s，2.6 m 处为 540 m/s，5.1 m 后煤体稳定性逐渐上升，可以判定该断面处松动圈范围小于 1.1 m。

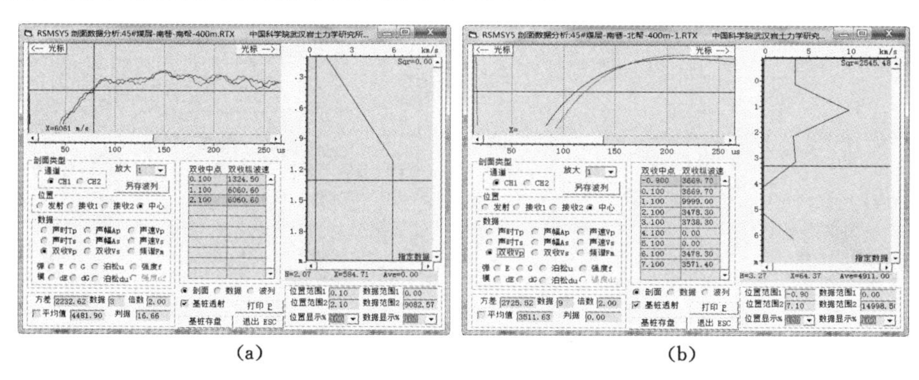

(a)　　　　　　(b)

图 7-17　+500 m 水平 45# 煤层南巷 400 m 位置声波速度随钻孔深度变化曲线

(a) 南帮孔声波速度随钻孔深度变化曲线；(b) 北帮孔声波速度随钻孔深度变化曲线

由南帮和北帮对比分析可知：南巷南帮 1.1 m 之前岩体有裂缝，较稳定，1.1 m 之后岩体未受破坏；北帮岩体整体分为两块，4.1 m 之前岩体整体较稳定，4.1～5.1 m 之间，岩体遭受严重破坏，在 5.1 m 之后岩体又趋于稳定。因此，南巷北帮岩体稳定性较差，需要重点防护，使北帮岩体形成整体。

(3) 南巷 450 m 断面。图 7-18(a)是南巷 450 m 处南帮孔声波传播速度随钻孔深度的变化曲线。由图可以看出，钻孔深度 1.2 m 之前声波传播速度较低，钻孔深度 1.2 m 之后声波传播速度呈线性增加，岩体的松动圈小于 2.1 m。图 7-18(b)是南巷 450 m 北帮孔声波传播速度随钻孔深度的变化曲线。由图可以看出，钻孔深度 0.0～3.1 m 声波速度保持稳定，钻孔深度 3.1～5.1 m 声波速度从 0.0 m/s 上升到 9.9 km/s；钻孔深度 5.1 m 之后声波速度保持不变。

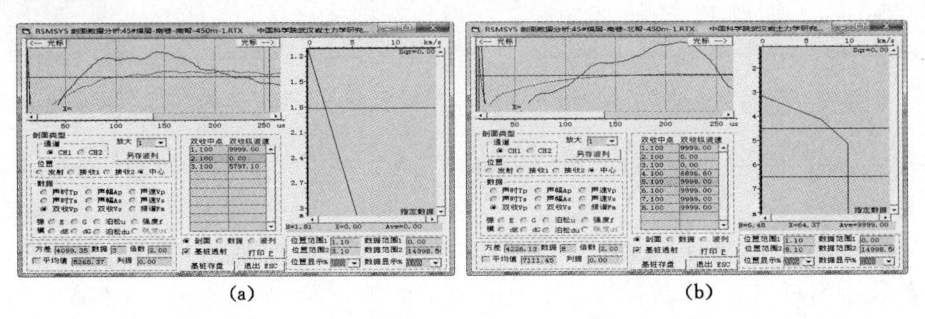

(a) (b)

图 7-18 +500 m 水平 45# 煤层南巷 450 m 处孔声波速度随钻孔深度变化曲线

(a) 南帮孔声波速度随钻孔深度变化曲线；(b) 北帮孔声波速度随钻孔深度变化曲线

7.3.3.3 +500 m 水平 43# 煤层南巷松动圈测试

(1) 南巷 400 m 断面。图 7-19(a)是声波传播速度随钻孔深度的变化曲线。由图可以看出，刚进钻孔时波速最大，最大约为 10 000 m/s，波速随钻孔深度的增加而单调递减，在最深 3.6 m 处波速为 3 333.3 m/s。这反映出该断面南巷 1.6 m 处声波速度为 3 669.7 m/s，1.6 m 之后的部分围岩声波速度稍有变化，但总体保持稳定，声波速度基本在 450 m/s 以上，可以判定该断面处松动圈范围在 1.6 m。波速整体处于高位，可以判定该断面处松动圈范围小于 1.6 m。

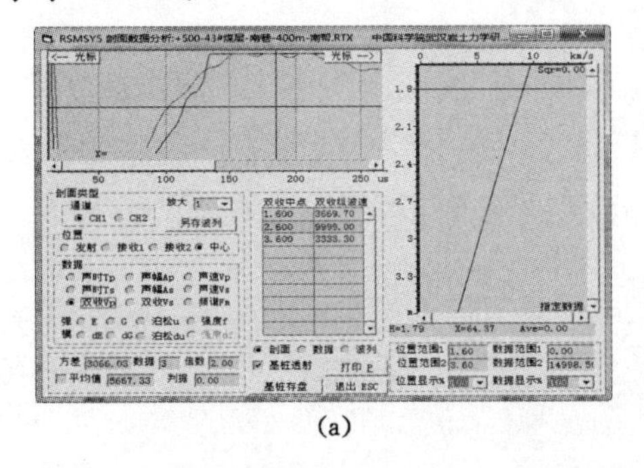

(a)

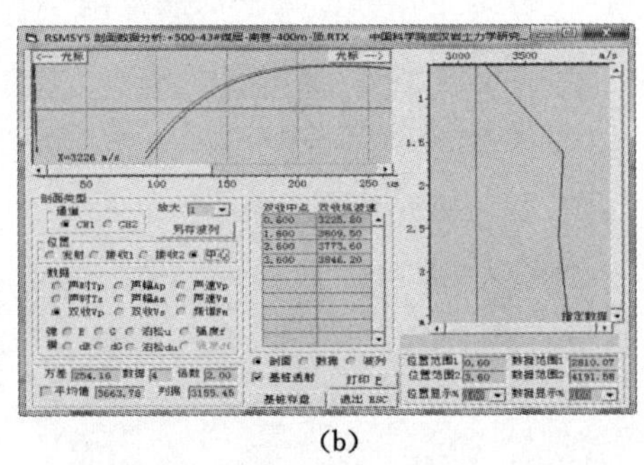

(b)

图 7-19 +500 m 水平 43# 煤层南巷 400 m 处孔声波速度随钻孔深度变化曲线

(a) 南帮孔声波速度随钻孔深度变化曲线；(b) 顶孔声波速度随钻孔深度变化曲线

图 7-19(b)是南巷 400 m 处顶孔声波传播速度随钻孔深度的变化曲线。由图可以看出，钻孔深度 0～1.6 m 声波速度呈上升趋势，在钻孔深度 2.6 m 时达到 3 773 m/s，钻孔深度 2.6～3.6 m 处基本稳定在3 800 m/s以上。这反映出该断面顶板 1.6 m 处声波速度为 3 773 m/s，1.6 m 之后的部分围岩声波速度稍有变化，但总体保持稳定，声波速度基本在

450 m/s 以上，可以判定该断面处松动圈范围为 1.6 m。

（2）南巷 240 m 断面。图 7-20 是南巷 240 m 处南帮孔声波速度随钻孔深度变化曲线。由图可以看出，钻孔深度 0.6～1.6 m 声波速度呈上升趋势，从约 3 669.7 m/s 上升到 6 557.4 m/s 左右；钻孔深度 1.6 m 之后声波速度从 6 557.4 m/s 开始直线下降。这反映出该断面南帮在钻孔深度 0.6 m 波速为 3 669.7 m/s，在钻孔深度 2.6 m 波速为 3 333.3 m/s。认为在钻孔深度 0.6～2.4 m 之间波速基本呈稳定状态，大约在 3 700 m/s 之上，在钻孔深度 1.6 m 之后呈下降趋势认为煤体的整体较稳定，可以判定该断面处松动圈范围为 1.6 m。

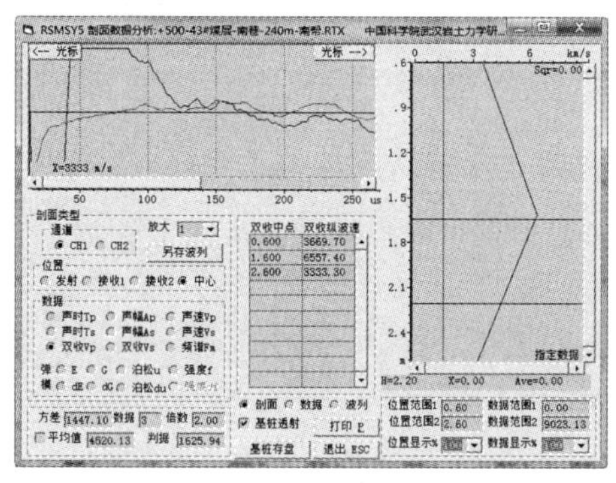

图 7-20　南巷 240 m 处南帮孔声波速度随钻孔深度变化曲线

7.3.3.4　+500 m 水平 43# 煤层西南巷松动圈测试

图 7-21(a)是+500 m 水平 43# 煤层西南巷 100 m 处第一组北帮孔声波传播速度随钻孔深度的变化曲线。由图可以看出，钻孔深度 0～1.6 m 声波速度呈下降趋势，在钻孔深度 1.6 m 处达到最低，波速为 3 539.80 m/s，钻孔深度 1.6～2.6 m 时波速稍有上升，并在钻孔深度 2.6 m 时达到 3 773 m/s，钻孔深度 2.6～3.6 m 波速略微下降，但都处于 3 550 m/s 以上。这反映出该断面北帮钻孔深度 1.6 m 处声波速度为 3 571.4 m/s，钻孔深度 2.6 m 处为 3 636.40 m/s，钻孔深度 0～1.6 m 之间的煤体稳定性逐渐下降，钻孔深度 1.6～2.6 m 之间的煤体稳定性逐渐上升，钻孔深度 2.6 m 之后的部分围岩声波波速虽然略有下降，但总体的声波速度基本在 3 550 m/s 以上，可以判定该断面处松动圈范围在 1.6 m。图 7-21(b)是+500 m 水平 43# 煤层西南巷 100 m 处第一组顶板孔声波传播速度随钻孔深度

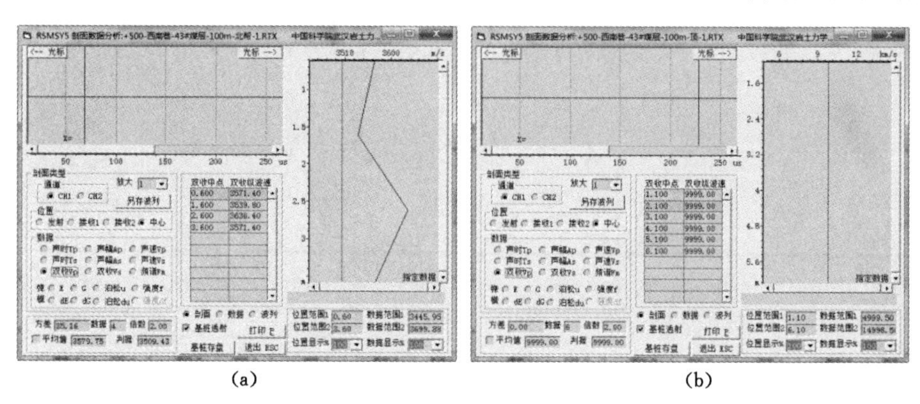

图 7-21　+500 m 水平 43# 煤层西南巷孔声波速度随钻孔深度变化曲线

(a) 北帮孔声波速度随钻孔深度变化曲线；(b) 顶孔声波速度随钻孔深度变化曲线

的变化曲线。根据曲线可以看出，从钻孔深度1.1～6.1 m波速基本稳定在9 999 m/s，说明钻孔内未见有大的裂隙，未测到异常区域。

7.3.3.5　+400 m水平联络巷松动圈测试

(1) 联络巷20 m断面。图7-22是第三组联络巷南帮20 m孔声波速度随钻孔深度变化曲线。由图可以看出，从始至终声波速度都没有变化，认为在测试之中没有测到异常区域或者测试中出现误差。

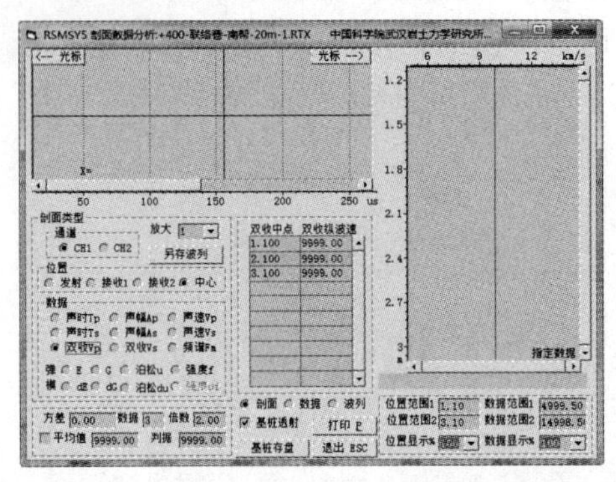

图7-22　+400 m水平联络巷南帮20 m孔声波速度随钻孔深度变化曲线

(2) 联络巷15 m断面。图7-23(a)是+400 m水平联络巷北帮15 m孔声波速度随钻孔深度变化曲线。由图可以看出，该巷道断面北帮钻孔共探测3.1 m。钻孔深度0.1～1.1 m范围内煤体波速呈快速上升趋势变化，从钻孔深度0.1 m处波速为2 797.20 m/s上升到钻孔深度1.1 m处的9 999.00 m/s；钻孔深度1.1～2.1 m范围内接收波速呈明显下降，变化较大，声波波速在钻孔深度2.1 m处下降至896.86 m/s；钻孔深度2.1～3.1 m范围内波速上升，波速经历了先快速增高再降低再增高的变化历程。在钻孔深度0.1～1.1 m之间波速变化趋势总体呈现上升，表明该段煤体稳定性随着深度延深，该段煤体稳定性趋于良好；在钻孔深度1.1～2.1 m这一范围内波速的大幅度降低表明这一阶段的煤体稳定性极度降低，同时波速在较底的水平，巷道围岩的裂隙发育明显在这一阶段内围岩稳定性变差；钻孔深度2.1～3.1 m范围内接收波速出现小幅度的升高，表明煤体的松动程度出现了缓慢增加，在这一阶段内煤体稳定性逐渐增强。综合分析并判定该断面北帮煤体的松动圈范

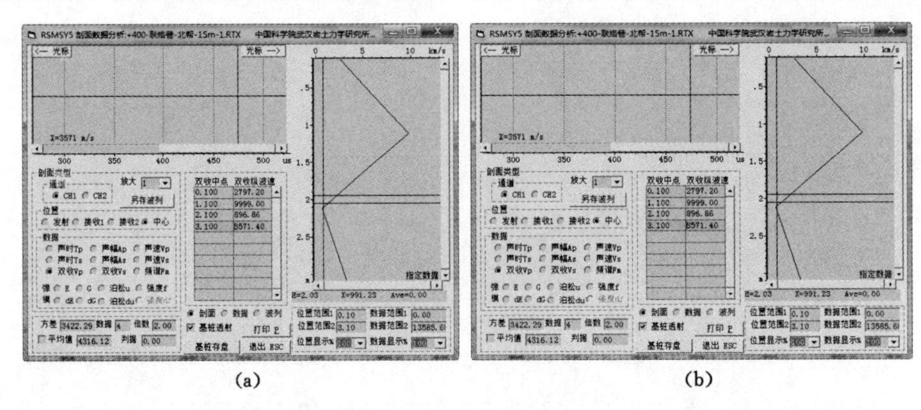

(a)　(b)

图7-23　+400 m水平联络巷15 m孔声波速度随钻孔深度变化曲线

(a) 北帮孔声波速度随钻孔深度变化曲线；(b) 顶部孔声波速度随钻孔深度变化曲线

围为 1.1 m。

图 7-23(b)是+400 m 水平联络巷 15 m 顶部孔声波速度随钻孔深度变化曲线。由图可以看出，该巷道断面顶板钻孔共探测 6.1 m。钻孔深度 1.9～2.9 m 范围内煤体波速呈明显上升趋势变化，从钻孔深度 1.9 m 处波速为 1 818.18 m/s 上升到钻孔深度 2.9 m 处的 2 272.73 m/s；钻孔深度 2.9～3.9 m 范围内接收波速与前段趋势相同，但变化相对较缓慢，声波波速在钻孔深度 3.9 m 处上升至 2 352.94 m/s，并保持该范围直至钻孔深度 4.9 m；钻孔深度 4.9～6.9 m 范围内接收的波速重复了钻孔深度 1.9～3.9 m 段声波的变化趋势，波速经历了先快速变化后保持稳定的变化历程；钻孔深度 6.9～7.9 m 范围内波速微降，从 2 631.58 m/s 降至 2 564.10 m/s，波速回归到钻孔深度 6.9 m 处范围。在钻孔深度 0.9～1.9 m 之间波速变化趋势总体呈现小幅度的上升，表明该段煤体稳定性随着深度延深，松动圈范围保持较小的好转；钻孔深度 1.9～2.9 m 范围内波速明显增高，表明该段煤体稳定性趋于良好；在钻孔深度 2.9～3.9 m 这一范围内波速的小幅度升高表明这一阶段的煤体稳定性进一步提高，同时，波速保持在较高的水平，巷道围岩的裂隙发育不明显；钻孔深度 6.9～7.9 m 范围内接收波速出现小幅度的降低，表明煤体的松动程度出现了缓慢增加，在这一阶段内煤体稳定性逐渐变差。总体来看该断面顶板声波接收速度在 1 724.14 m/s 以上，维持在一个较高的水平，表明该位置煤体稳定性较好。综合分析并判定该断面顶板煤体的松动圈在 1.1 m 以下。

该巷道断面顶板钻孔共探测 6.1 m。钻孔深度 2.1～3.1 m 范围内煤体波速呈明显下降趋势变化，从钻孔深度 2.1 m 处波速为 6 250.00 m/s 上升到钻孔深度 3.1 m 处的 4 494.40 m/s；钻孔深度 3.1～4.1 m 范围内接收波速与前段趋势相同，但变化相对较缓慢，声波波速在钻孔深度 4.1 m 处下降至 2 380.95 m/s；钻孔深度 4.1～5.1 m 范围内缓慢上升，在钻孔深度 5.1 m 处为 3 738.30 m/s；钻孔深度 5.1～6.1 m 范围内波速上升，上升幅度大于上一米，从 3 738.30 m/s 升至 6 250.00 m/s。在钻孔深度 2.1～3.1 m 之间波速变化趋势总体呈现下降，表明该段煤体稳定性随着深度延深，松动圈范围保持较小的破碎；钻孔深度 3.1～4.1 m 范围内波速下降，表明该段岩体有琐碎但基本破碎程度不大；在钻孔深度 4.1～5.1 m 这一范围内波速的小幅度升高表明这一阶段的岩体稳定性较上一范围有所提高，同时波速保持在较高的水平，巷道围岩的裂隙发育不明显；钻孔深度 5.1～6.1 m 范围内接收波速出现依旧升高，表明岩体的稳定性缓慢增加。总体来看该断面顶板声波接收速度在2 380.95 m/s 以上，维持在一个较高的水平，表明该位置岩体稳定性较好。由于操作问题，数据不全，无法确定松动圈的具体范围。

7.3.3.6　*松动圈测试综合评价*

在对乌东煤矿北区两条巷道多组断面进行松动圈测试后，分析研究了各个巷道断面围岩的松动范围及程度。为获得巷道松动范围的整体认识，下面将综合每条巷道多组断面的多个钻孔测试结果进行综合分析，总结乌东煤矿北区巷道的松动圈及松动程度。具体如下：

(1) +500～+575 m 轨道上山。该巷道距离迎头 10 m 断面处声波接收速度基本上都在 3 361 m/s 以上，维持在一个较高的水平，表明该位置岩体稳定性较好，判定该断面顶板煤体的松动圈在 1.1 m 以下。

(2) +500 水平西翼 45# 煤层南巷。基于对整个深度范围内波速的考虑，判定该巷道 200 m 断面处北帮的松动范围都在 1.1 m 以下，3.1 m 处的煤体稳定性相比其他地方的煤体较差；该巷道 400 m 断面处南帮煤体的松动范围小于 1.1 m，1.1 m 之后巷道的稳定性良好。南帮煤体的松动圈范围小于 1.1 m，对测试结果取平均值认为该巷道的松动圈应在 1.1 m 左右；4.1～5.1 m 处附近的波速突减为 0，说明测试结果有误或者这部分煤体破碎。

(3) ＋500 m 水平西翼 43# 煤层南巷。基于对整个深度范围内波速的考虑，判定该巷道 240 m 断面处南帮的松动范围小于 1.6 m，1.6 m 处的煤体稳定性相比其他地方的煤体较好；该巷道 400 m 断面处南帮煤体的松动范围小于 1.6 m。顶孔煤体的松动圈范围小于 1.6 m，1.6 m 以上煤体的稳定性良好，对测试结果分析认为该巷道的松动圈应在 1.6 m 左右。

(4) ＋500 m 水平西翼 43# 煤层西南巷。基于对整个深度范围内波速的考虑，判定该巷道 100 m 断面处北帮的松动范围小于 1.6 m，1.6 m 处的煤体稳定性相比其他地方的煤体较弱；1.6 m 以上煤体的稳定性相对较好，对测试结果分析认为该巷道的松动圈范围在 1.6 m 左右。

(5) ＋400 m 水平联络巷。基于对整个深度内波速的考虑，判定该巷道 15 m 断面处北帮的松动范围小于 1.6 m，1.6 m 处的煤体稳定性相比其他地方的煤体较好；南帮煤体的松动范围小于 1.1 m。顶孔煤体的松动圈范围小于 1.6 m，1.6 m 以上煤体的稳定性良好，对测试结果分析认为该巷道的松动圈应在 1.6 m 左右。顶孔由于数据不足无法判断。对测试结果分析认为该巷道松动圈范围在 1.6 m 左右。

7.3.4 钻孔窥视结果与分析

钻孔窥视测试仪器是利用巷道断面处预先打好的钻孔作为通道，利用带有照明装置的探头实现对巷道内部岩体（煤体）裂隙发育情况进行观测，以此作为设计巷道支护参数的依据。

7.3.4.1 ＋500～＋575 m 水平轨道上山 20 m 处西帮钻孔窥视测试

位于＋500～＋575 m 水平轨道上山的巷道在进行钻孔窥视监测时还处于掘进状态，通过对＋500～＋575 m 水平轨道上山 20 m 处西帮钻孔进行钻孔窥视得到的照片（图 7-24），可以看出：

(1) 距离岩孔孔底 0 m 处时除孔壁小范围内较粗糙，其岩孔整体较规整无大的变形且基本无裂隙发育，未出现离层。

(2) 距离岩孔孔底 1 m 处时的孔壁光滑完整，其岩孔整体无变形但有小的裂隙发育情况出现，未出现离层。

(3) 距离岩孔孔底 2 m 处时的孔壁较粗糙，其岩孔整体规整无大变形且基本无裂隙发育情况，未出现离层。

(4) 距离岩孔孔底 3 m 处时的孔壁光滑完整，其岩孔整体无变形但有小的裂隙发育情况出现，未出现离层。

(5) 距离岩孔孔底 4 m 处时的孔壁略微粗糙，其岩孔整体无变形但有小的裂隙发育情况出现，未出现离层。

(6) 距离岩孔孔底 5 m 处时的孔壁光滑完整，其岩孔整体无变形但有小的裂隙发育情况出现，未出现离层。

(7) 距离岩孔孔底 6 m 处时的孔壁较粗糙，其岩孔整体出现小的变形但无裂隙发育情况出现，未出现离层。

(8) 距离岩孔孔底 7 m 处时的孔壁较粗糙，其岩孔整体较距离孔底 6 m 处时的变形更

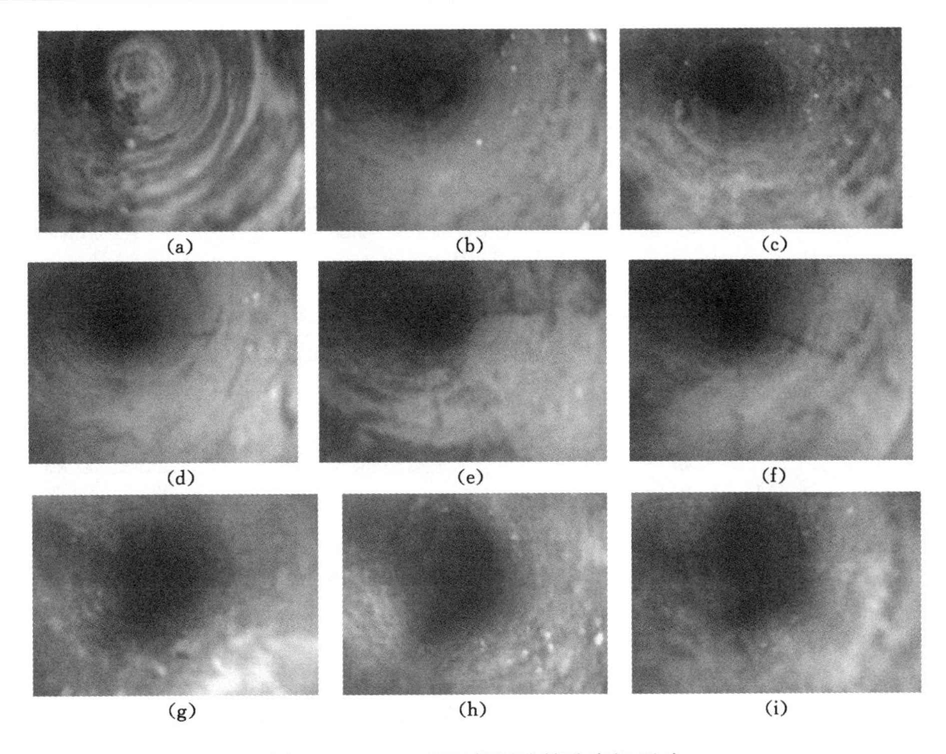

图 7-24　20 m 处西帮测孔钻孔窥视照片

(a) 距离孔底 0 m 处;(b) 距离孔底 1 m 处;(c) 距离孔底 2 m 处;
(d) 距离孔底 3 m 处;(e) 距离孔底 4 m 处;(f) 距离孔底 5 m 处;
(g) 距离孔底 6 m 处;(h) 距离孔底 7 m 处;(i) 距离孔底 8 m 处

大但无裂隙发育情况出现,未出现离层。

(9) 距离岩孔孔底 8 m 处时的孔壁较粗糙,其岩孔整体发生变形但无裂隙发育情况出现,未出现离层。

7.3.4.2　+500 m 水平 45# 煤层南巷 200 m 处钻孔窥视测试

通过对+500 m 水平 45# 煤层南巷 200 m 处北帮进行钻孔窥视得到的照片(图 7-25)可以看出:

(1) 在距离煤孔孔底 0 m 处时的煤壁不光滑,其煤孔整体无变形且无裂隙发育情况出现,无水但煤壁附着煤灰,未出现离层。

(2) 在距离煤孔孔底 1 m 处时的煤壁粗糙,其煤孔整体发生变形但无裂隙发育情况出现,无水但煤壁附着煤灰,未出现离层。

(3) 在距离煤孔孔底 2 m 处时的煤壁不平滑,其煤孔整体没有发生变形且无裂隙发育情况出现,无水但煤壁附着煤灰,未出现离层。

(4) 在距离煤孔孔底 3 m 处时的煤壁粗糙,其煤孔整体发生较小的变形但无裂隙发育情况出现,无水但煤壁附着煤灰,未出现离层。

(5) 在距离煤孔孔底 4 m 处时的煤壁不光滑,其煤孔整体没有发生变形且无裂隙发育情况出现,无水但煤壁附着煤灰,未出现离层。

(6) 在距离煤孔孔底 5 m 处时的煤壁光滑,其煤孔整体没有发生变形且无裂隙发育情

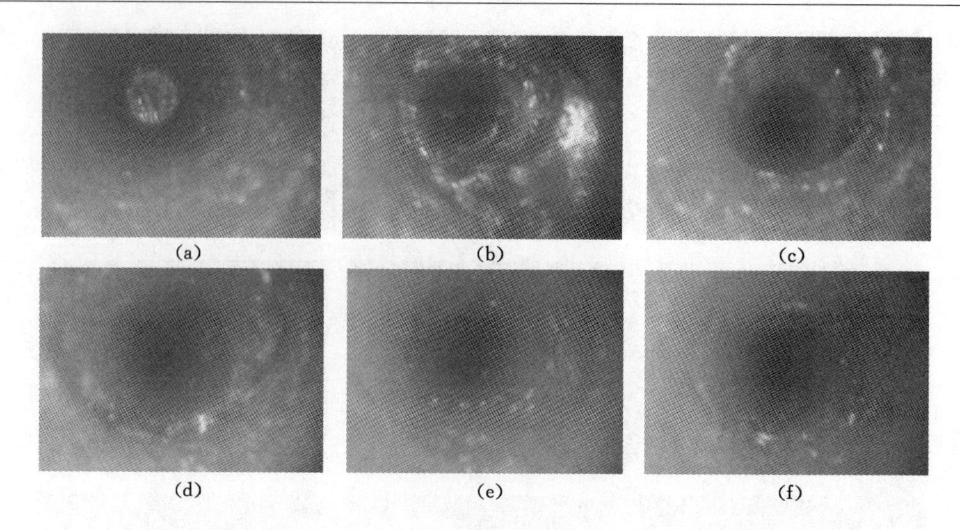

图 7-25　+500 m 水平 45# 煤层南巷 200 m 处北帮钻孔窥视照片

(a) 距离孔底 0 m 处；(b) 距离孔底 1 m 处；(c) 距离孔底 2 m 处；
(d) 距离孔底 3 m 处；(e) 距离孔底 4 m 处；(f) 距离孔底 5 m 处

况出现，无水但煤壁附着煤灰，未出现离层。

通过对+500 m 水平 45# 煤层南巷 200 m 处南帮进行钻孔窥视得到的照片(图 7-26)可以看出：

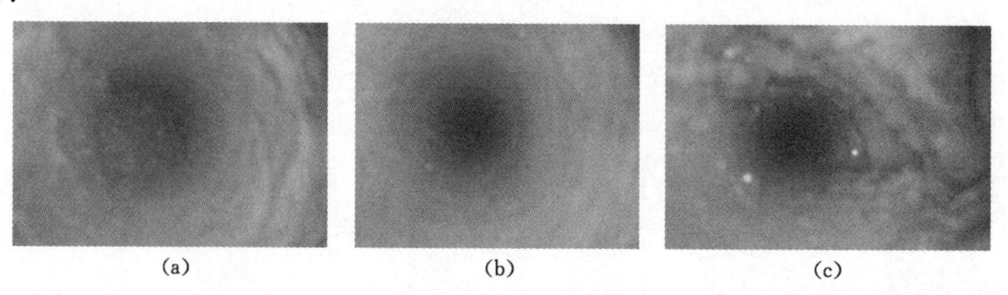

图 7-26　200 m 处南帮钻孔窥视照片

(a) 距离孔底 0 m 处；(b) 距离孔底 1 m 处；(c) 距离孔底 2 m 处

(1) 在距离煤孔孔底 0 m 处时的煤壁粗糙不光滑，其煤孔整体发生较小的变形但无裂隙发育情况出现，无水但煤壁附着煤灰，未出现离层。

(2) 在距离煤孔孔底 1 m 处时的煤壁光滑平整，其煤孔整体没有发生变形且无裂隙发育情况出现，无水但煤壁附着煤灰，未出现离层。

(3) 在距离煤孔孔底 2 m 处时的煤壁粗糙不规整，其煤孔发生严重变形但无裂隙发育情况出现，无水但煤壁附着煤灰，未出现离层。

7.3.4.3　+500 m 水平 45# 煤层南巷 400 m 处钻孔窥视测试

通过对+500 m 水平 45# 煤层南巷 400 m 处北帮进行钻孔窥视得到的照片(图 7-27)可以看出：

(1) 在距离煤孔孔底 0 m 处时的煤壁粗糙不光滑，其煤孔整体发生较小的变形但无裂隙发育情况出现，有水且煤壁附着煤灰，未出现离层。

(2) 在距离煤孔孔底 1 m 处时的煤壁粗糙不光滑，其煤孔整体基本无变形且无裂隙发

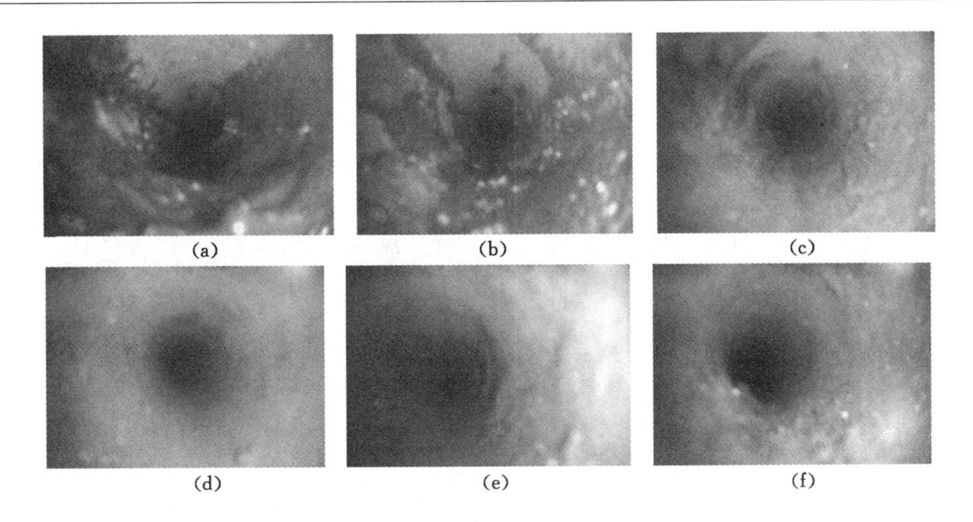

图 7-27　400 m 处北帮钻孔窥视照片

(a) 距离孔底 0 m 处；(b) 距离孔底 1 m 处；(c) 距离孔底 2 m 处；
(d) 距离孔底 3 m 处；(e) 距离孔底 4 m 处；(f) 距离孔底 5 m 处

育情况出现，有水且煤壁附着煤灰，未出现离层。

(3) 在距离煤孔孔底 2 m 处时的煤壁粗糙不光滑，其煤孔整体无变形且无裂隙发育情况出现，无水但煤壁附着煤灰，未出现离层。

(4) 在距离煤孔孔底 3 m 处时的煤壁较光滑，其煤孔整体无变形且无裂隙发育情况出现，无水但煤壁附着煤灰，未出现离层。

(5) 在距离煤孔孔底 4 m 处时的煤壁粗糙不光滑，其煤孔整体发生较小的变形但无裂隙发育情况出现，无水但煤壁附着煤灰，未出现离层。

(6) 在距离煤孔孔底 5 m 处时的煤壁较为光滑平整，其煤孔整体无变形且无裂隙发育情况出现，无水但煤壁附着煤灰，未出现离层。

通过对＋500 m 水平 45# 煤层南巷 400 m 处南帮进行钻孔窥视得到的照片(图 7-28)可以看出：

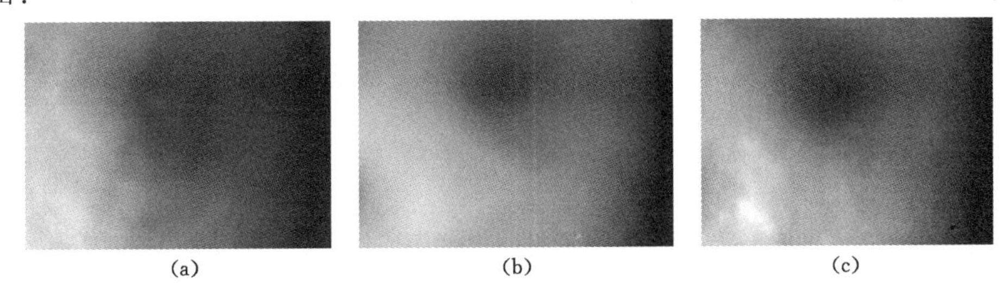

图 7-28　＋500 m 水平 45# 煤层南巷 400 m 处南帮钻孔窥视照片

(a) 距离孔底 0 m 处；(2) 距离孔底 1 m 处；(3) 距离孔底 2 m 处

(1) 在距离煤孔孔底 0 m 处时的煤壁粗糙不光滑，其煤孔整体无变形且无裂隙发育情况出现，有水且煤壁附着煤灰，未出现离层。

(2) 在距离煤孔孔底 1 m 处时的煤壁较光滑平整，其煤孔整体无变形且无裂隙发育情况出现，有水且煤壁附着煤灰，未出现离层。

(3) 在距离煤孔孔底 2 m 处时的煤壁粗糙不光滑，其煤孔整体基本无变形且无裂隙发育情况出现，有水且煤壁附着煤灰，未出现离层。

7.3.4.4　+500 m 水平 45# 煤层南巷 450 m 处北帮钻孔窥视测试

通过对+500 m 水平 45# 煤层南巷 450 m 处北帮进行钻孔窥视得到的照片(图 7-29)可以看出：

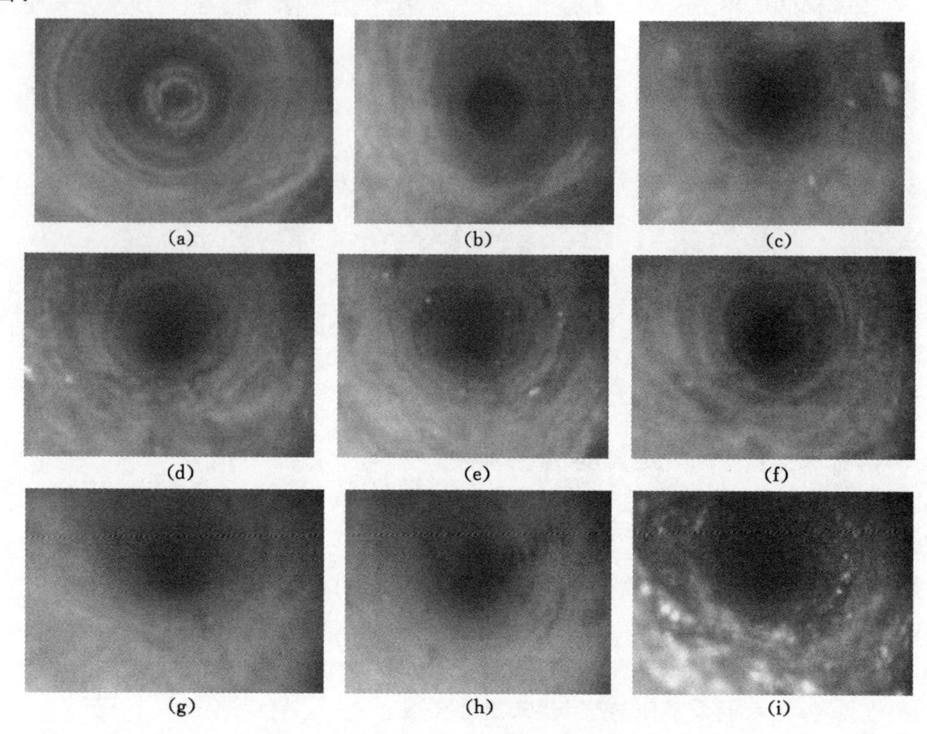

图 7-29　450 m 处北帮钻孔窥视照片

(a) 距离孔底 0 m 处；(b) 距离孔底 1 m 处；(c) 距离孔底 2 m 处；
(d) 距离孔底 3 m 处；(e) 距离孔底 4 m 处；(f) 距离孔底 5 m 处；
(g) 距离孔底 6 m 处；(h) 距离孔底 7 m 处；(i) 距离孔底 8 m 处

(1) 在距离煤孔孔底 0 m 处时的煤壁光滑完整，其煤孔整体无变形且无裂隙发育情况出现，无水且煤壁没有附着煤灰，未出现离层。

(2) 在距离煤孔孔底 1 m 处时的煤壁光滑完整，其煤孔整体无变形且无裂隙发育情况出现，无水且煤壁没有附着煤灰，未出现离层。

(3) 在距离煤孔孔底 2 m 处时的煤壁光滑完整，其煤孔整体无变形且无裂隙发育情况出现，无水且煤壁没有附着煤灰，未出现离层。

(4) 在距离煤孔孔底 3 m 处时的煤壁与距离煤孔孔底 2 m 处时的煤壁比较粗糙，其煤孔整体无变形且无裂隙发育情况出现，无水且煤壁没有附着煤灰，未出现离层。

(5) 在距离煤孔孔底 4 m 处时的煤壁光滑完整，其煤孔整体无变形且无裂隙发育情况出现，无水且煤壁没有附着煤灰，未出现离层。

(6) 在距离煤孔孔底 5 m 处时的煤壁光滑完整，其煤孔整体无变形但有较细微的裂隙发育情况出现，无水且煤壁没有附着煤灰，未出现离层。

(7) 在距离煤孔孔底 6 m 处时的煤壁较为光滑完整，其煤孔整体无变形但有一道细微的裂隙发育，无水且煤壁没有附着煤灰，未出现离层。

(8) 在距离煤孔孔底 7 m 处时的煤壁光滑完整，其煤孔整体无变形且无裂隙发育情况出现，无水且煤壁没有附着煤灰，未出现离层。

(9) 在距离煤孔孔底 8 m 处时的煤壁粗糙不平整，其煤孔整体有小的变形但无裂隙发育情况出现，无水但煤壁附着煤灰，未出现离层。

7.3.4.5　+500 m 水平 43# 煤层南巷 240 m 处北帮钻孔窥视测试数据

通过对+500 m 水平 43# 煤层南巷 240 m 处北帮进行钻孔窥视得到的照片(图 7-30)可以看出：

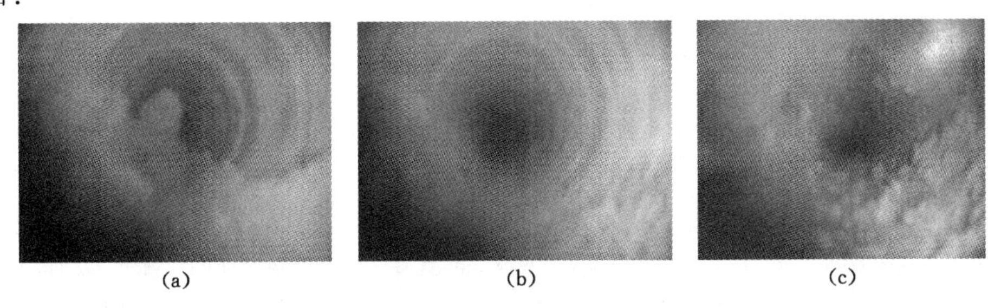

(a)　(b)　(c)

图 7-30　240 m 处北帮钻孔窥视照片

(a) 距离孔底 0 m 处；(b) 距离孔底 1 m 处；(c) 距离孔底 2 m 处

(1) 在距离煤孔孔底 0 m 处时的煤孔孔壁光滑完整，其整体无变形且无裂隙发育情况出现，无水且煤壁没有附着煤灰，未出现离层但出现了煤孔垮落现象。

(2) 在距离煤孔孔底 1 m 处时的煤孔孔壁光滑完整，其整体无变形且无裂隙发育情况出现，无水且煤壁没有附着煤灰，未出现离层但出现了煤孔垮落现象。

(3) 在距离煤孔孔底 2 m 处时的煤孔孔壁较为粗糙不平整，其整体有较小的变形但无裂隙发育情况出现，无水但煤壁附着煤灰，未出现离层。

7.3.4.6　钻孔窥视监测综合分析结果

根据巷道顶板离层、围岩变形、破坏范围等监测数据可分析巷道稳定性，评价支护效果。钻孔窥视仪提供了观测离层、破坏范围及其发展变化的直观手段。如对于锚杆支护巷道，当观测到锚固区内发生了显著离层，而且变化很快，说明锚杆支护形式与参数选择不合理，不能保持围岩稳定性，应根据数据修改支护设计，提高支护效果，确保巷道安全。

通过在煤(岩)体中钻孔并使用钻孔窥视仪来观察煤(岩)体内部节理、裂隙发育情况来判断现采用的支护形式能否满足巷道稳定性，可得到以下结论：

+500～+575 m 水平轨道上山距离巷道起始点 20 m 处的钻孔窥视图像发现此处巷道围岩有较小的纵向裂隙出现但无离层，此处可采用注浆的方法对巷道内部的裂隙进行充填达到提高围岩稳定性的目的。

+500 m 水平 45# 煤层南巷 200 m 处钻孔窥视图像发现此煤巷煤体较破碎但无离层出现，并未出现空洞、塌孔、多种裂隙同时发育的情况出现，由此可知现有的支护方式能够达到保持此处巷道稳定性的目的。

+500 m 水平 45# 煤层南巷 400 m 处钻孔窥视图像发现在距离孔底 0～2 m 的钻孔处有水出现但没有裂隙发育情况且煤体较完整，在 2～5 m 这段钻孔区域内没有水同时也没有裂隙发育情况且煤体较完整。由此可知，此处巷道所受到的载荷相对于 200 m 处更小，现有的支护方式能够达到保持此处巷道稳定性的目的。

＋500 m 水平 45# 煤层南巷 450 m 处钻孔窥视图像发现此处钻孔整体较光滑完整、无裂隙发育情况、煤体完整。由此可知，此处巷道所承受的载荷小于煤体所能承受的最大断裂载荷，现有的支护方式能够达到保持此处巷道稳定性的目的。

＋500 m 水平 43# 煤层南巷 240 m 处钻孔窥视图像发现此处整体光滑完整、无裂隙发育情况出现。由此可知，此处巷道所承受的载荷小于煤体所能承受的最大断裂载荷，现有的支护方式能够达到保持此处巷道稳定性的目的。

7.4 急倾斜煤层巷道支护研究

巷道支护技术是煤炭开采的前提条件和关键技术，巷道支护对象——地下工程围岩稳定性问题却是复杂的力学问题，围岩的变形破坏往往是多种复杂因素相互作用造成的，人们观察到的围岩变形破坏状态是多种因素共同作用引起的结果。如何高效、经济、安全地对煤炭资源进行开挖一直是地下工程界研究的热点，而其中的一个关键问题就是如何科学合理的设计巷道支护参数，确保巷道使用期间安全，为实现矿井“高产、高效”奠定基础。

急斜煤层赋存状态是成煤后期地质强烈构造运动的结果，其赋存、开采条件和形式都有其特有的规律和特征。乌东煤矿西区(碱沟煤矿)是神华新疆能源有限责任公司(以下简称神新公司)的主力生产矿井之一，位于乌鲁木齐东北郊八道湾向斜南翼，井田东西走向长4.5 km，南北宽 1.7 km，面积 7.95 km^2。含煤地层为西山窑组，井田内含可采煤层 34 层，自南向北划分为四个煤组，以特厚煤层和厚、中厚煤层为主，其中一、二组煤为特厚煤层，三、四组煤为厚、中厚煤层，特厚煤层占可采储量的 50.2%，厚、中厚煤层占 49.8%左右，单斜构造、地层走向自西向东 46°～55°呈一略向北突出的弧形，矿区地层倾向西北，煤层倾角平均 86°。本区地质构造简单，开采范围内无断层等地质构造。

矿井采用斜井阶段石门开拓方式。开采标高＋616～＋300 m，矿井现划分为三个水平，第一水平为＋616 m 回风水平，第二水平为＋556 m 运输水平，第三水平为＋495 m 延深中间水平(延深水平＋418 m 未开拓)，采用水平分段综采放顶煤开采工艺，现开拓水平(＋495 m)，开采深度 240 m，并且每年 10～20 m 的速度向深部延伸。但是，神新公司推广和应用回采巷道锚杆支护技术时间短，还不到 10 年，技术人员短缺，因此，对回采巷道地压与支护技术的系统性研究相对不够，导致巷道变形破坏严重，巷道两帮移近量和顶板下沉量大，尤其是当下分段巷道围岩距上分段工作面走向距离小于 30 m 时，巷道变形速度快，甚至发生了巷道煤岩动力失稳破坏现象，需要多次维修才能基本满足使用要求，与神新公司安全高效生产理念之间的矛盾日益突出。

需要指出的是：神新公司开采的基本都是急斜特厚煤层，其地质赋存环境和开采条件与缓倾斜煤层有许多不同之处，且国内开采急斜特厚煤层的矿井较少，需要通过不断的实践、研究和总结，才能获得具有普遍指导意义的经验技术。通过系统的现场调研、理论分析、现场监测和数值模拟相结合的方法，揭示乌东煤矿碱沟采区急斜回采巷道围岩变形基本规律，解决回采巷道支护困难的难题。研究确定适合乌东煤矿碱沟采区急斜特厚煤层回采巷道的支护方式，为神新公司其他急斜特厚煤层回采巷道支护提供可供借鉴的经验。

7.4.1　锚杆支护技术发展及现状

锚杆支护作为一种主动支护方式，不仅能对巷道围岩表面施加托锚力，约束围岩变形，而且能对锚固范围内岩体施加锚固力，充分发挥和提高围岩自稳能力和强度，提高锚固范围内岩体强度，起到加固围岩的作用。当前，锚杆支护已经被公认为是有效和经济的支护方式，广泛应用于采矿、铁路、公路、大坝、隧道基础等方面。世界上主要的产煤国家锚杆支护技术的发展过程可概括如下：

锚杆支护技术最早在英国和德国应用。1872 年英国北威尔士露天页岩矿首先应用锚杆加固边坡，1912 年德国谢列兹矿最先在井下巷道中采用锚杆支护技术，挪威叙利切尔马(Sulitjelma)煤矿最先将锚杆支护应用与煤矿巷道支护，把锚杆支护称为“悬岩的缝合”。

美国是世界上较早使用锚杆并将锚杆作为唯一顶板支护方式的国家。1943 年锚杆开始被有计划、有系统地使用；1947 年锚杆支护被普遍接受；20 世纪 50 年代，发明了世界上第一个涨壳式锚头；60 年代，树脂全长锚固技术被大多数矿井所采用；70 年代末，首次将涨壳式锚头与树脂锚固剂联合使用，大大增加了锚杆的预拉力，达到杆体自身强度的 50%～75%。

澳大利亚强调锚杆强度要高，全长树脂锚固锚杆被广泛应用。将地质调研—设计—监测—信息反馈等部分相互联系起来，组成一个动态的系统，形成了比较完善的锚杆支护设计体系和设计方法。

英国自 1946 年开始进行锚杆支护实验和应用，到 1959 年井下锚杆支护巷道达到 9 600 m，但是，由于当时锚头、锚固剂等发展缓慢，锚杆支护对英国软岩特性顶板的支护效果并不理想，锚杆支护技术也一直未取得大的进展。直到 1987 年，从澳大利亚引入了成套的锚杆支护技术，从而扭转了这一局面，锚杆支护在煤巷中的应用范围迅速扩大。

由于使用 U 型钢支架支护费用高，而且随着开采深度的增加巷道维护日益困难，德国自 20 世纪 80 年代以来，开始试用锚杆支护，并首先在鲁尔矿区取得成功，现如今已应用到千米采深的巷道中。

俄罗斯在采区巷道支护中同时发展多种支护方式，研制了多种类型的锚杆，锚杆支护发展引人瞩目。但由于缺乏资金，对现代化锚杆支护配套机器、设备的维护、改进工作进展缓慢。

南非大部分地下开采煤矿顶板属硬砂岩，顶板条件良好，采用了多种锚杆安装形式，锚杆安装作业和顶板支护并不是矿井生产的“瓶颈”，但一些煤矿也安装了顶板岩层监控系统，用以防止顶板岩层的局部冒落。

法国 20 世纪 60 年代中后期引进了全长锚固锚杆，由于发生过严重的安全事故，对锚杆支护技术进行了深入分析研究，煤巷锚杆支护技术发展迅速。

印度大多数井工矿采用的是点锚固锚杆或承载能力为 60～80 kN 的水泥锚杆支护技术，全脂锚杆的使用相对较少。

我国煤巷锚杆支护技术经历了 3 个发展阶段。20 世纪 80～90 年代为起步阶段，将锚杆支护作为软岩支护科技攻关项目，在少数几个矿区，如徐州、西山、淮南等局进行了现场试验。1991～1995 年煤炭部又将煤巷锚杆支护技术列入煤炭工业“九五”重点科技攻关项目，煤巷锚杆支护应用率达到 15%，并且形成了成套高强螺纹钢树脂锚杆支护技术，进一步完善了Ⅰ～Ⅲ类顶板支护方法。但是，这期间形成的锚杆支护技术在Ⅳ、Ⅴ类巷道中使用时存在以下问题：① 断面得不到有效控制，围岩变形剧烈；② 常发生局部冒顶现象，锚杆锚固区内发生离层、锚杆锚固区整体冒落等恶性事故常有发生。其根本原因在于:① 顶板离层、冒落机理认识不清;② 支护方法没有实质性创新,支护手段较单一。煤巷锚杆支护3万～5万m一次死亡事故和万米冒顶率3%～5%制约着该技术的进一步推广。1996年至今为引进技术和提高阶段,煤巷支护技术被列为煤炭工业"九五"公关项目,通过引进澳大利亚成套技术,快速提高了煤巷锚杆支护研究和应用水平,应用范围扩大到复杂和不稳定的煤巷。通过科技攻关,针对深部高应力巷道等复杂困难条件,提出了高预应力、强力支护等设计理论,开发了新型锚杆、锚索,大幅度提高了巷道支护效果。

7.4.2 锚杆支护理论及巷道变形特征

7.4.2.1 锚杆支护理论

(1) 悬吊理论。1952年路易斯·阿·帕内科(Louis A. Panek)等提出了第一个锚杆支护理论——悬吊理论,该理论认为锚杆支护的作用就是将巷道顶板浅部较软弱破裂岩层悬吊在深部稳固的岩层上,增强浅部较软弱岩层的稳定性。

(2) 组合梁理论。1952年德国雅可博(Jacobio)等基于层状地层提出了组合梁理论。该理论认为通过在岩体内施加锚杆,可以将多层薄岩层组合成类似铆钉加固的组合梁,因此,锚杆锚固范围内岩层被视为组合梁,并认为组合梁作用的实质就是通过锚杆的预拉应力将锚固区内岩层挤紧,增大岩层之间的摩擦力;同时,锚杆本身也具有一定的抗剪能力,可以约束岩层间的错动,如图7-31所示。锚固范围内岩层同步变形,这种组合厚岩层在载荷作用下,其最大弯曲应力和应变较之前单一薄岩层都将大大减小,该理论充分考虑了锚杆对离层及层间滑动的约束作用。组合梁理论适用于若干层状岩层组成的巷道顶板。

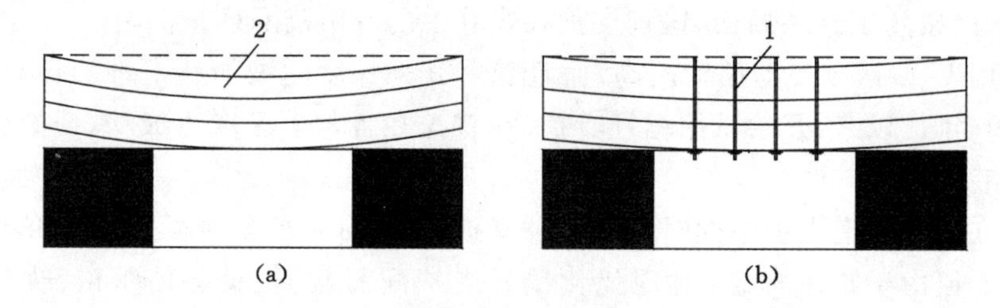

图7-31 锚杆的组合梁作用

(a) 未打锚杆;(b) 布置顶板锚杆

1——锚杆;2——层状地层

(3) 组合拱理论。兰氏(T. A. Lang)和彭德(Pende)通过光弹试验提出组合拱理论。组合拱理论认为,在拱形巷道围岩中安装预应力锚杆时,在锚固区内将形成以杆体两端为端点的圆锥形分布的压应力,只要沿巷道周边安装的锚杆间距足够小,相邻锚杆的压应力椎体将相互交错,在巷道周围锚固区中部形成一个连续的压缩带(拱),如图7-32所示。承压拱内岩石处于径向、切向均受压的三向应力状态,使得岩体强度大大提高,支撑能力相应增加。该理论充分考虑了锚杆支护的整体作用,在软岩巷道中应用广泛。

(4) 新奥法。20世纪60年代,奥地利工程师拉布西维兹(L. V. Rabcewicz)在总结前人经验基础上,提出了新奥法(NATM),目前新奥法已成为地下工程的主要设计施工方法之一。1978年,米勒(L. Miiller)教授比较全面地阐述了新奥法的基本指导思想和主要原则,并将其概括为22条。1980年,奥地利土木工程学会地下空间利用分会把新奥法定义为:

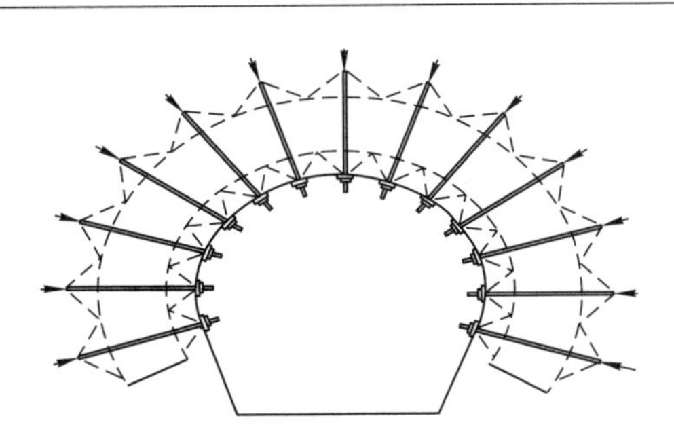

图 7-32　组合拱(压缩拱)作用示意图

"在岩质为砂质介质中开挖隧道,以使围岩形成一个中空筒状支承环结构为目的的隧道设计施工方法"。施工时遵循下列原则:① 应当考虑岩体的力学特性;② 应当在适宜时机构筑支护结构,避免围岩中出现不利的应力应变状态;③ 为使围岩形成力学上十分稳定的中空筒状支承环结构,必须构筑一个闭合的支护结构;④ 现场量测监控围岩动态,根据允许变形量求得最适宜的支护结构。新奥法的上述定义简明扼要地揭示了新奥法核心问题,充分利用围岩自承能力,使围岩本身形成支承环。

(5) 围岩强度强化理论。侯朝炯、勾攀峰提出了巷道围岩强度强化理论。该理论认为:① 巷道锚杆支护的实质是锚杆与锚固区域的岩体相互作用而组成锚固体,形成统一的承载结构;② 锚杆提高了锚固体的力学参数 E、C、Φ,改善了锚固体的力学性能;③ 锚固体的峰值强度和残余强度都得到强化。锚固体的峰值强度和残余强度随锚杆支护强度的增加而得到强化,达到一定程度就可保持围岩稳定。该理论的分析方法是将锚杆的作用简化为对锚固围岩从锚杆的两端施加径向约束力,由实验室锚固块体试验确定围岩塑性应变软化本构关系,再利用弹塑性理论定量分析锚杆的支护效果。

(6) 松动圈理论。20 世纪 70 年代末期,以中国矿业大学董方庭为首的"松动圈巷道支护研究室",提出了围岩松动圈支护理论。该理论包括三个部分:① 巷道工程的外载荷问题:围岩松动圈理论认为,围岩破裂过程中所产生的碎胀力(剪切力)是支护的危险载荷;② 围岩分类方法:围岩松动圈是围岩应力、围岩强度、水的影响等综合因素的指标,它与支护难度关系密切;③ 巷道锚喷支护机理及技术:小松动圈($L_p \leqslant 40$ cm)是围岩自稳的条件,中松动圈($L_p = 40 \sim 150$ cm)用悬吊理论,大松动圈($L_p \geqslant 150$ cm)用组合拱理论。

(7) 最大水平应力理论。20 世纪 90 年代初澳大利亚学者盖尔(W. J. Gale)提出了最大水平应力理论。该理论认为:矿井岩层的水平应力通常大于垂直应力且具有明显的方向性,最大水平应力一般为最小水平应力的 1.5～2.5 倍,如图 7-33 所示。巷道顶底板稳定性主要受水平应力影响:① 与最大水平应力平行的巷道受水平应力影响最小,顶底板稳定性最好;② 与最大水平应力呈锐角相交的巷道,其顶板变形破坏偏向巷道某一帮;③ 与最大水平应力垂直的巷道,顶底板稳定性最差。锚杆的作用是约束其沿轴向岩层膨胀和垂直于轴向的岩层剪切错动,因此要求锚杆应具有强度大、刚度大、抗剪切阻力大等特点。

急斜特厚煤层倾角大,回采后顶板垮落结构与缓倾斜煤层长壁开采形成的"砌体梁"结构存在很大区别,煤层开采布局特殊,回采巷道不仅受本分段采掘影响而且受上分段回采而造成应力集中,巷道围岩松动破碎范围大,围岩变形稳定时间长,因此设计急斜特厚煤层回采巷道支护方案时有必要对其应力形成过程进行分析。而传统锚杆支护理论主要从围岩松

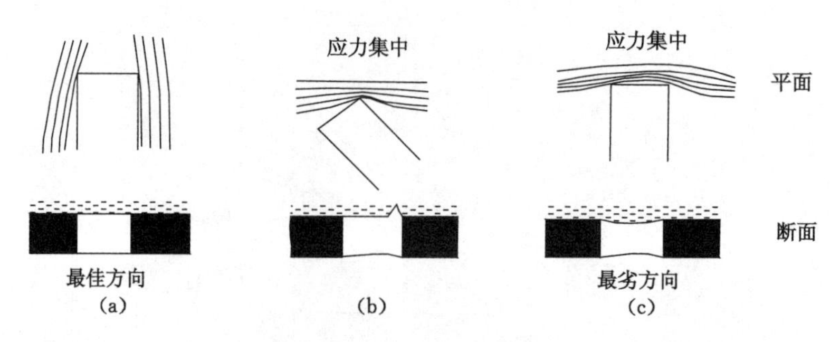

图 7-33 巷道走向与最大水平应力不同夹角下巷道破坏

(a) 平行;(b) 斜交;(c) 垂直

动破碎范围、围岩受力等方面评价围岩稳定性,并提出相应支护方案,而对巷道围岩应力形成过程分析较少。同时,急斜煤层回采巷道顶板虽是层状煤层,但其倾角与顶板锚杆钻孔倾角基本相等,锚杆深度范围内煤层基本都是同一煤层,所以锚杆支护不能在巷道顶板煤层内形成组合梁,该理论不适用于急斜煤层巷道顶板支护。地质调查和现场试验表明,乌东煤矿碱沟采区最大水平应力方向与煤层走向基本垂直,然而回采煤层属急倾斜煤层,工作面只能沿走向布置,这就导致了工作面回采巷道走向与最大水平应力方向垂直,即图 7-33(c)中所描述的最劣方向。

7.4.2.2 回采巷道变形特征

(1) B_1 巷围岩表面变形。B_1 巷道大部分区域围岩变形明显,顶板局部出现整体下沉,最大下沉量将近 0.8 m,支护的钢带大部分出现弯曲,聚乙烯网兜有破裂现象,网兜交替出现;北帮直墙与拱脚结合处变形相对较小,锚杆托盘与煤壁结合较好,局部仍有网兜出现;南帮直墙与拱脚结合处变形相对北帮较大,钢带均出现弯曲,个别锚网破裂[图 7-34(b)],网兜较多;北帮直墙锚网被撕裂、钢带弯曲;南帮相对北帮直墙出现的网兜较大,锚网撕裂严重,两帮最大移近量 1.4 m。这反映出 B_1 巷南帮变形较北帮严重,详见图 7-34。

(2) B_2 巷围岩表面变形。B_2 巷道整体稳定性较好,仅在工作面前方 20 m 内巷道变形较大,主要变形方式是顶板下沉并伴有网兜出现,北帮鼓出较多,南帮相对稳定。工作面前方串车的位置顶板钢带局部出现弯曲,聚乙烯网兜有少量破裂的煤块;巷道南帮钢带及锚网整体较好,锚杆托板与煤壁结合较好,煤壁破裂情况较少;北帮整体状态较好,仅在工作面前方 20 m 的超前预爆破范围内的顶板与南帮出现网兜。这反映出 B_2 巷表面变形较小,整体较为稳定。图 7-35 综合描述了 B_2 巷道各个部位变形特征。

(3) B_3 巷围岩表面变形。B_3 巷围岩整体稳定性较差,顶板、南帮、北帮破碎严重,较多区域出现了顶板大幅度下沉、两帮剧烈收敛现象,局部冒顶和钢带断裂现象。现场测量发现顶板在单体支柱的支撑下高度仍从设计高度 3.2 m 下沉至 2.1 m,局部区域甚至下沉至 2.0 m,最大下沉量 1.2 m;两帮从 3.2 m 收敛至最少 1.8 m,两帮最大收敛量 1.4 m。两帮及顶板均有大量网兜,特别是巷道南帮局部区域在返修时有大量煤块放出,图 7-36(c)中外漏的锚杆长度即为放出煤体的厚度,放出宽度为 1.0～2.0 m。这反映出 B_3 巷道变形较大,整体稳定性差,巷道较大范围需要返修。图 7-36 综合描述了 B_3 巷道各个部位变形特征。

(4) B_6 巷围岩表面变形。B_6 巷道整体稳定性较好,顶板下沉不明显;南帮整体变形不大,网兜很少出现,煤壁平整,锚杆托盘紧贴煤壁;北帮巷道出现了不少网兜,钢带有弯曲,在

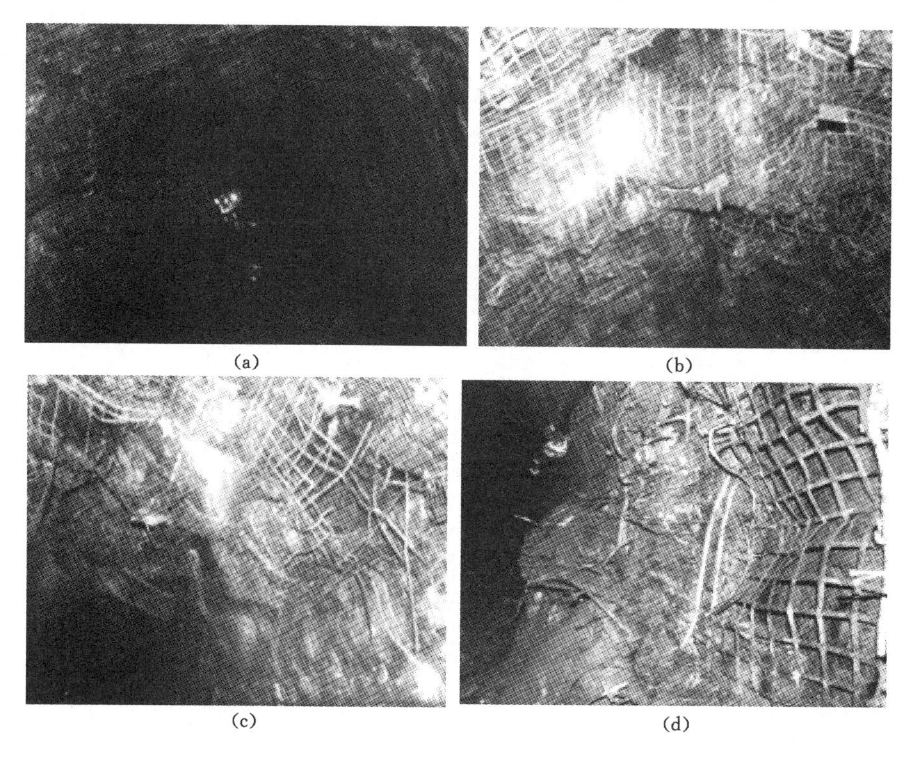

图 7-34　B_1 巷变形特征

(a) 巷道全景;(b) 顶板下沉;(c) 南帮拱角锚网破裂;(d) 帮鼓

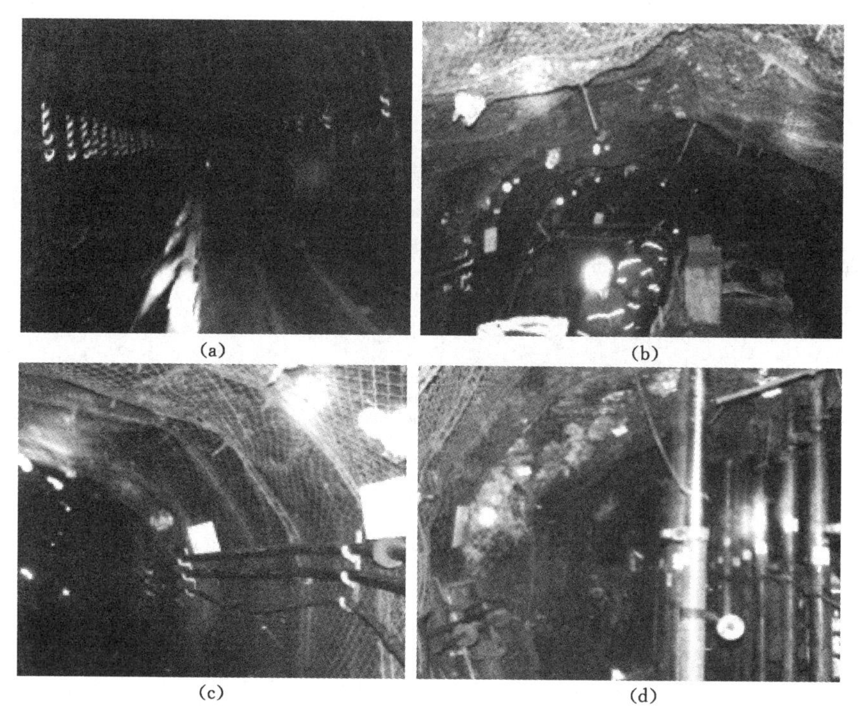

图 7-35　B_2 巷变形特征

(a) 巷道全景;(b) 顶板下沉;(c) 南帮;(d) 北帮

图 7-36　B_3 巷变形特征

(a) 巷道全景;(b) 局部冒顶;(c) 网兜放煤后锚杆外露;(d) 两帮收敛测量

第 898 排、891 排锚杆处出现了两处片帮,部分煤体从锚网中崩出,出现了钢带弯曲、锚网撕裂的现象,详见图 7-37。

图 7-37　B_6 巷变形特征

(a) 巷道全景;(b) 北帮局部片帮

7.4.3　围岩裂隙发育程度监测与分析

7.4.3.1　监测仪器及其原理

针对巷道围岩的地质构造和采掘布局特点,选用钻孔窥视仪对孔内煤壁裂隙发育和演化进行观测。工作原理:防爆钻孔窥视仪用于任意方向煤、岩体松动及裂隙窥视、水文探孔、瓦斯抽采孔孔内情况探查、锚杆孔质量检查和裂隙观察等。采用高清晰度探头及彩色显示设备，可分辨 1 mm 的裂隙及不同岩性，与微机可直接连接，便于图像的实时显示。钻孔窥视仪见图 7-38。

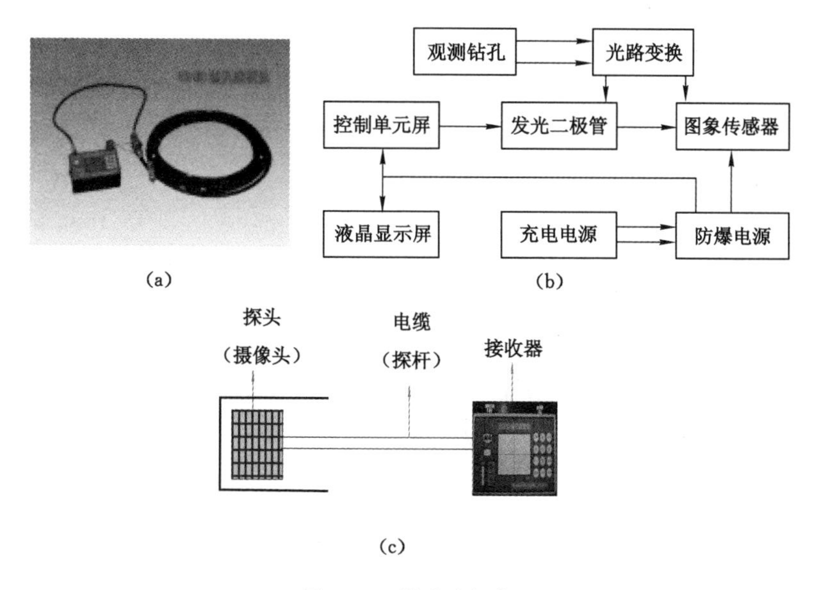

图 7-38 钻孔窥视仪

(a) 钻孔窥视仪；(b) 工作原理；(c) 主要元器件

7.4.3.2 监测方案

为揭示乌东煤矿碱沟采区急斜特厚煤层回采巷道围岩裂隙的发育程度，运用钻孔窥视仪对乌东煤矿碱沟采区＋518 m 水平已经掘进的 B_1 巷进行探测，为＋518 m 水平 B_1 巷支护参数的优化提供依据。共布置 3 个测站，编号分别为 1#、2# 和 3# 测站，每测站内布置 5 个钻孔——顶板布置一个垂直钻孔，两帮腰线处各布置一个水平钻孔，两帮与拱交界处各布置一个倾斜 45°向上钻孔，根据每个钻孔窥视得到的围岩裂隙发育程度评估该断面稳定性，综合三个断面的围岩裂隙发育程度评估巷道整体稳定性。

7.4.3.3 监测结果分析

北帮水平钻孔 3.0 m 以下有裂隙，0.0～1.0 m 裂隙较多，钻孔孔壁较完整；4.0～5.0 m 存在一条裂隙；其余孔壁完整，钻孔内有水存在。北帮 45°钻孔 5.0 m 范围以内有裂隙，5.0 m 以外范围孔壁完整，未发现裂隙；顶板钻孔在 0.0～1.0 m 裂隙较多，其余孔壁未发现裂隙。南帮水平钻孔 1.6～1.8 m、2.2～2.6 m 有裂隙，孔壁粗糙，其余孔壁未发现裂隙。南帮 45°钻孔 0.5 m 内纵横裂隙发育，围岩破碎，1.0～1.2 m、1.5～1.8 m、2.5～3.0 m 均有裂隙存在。从以上分析可知，该巷道南帮裂隙较北帮发育，巷道南帮直墙与拱角结合处是支护的重点。

7.4.4 围岩松动范围监测与分析

7.4.4.1 监测仪器及其原理

监测巷道围岩的破碎程度及其破碎深度，为急斜特厚煤层回采巷道支护技术研究提供科学可靠的依据，使用 RSM-SY5 型智能松动圈检测仪（图 7-39）对回采巷道围岩松动范围进行监测。

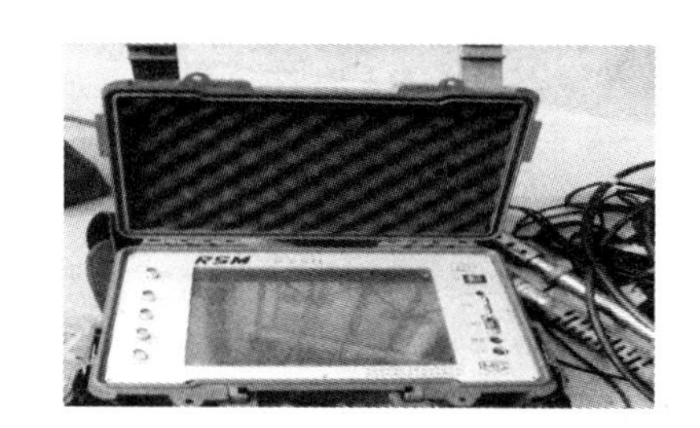

图 7-39 RSM-SY5 型智能松动圈检测仪

工作原理:利用专用发双收换能器在钻孔中测量围岩孔壁滑行波的波速来判断围岩的破碎程度。利用声波在不同深度围岩中传播速度的差异性,判断围岩破碎范围。根据弹塑性介质中波动理论,应力波的波速:

$$v_p = \sqrt{\frac{E(1-\mu)}{\rho(1+\mu)(1-2\mu)}} \tag{7-2}$$

式中 E——介质的动态弹性模量;

ρ——密度;

μ——泊松比。

弹性模量与介质的强度之间存在相关性,超声波在岩土介质和结构物中的传播参数(声时值、声速、波幅、衰减系数等)与岩土介质和结构物的物理力学指标(动态弹性模量、密度、强度等)之间的相关关系就是超声波检测的理论依据。声波随介质裂隙发育、密度降低、声阻抗增大而降低,随应力增大、密度增大而增高。因此,可根据松动圈理论,测出各段煤岩体中声波的大小,声波波速减小的区域为松动圈所在的范围。测量出离孔口不同深度(L)处的纵波波速 v_p 绘制 v_p-L 曲线图,再结合围岩具体情况便可知道围岩松动圈的厚度与分布情况。

7.4.4.2 监测方案

运用 RSM-SY5 型智能松动圈检测仪对乌东煤矿碱沟采区+518 m 水平 B_1 巷已经掘进的部分进行探测,为+518 m 水平 B_1 巷支护参数的设计和优化提供依据。监测方案共布置 3 个测站,测站位置和布置与围岩裂隙发育程度监测测站相同,监测每个测站得到的围岩松动圈范围,综合 3 个断面的数据得到+518 m 水平 B_1 巷松动圈深度。

7.4.4.3 监测结果分析

(1) 南帮水平钻孔:从钻孔孔口至 1.0 m 深度范围波速逐渐增加,但整体维持在较低水平,由波速的大小与围岩破碎程度和松动圈的范围大小成反比可知,自孔口至 1.0 m 深度围岩状态较差,但随着深度的增加逐渐变好;1.0～1.5 m 深度范围波速显著降低,说明1.0～1.5 m 深度范围围岩状态不断变差,围岩破碎;1.5～2.0 m 深度范围波速再次逐渐增加,围岩状态逐渐变好;2.0 m 以后深度范围波速稍有下降,但波速较大,说明围岩完整。如图 7-40(a)所示。

(2) 南帮 45°钻孔:从钻孔孔口至 1.0 m 深度范围波速逐渐增加,但整体维持在较低水平,说明围岩状态较差,但随着深度的增加逐渐变好;1.0～1.5 m 深度范围波速显著降低,说明 1.0～1.5 m 深度范围围岩状态不断变差,围岩破碎;1.5～2.5 m 深度范围波速再次逐渐增加,表明围岩状态不断变好;2.5 m 以后深度范围波速成波浪形分布,但整体保持较高水平,反映出此段围岩状态较好,没有松动的迹象。如图 7-40(b)所示。

(3) 北帮水平钻孔:从钻孔孔口至 1.0 m 深度范围波速逐渐增加,但整体维持在较低水平,围岩状态较差,但随着深度的增加逐渐变好;1.0 m 以后深度范围波速成波浪形分布,但整体有增加的趋势,且保持在较高水平,反映出此段围岩状态较好,没有松动的迹象。如图 7-40(c)所示。

(4) 北帮 45°钻孔:从钻孔孔口至 1.0 m 深度范围波速逐渐增加,但整体维持在较低水平,围岩状态较差,但随着深度的增加逐渐变好;1.0～1.5 m 深度范围波速保持在较低水平的平稳态势,说明此深度范围围岩状态较差;1.5 m 以后深度范围波速逐渐增加。如图 7-40(d)所示。

(5) 顶板钻孔：从钻孔孔口至0.5 m深度范围波速逐渐增加，但整体维持在较低水平，围岩状态较差，但随着深度的增加逐渐变好；0.5～2.0 m深度范围波速保持在较低水平的平稳态势，说明此深度范围围岩状态较差；2.0～2.5 m深度范围波速逐渐增加，围岩状态逐渐变好；2.5～4.5深度范围波速逐渐降低，说明2.5～4.5 m深度范围围岩状态变差；此后波速再次增加，并最终维持在较高水平。如图7-40(e)所示

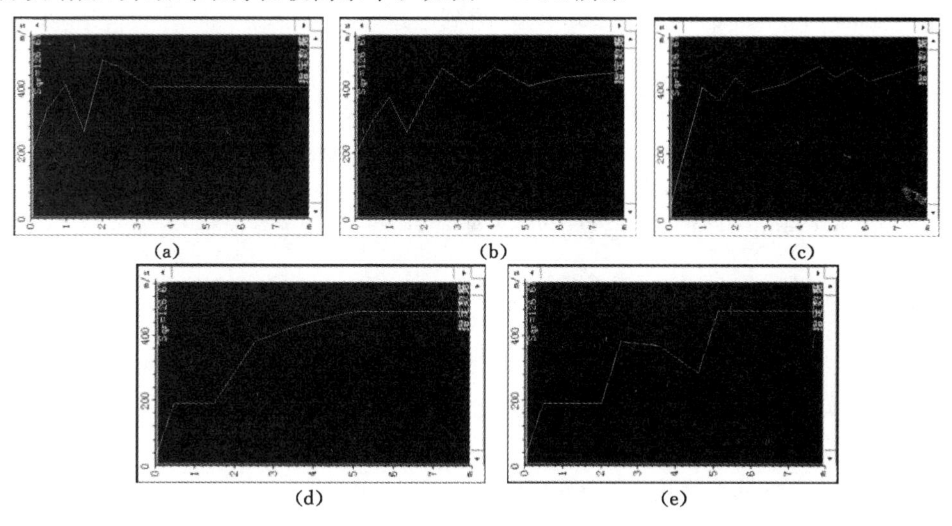

图7-40　围岩松动圈监测

(a) 南帮水平钻孔；(b) 南帮45°钻孔；(c) 北帮水平钻孔；
(d) 北帮45°钻孔；(e) 顶板钻孔

综合3个测站，共15个钻孔围岩松动圈监测数据，经过分析整理，最终确定B_1巷南帮、北帮和顶板的松动圈厚度分别为1.8 m、1.7 m和2.0 m。

7.4.5　巷道支护方案设计

7.4.5.1　锚杆长度

顶锚杆通过悬吊作用，帮锚杆通过加固帮体作用，达到支护效果的条件，应满足：

$$L \geqslant L_1 + L_2 + L_3 \tag{7-3}$$

式中　L——锚杆总长度，m；

L_1——锚杆外露长度(包括钢带、托板、螺母厚度)，取0.05 m；

L_2——有效长度，m；

L_3——锚固深度，取0.45 m。

(1) 理论计算：围岩松动圈垮落高度：

$$b = \frac{\frac{B}{2} + H\tan\left(45° - \frac{\omega}{2}\right)}{f_{顶}} = \frac{1.7 + 0.9}{1.5} = 1.73\ (\text{m}) \tag{7-4}$$

式中　B，H——巷道掘进宽度、高度；

$f_{顶}$——顶部煤体普氏系数，1～2；

ω——两帮围岩的似内摩擦角，$\omega \approx 56°$。

巷道煤帮破碎深度：

$$c = H\tan\left(45^\circ - \frac{\omega}{2}\right) = 3.00 \times \tan(45^\circ - 28^\circ) = 0.90\ (\mathrm{m}) \tag{7-5}$$

于是理论计算得：

$$L_{南帮理论} \geqslant 1\ 400\ \mathrm{mm}, L_{北帮理论} \geqslant 1\ 400\ \mathrm{mm}, L_{顶部理论} \geqslant 2\ 230\ \mathrm{mm}$$

(2) 实测：通过围岩裂隙发育程度和围岩松动圈监测，可知松动圈冒落高度 $b=2\ 000$ mm，$c_{南帮}=1\ 800$ mm，$c_{北帮}=1\ 700$ mm，计算得到巷道锚杆长度：

$$L_{南帮实测} \geqslant 2\ 300\ \mathrm{mm}, L_{北帮实测} \geqslant 2\ 200\ \mathrm{mm}, L_{顶部实测} \geqslant 2\ 500\ \mathrm{mm}$$

取理论计算与实测中较大值作为锚杆设计长度，于是得：

$$L_{南帮} \geqslant 2\ 300\ \mathrm{mm}, L_{北帮} \geqslant 2\ 300\ \mathrm{mm}, L_{顶部} \geqslant 2\ 500\ \mathrm{mm}$$

考虑到乌东煤矿碱沟采区巷道掘进由专业承包队承包，为了便于管理，最终确定所有锚杆长度均为 2 500 mm。同时，顶部煤体松动圈较大，为提高安全系数，保障安全开采，顶部必须安装锚索。

7.4.5.2 锚杆直径

$$\varphi \geqslant K\sqrt{4Q/(\pi\sigma_s)} = 1.2\sqrt{4 \times 0.05/(3.14 \times 240)} = 19.5\ (\mathrm{mm}) \tag{7-6}$$

式中 φ——锚杆直径，mm；

Q——锚杆锚固力，取 50 kN；

σ_s——螺纹钢抗拉强度，取 240 MPa；

K——考虑富余系数 1.2。

因此确定锚杆直径为 20 mm。

7.4.5.3 锚杆间排距

锚杆间、排距 a 应满足：

$$a < \sqrt{\frac{G}{kL_2\gamma}} \tag{7-7}$$

式中 a——锚杆间、排距，m；

G——锚杆设计锚固力，50 kN/根；

k——安全系数，一般取 2；

γ——围岩平均容重，kN/m^3。

经计算得，巷道顶部锚杆间排距 $a<980$ mm，帮部锚杆间排距 $a<1\ 000$ mm，由于巷道受上分段回采震动、超前预爆破震动和开采形成的“跨层拱”造成应力叠加影响，将顶部锚杆间排距设计为 800 mm×800 mm，两帮锚杆间排距为 1 000 mm×800 mm。数值模拟和现场监测表明巷道南北帮直墙顶部变形破坏严重，甚至造成帮脚煤层整体向巷道中心移动，根据锚杆支护巷道“治顶先治帮”和“重点支护两帮两脚”的基本原则，在巷道南北两帮直墙顶端各安装一根 2 500 mm 锚杆，锚杆与水平面成 30°夹角。如此巷道两帮各布置了 3 根锚杆，根据锚杆支护“均布”原则，合理调整锚杆间距。在距巷道底部 400 mm、1 200 mm 两处各布置一根 2 500 mm 水平锚杆，在直墙顶端布置一根 2 500 mm 锚杆，锚杆与水平面成 30°夹角。综上所述，顶部及两帮锚杆间、排距皆为 800 mm×800 mm，如图 7-41 所示。

7.4.5.4 锚杆预紧力

锚杆预紧力是实现主动支护的关键因素，只有在合理的预紧力下锚杆才能有效地加固围岩，使围岩不出现明显的离层、滑动，减小甚至消除拉应力区，达到限制围岩变形与破坏的

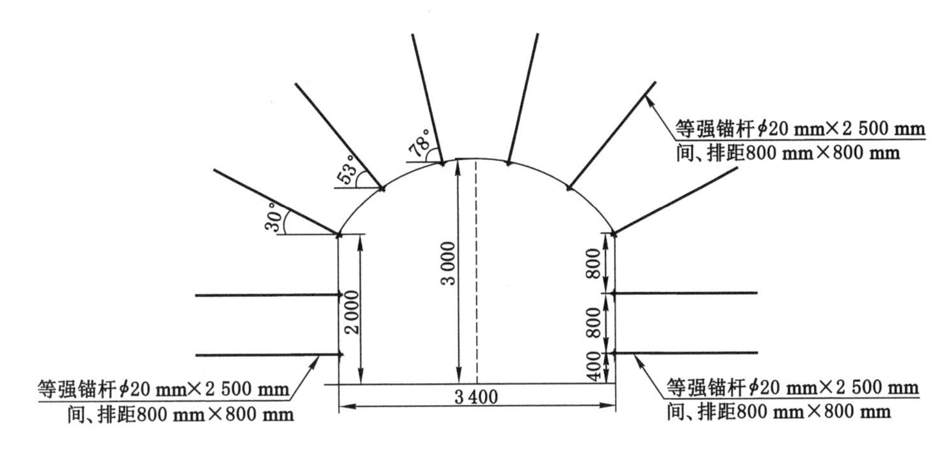

图 7-41　巷道锚杆支护断面图(未附锚索)

目的。一般可选择锚杆预应力为杆体屈服载荷的 30%～50%。因此,设计锚杆预应力为 15～25 kN。

7.4.5.5　锚索长度

根据悬吊理论计算锚索长度:

$$L_{总} \geqslant L_a + L_b + L_c + L_d \tag{7-8}$$

$$L_a \geqslant k \times \frac{d_1 f_a}{4 f_c} \tag{7-9}$$

式中　$L_{总}$——锚索总长度,m;

L_a——锚索深入较稳定岩层的锚固长度,m;

k——安全系数,一般取 2;

d_1——锚索直径,取 15.24 mm;

f_a——锚索抗拉强度,取 1 883 N/mm^2;

f_c——锚索与锚固剂的黏合强度,取 10 N/mm^2;

L_b——需要悬吊的不稳定岩层厚度,根据围岩裂隙发育程度和松动圈观测取 $L_b=6.0$ m;

L_c——托板及锚具的厚度,取 0.20 m;

L_d——外露张拉长度,取 0.35 m。

计算得锚索合理长度 $L \geqslant 1.44+6+0.20+0.35=7.99$ m,因此设计锚索长度 $L=8.0$ m。

7.4.5.6　锚索排距

$$L_{排} \leqslant \frac{F_2}{BH\gamma - \dfrac{2F_1 \sin\theta}{L_1}} = \frac{260}{7\times 2.5\times 13 - \dfrac{2\times 50\sin 58^\circ}{0.6}} \approx 2.7\,(\mathrm{m}) \tag{7-10}$$

式中　$L_{排}$——锚索排距,m;

B——巷道最大垮落宽度,m;

H——巷道最大垮落高度,m;

γ——岩体容重,kN/m^3;

L_1——锚杆排距,m;

F_1——锚杆锚固力，取 50 kN；

F_2——锚索极限承载力，kN；

θ——锚杆与水平面的夹角，(°)。

由于锚杆排距 800 mm，因此将锚索排距设定为 3 倍锚杆排距即 2.4 m。

7.4.5.7 钢带、锚网

钢带能够传递锚杆应力，将单根锚杆连接起来组成一个整体承载结构，对锚杆间围岩施以径向应力，提高锚杆支护的整体效果，是锚杆支护系统的关键构件。+518 m 水平 B_1 巷原先使用的钢带存在刚度小、强度低、无法有效传递和均衡锚杆应力，造成钢带扭曲、断裂，锚杆受力不均，锚杆与锚杆间煤体非协调变形等现象，围岩无法形成整体承载结构，支护效果差。

基于乌东煤矿碱沟采区急斜特厚煤层回采巷道围岩破碎、锚杆受力不均、煤层夹矸较多的特点，选择使用高强度 W 形钢带，其具有强度高、刚度大的特点，能够很好地均衡和传递锚杆应力，将锚杆有效连接起来组成一个整体承载结构，发挥围岩自承能力。原先使用的双抗网存在强度低、变形量大等不足，在高应力或冲击下易产生大变形，甚至破裂，因此必须加强锚网强度，封闭围岩表面。鉴于煤层破碎，强度低($f=1.3$)，巷道压力大，受上分段回采震动、超前预爆破震动和开采形成的“跨层拱”造成应力叠加影响，因此选用菱形金属网或其他金属网作为锚网支护材料。金属网强度、刚度能够较好地与锚杆、钢带耦合，充分发挥锚杆支护优势和围岩自承能力。

7.4.5.8 应用效果

应用上述支护方案，巷道开挖 30 d 后巷道变形趋于稳定，且上分段工作面回采影响结束后两帮移近量为 40 cm，顶板下沉量为 35 cm，巷道变形破坏得到控制。表明支护参数设计合理，能够控制急斜特厚煤层回采巷道变形破坏，保持巷道围岩稳定，使之能够满足安全生产和使用要求。支护方案应用效果如图 7-42 所示。

图 7-42 支护方案应用效果

7.5 本章小结

(1) 急斜特厚煤层水平分段放顶煤开采将跨越顶板、顶煤和底板而形成一个平行于工作面的“跨层拱”结构。下分段回采巷道围岩不仅受本分段采掘活动影响，还受上分段“跨层拱”应力传递的影响，造成下分段围岩垂直应力叠加，且拱跨越长、埋深越大应力增量越大，θ_0 一定时距拱脚距离越远应力增量越小。由于巷道顶部距离上分段拱脚距离最近，叠加应力最大，易破坏失稳。综上所述，“跨层拱”的存在加剧了急斜特厚煤层回采巷道矿压显现，且拱跨 l 越长、埋深 H 越大越剧烈，同一巷道顶板变形破坏情况最为严重。巷道受动压影响时，巷道围岩产生了局部的应力集中，导致了围岩沿着弱结构面破坏，产生较大的剪胀变形，围岩破坏后增大了破碎区和塑性区的宽度，同时也产生了大量的再生裂隙，使巷道围岩环境进一步恶化。综放工作面的采动影响及自身掘进与岩柱倾斜的影响下，巷道周围煤岩体的力学性质产生变化，承受采动影响和掘进影响，巷道在两面错开后的塑性区面积减小，综放工作面顶板塑性区范围随着推进天数的增加而增大，综放工作面顶板剪应力和拉应力面积加大。上覆岩层采空产生的自由面向上移动，位移量变大。岩柱位移量在岩柱顶端最大，越靠近岩柱根部位移量愈小。B_3 巷左上角的岩柱位移量较大，并且影响到了 B_3 巷的底板。

（2）通过对乌东煤矿北区巷道的松动圈测试，得出了各条巷道的围岩裂隙发育情况和松动范围，结论如下：

① ＋500～＋575 m 轨道上山的松动圈在 1.1 m 以下。

② ＋500 m 水平西翼 45# 煤层南巷松动圈应在 1.1 m 左右。

③ ＋500 m 水平西翼 43# 煤层南巷松动圈应在 1.6 m 左右。

④ ＋500 m 水平 43# 煤层西翼南巷的松动圈范围在 1.6 m 左右。

⑤ ＋400 m 水平联络巷的松动圈范围在 1.6 m 左右。

（3）乌东煤矿北区钻孔窥视结构表明，在巷道当前承载结构条件下，目前的支护方案基本满足乌东煤矿北区巷道围岩裂隙发育程度和松动圈分布，可以保持巷道的稳定。但由于巷道长度及地质条件的复杂多变，建议对探测出的松动范围较大区域加强支护。具体监测结果如下：

① ＋500～＋575 m 水平轨道上山 20 m 处的钻孔窥视图像发现此处巷道围岩有较小的纵向裂隙出现但无离层，此处可采用注浆的方法对巷道内部的裂隙进行填充达到提高围岩稳定性的目的。

② ＋500 m 水平 45# 煤层南巷 200 m 处钻孔窥视图像发现此煤巷煤体较破碎但无离层出现，并未出现空洞、塌孔、多种裂隙同时发育的情况出现。400 m 处钻孔窥视图像发现在距离孔底 0～2 m 的钻孔处有水出现但没有裂隙发育情况且煤体较完整，在 2～5 m 这段钻孔区域内没有水同时也没有裂隙发育情况且煤体较完整。450 m 处钻孔窥视图像发现此处钻孔整体较光滑完整、无裂隙发育情况、煤体完整。由此可知，此处巷道所承受的载荷小于煤体所能承受的最大断裂载荷，现有的支护方式能够达到保持此处巷道稳定性的目的

③ ＋500 m 水平 43# 煤层南巷 240 m 处钻孔窥视图像发现此处整体光滑完整、无裂隙发育情况出现。由此可知，此处巷道所承受的载荷小于煤体所能承受的最大断裂载荷，现有的支护方式能够达到保持此处巷道稳定性的目的。

（4）经过对乌东煤矿西采区 B_{1+2} 和 B_{3+6} 工作面 4 条回采巷道围岩表面变形的观测分析，认为乌东煤矿西采区巷道的变形方式主要是顶板下沉、两帮鼓出收敛。其中 B_1 巷大部分区域围岩变形明显，顶板局部出现整体下沉，最大下沉量将近 0.8 m，两帮最大移近量 1.4 m，南帮变形较北帮严重；B_2 巷整体稳定性较好，仅在工作面前方 20 m 内巷道变形较大，主

要变形方式是顶板下沉并伴有网兜出现，北帮鼓出较多，南帮相对稳定；B_3 巷围岩整体稳定性较差，顶板、南帮、北帮破碎严重，局部出现冒顶和钢带断裂现象，顶板最大下沉量 1.2 m，两帮最大移近量 1.4 m，需要返修 2～3 次才能满足使用要求；B_6 巷整体稳定性较好，顶板下沉不明显，南帮整体变形不大，但北帮局部出现片帮现象；B_1 巷南帮、北帮和顶板的松动圈厚度分别为 1.8 m、1.7 m 和 2.0 m。乌东煤矿碱沟采区同一巷道中顶板变形破坏最严重，甚至发生失稳现象；底板侧巷道南帮变形大于北帮，顶板侧巷道北帮变形大于南帮；工作面宽度较大的 B_{3+6} 工作面顶底板侧回采巷道矿压显现程度较 B_{1+2} 相应巷道剧烈。根据研究成果，设计了“锚杆＋锚索＋钢带＋锚网＋钢带”的联合支护方案，该支护方案为：锚杆规格为 L＝2 500 mm，直径为 20 mm，材料为螺纹钢，间、排距为 800 mm×800 mm，锚杆预应力为 15～25 kN；锚索规格为 L＝8 000 mm，直径为 15.24 mm，排距为2 400 mm；钢带采用 W 形钢带，锚网菱形金属网或其他金属网作为锚网支护材料。通过现场实践，该设计方案有效控制了围岩变形，取得了良好的应用效果，对于急斜特厚煤层回采巷道支护具有一定实践意义。

第 8 章　急倾斜煤层动力学灾害危险性预测

本章主要依据乌东煤矿动力灾害特点，构建了急倾斜煤层动力学灾害动态评价路线与方法，通过大量灾害区域预测信息管理系统的开发，实现了冲击地压各影响因素前端数据采集、数据存储与管理、分析与计算、危险区域识别与划分以及预测的一体化。运用该系统，并结合动力灾害危险性预测的多因素识别法、动态权重评价法与综合指数法，完成了乌东煤矿＋500 m 水平和＋475 m 水平的危险性预测与效果验证，采用地震波 CT 探测方法对＋500 m 水平 B_{1+2} 和 B_{3+6} 工作面进行冲击危险探测，实现了急倾斜煤层动力学灾害危险性预测的软件集成处理、多方法结合、探测验证。

8.1　危险性动态综合评价

通过冲击地压基础参数测试、采前冲击地压危险性预评估、工作面前方应力异常探测和采中冲击地压危险性动态评价[123-125]，全程掌握采煤工作面的冲击地压危险，如图 8-1 所示。

冲击地压
基础参数
测试
冲击地压
危险性预
评价
冲击地压危险
性动态评价
冲击地压解
危效果检验
冲击地压解
危方案
冲击地压解
危方案优化

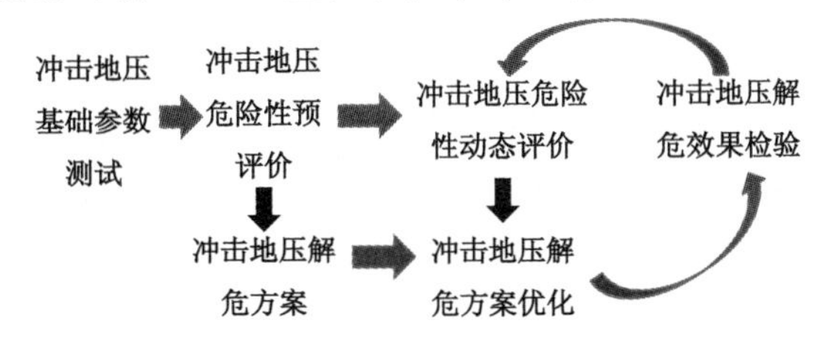

图 8-1　冲击地压危险性动态综合评价路线

建立了冲击危险状态等级评价的变权模糊评价方法（图 8-2 和图 8-3），并据此构建了冲击地压危险评价模型，实现了对回采过程中不同时段的冲击危险性评价及危险性分级，划分出冲击地压危险区域。

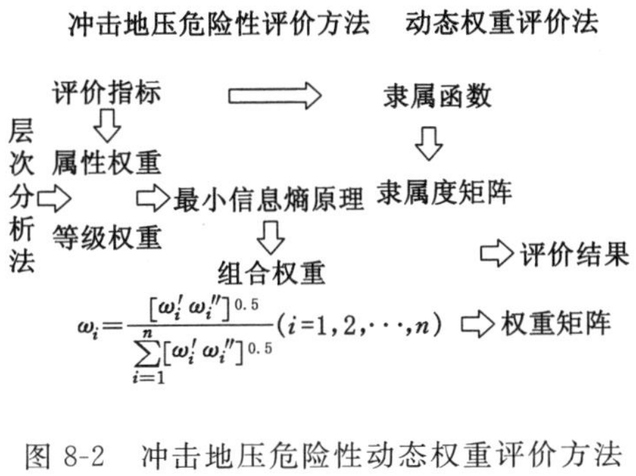

冲击地压危险性评价方法　动态权重评价法
评价指标
隶属函数
层次分析法
属性权重
最小信息熵原理
隶属度矩阵
等级权重
组合权重
评价结果
$\omega_i=\frac{[\omega_i'\omega_i'']^{0.5}}{\sum_{i=1}^{n}[\omega_i'\omega_i'']^{0.5}}(i=1,2,\cdots,n)$
权重矩阵

图 8-2　冲击地压危险性动态权重评价方法

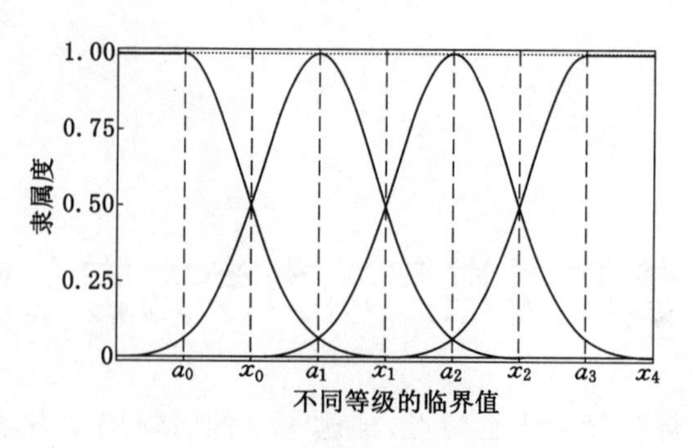

图 8-3 隶属度函数示意图

8.2 动力灾害区域预测信息管理系统开发

8.2.1 系统功能

在 GIS 技术支持下，研究矿井地质构造、煤体结构特征以及应力场等对动力灾害的影响及相互间的关系，应用多种预测方法、指标和技术，实现数据的可视化管理，提高预测的准确性和时效性。通过对系统的模拟分析计算和预测，可及时得到矿区动力灾害发生的模拟模型以及区域危险程度分布图。

8.2.2 属性数据结构设计

在地质动力区划信息中，属性数据同样具有空间定位特征，GIS 基础平台提供图形数据与属性数据的交互和索引，属性数据可以从支持 ODBC(open database connectivity)的关系数据库中直接读取，也可以从格式化文本中引入。

8.2.3 图形数据结构设计

将表示地质动力区划信息的图形坐标数据输入计算机中，完成把连续的空间分布的地图模型转换成为离散的数字模型，以便计算机能识别、处理和存储，图形数据采用扫描仪数字化，原有 CAD 等矢量图也可由系统直接读取，详见表 8-1。

表 8-1　图形结构设计表

图形资料及来源		属性数据库及结构	
图件名	数据来源	数据库	字段名
矿井自然状况	地质构造、井巷工程、断层、褶曲的分布等	矿井生产	开拓方式、采煤方法、生产和开拓水平的标高和垂深
活动构造	地质动力区划方法查明的各级断裂及其特征等	动力灾害点	名称、位置、特征
地应力测量	地应力测量数据、测量地点等	活动断裂	名称、位置、特征
岩体应力分布	区域岩体的应力方向和应力值，应力等值线图、构造应力区划分图等	地震点	名称、位置、震级
矿压显现与地震	地震点、动力灾害点		

8.2.4　数据输入

数据包含两部分:图形数据和相关的属性数据。在各种图形要素中,有动力灾害点、地震点这样的点状结构的;有断裂、巷道等线状结构的;也有山地、湖泊等面状结构的。同类结构要素的差异主要表现在不同的属性项、属性值、应用等方面。所需的数据主要以各类图形为主,如各种比例的地形图、矿井地质地形图、矿井及采矿工程平面图、井上下对照图、航空及遥感照片、活动断裂图等。其次,各种文字资料也是必不可少的,如矿井地质报告、矿压显现情况的记录、地震资料、岩体应力资料和活动断裂描述资料等。另外,为了满足课题研究及多媒体功能的需要,需拍摄典型地形地貌照片,动力现象发生情况的照片或描述图。软件的设计采用多个工程,每个工程包含许多图层。在本研究中,一个工程就包括地质构造、活动断裂、地震点、动力灾害点、采矿工程、地应力测量和岩体应力状态等图层,这些图层需分别创建和输入。属性数据一般是相对于图形数据而言,是指描述各种图形特征的信息。在本研究中,动力灾害点的图形数据包括它的位置,如 X,Y 坐标可在图上读出;而它的属性数据则包括显现地点、日期、显现情况等。又如活动断裂的属性数据包括它的级别、地形标志、长度、活动性评价等。

8.2.5　数据管理

数据管理主要实现对数据的存储、检索、处理和维护,并能从各种渠道的各类信息资源中获取数据,具体包括空间数据采集与管理、多媒体资料管理、地震资料管理、遥感资料管理、动力灾害点管理、活动断裂管理、应力分布数据管理、区域预测数据管理、数据输出管理和各类数据的检索、查询、编辑管理。各类数据和信息通过本系统可视化地表现出来,运用多媒体技术,管理地质动力区划中文字、图形、图片、数字视频等资料。通过建立的属性数据库,实现各类资料的统计分析、查询检索、动态分析等。系统主要管理功能如下:① 矿井基础数据采集与管理;② 多媒体资料管理;③ 地震资料管理;④ 遥感资料管理;⑤ 动力灾害点管理;⑥ 活动断裂管理;⑦ 应力分布数据管理;⑧ 区域预测管理;⑨ 各类数据的检索、查询、编辑管理;⑩ 数据输出管理。

8.3　动力灾害危险性预测的多因素模式识别法

8.3.1　动力灾害多因素模式识别方法

多因素模式识别方法依据地质动力区划的研究成果提取的有关信息,将研究区域划分为有限个预测单元,在空间数据管理的基础上,分析影响矿井动力灾害的主要因素,通过相应的研究方法确定各影响因素的量值。运用多因素模式识别技术进行综合智能分析,通过对已发生矿井动力灾害区域分析,分析多个影响因素与矿井动力灾害之间的内在联系,即通过开采区域多因素的组合确定预测模式。将未开采区域的多因素组合模式与确定的矿井动力灾害预测模式对比分析,应用神经网络和模糊推理方法确定预测区域各单元的危险性(危险性概率)。根据各单元危险性,按确定的危险性概率临界值划分井田的严重动力灾害区、中等动力灾害区、弱动力灾害区和无动力灾害区 4 个区域,对井田的矿井动力灾害危险性做出评估。

通过建立多因素模式识别数据库,在空间数据管理的基础上,将矿井开拓开采信息、影响矿井动力灾害的各因素信息及其与地震点、矿井动力灾害点信息等共同建立矿井动力灾害系统(n 维特征空间)。运用多因素模式识别技术进行综合智能分析,对区域矿井动力灾害的危险性进行分类。

8.3.2 动力灾害预测区域划分原则

乌东煤矿动力灾害危险性模式识别所研究范围坐标为(29557000,4861000),(29564000,4868000)。矿井动力灾害区域预测的目的是确定危险区域和地点,为采取合理的措施提供科学依据,减少矿井动力灾害防治工程量和时间,为在危险区域内采取有效措施提供保证与条件,主动及早采取措施,保证安全生产。因此将矿井动力灾害区域预测的危险等级分别划分为4个等级,即矿井动力灾害划分为Ⅰ级、Ⅱ级、Ⅲ级、Ⅳ级4个区域。

8.3.3 乌东煤矿+500 m水平动力灾害预测

局部放大可以清楚地显示矿井动力灾害危险性分布情况与巷道的对应关系,矿井动力灾害危险性是对特定网格单元发生动力灾害可能性的定量描述。如图8-4所示,4个圆点代表已发生动力灾害点位置。将井田划分为4个等级区域:按照危险性概率值0.2、0.4、0.6作为临界值,可将乌东煤矿+500 m水平动力灾害危险性划分为4级,如图8-5所示。对比单一因素对矿井动力灾害危险性的影响可以发现,该煤层危险区主要分布在高应力区,构造对矿井动力灾害的控制作用也较为明显。乌东煤矿+500 m水平动力灾害危险性概率值最大值为0.96,最小值为0.11。

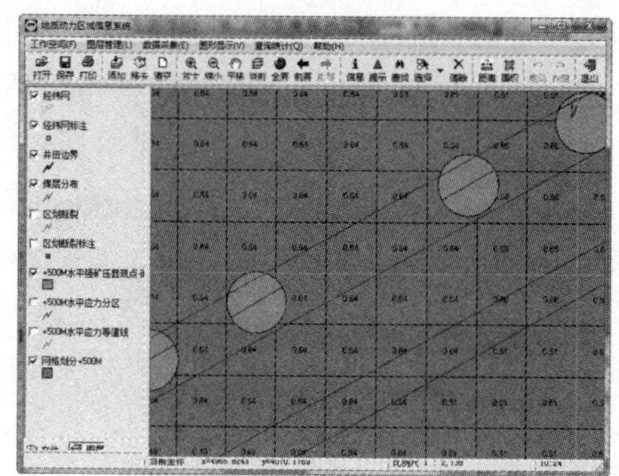

图8-4 +500 m水平单元危险性概率预测

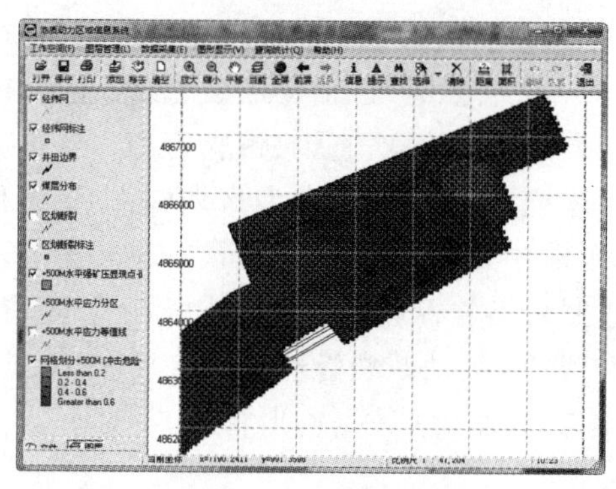

图8-5 +500 m水平多因素识别分级预测

目前,乌东煤矿+500 m水平开采的B_{1+2}工作面所处位置动力灾害危险性概率值为0.32~0.66。B_{1+2}工作面走向方向0~758 m时,动力灾害危险性概率值为0.44~0.53;758~1 053 m时,动力灾害危险性概率值为0.64;1 053~1 513 m时,动力灾害危险性概率值为0.49;1 513~2 068 m时,动力灾害危险性概率值为0.64~0.66;2 068~2 175 m时,动力灾害危险性概率值为0.51;2 175~2 500 m时,动力灾害危险性概率值为0.32。

B_{3+6}工作面走向方向0~93 m时,动力灾害危险性概率值为0.23;93~143 m时,动力灾害危险性概率值为0.61;143~792 m时,动力灾害危险性概率值为0.46~0.59;792~1 011 m时,动力灾害危险性概率值为0.64;1 011~1 407 m时,动力灾害危险性概率值为0.49;1 407~2 055 m时,动力灾害危险性概率值为0.64~0.96;2 055~2 320 m时,动力灾害危险性概率值为0.45~0.53;2 320~2 500 m时,动力灾害危险性概率值为0.32。在B_{3+6}工作面回采过程中有动力灾害记录的共4次,4次动力灾害处危险性概率值分别为0.96、0.94、0.94、0.96。处于强动力灾害区域,与矿上实际情况吻合。

8.3.4　乌东煤矿+475 m 水平动力灾害预测

由于数据量大，对图形显示方式设置按比例尺显示，即只有当到达一定比例尺时，巷道才会显示，这样可以有效地实现图形显示的层次性。设定标签显示方式，可以清楚地显示每一网格单元危险性概率值，对特定网格单元危险性进行定量描述，如图 8-6 所示，图中圆点代表“3・13”强动力灾害事故显现点位置。

乌东煤矿+475 m 水平矿井动力灾害危险性划分为 4 级，如图 8-7 所示。对比单一因素对矿井动力灾害危险性的影响可以发现，该煤层危险区主要分布在高应力区及应力梯度区，构造对矿井动力灾害的控制作用也较为明显。乌东煤矿+475 m 水平动力灾害危险性概率值最大值为 0.96，最小值为 0.12。目前，乌东煤矿+475 m 水平开采的 B_{1+2} 工作面、B_{3+6} 工作面所处位置动力灾害危险性概率值分为 0.32～0.66 和 0.32～0.96。

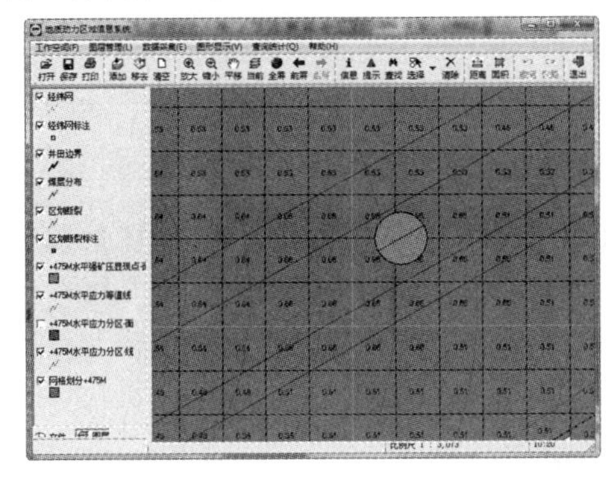

图 8-6　+475 m 水平单元危险性概率预测图

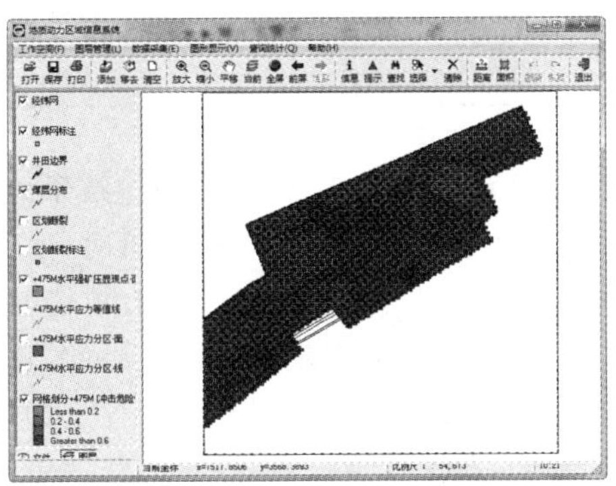

图 8-7　+475 m 水平动力灾害分级预测图

B_{1+2} 工作面走向方向 0～666 m 时，动力灾害危险性概率值为 0.43～0.51；666～972 m 时，动力灾害危险性概率值为 0.64；972～1 757 m 时，动力灾害危险性概率值为 0.48；1 757～2 066 m 时，动力灾害危险性概率值为 0.66；2 066～2 182 m 时，动力灾害危险性概率值为 0.51；2 182～2 500 m 时，动力灾害危险性概率值为 0.32。

B_{3+6} 工作面走向方向 0～720 m 时，动力灾害危险性概率值为 0.43～0.51；720～941 m 时，动力灾害危险性概率值为 0.64；941～1 633 m 时，动力灾害危险性概率值为 0.48；1 633～1 982 m 时，动力灾害危险性概率值为 0.64～0.96；1 982～2 325 m 时，动力灾害危险性概率值为 0.45～0.53；2 325～2 500 m 时，动力灾害危险性概率值为 0.32。

动力灾害危险性预测的模式识别实现了乌东煤矿动力灾害各影响因素前端数据采集、数据存储与管理、分析与计算以及危险性预测一体化。从定性预测转变为定量预测，从单因素预测转变为多因素预测，从静态预测转变为动态预测，提高了矿井动力灾害危险性预测的准确度。

8.4　采掘工作面动力灾害危险动态权重评价

8.4.1　评价指标的确定

根据前述研究结果，将影响集中动载荷和集中静载荷的因素分为两类：一类为自然因素，主要包括评价区域的地质条件及煤层赋存情况；另一类为开采因素，此类指标主要由回采过程开采条件组成。基于采掘工作面冲击影响因素分析，确定冲击危险性评价指标见表8-2。

表 8-2　　掘进工作面动力灾害危险性评价指标体系

	一级指标	
	自然因素	开采因素
二级指标	开采深度	开采方法
	煤层冲击倾向性	顶板来压显现
	顶板冲击倾向性	开采扰动影响
	硬厚顶板距煤层距离	煤柱影响
	地质构造影响	卸压效果
	冲击发生次数	

8.4.2　确定动态权重、计算模型与结果分析

在对动力灾害危险性进行评价时，由于涉及很多指标因素，当其中 1～2 个评价指标特别危险时，无论采用何种算子，都有可能被其他危险性较小的指标中和，使评价系统的危险度降低，失去评价的客观公正性。因此，首先采用层次分析法确定指标的属性权重与等级权重，再运用最小信息熵原理把属性权重和等级权重综合为组合权重，进而建立动力灾害评价的相对熵变权重模型。通过计算，获得更为准确的评价指标。

运用多级模糊综合评价知识，先对第二层指标进行综合评价。通过单因素模糊评判矩阵，将自然因素与开采因素的评价结果综合考虑，取其较为危险的评价结果作为最终的评价结果。

8.4.3　采掘工作面动力灾害危险评价过程

根据工作面的地质条件及冲击倾向性测定结果，确定其自然因素的测定值如表 8-3 所列。综合求得乌东煤矿采掘工作面自然因素的冲击危险等级为二级，为弱冲击危险等级。

表 8-3　　采掘工作面动力灾害自然因素评价指标测定值及权重计算值

指标	开采深度	煤层冲击倾向性	顶板冲击倾向性	硬厚顶板距煤层距离	地质构造影响	冲击发生次数
测定值	380 m	弱	弱	4 m	一般	6 次
属性权重	0.154	0.187	0.181	0.167	0.155	0.156
等级权重	0.23	0.31	0.23	0.31	0.23	0.27
综合权重	0.150	0.192	0.163	0.181	0.150	0.164

开采因素也是影响动力灾害的一个很重要的因素，而开采过程是一个动态变化的过程，其中很多指标都在发生变化，因此，本章针对所掌握的当前开采现状情况进行冲击危险性评价。在选择已知数据的基础上，借鉴类似条件工作面回采情况进行分析，确定开采因素中各指标的值，如表 8-4 所列。综合得采掘工作面开采因素的冲击危险等级为Ⅲ级，为中等冲击危险等级。

表 8-4　　动力灾害开采因素评价指标测定值

指标	开采方法	开采扰动影响	煤柱影响	卸压效果
指标值	综放	强	强烈	一般
属性权重	0.206	0.315	0.251	0.228
等级权重	0.23	0.31	0.27	0.23
综合权重	0.214	0.306	0.255	0.225

8.4.4　动力灾害危险评价结果分析

在动力灾害危险性评价过程中，自然因素中的顶板岩层结构与煤岩层的冲击倾向性是影响动力灾害的主要因素，开采因素中影响较大的是开采扰动和煤柱的影响。从现场实际情况看，掘进工作面推进度为 10 m/d 左右，开采强度较大，且采取上分层开采下分层掘进的方式，采掘相互影响，易产生较高的采动应力；煤柱影响主要是原五一煤矿及大梁煤矿边界保护煤柱区域局部的残留煤柱，现场成为高阶段区域，在该区域容易产生应力异常。

8.5　动力灾害危险性预测的综合指数法

8.5.1　动力灾害危险指数

8.5.1.1　动力灾害危险评价指数和危险性评价

动力灾害影响因素众多，有地质的因素，也有采矿的因索。在地质类因素中，如果某个矿井曾经发生过动力灾害，则能够表明该矿井具备发生动力灾害的充要条件，发生次数越多，则动力灾害危险越高；开采深度越大，则围岩应力水平及动力灾害危险越高；上覆岩层裂隙带内坚硬厚层岩层距煤层的距离越近，则顶板运动断裂时产生的震动对动力灾害的影响越大；煤层上方 100 m 范围顶板岩层厚度特征越明显，则储存和释放弹性能的能力越强，对动力灾害危险的影响越大；开采区域内构造引起的应力增量越高，对动力灾害的影响越大；煤的单轴抗压强度越高，煤体的完整性越好，煤体越容易冲击破坏；煤的弹性能指数越大，其储存弹性能的能力越强、冲击破坏的强度越大。

综合指数法在分析已发生的近 200 次动力灾害事故的基础上，通过综合分析评估开采区域的地质类和采矿类因素对动力灾害发生影响的权重，分别计算得出两者的危险指数，并取其中的最大值作为最终的动力灾害危险综合指数，依此对工作面动力灾害危险性进行评价，确定开采区域的动力灾害危险等级、状态和防治对策。动力灾害危险性评价与预测的综合指数由下式计算：

$$W_{\mathrm{t}} = \max\{W_{\mathrm{t1}}, W_{\mathrm{t2}}\} \tag{8-1}$$

$$W_{\mathrm{t1}} = \frac{\sum W_{\mathrm{g}i}}{\sum W_{\mathrm{mg}i}} \tag{8-2}$$

$$W_{\mathrm{t2}} = \frac{\sum W_{\mathrm{m}j}}{\sum W_{\mathrm{mm}j}} \tag{8-3}$$

式中　W_{t} ——动力灾害危险状态等级评定的综合指数；

W_{t1} ——地质因素对动力灾害的影响及动力灾害危险状态等级评定的指数；

W_{t2} ——采矿技术因素对动力灾害的影响及动力灾害危险等级评定的指数；

W_{mgi} ——各种类地质影响因素的最大危险指数；

W_{gi} ——各种类地质影响因素的实际危险指数；

W_{mmj} ——各种类采矿影响因素的最大危险指数；

W_{mj} ——各种类采矿影响因素的实际危险指数。

动力灾害危险综合指数 W_t 值越高，评估区域的动力灾害危险等级越高。根据动力灾害危险状态等级评定综合指数 W_t，将动力灾害的危险程度分为四个危险等级，分别为无冲击危险、弱冲击危险、中等冲击危险、强冲击危险。根据动力灾害危险性的等级，采取相应的防治对策，具体见表 8-5。

表 8-5　　动力灾害危险综合指数、等级划分

危险等级	危险状态	综合指数	危险等级	危险状态	综合指数
A	无冲击	$W_t \leqslant 0.25$	B	弱冲击	$0.25 < W_t \leqslant 0.5$
C	中等冲击	$0.5 < W_t \leqslant 0.75$	D	强冲击	$W_t > 0.75$

8.5.1.2　地质类因素影响的冲击地压危险指数

对于每一类地质影响因素和对于每一类地质影响因素的危险指数均分为四个等级，由低至高依次为 0、1、2、3；其中，0 表示对冲击地压没有影响，1 表示对冲击地压影响程度弱，2 表示对冲击地压影响程度中等，3 表示对动力灾害影响程度强。表 8-6 为地质类因素影响的动力灾害危险指数表。

表 8-6　　地质类因素影响的冲击地压危险指数表

序号	影响因素	因素说明	因素分类	危险指数
1	W_{g1}	同一水平煤层冲击地压发生历史（次数/n）	$n=0$	0
			$n=1$	1
			$2 \leqslant n < 3$	2
			$n \geqslant 3$	3
2	W_{g2}	开采深度 h	$h \leqslant 400$ m	0
			400 m $< h \leqslant$ 600 m	1
			600 m $< h \leqslant$ 800 m	2
			$h > 800$ m	3
3	W_{g3}	上覆裂隙带内坚硬厚层岩层距煤层的距离 d	$d > 100$ m	0
			50 m $< d \leqslant$ 100 m	1
			20 m $< d \leqslant$ 50 m	2
			$d \leqslant 20$ m	3
4	W_{g4}	煤层上方 100 m 范围顶板岩层厚度特征参数 L_{st}	$L_{st} \leqslant 50$ m	0
			50 m $< L_{st} \leqslant$ 70 m	1
			70 m $< L_{st} \leqslant$ 90 m	2
			$L_{st} > 90$ m	3

续表 8-6

序号	影响因素	因素说明	因素分类	危险指数
5	W_{g5}	开采区域内构造引起的应力增量与正常应力值之比 $\gamma=(\sigma_g-\sigma)/\sigma$	$\gamma\leqslant 10\%$	0
			$10\%<\gamma\leqslant 20\%$	1
			$20\%<\gamma\leqslant 30\%$	2
			$\gamma>30\%$	3
6	W_{g6}	煤的单轴抗压强度 R_C	$R_C\leqslant 10$ MPa	0
			10 MPa$<R_C\leqslant 14$ MPa	1
			14 MPa$<R_C\leqslant 20$ MPa	2
			$R_C>20$ MPa	3
7	W_{g7}	煤的弹性能指数 W_{ET}	$W_{ET}<2$	0
			$2\leqslant W_{ET}<3.5$	1
			$3.5\leqslant W_{ET}<5$	2
			$W_{ET}\geqslant 5$	3

顶板厚层砂岩是影响动力灾害发生的主要因素。根据研究表明，煤层上方 100 m 范围内的岩层对动力灾害发生的影响较大。其中强度大、厚度大的砂岩层起主要作用。因此，以顶板岩层厚度特征参数作为影响冲击地压的指标：

$$L_{st}=\sum h_i\gamma_i \tag{8-4}$$

式中　L_{st}——顶板岩层厚度参数；

h_i——顶板在 100 m 范围内第 i 种岩层的总厚度；

γ_i——第 i 种岩层的弱面递减系数。

若定义砂岩的强度比和弱面递减系数为 1.0，则煤系各岩层的强度比和弱面递减系数如表 8-7 所列。

表 8-7　　煤系岩层的强度比和弱面递减系数

岩层	砂岩	泥岩	页岩	煤	采空区冒落
强度比	1.0	0.82	0.58	0.34	0.2
弱面递减系数	1.0	0.62	0.29	0.31	0.04

从统计分析结果看，动力灾害经常发生具有坚硬顶板岩层的顶板条件下，且顶板岩层厚度参数值一般大于 $L_{st}\geqslant 50$。

8.5.1.3　采矿类因素影响的冲击地压危险指数

对于每一类采矿影响因素和对于每一类采矿影响因素的危险指数均分为四个等级，由低至高依次为 0、1、2、3；其中，0 表示对动力灾害没有影响，1 表示对动力灾害影响程度弱，2 表示对动力灾害影响程度中等，3 表示对动力灾害影响程度强。表 8-8 为采矿类因素影响的动力灾害危险指数表。

表 8-8　　采矿类因素影响的动力灾害危险指数表

序号	影响因素	因素说明	因素分类	危险指数
1	W_{m1}	保护层的卸压程度	好	0
			中等	1
			一般	2
			很差	3
2	W_{m2}	工作面距上保护层开采遗留的煤柱的水平距离 h_z	$h_z \geqslant 60$ m	0
			30 m$\leqslant h_z <$60 m	1
			0 m$\leqslant h_z <$30 m	2
			$h_z <$0 m(煤柱下方)	3
3	W_{m3}	工作面与邻近采空区的关系	实体煤工作面	0
			一侧采空	1
			两侧采空	2
			三侧及以上采空	3
4	W_{m4}	工作面长度 L_m	$L_m >$300 m	0
			150 m$\leqslant L_m <$300 m	1
			100 m$\leqslant L_m <$150 m	2
			$L_m <$100 m	3
5	W_{m5}	区段煤柱宽度 d	$d \leqslant$3 m 或 $d \geqslant$50 m	0
			3 m$< d \leqslant$6 m	1
			6 m$< d \leqslant$10 m	2
			10 m$< d <$50 m	3
6	W_{m6}	留底煤厚度 t_d	$t_d =$0 m	0
			0 m$< t_d \leqslant$1 m	1
			1 m$< t_d \leqslant$2 m	2
			$t_d >$2 m	3
7	W_{m7}	向采空区掘进的巷道,停掘位置与采空区的距离 L_{jc}	$L_{jc} \geqslant$150 m	0
			100 m$\leqslant L_{jc} <$150 m	1
			50 m$\leqslant L_{jc} <$100 m	2
			$L_{jc} <$50 m	3
8	W_{m8}	向采空区推进的工作面,停采线与采空区的距离 L_{mc}	$L_{mc} \geqslant$300 m	0
			200 m$\leqslant L_{mc} <$300 m	1
			100 m$\leqslant L_{mc} <$200 m	2
			$L_{mc} <$100 m	3
9	W_{m9}	向落差大于 3 m 的断层推进的工作面或巷道,工作面迎头与断层的距离 L_d	$L_d \geqslant$100 m	0
			50 m$\leqslant L_d <$100 m	1
			20 m$\leqslant L_d <$50 m	2
			$L_d <$20 m	3

续表 8-8

序号	影响因素	因素说明	因素分类	危险指数
10	W_{m10}	向煤层倾角剧烈变化(>15°)的向斜或背斜推进的工作面或巷道,工作面或迎头与之的距离 L_z	$L_z \geqslant 50$ m	0
			20 m$\leqslant L_z <$50 m	1
			10 m$\leqslant L_z <$20 m	2
			$L_z <$10 m	3
11	W_{m11}	向煤层侵蚀、合层或厚度变化部分推进的工作面或巷道,接近煤层变化部分的距离 L_b	$L_b \geqslant 50$ m	0
			20 m$\leqslant L_b <$50 m	1
			10 m$\leqslant L_b <$20 m	2
			$L_b <$10 m	3

8.5.2　+500 m 水平 B_{1+2} 工作面动力灾害危险性预测

8.5.2.1　+500 m 水平 B_{1+2} 工作面地质类因素影响程度

+500 m 水平 B_{1+2} 工作面地质类因素如表 8-9 所列。根据岩体应力计算结果,在地质类因素及危险性指数中,由于随着工作面的推进,应力增量与应力比值(W_{g5})随之变化,故这一项单独列出(表 8-10)。

表 8-9　　地质类因素及危险性指数(不包括应力)

地质类因素	同一水平发生次数	开采深度	厚岩层距煤层距离	L_{st}	单轴抗压强度	弹性能指数
实测值	0	300 m	0 m	31 m	17.26 MPa	2.804
危险性指数	0	0	3	0	2	1
危险性指数峰值	3	3	3	3	3	3

表 8-10　　地质类因素及危险性指数(应力增量与应力的比值)

工作面走向/m	50	100	150	200	250	300	350	400	450	500
应力增量与应力比/%	0	0	0	0	0	0	0	0	0	0
危险性指数	0	0	0	0	0	0	0	0	0	0
工作面走向/m	550	600	650	700	750	800	850	900	950	1 000
应力增量与应力比/%	0	0	0	0	0	0	0	0	0	0
危险性指数	0	0	0	0	0	0	0	0	0	0
工作面走向/m	1 050	1 100	1 150	1 200	1 250	1 300	1 350	1 400	1 450	1 500
应力增量与应力比/%	0	7.14	14.29	21.43	28.57	35.71	35.71	35.71	35.71	35.71
危险性指数	0	0	1	2	2	3	3	3	3	3
工作面走向/m	1 550	1 600	1 650	1 700	1 750	1 800	1 850	1 900	1 950	2 000
应力增量与应力比/%	35.71	35.71	35.71	35.71	35.71	35.71	35.71	28.57	28.57	28.57
危险性指数	3	3	3	3	3	3	3	2	2	2
工作面走向/m	2 050	2 100	2 150	2 200	2 250	2 300	0	2 400	2 450	2 500
应力增量与应力/%	21.43	14.29	14.29	7.14	7.14	0	0	0	0	0
危险性指数	2	1	1	0	0	0	0	0	0	0

通过统计、计算得到地质因素对+500 m 水平 B_{1+2} 工作面动力灾害的影响程度及动力灾害危险状态等级评定的指数如表 8-11 所列。

表 8-11　　+500 m 水平 B_{1+2} 工作面地质因素及危险性指数

工作面走向/m	50	100	150	200	250	300	350	40	450	500
危险性指数	0.29	0.29	0.29	0.29	0.29	0.29	0.29	0.29	0.29	0.29
工作面走向/m	550	600	650	700	750	800	850	900	950	1 000
危险性指数	0.29	0.29	0.29	0.29	0.29	0.29	0.29	0.29	0.29	0.29
工作面走向/m	1 050	1 100	1 150	1 200	1 250	1 300	1 350	1 400	1 450	1 500
危险性指数	0.29	0.29	0.33	0.38	0.38	0.43	0.43	0.43	0.43	0.43
工作面走向/m	1 550	1 600	1 650	1 700	1 750	1 800	1 850	1 900	1 950	2 000
危险性指数	0.43	0.43	0.43	0.43	0.43	0.43	0.43	0.38	0.38	0.38
工作面走向/m	2 050	2 100	2 150	2 200	2 250	2 300	2 350	2 400	2 450	2 500
危险性指数	0.38	0.33	0.33	0.29	0.29	0.29	0.29	0.29	0.29	0.29

8.5.2.2　+500 m 水平 B_{1+2} 工作面采矿类因素影响程度

+500 m 水平 B_{1+2} 工作面采矿类因素及危险性指数计算结果如表 8-12 所列。+500 m 水平 B_{1+2} 工作面在推进过程中，距离防洪渠煤柱(2 060～2 270 m)的水平距离不同，其影响程度也不同，其影响因素(W_{m2})计算结果如表 8-13 所列；工作面在推进过程中与断层的距离不同，其影响程度也不同，其影响因素(W_{m9})计算结果如表 8-14 所列。W_{m5}、W_{m7}、W_{m8}、W_{m10} 和 W_{m11} 五项影响因素不满足乌东煤矿的实际生产情况，不符合评判要求，因此采矿类因素采用其他六项指标进行判断。

表 8-12　　+500 m 水平 B_{1+2} 工作面采矿类因素及危险性指数

采矿类因素	保护层卸压程度	工作面与采空区关系	工作面长度	留底煤厚度
实测值	差	1 侧采空	30 m	2 m
危险性指数	3	1	3	2
危险性指数峰值	3	3	3	3

表 8-13　　采矿类因素及危险性指数(工作面与开采遗留的煤柱的水平距离)

工作面走向/m	50	100	150	200	250	300	350	400	450	500
与煤柱间的距离/m	2 010	1 960	1 910	1 860	1 810	1 760	1 710	1 660	1 610	1 560
危险性指数	0	0	0	0	0	0	0	0	0	0
工作面走向/m	550	600	650	700	750	800	850	900	950	1 000
与煤柱间的距离/m	1 510	1 460	1 410	1 360	1 310	1 260	1 210	1 160	1 110	1 060
危险性指数	0	0	0	0	0	0	0	0	0	0
工作面走向/m	1 050	1 100	1 150	1 200	1 250	1 300	1 350	1 400	1 450	1 500
与煤柱间的距离/m	1 010	960	910	860	810	760	710	660	610	560
危险性指数	0	0	0	0	0	0	0	0	0	0

续表 8-13

工作面走向/m	1 550	1 600	1 650	1 700	1 750	1 800	1 850	1 900	1 950	2 000
与煤柱间的距离/m	510	460	410	360	310	260	210	160	110	50
危险性指数	0	0	0	0	0	0	0	0	0	1
工作面走向/m	2 050	2 100	2 150	2 200	2 250	2 300	2 350	2 400	2 450	2 500
与煤柱间的距离/m	10	0	0	0	0	30	80	130	180	230
危险性指数	2	3	3	3	3	1	0	0	0	0

表 8-14　　采矿类因素及危险性指数(工作面与断层的距离)

工作面走向/m	50	100	150	200	250	300	350	400	450	500
与断层间的距离/m	130	150	160	180	200	230	250	280	290	280
危险性指数	0	0	0	0	0	0	0	0	0	0
工作面走向/m	550	600	650	700	750	800	850	900	950	1 000
与断层间的距离/m	270	260	258	250	245	240	230	220	210	210
危险性指数	0	0	0	0	0	0	0	0	0	0
工作面走向/m	1 050	1 100	1 150	1 200	1 250	1 300	1 350	1 400	1 450	1 500
与断层间的距离/m	205	203	200	198	190	190	185	180	160	140
危险性指数	0	0	0	0	0	0	0	0	0	0
工作面走向/m	1 550	1 600	1 650	1 700	1 750	1 800	1 850	1 900	1 950	2 000
与断层间的距离/m	117	95	73	51	30	8	13	35	57	78
危险性指数	0	1	1	1	2	3	3	2	1	1
工作面走向/m	2 050	2 100	2 150	2 200	2 250	2 300	2 350	2 400	2 450	2 500
与断层间的距离/m	99	120	130	127	123	120	116	112	110	106
危险性指数	1	0	0	0	0	0	0	0	0	0

通过统计、计算得到采矿类因素对+500 m 水平 B_{1+2}工作面动力灾害的影响程度及动力灾害危险状态等级评定的指数如表 8-15 所列。

表 8-15　　+500 m 水平 B_{1+2}工作面采矿类因素及危险性指数

工作面走向/m	50	100	150	200	250	300	350	400	450	500
危险性指数	0.50	0.50	0.50	0.50	0.50	0.50	0.50	0.50	0.50	0.50
工作面走向/m	550	600	650	700	750	800	850	900	950	1 000
危险性指数	0.50	0.50	0.50	0.50	0.50	0.50	0.50	0.50	0.50	0.50
工作面走向/m	1 050	1 100	1 150	1 200	1 250	1 300	1 350	1 400	1 450	1 500
危险性指数	0.50	0.50	0.50	0.50	0.50	0.50	0.50	0.50	0.50	0.50
工作面走向/m	1 550	1 600	1 650	1 700	1 750	1 800	1 850	1 900	1 950	2 000
危险性指数	0.50	0.56	0.56	0.56	0.61	0.67	0.67	0.61	0.56	0.56
工作面走向/m	2 050	2 100	2 150	2 200	2 250	2 300	2 350	2 400	2 450	2 500
危险性指数	0.61	0.67	0.67	0.67	0.67	0.56	0.50	0.50	0.50	0.50

8.5.2.3　+500 m 水平 B_{1+2} 工作面冲击危险性预测与划分

综合地质类因素和采矿类因素对+500 m 水平 B_{1+2} 工作面的影响程度及动力灾害危险状态评定的指数，该工作面动力灾害危险性评价结果如表 8-16 所列。工作面动力灾害危险性程度划分如图 8-8 所示。判别结果表明，+500 m 水平 B_{1+2} 工作面走向 1 600～2 300 m 处于中等冲击危险区，其他区域处于弱冲击危险区。

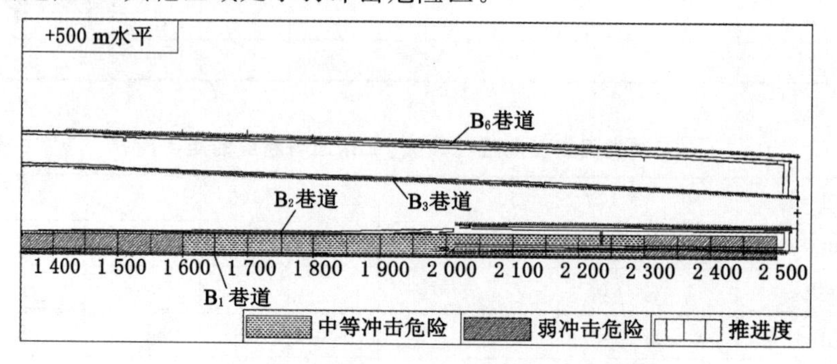

图 8-8　+500 m 水平 B_{1+2} 工作面危险性区域划分

表 8-16　+500 m 水平 B_{1+2} 工作面冲击危险性划分结果

工作面走向/m	50	100	150	200	250	300	350	400	450	500
危险性综合指数	0.50	0.50	0.50	0.50	0.50	0.50	0.50	0.50	0.50	0.50
危险等级	B	B	B	B	B	B	B	B	B	B
工作面走向/m	550	600	650	700	750	800	850	900	950	1 000
危险性综合指数	0.50	0.50	0.50	0.50	0.50	0.50	0.50	0.50	0.50	0.50
危险等级	B	B	B	B	B	B	B	B	B	B
工作面走向/m	1 050	1 100	1 150	1 200	1 250	1 300	1 350	1 400	1 450	1 500
危险性综合指数	0.50	0.50	0.50	0.50	0.50	0.50	0.50	0.50	0.50	0.50
危险等级	B	B	B	B	B	B	B	B	B	B
工作面走向/m	1 550	1 600	1 650	1 700	1 750	1 800	1 850	1 900	1 950	2 000
危险性综合指数	0.50	0.56	0.56	0.56	0.61	0.67	0.67	0.61	0.56	0.56
危险等级	B	C	C	C	C	C	C	C	C	C
工作面走向/m	2 050	2 100	2 150	2 200	2 250	2 300	2 350	2 400	2 450	2 500
危险性综合指数	0.61	0.67	0.67	0.67	0.67	0.56	0.50	0.50	0.50	0.50
危险等级	C	C	C	C	C	C	B	B	B	B

8.5.3　+475 m 水平 B_{3+6} 工作面动力灾害危险性预测

+475 m 水平 B_{3+6} 工作面冲击危险性划分结果如表 8-17 所列。+475 m 水平 B_{3+6} 工作面走向 1 400 m 附近、1 750～1 900 m 和 2 050～2 250 m 处于中等冲击危险区，其他区域处于弱冲击危险区。

表 8-17　　+475 m 水平 B_{3+6} 工作面冲击危险性划分结果

工作面走向/m	100	150	200	250	300	350	400	450	500	550
危险性综合指数	0.44	0.44	0.44	0.44	0.44	0.44	0.44	0.44	0.44	0.44
危险等级	B	B	B	B	B	B	B	B	B	B
工作面走向/m	550	600	650	700	750	800	850	900	950	1 000
危险性综合指数	0.44	0.44	0.44	0.44	0.44	0.44	0.44	0.44	0.44	0.44
危险等级	B	B	B	B	B	B	B	B	B	B
工作面走向/m	1 050	1 100	1 150	1 200	1 250	1 300	1 350	1 400	1 450	1 500
危险性综合指数	0.44	0.44	0.44	0.44	0.44	0.44	0.50	0.61	0.50	0.44
危险等级	B	B	B	B	B	B	B	C	B	B
工作面走向/m	1 550	1 600	1 650	1 700	1 750	1 800	1 850	1 900	1 950	2 000
危险性综合指数	0.44	0.50	0.50	0.50	0.56	0.61	0.61	0.56	0.50	0.50
危险等级	B	B	B	B	C	C	C	C	B	B
工作面走向/m	2 050	2 100	2 150	2 200	2 250	2 300	2 350	2 400	2 450	2 500
危险性综合指数	0.56	0.61	0.61	0.61	0.61	0.50	0.44	0.44	0.44	0.44
危险等级	C	C	C	C	C	B	B	B	B	B

8.5.4　+475 m 水平 B_{1+2} 工作面动力灾害危险性预测

+475 m 水平 B_{1+2} 工作面冲击危险性划分结果如表 8-18 所列。+475 m 水平 B_{1+2} 工作面走向 1 600～2 300 m 处于中等冲击危险区，其他区域处于弱冲击危险区。

表 8-18　　+475 m 水平 B_{1+2} 工作面冲击危险性划分结果

工作面走向/m	50	100	150	200	25	300	350	400	450	500
危险性综合指数	0.50	0.50	0.50	0.50	0.50	0.50	0.50	0.50	0.50	0.50
危险等级	B	B	B	B	B	B	B	B	B	B
工作面走向/m	550	600	650	700	750	800	850	900	950	1 000
危险性综合指数	0.50	0.50	0.50	0.50	0.50	0.50	0.50	0.50	0.50	0.50
危险等级	B	B	B	B	B	B	B	B	B	B
工作面走向/m	1 050	1 100	1 150	1 200	1 250	1 300	1 350	1 400	1 450	1 500
危险性综合指数	0.50	0.50	0.50	0.50	0.50	0.50	0.50	0.50	0.50	0.50
危险等级	B	B	B	B	B	B	B	B	B	B
工作面走向/m	1 550	1 600	1 650	1 700	1 750	1 800	1 850	1 900	1 950	2 000
危险性综合指数	0.50	0.56	0.56	0.56	0.61	0.67	0.67	0.61	0.56	0.56
危险等级	B	C	C	C	C	C	C	C	C	C
工作面走向/m	2 050	2 100	2 150	2 200	2 250	2 300	2 350	2 400	2 450	2 500
危险性综合指数	0.61	0.67	0.67	0.67	0.67	0.56	0.50	0.50	0.50	0.50
危险等级	C	C	C	C	C	C	B	B	B	B

8.6 动力灾害危险性预测效果验证

8.6.1 +500 m 水平 B_{1+2} 工作面效果验证

+500 m 水平 B_{1+2} 工作面模式识别预测危险性概率最大值 0.66，最小值 0.32，B_{1+2} 工作面走向方向 758～1 053 m 时，动力灾害危险性概率值为 0.64，综合指数法计算结果最大值为 0.5，属于弱冲击危险，处于高应力区；1 513～2 068 m 时，动力灾害危险性概率值为 0.64～0.66，综合指数法计算结果最大值为 0.67，属于中等冲击危险，处于高应力区和应力梯度区，两种预测方法经过相互验证，取得了较好的一致性。

8.6.2 +500 m 水平 B_{3+6} 工作面效果验证

+500 m 水平 B_{3+6} 工作面模式识别预测危险性概率最大值 0.96，最小值 0.32，B_{3+6} 工作面走向方向 792～1 011 m 时，动力灾害危险性概率值为 0.64；1 407～2 055 m 时，动力灾害危险性概率值为 0.64～0.96，综合指数法计算结果最大值为 0.67，属于中等冲击危险，处于高应力区，并且在该区域共发生 4 次动力灾害，两种预测方法经过相互验证，取得了较好的一致性。

8.6.3 +475 m 水平 B_{1+2} 工作面效果验证

+475 m 水平 B_{1+2} 工作面模式识别预测危险性概率最大值 0.66，最小值 0.32，B_{1+2} 工作面走向方向 666～972 m 时，动力灾害危险性概率值为 0.64，综合指数法计算结果为 0.5，属于弱冲击危险，处于高应力区；1 757～2 066 m 时，动力灾害危险性概率值为0.66，综合指数法计算结果最大值为 0.67，属于中等冲击危险，处于高应力区和应力梯度区，两种预测方法一致，相互验证，取得较好的一致性。

8.6.4 +475 m 水平 B_{3+6} 工作面效果验证

+475 m 水平 B_{3+6} 工作面模式识别预测危险性概率最大值 0.96，最小值 0.32，B_{3+6} 工作面走向方向 720～941 m 时，动力灾害危险性概率值为 0.64，综合指数法计算结果最大值为 0.44，属于弱冲击危险，处于高应力区；1 633～1 982 m 时，动力灾害危险性概率值为 0.64～0.96，综合指数法计算结果最大值为 0.61，属于中等冲击危险，处于高应力区和应力梯度区，两种预测方法经过相互验证，取得了较好的一致性。

8.7 采煤工作面动力灾害危险地震 CT 探测评价

8.7.1 探测原理

动力灾害发生的根本原因是开采及地质因素引起的煤岩体应力过度集中，因此，对煤岩体应力分布的研究是预测动力灾害危险性的基础。本方法首先通过地震层析成像技术对探测区域内煤岩的波速分布情况进行 CT 成像，然后研究利用应力与地震波波速的良好对应关系来确定煤岩应力的分布情况，进而分析其冲击危险性。

(1) 波速、应力及冲击危险性相互关系

无论从静载还是动载角度分析，高的地震波波速一般表征高的应力集中程度，也就预示着高的冲击危险程度。从而为利用震动波波速分析冲击危险程度提供了理论基础。

大量的工程实践表明，对于探测范围内的煤岩体，波速相对较高的区域一般分布在致密完整的煤岩体处、应力集中区以及煤层变薄区；波速较低区域主要分布在疏松破碎的煤岩体处、应力松弛带。对整个探测煤岩体范围而言，若内部无异常区域，地震波的穿透速度应是相对均匀的，当有应力异常或地质结构存在时，该部分区域将在反演结果中表现为波速异常。利用震动波的运动学和动力学参数，结合相关地质资料和开采条件进行一定的地质学与力学分析，可准确得到煤岩体结构特征及应力状态的时空变化信息。

(2) 地震层析成像技术

地震波层析成像技术(地震波 CT)主要根据地震波走时或地震波场观测数据对地球介质进行反演，获取探测区域内部介质的波速或衰减系数等，依据一定的物理和数学关系反演物体内部物理量的分布，最后得到清晰、不重叠的分布图形，从而识别探测区域内部的结构及力学性质。该技术在煤矿主要用于推断煤体内部地质构造、应力异常区域、煤层厚度变化等典型异常区域的分布情况。目前，地震波走时 CT 技术发展较为成熟，应用相对广泛。

8.7.2　探测区域

探测区观测系统实际布置如图 8-9 所示，激发端位于 B_6 巷侧，采集端位于 B_3 巷侧。设定采样频率为 2 000 Hz，检波器工作频段 5～10 000 Hz，增益 20 dB，采样长度 0.4 s，激发孔内每孔 150 g 三级乳化炸药，短断触发。每次激发有 12 道同时进行接收，实际激发 45 炮，其中 31 炮有效，试验共接收有效数据 372 道。实际最大炮间距 18 m，最小炮间距 6 m，道间距 16 m，走向探测范围 216 m。

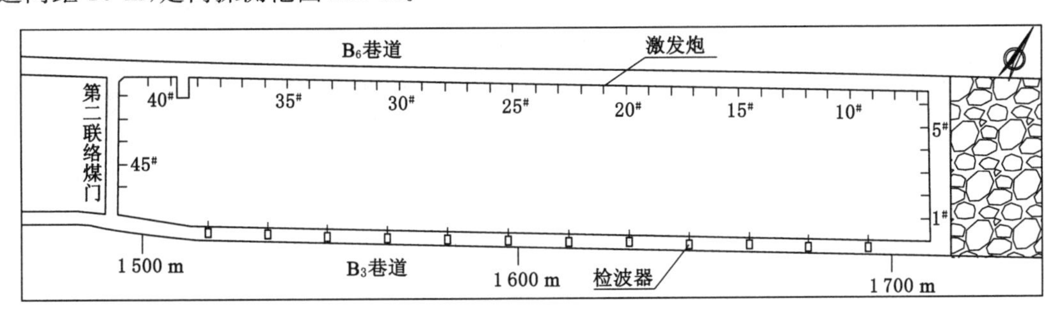

图 8-9　探测方案布置图

8.7.3　动力灾害危险评价结果

图 8-10 为该探测区波速分布情况，表 8-19 为工作面回采期间冲击危险区域划定。可见该区域波速普遍较低，大部分波速值分布在 1.8～2.4 m/ms 之间。根据波速、应力及冲击危险性的相关性可知，该区域总体应力水平较低，动力灾害危险性较小。

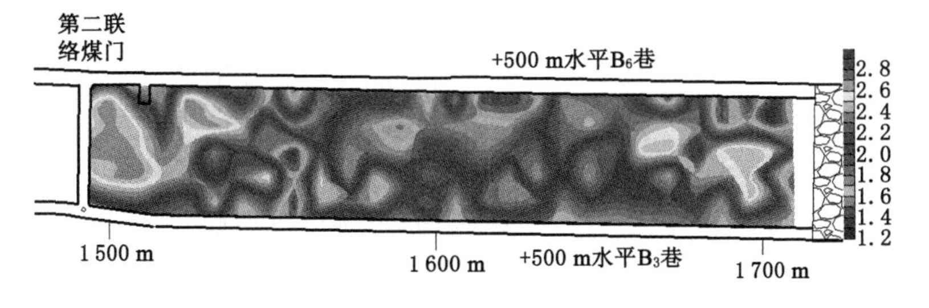

图 8-10　波速分布云图(单位：m/ms)

表 8-19　　　　工作面回采期间冲击危险区域

序号	B_{1+2}工作面		B_{3+6}工作面	
	位置(距石门距离/m)	影响因素	位置(距石门距离/m)	影响因素
Ⅰ	走向 1 150～1 620 m	大梁煤矿保护煤柱影响	走向 1 360～1 525 m	高阶段结构影响
Ⅱ	超前 100 m	工作面采动影响	走向 930～1 360 m	五一煤矿保护煤柱影响
Ⅲ	走向 110～210 m	停采线煤柱影响	超前 100 m	工作面采动影响
Ⅳ	B_{1+2}工作面与 B_{3+6}工作面之间区域	B_{3+6}工作面采空区岩墙活动	走向 110～210 m	停采线煤柱影响

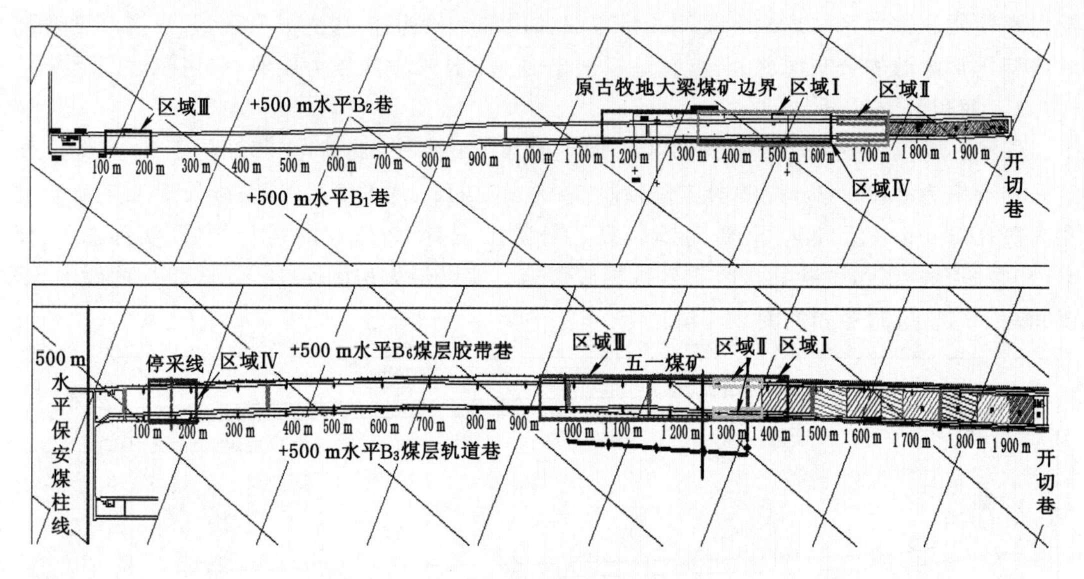

图 8-11　工作面回采期间动力灾害危险区域

根据该区的探测结果(图 8-11),冲击危险区域为:

(1) 第二联络巷煤门东侧 25 m 范围。

(2) 工作面超前 60 m 范围。该区域主要是受采动影响,随着工作面的推移,应力集中区随工作面推进不断前移。

根据乌东煤矿南区现场地质条件及开采现状,采用动态权重评价方法和地震波 CT 技术对采掘工作面的冲击危险性进行了评价和分析。通过应用地震波 CT 技术对+500 m 水平 B_{1+2}工作面和 B_{3+6}工作面进行冲击危险探测,结合工作面的自然因素和开采因素,确定该工作面冲击危险性均为三级,即中等冲击危险等级。结合影响动力灾害危险的自然因素和开采因素,采用动态权重评价方法确定采掘工作面的冲击危险性整体上为三级,即中等冲击危险等级。主要冲击危险区域为大梁煤矿保护煤柱区域、高阶段区域、五一煤矿保护煤柱区域、停采线区域、工作面超前支承压力影响范围、B_{1+2}工作面滞后 B_{3+6}工作面范围。

8.7.4　探测结果及数据分析

探测结果如图 8-12 所示。

图 8-12 中横坐标为沿巷道探测距离,纵坐标为线圈法向探测深度,单位均为米(m),视电阻率单位为 Ω·m,分析认为:

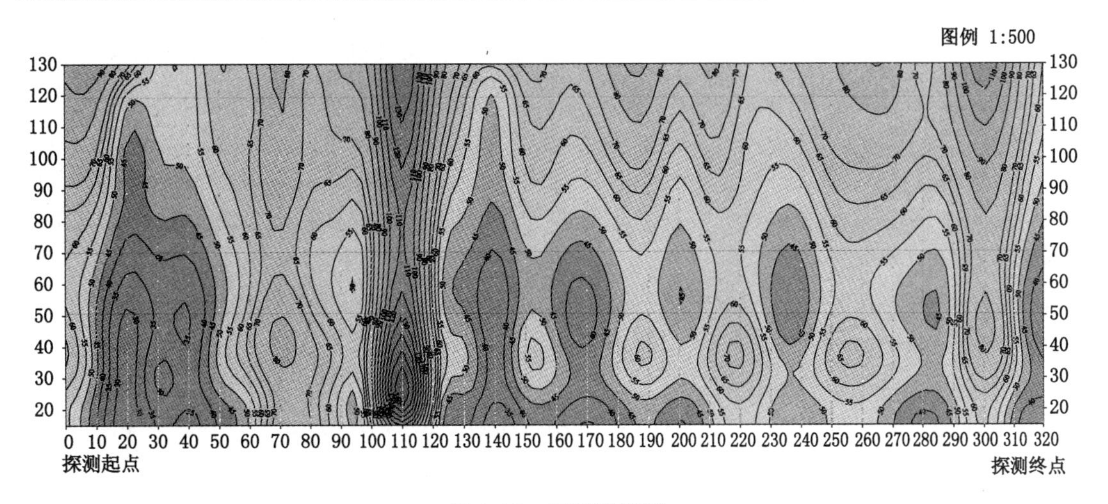

图 8-12　探测效果图

(1) 视电阻率等值线断面图中横向 0～320 m(2 460～2 780 m)，纵向 0～48 m，对应实际岩层为煤层实体，视电阻率为 30～65 Ω·m，呈相对较高阻反应，局部小范围电阻率较高，为 65～80 Ω·m，无明显低阻异常区。

(2) 视电阻率等值线断面图中横向 0～320 m(2 460～2 780 m)，纵向 48～72 m，对应为 43# 煤层采空区，视电阻率为 40～60 Ω·m，呈相对较高阻反应，视电阻率等值线横向上具有一定连续性，无明显波动异常区。

(3) 视电阻率等值线断面图中横向 0～320 m(2 460～2 780 m)，纵向 72～130 m，对应为 43# 煤层采空区顶板，视电阻率为 45～80 Ω·m，呈相对高阻反应，视电阻率等值线横向出现波动，电性纵向上发生较明显波动变化，呈“条带状”，推测为煤岩层电性发生变化所致。

8.8　本章小结

(1) 以地理信息系统(GIS)技术为核心，运用了 Microsoft Visiual Basic 语言，开发了乌东井田煤岩动力灾害分析预测信息管理系统，实现了冲击地压各影响因素前端数据采集、数据存储与管理、分析与计算、危险区域识别与划分以及预测的一体化。

(2) 按照多因素模式识别法，完成了乌东煤矿＋500 m 水平开采的 B_{1+2} 工作面所处位置动力灾害危险性概率值为 0.32～0.66，已回采完毕 B_{3+6} 工作面所处位置动力灾害危险性概率值为 0.32～0.96；B_{1+2} 工作面走向方向 1 513～2 068 m 时，动力灾害危险性概率值最大为 0.64～0.66；B_{3+6} 工作面走向方向 1 407～2 055 m 时，动力灾害危险性概率值为 0.64～0.96，在 B_{3+6} 工作面回采过程中有动力灾害显现记录的共 4 次，4 次动力灾害显现处危险性概率值分别为 0.96、0.64、0.64、0.64，处于强动力灾害区域，与实际情况吻合。乌东煤矿＋475 m 水平 B_{1+2}、B_{3+6} 工作面动力灾害危险性概率值分为 0.32～0.66，0.32～0.96。B_{1+2} 工作面走向方向 1 757～2 066 m 时，动力灾害危险性概率值最大为 0.66；B_{3+6} 工作面走向方向 1 633～1 982 m 时，动力灾害危险性概率值为 0.64～0.96。

(3) 动力灾害危险性综合指数法预测结果表明，＋500 m 水平 B_{1+2} 工作面走向 1 600～2 300 m 处于中等冲击危险区，其他区域处于弱冲击危险区；＋475 m 水平 B_{3+6} 工作面走向

1 400 m 附近、1 750～1 900 m 和 2 050～2 250 m 处于中等冲击危险区，其他区域处于弱冲击危险区；+475 m 水平 B_{1+2} 工作面走向 1 600～2 300 m 处于中等冲击危险区，其他区域处于弱冲击危险区。

(4) 乌东煤矿+500 m 水平 B_{1+2} 工作面、+475 m 水平 B_{3+6} 工作面、+475 m 水平 B_{1+2} 工作面动力灾害危险性模式识别和综合指数法预测结果具有较好的一致性，模式识别方法可以将预测区域划分为多个单元，每个单元具有不同的概率值，可以根据不同的概率值采取不同的解危措施。动力灾害动态权重法评价结果表明，乌东煤矿自然因素中的顶板岩层结构与煤岩层的冲击倾向性是影响动力灾害的主要因素，开采因素中影响较大的是开采扰动和煤柱的影响，从现场实际情况看，掘进工作面推进度为 10 m/d 左右，开采强度较大，且采取上分层开采下分层掘进的方式，采掘相互影响，易产生较高的采动应力；煤柱影响主要是原五一煤矿及大梁煤矿边界保护煤柱区域局部的残留煤柱，现场成为高阶段区域，在该区域容易产生应力异常。

(5) 通过应用地震波 CT 技术对+500 m 水平 B_{1+2} 工作面和 B_{3+6} 工作面进行冲击危险探测，结合动力灾害动态权重法影响评价，乌东煤矿采掘工作面的动力灾害危险性整体上为三级，即中等冲击危险等级。主要危险区域为大梁煤矿保护煤柱区域、高阶段区域、五一煤矿保护煤柱区域、停采线区域、工作面超前支承压力影响范围、B_{1+2} 工作面滞后 B_{3+6} 工作面范围。

(6) 通过瞬变电磁，从视电阻率等值线断面图中可以看出，电磁信号在衰减过程中未发现信号急速衰减，电阻率异常增高现象，结合本次探测地层情况认为，电磁信号均在有效介质中传播，+600 m 水平 43# 煤层东翼采空区未发现较大规模空顶。

第 9 章　急倾斜煤层动力学灾害多元预测体系

本章主要依据乌东煤矿动力灾害特点，构建了急倾斜煤层动力学灾害的点—面—体的监测模式(图 9-1)，形成“矿井区域监测—局部重点监测—点监测”综合监测体系，实现了动力灾害全方位、多尺度的综合监测预警。监测预警体系由钻屑法、电磁辐射法、PASAT(地震波 CT 探测)微震、地音及常规矿压观测方法构成。

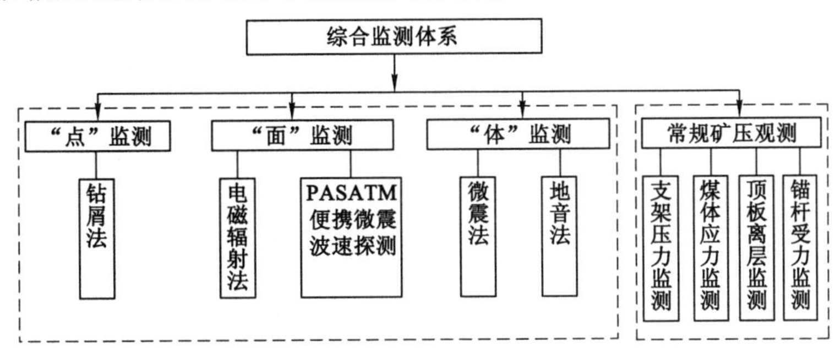

图 9-1　动力灾害综合监测体系

9.1　钻屑法监测

9.1.1　钻屑法监测原理

所谓钻屑法就是向煤体施工 $\phi 42 \sim \phi 50$ mm 的钻孔，根据钻孔过程中单位孔深排粉量的变化规律和动力现象，鉴别煤体应力集中程度、峰值大小及位置，以判定动力灾害危险等级的方法。该方法的基本理论和最初试验始于 20 世纪 60 年代，其理论基础是钻出煤粉量与煤体应力状态具有定量的关系，即在其他条件相同的煤体，当应力状态不同时，其钻孔的煤粉量不同。当单位长度的排粉量增大或超过临界值时，表示应力集中程度增加和动力灾害危险性提高。钻屑法属于接触式的监测方法，监测范围仅限于钻孔深度。

钻屑法是一种应用技术，尽管国外早已开始研究和应用，但由于开采地质条件的差异，特别是动力灾害问题的复杂性，以及在理论和实践上尚不完善，所以国外经验难于直接引用。尤其是动力灾害危险的检测标准，必须因矿而异，具体条件具体确定。钻屑法监测的原理决定了该方法易受到煤体含水率的影响，根据乌东煤矿现场实践，当遇到煤层含水率相对较高区段(一般建议含水率大于 4%)，钻粉无法取出时，钻屑监测法无法正常使用。同时，钻屑法监测主要检测钻孔附近范围应力集聚状况，综放工作面由于暴露面积较大导致钻屑法监测效果有限，因此，钻屑法监测主要应用于综放工作面应力集中异常区应力验证和掘进工作面应力监测。钻屑孔采用手持性风动螺旋钻机施工，孔径为 $\phi 42$ mm，长度为 10 m，除

第一节钻杆外，其余 9 节钻杆每节钻杆称量钻粉质量，钻孔施工过程中要求匀速推进，钻进过程中不得退杆和扩孔，使用编织袋、弹簧秤称量每米钻孔的煤粉量，记录钻进过程中的动力现象，如卡钻、吸钻、煤炮声等。

9.1.2 钻屑临界指标确定

（1）标准孔布置

为确保钻屑临界值具有针对性，标准值在每条准备巷道施工至走向 200 m 时取出，具体方案为选择不受采动影响的巷道内，巷道煤帮侧变形不明显位置每隔 5 m 施工标准样孔 1 个，孔长 10 m，钻孔平行于煤层倾向方向施工，高度距离底板 1.0～1.2 m，为保证取量的准确性应从钻孔的第 2 米开始取钻屑量，记录各孔每米的钻屑量。采用加权平均法对其进行处理，确定钻孔的每米煤粉量作为标准煤粉量（正常值），在此基础上确定钻屑临界值。

（2）钻屑临界指标确定

钻屑监测临界值指数选定根据我国煤炭工业部 1987 年颁布的《冲击地压煤层安全开采暂行规定》（〔87〕煤生字第 337 号）规定，具体详见表 9-1。

表 9-1　　冲击危险性钻粉率指标

钻孔深度/煤层开采厚度	1.5	1.5～3	3
钻粉率指数	≥1.5	2～3	≥4

注：钻粉率指数＝每米实际钻粉量/每米正常钻粉量。

根据乌东煤矿实际情况，钻粉率指数为 2～3，但考虑到安全因素，本次钻粉率指数设置为 1.5。通过测算，乌东煤矿南区 B_{1+2} 煤层钻屑临界值为：钻孔深度 1～4 m 的钻屑临界值为 2.1 kg/m，钻孔深度 5～10 m 的钻屑临界值为 2.5 kg/m；B_{3+6} 煤层钻屑临界值为：钻孔深度 1～4 m 的钻屑临界值为 2.3 kg/m，钻孔深度为 5～10 m 的钻屑临界值为 2.7 kg/m。乌东煤矿北区 43# 煤层钻屑临界值为：钻孔深度 1～4 m 的钻屑临界值为 2.8 kg/m，钻孔深度 5～10 m 的钻屑临界值为 3.6 kg/m；45# 煤层钻屑临界值为：钻孔深度 1～4 m 的钻屑临界值为 2.7 kg/m，钻孔深度 5～10 m 的钻屑临界值为 3.9 kg/m。

9.1.3 钻屑监测方案

（1）常规监测

常规监测在未出现明显应力异常情况下开展，每日早班生产前进行，其中掘进工作面施工钻屑孔 1 个，布置在工作面迎头方向；综放工作面施工钻屑孔 3 个，第一个测点位于工作面煤壁中间，其余 2 个位于两平巷距离煤壁 10 m 处，具体详见图 9-2(b)。钻屑法监测简单有效，但工作量大且易受作业人员和环境影响，监测范围和精度有限。

（2）异常区监测

当微震、电磁辐射、地音、应力在线等监测手段使用后，钻屑监测作为应力异常区监测手段。采用微震、地音等监测手段确定出应力异常区后，采用钻屑监测进行验证以及利用已施工钻屑孔进行装药对应力集中区进行爆破卸压。

根据乌东煤矿采掘工作面布局，不同时期对钻屑监测的要求不同：① 综放工作面应力集中区监测要求分别在两平巷内各自取样监测，当应力异常区涵盖工作面时，工作面中间部位应施工钻屑孔 1 个；② 掘进工作面异常区钻屑监测要求钻屑孔排距控制在 4～5 m 之间。

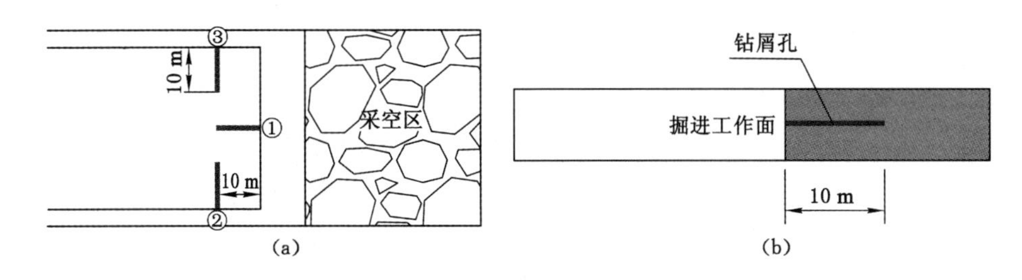

图 9-2　常规监测钻屑孔位置示意图

(a) 综放工作面钻屑孔位置示意图；(b) 掘进工作面钻屑孔位置示意图

9.2　电磁辐射监测

乌东煤矿配备便携式电磁辐射仪 4 台，分别为 KBD-5 型便携式电磁辐射仪 2 台，YDC7.4 型便携式电磁辐射仪 2 台。

9.2.1　预警原理

电磁辐射监测属于非接触式监测技术，可实现连续监测，设备操作简单，数据分析方法易于掌握，其监测原理为：掘进或回采空间形成后，工作面煤体失去应力平衡，处于不稳定状态，煤壁中的煤体必然要发生变形或破裂，以向新的应力平衡状态过渡，这种过程会引起电磁辐射。由松弛区域到应力集中区，应力越来越高，因此电磁辐射信号也越来越强。在应力集中区，应力达到最大值，因此煤体的变形破裂过程也较强烈，电磁辐射信号最强。进入原始应力区，电磁辐射强度将有所下降，且趋于平衡。采用非接触方式接收的信号主要是松弛区和应力集中区中产生的电磁辐射信号的总体反映(叠加场)。

电磁辐射和煤的应力状态有关，应力高时电磁辐射信号就强，电磁辐射频率就高，应力越高，则冲击危险越大。电磁辐射强度和脉冲数两个参数综合反映了煤体前方应力的集中程度的大小，因此可用电磁辐射法进行动力灾害预测预报。

根据实验室研究及现场研究测定、理论分析表明，煤岩冲击、变形破坏的变形值 $\varepsilon(t)$、释放的能量 $w(t)$ 与电磁辐射的幅值、脉冲数成正比。具体地讲：煤试样在发生冲击性破坏以前，电磁辐射强度一般在某个值以下，而在冲击破坏时，电磁辐射强度突然增加。煤岩体电磁辐射的脉冲数随着载荷的增大及变形破裂过程的增强而增大。载荷越大，加载速率越大，煤体的变形破裂越强烈，电磁辐射信号也越强。动力灾害发生前的一段时间，电磁辐射连续增长或先增长、后下降，之后又呈增长趋势。这反映了煤岩体破坏发生、发展的过程。煤岩体的损伤速度与电磁辐射脉冲数、电磁辐射事件数成正比，与瞬间释放的能量、变形速度成正比。

9.2.2　预警指标的确定

电磁辐射信号与监测距离及监测方位有密切关系，因此有必要对监测方法做统一规定。电磁辐射监测仪配备的天线是电感式高灵敏度宽频带定向接收天线(简称天线)，实现了非接触预测。在使用电磁辐射监测系统预测采煤工作面或巷道动力灾害危险时，首先要将天线开口朝向需要进行预测的煤岩体区域。一般在采煤工作面或巷道中每隔 10～20 m 布置一个测点，每个测点测试 2 min，布置完毕后，测试开始，数据自动处理保存。当有某一测点电磁辐射较强时,可在周围加密测点,测点间距为 5～10 m。图 9-3 为电磁辐射监测测点布置示意图。

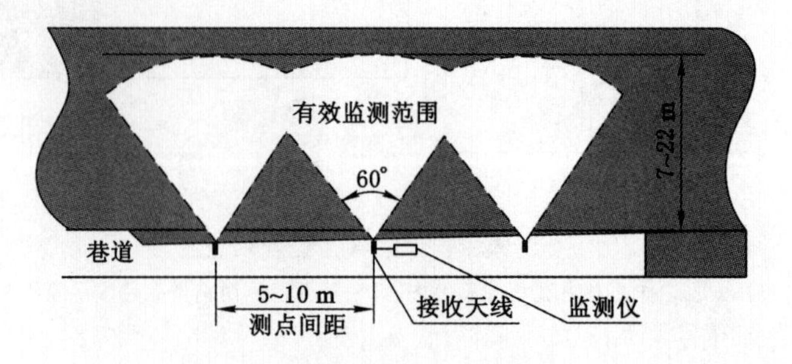

图 9-3 电磁辐射监测测点布置示意图

根据《煤矿安全规程》规定,工作面动力灾害及其两巷的各项预测指标的临界值均应依据现场实际测定资料来确定。因此,为考察电磁辐射指标临界值,必须与常规预测指标进行一定时间(一般不少于 50 组数据)的对比试验测定。

利用初采期间工作面的测试结果,采用模糊数学的方法,对乌东煤矿工作面及平巷的电磁辐射临界值的计算和判定。图 9-4 为电磁辐射强度平均值隶属度曲线及回归曲线。

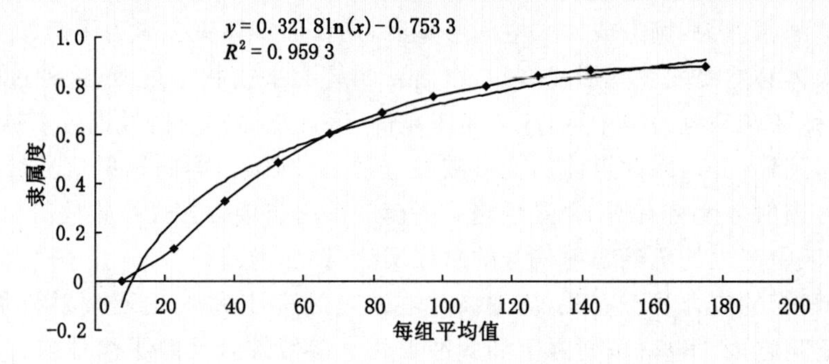

图 9-4 电磁辐射强度平均值隶属度曲线及回归曲线

对电磁辐射强度最大值的平均值的隶属曲线进行回归分析得:

$$y=0.321\,8\ln(x)-0.753\,3$$

经过大量的现场测试对比,确定了乌东煤矿以隶属度 0.70 点为临界点,由回归曲线公式得电磁辐射强度参考临界值为 91.48 mV,因此设定乌东煤矿南区电磁辐射强度的预警指标为 91 mV,乌东煤矿北区电磁辐射预警指标为 67 mV。

9.2.3 监测方案

由于采场周围的应力分布是不均匀的,电磁辐射监测区域分为一般区域和冲击危险区域。一般区域即工作面超期支承压力影响范围为 60 m;冲击危险区域即危险性评价所划分的危险区域,同时应结合现场显现情况进行确定。电磁辐射监测方案如图 9-5 所示。

(1) 一般区域监测方案

监测范围为在综放工作面南北两巷超前工作面 60 m 范围及工作面进行电磁辐射监测,两平巷测点间距为 10 m,工作面布置 2 个测点,共布置 12 个测点,记录电磁辐射强度及频度。监测时间为每天一次。

(2) 危险区域监测方案

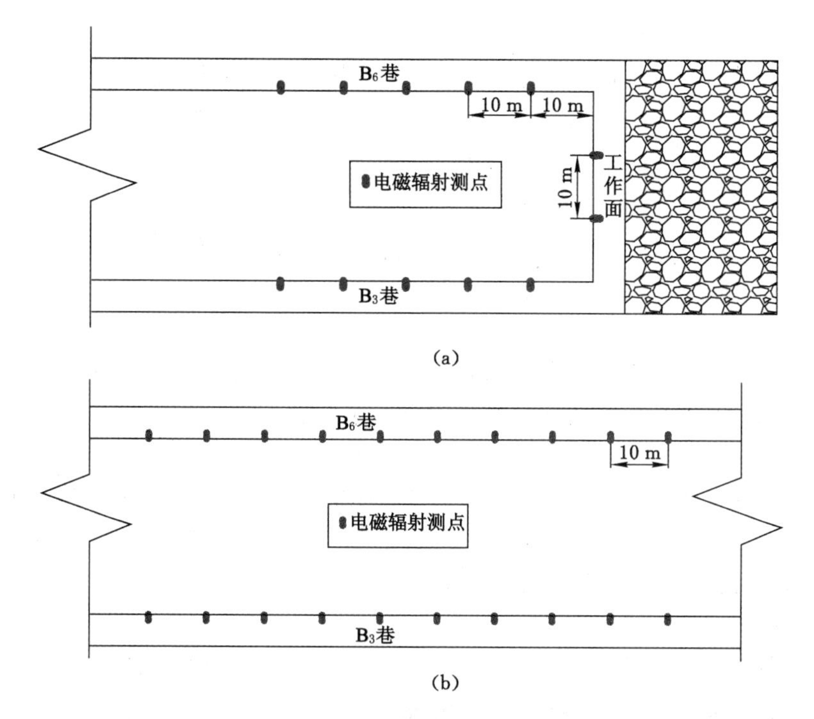

图 9-5　电磁辐射监测方案示意图

(a) 一般区域;(b) 危险区域

根据危险评价、现场显现情况及微震地音监测情况,在可能的冲击危险区域两平巷内均布置电磁辐射测点,间距 10 m。监测时间为每天一次,记录电磁辐射强度及频度。

9.3　PASAT 探测

PASAT 探测技术也称为地震波 CT 探测,主要用于对应力异常区进行探测,验证危险程度。

9.3.1　地震层析成像原理

地震波层析成像技术(地震波 CT)[126-127]主要根据地震波走时或地震波场观测数据对地球介质进行反演,获取探测区域内部介质的波速或衰减系数等,依据一定的物理和数学关系反演物体内部物理量的分布,最后得到清晰的、不重叠的分布图形,从而识别探测区域内部的结构及力学性质。该技术在煤矿主要用于推断煤体内部地质构造、应力异常区域、煤层厚度变化等典型异常区域的分布情况。目前,地震波走时 CT 技术发展较为成熟,应用相对广泛。

在地震波走时成像的情况下,假设地震波以射线的形式在探测区内部介质中传播。当把介质划分为一系列小矩形网格时,利用高频近似,走时成像公式可表示为:

$$t_i = \sum_{j=1}^{N} s_j d_{ij} \quad (i = 1,2,3,\cdots,M) \tag{9-1}$$

该式表示了第 i 条射线的观测走时 t_i 与第 j 个网格的慢度 s_j 之间的关系,其中 d_{ij} 表示第 j 条射线在第 i 个网格中的射线路径长度,M 为射线的条数,亦即在不同的接收点取得了的观测数据个数，N 为网格的个数。

如果有 M 条射线，N 个网格，式(9-1)可以写成矩阵方程的形式：

$$\begin{Bmatrix} t_1 \\ t_2 \\ \vdots \\ t_M \end{Bmatrix} = \begin{vmatrix} d_{11} & d_{12} & d_{13} & \cdots & d_{1N} \\ d_{21} & d_{22} & d_{23} & \cdots & d_{2N} \\ \cdots & \cdots & \cdots & & \cdots \\ d_{M1} & d_{M2} & d_{M3} & \cdots & d_{MN} \end{vmatrix} \begin{Bmatrix} S_1 \\ S_2 \\ \vdots \\ S_N \end{Bmatrix} \tag{9-2}$$

或者写成

$$\boldsymbol{T} = \boldsymbol{AS} \tag{9-3}$$

其中：$\boldsymbol{T}$ 表示地震波走时向量，是观测值；$\boldsymbol{A}$ 表示射线的几何路径矩阵；$\boldsymbol{S}$ 表示慢度向量，为待求量。因此，在波速层析成像中是要对下式求解：

$$\boldsymbol{S} = \boldsymbol{A}^{-1}\boldsymbol{T} \tag{9-4}$$

根据 M 与 N 的大小关系，式(9-4)有可能为超定、正定或欠定。若 $\boldsymbol{T}$ 是一个完全投影，$\boldsymbol{A}$ 为已知，则可求得 $\boldsymbol{S}$ 的精确值。但是在地震层析成像的实际应用中，式(9-4)通常是不完全投影，因此，通常使用迭代的方法反演速度场。

9.3.2 探测仪器

探测工作所采用的设备为 PASAT-M 型便携式微震探测系统，如图 9-6 所示。

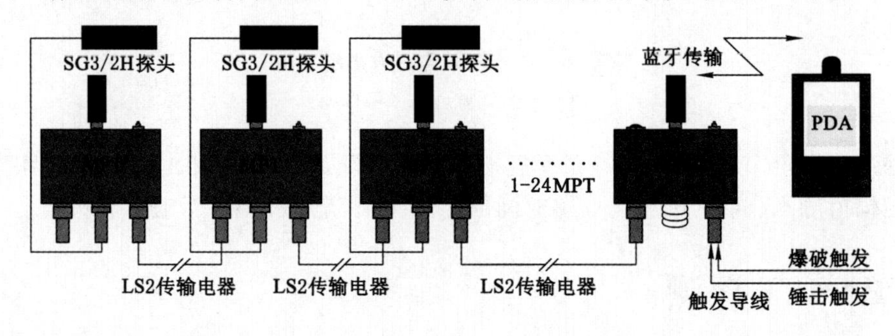

图 9-6　PASAT-M 型便携式微震探测系统示意图

该仪器用于开采工程中造成的岩体失稳状态的动态监测，以预防矿山恶性事故的发生。尤其是对为完成开采工程而开挖的巷道区域岩体局部状态的监测和控制更有意义。确定岩体应力在空间或时间变化(提供有关开采边界、邻近煤层及工作面煤柱、正在开采中的工作面、采空区边界等条件下煤岩体的应力异常情况)；标定工作面前方的地质均匀性(空洞、冲蚀、断层等)。根据波速(>3 500 m/s)异常程度划定出各个区域的冲击危险性。

9.3.3 地震波 CT 监测方案

乌东煤矿南区回采前，为确定工作面动力灾害危险区域，特对 B_{1+2}、B_{3+6} 两组合煤层中原五一煤矿、原大梁煤矿、原大红沟煤矿工业广场保护煤柱区域应力集中情况在回采前进行 4 次 PASAT 探测，探测主要方案为：

(1) 第一测区——B_{3+6} 工作面 1 494～1 710 m 范围

第一测区探测方案实际布置如图 9-7 所示，激发端位于 B_6 巷侧，采集端位于 B_3 巷侧。设定采样频率为 2 000 Hz，检波器工作频段 5～10 000 Hz，增益 20 dB，采样长度 0.4 s，激发孔内每孔 150 g 三级乳化炸药，短断触发。每次激发有 12 道同时进行接收，实际激发 45

炮，其中 31 炮有效，试验共接收有效数据 372 道。实际最大炮间距 18 m，最小炮间距 6 m，道间距 16 m，走向探测范围 216 m。

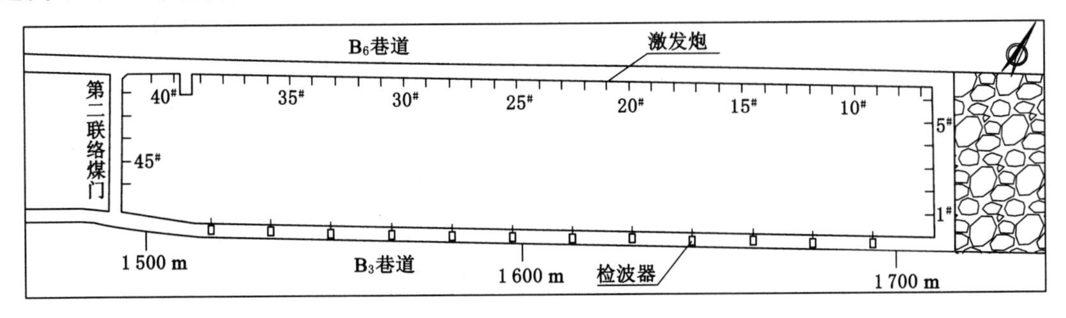

图 9-7　第一测区(B_{3+6}工作面)探测方案布置图

(2) 第二测区——B_{3+6}工作面 1 295～1 490 m 范围

第二测区探测方案实际布置如图 9-8 所示。激发端位于 B_6 巷侧，采集端位于 B_3 巷侧。每次激发有 12 道同时进行接收，实际激发 31 炮，其中 28 炮有效，试验共接收有效数据 336 道。实际最大炮间距 12 m，最小炮间距 6 m，道间距 16 m，走向探测范围 190 m。

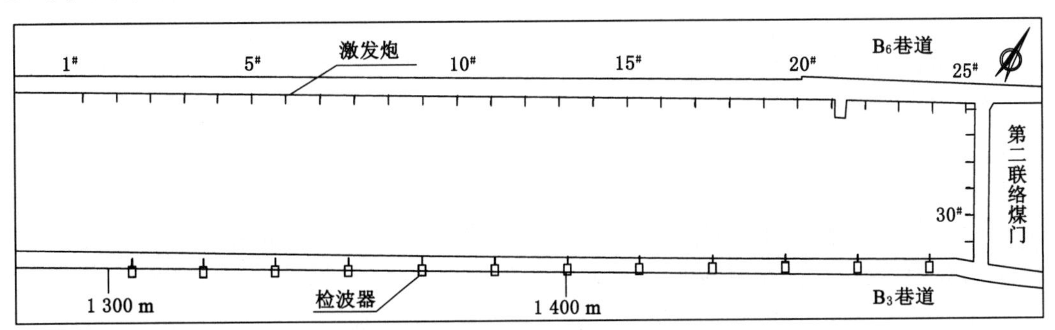

图 9-8　第二测区(B_{3+6}工作面)探测方案布置图

(3) 第三测区——B_{3+6}工作面 1 300～1 490 m 范围

第三测区探测方案布置如图 9-9 所示。激发端位于 B_6 巷侧，采集端位于 B_3 巷侧。每次激发有 12 道同时进行接收，实际激发 28 炮，其中 16 炮有效，试验共接收有效数据 172 道。实际最大炮间距 24.5 m，最小炮间距 4 m，道间距 17 m，走向探测范围 190 m。

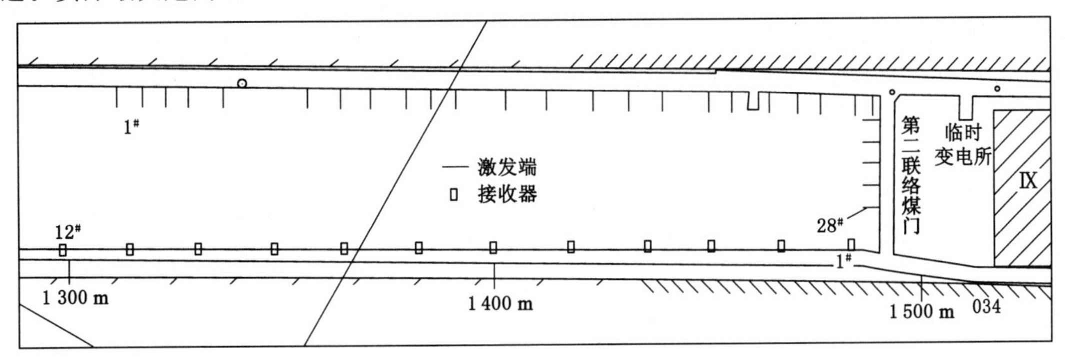

图 9-9　第三测区(B_{3+6}工作面)探测方案布置图

(4) 第四测区——B_{1+2}工作面 1 755～1 957 m 范围

第四测区探测方案布置如图 9-10 所示。激发端位于 B_2 巷侧,采集端位于 B_1 巷侧。每次激发有 11 道同时进行接收,实际激发 43 炮,其中 36 炮有效,试验共接收有效数据 396 道。实际最大炮间距 9 m,最小炮间距 4 m,道间距 17 m,走向探测范围 202 m。

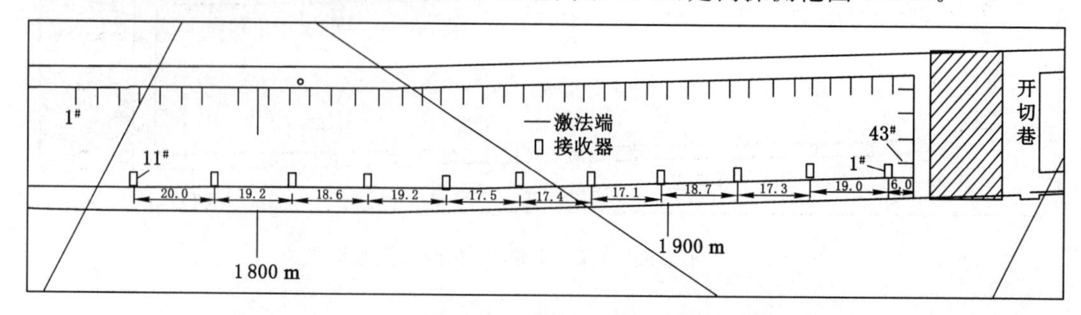

图 9-10　第四测区(B_{1+2}工作面)探测方案布置图

9.4　地音监测预警

乌东煤矿地音在线监测系统 2 套,型号为 KJ623 型,主要布置在乌东煤矿南区采掘工作面,布置在乌东煤矿南区采掘工作面巷道内。

9.4.1　预警原理

地音是煤岩体微破裂释放的能量以弹性波形式向外传递过程中所产生的声学效应。煤岩体是一种非均质体,其中存在各种微裂隙、孔隙等,在受外力作用时就会在这些缺陷部位发生应力集中,此时以微破裂的形式释放能量,地音则是对这些低能量的微破裂的反映;当应力集中到一定程度时,则会发生突发性破裂,使积聚在煤岩体中的能量突然释放,微震则是对这些高能量的突然破裂的反映。相比微震现象,地音为一种高频率、低能量的震动。大量科学研究表明地音是煤岩体内应力释放的前兆,地音信号的多少、大小等指标反映了岩体受力的情况。一般而言,表征地音的参量有:总事件数、能量计数、地音信号频率、事件延时等,它们分别反映了地音信号或地音事件的不同特征。利用地音现象与煤岩体受力状态的关系,可以监测到局部范围内未来几天可能发生的动力现象。地音监测就是应用监测网络对现场进行实时监测,其监测区域一般集中在主要生产空间(主要包括采煤工作面和掘进工作面)。地音监测系统的预警原理:通过对地音事件频度、地音能量、频率、延时等一系列参数实时监测,找出地音活动规律,以此判断煤岩体受力状态和破坏进程,利用有效参数的变化规律实现动力灾害预警。

9.4.2　监测方案

根据乌东煤矿动力灾害防治实践,综放工作面前方 120 m 内易出现应力集中,掘进工作面距离掘进迎头 100 m 区域内围岩应力未趋于稳定易出现灾害显现,为确保采掘工作面地音监测有效,综放工作面一般监测综放工作面前方 150 m 区域,掘进工作面一般监测掘进迎头后方 120 m 区域。具体方案如下:

9.4.2.1　综放工作面

地音探头监测有效半径为 50 m,乌东煤矿 B_{3+6}煤层平均厚度 43 m、B_{1+2}煤层平均厚度为 30 m，因此综放工作面将地音监测探头布置在一条平巷内即可满足工作面监测需要。根据地音监测需要和动力电源线缆电磁干扰，综放工作面地音监测一般布置在回风巷内，探头数量控制在不少于 3 个，其中第一个探头距离工作面控制在 40 m 以内，各探头之间间距控制在 50 m 以内，监控理论范围为 190 m。具体探头布置如图 9-11 所示。

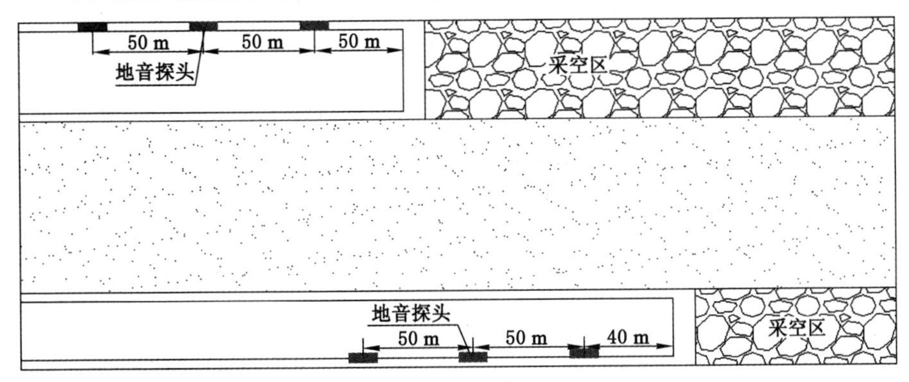

图 9-11　综放工作面地音探头布置示意图

9.4.2.2　掘进工作面

根据掘进工作面应力分布情况，探头数量控制不少于 2 个，探头间距控制在 50 m 以内，由于掘进工作面附近机电设备较多，杂散电流较多，对地音探头干扰较大，因此掘进工作面第一个地音探头距离迎头距离控制在 40 m 范围内，监控理论范围为 140 m。具体探头布置如图 9-12 所示。

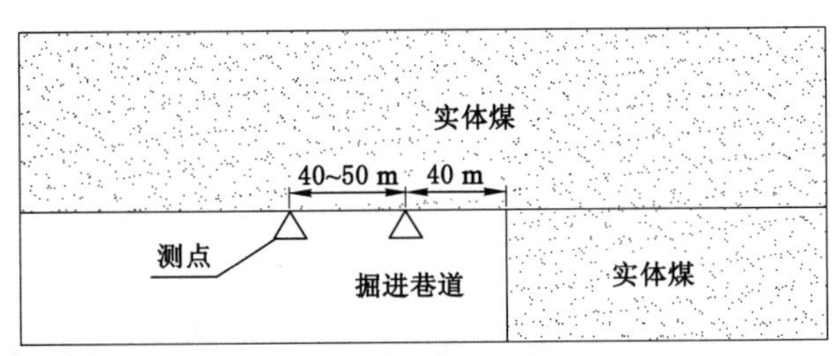

图 9-12　掘进工作面地音探头布置示意图

9.4.3　预警指标的确定

为了研究地音监测的预警指标，首先在实验室进行煤样单轴压缩下的地音特性研究，分析能够敏感反应地音活动的声发射指标，为现场的地音预警提供理论指导。图 9-13 为实验室检测的煤样单轴压缩应力应变与地音能量的关系曲线。

大量的实验室研究发现，地音能量指标能够很好地反映煤样的受力状态与破坏程度。由图 9-13 可以看出，*OA* 段与 *AB* 段地音能量较低，此时煤样处于能量积累阶段，*BC* 段地音能量大幅度增长，此时地音活动主要为微破裂发展所释放的能量，但此时煤样仍有承载能力，煤样变形产生的能量大于微破裂释放的能量，因此变形能仍在增加，煤样在达到其应力峰值后，地音能量迅速降低，煤样失去承载力发生破坏。因此，地音监测的是煤样应力峰值前微破裂释放的能量，地音能量的升高预示了煤样即将发生破坏。

2013 年 9 月 18 日 11 时 01 分，+500 m 水平 B_6 巷超前工作面 100 m 范围发生一起动

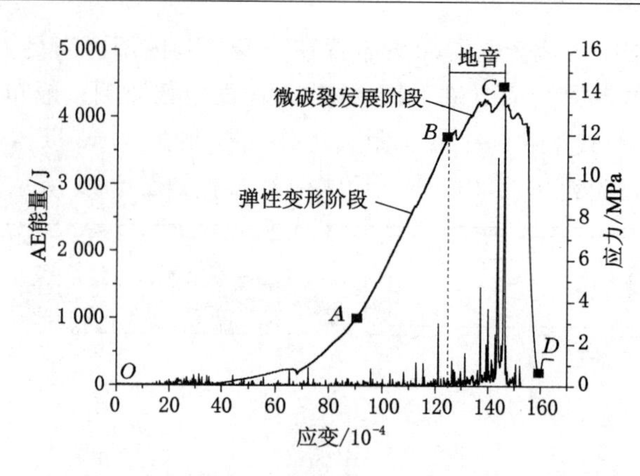

图 9-13　煤样单轴应力应变与地音能量关系曲线

力灾害。通过微震定位，在 1 520 m 处煤体内发生一个能量 6.2×10^7 J 的微震事件。位于 B_6 巷的地音传感器同样对此次冲击做出了响应。图 9-14 为当日动力灾害前地音传感器的监测能量—频次曲线。

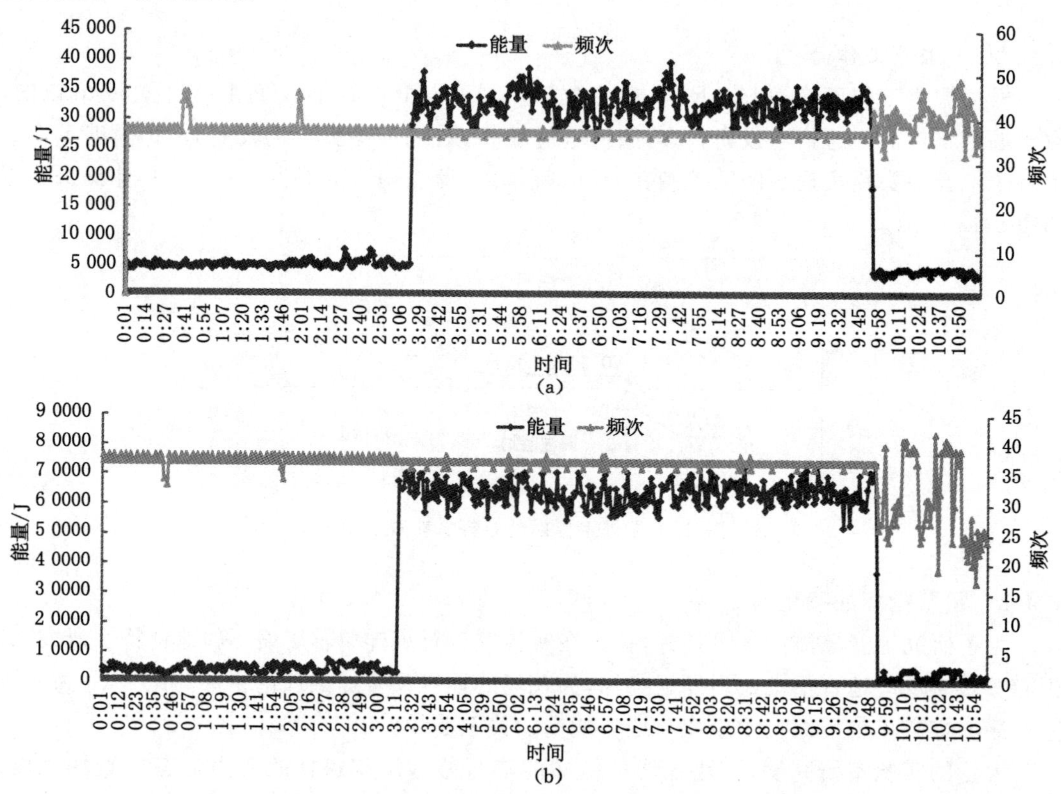

图 9-14　地音能量—频次监测曲线

(a) 1 590 m 处传感器；(b) 1 620 m 处传感器

从图中可以看出，在当日凌晨 3 时 10 分左右时，地音监测的能量值突然急剧上升，其中 1 590 m 处传感器的地音能量由原先的 5 000 J 上升至 30 000 J 左右，1 620 m 处传感器的地音能量由 3 000 J 上升至 60 000 J 左右，并维持了 6 个多小时，此时煤体处于微破裂迅速发展阶段。至上午 9 时 50 分左右时，突然下降至正常水平，表明煤体达到其应力峰值，局部发生失稳，煤体开始进入应力恢复阶段，持续一段时间后，煤体出现最终破裂，于 11 时 01 分发生冲击显现，并由微震监测系统捕捉到。由此可见，地音监测的是煤岩体达到其应力峰值前的微破裂信号，当微破裂发展异常迅速时，极易发生最终断裂，因此对于煤体自身应力集中而导致的冲击，地音的预警更为超前、准确。之后发生的几次动力灾害由于均是岩层中高能量的微震事件诱发所致，因此地音监测没有较好地反映。由此可见，煤体自身应力集中所致的冲击显现，地音监测可以实现较准确的预警，预警指标为地音能量的突然大幅度上升。

通过对高应力区域地音事件频度、地音能量、频率、延时等一系列参数的实时监测，找出地音活动规律，以此判断煤岩体受力状态和破坏进程，利用有效参数的变化规律实现动力灾害预测。选取前 10 d 综采工作面进刀期间地音能量平均值作为地音能量基准值，并对上分层监测数据能量变异系数进行研究，确定预警系数，见表 9-2。

表 9-2　　监测获得的综合指标

名称	基准值	预警值	临界值	预警系数	临界系数
类别	$E=\frac{\sum_{i=1}^{n}E_i}{n}$	$E_M=E\times K_M$	$E_S=E\times K_S$	$K_M=\frac{N_{max}}{N_{aver}}$	$K_S=\frac{N_{max}}{N_{min}}$
煤体	n=10，E 为进刀期间能量	1.62E	2.95E	1.62	2.95
岩体	n=10，E 为进刀期间能量	1.73E	3.85E	1.73	3.85

9.5　微震监测预警

乌东煤矿现有微震监测系统两套，为 ARAMIS M/E 微震在线监测系统和 ESG 微震监测系统。ARAMIS M/E 微震在线监测系统布置在乌东煤矿南区，共有通道 16 个，其中拾震器 10 个，微震探头 6 个，实现对乌东煤矿南区全方位的监测。ESG 微震在线监测系统布置在乌东煤矿北区，布置帕拉丁 2 个，探头 12 个，实现对乌东煤矿北区两个综采工作面进行监测。

9.5.1　预警原理

与地音相比，微震监测的范围更为广泛，从煤体内的微破裂到其最终破裂以及大范围岩层内部破裂的产生、发展、贯通等，其主要监测的是煤岩体应力峰值后应力恢复阶段的能量释放过程，对于微破裂的监测则没有地音敏感，因此预警也相对滞后。

微震监测法就是采用微震网络进行现场实时监测，通过提供震源位置和发生时间来确定一个微震事件，并计算释放的能量；进而统计微震活动性的强弱和频率，并结合微震事件分布的位置判断潜在的矿山动力灾害活动（动力灾害）规律，通过识别矿山动力灾害活动规律（动力灾害）实现危险性评价和预警[128-132]。

针对乌东煤矿围岩活动剧烈这一情况，微震监测预警的主要方法为通过统计分析煤岩体内发生的微震事件，分析围岩活动的变化规律，避免高能量微震事件诱发冲击。在微震监测过程中，往往采用能量和频次两个参数作为判断动力灾害危险性的依据，但通过对典型矿井微震监测历史数据的分析，发现这两个孤立的常数在反映冲击危险性时仍存在一定的误判率，因此，微震监测并不是确定某个参数值作为预警指标，而应该是在对大量微震数据统计分析的基础上，实现规律性的预警。

9.5.2 微震布置方案

微震系统监测原理：利用各拾震器接收到同一震动波过程中存在的时间差，在特定的波速场下对震源位置进行定位计算，确定微震事件震源位置，同时利用震相持续时间计算微震事件发生过程中释放的能量，要求震源发生瞬间至少3个台站监测到微震事件并获得有效数据，同时上述3个台站在平面范围内能实现对震源点环形包围且垂直方向具有高差。根据乌东煤矿南区采掘工作的相对位置，以及微震台站的布置原则，微震监测台站的布置图如图9-15所示。图中，1# 和 2# 为地表测点，3# 为＋660 m 水平测点，4# ～10# 为＋500 m 水平测点，11# ～15# 为＋475 m 水平测点，16# 为＋400 m 水平测点。由此，形成了从地表(＋860 m)到井下＋400 m，高差达到460 m的立体监测网络，随着采掘工作的不断推进及变化，微震传感器相应地进行调整。

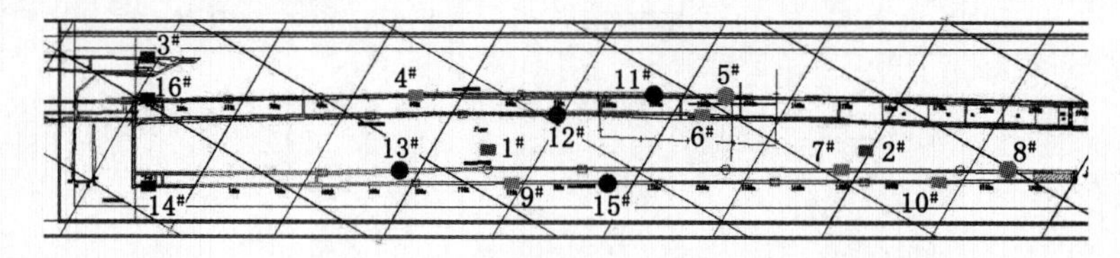

图 9-15 乌东煤矿南区微震台站布置图

9.5.3 微震预警规律

乌东煤矿微震监测事件的能量分布为0次方级到8次方级，如图9-16所示为乌东煤矿10月13日至次年6月13日不同能量级微震事件数所占比例情况。从图中可以看出，1次方以下和6次方以上的微震事件数所占比例非常小，为小概率事件，对微震事件数变化规律影响很小；从能量影响角度，1次方以下的微震事件对整体微震事件能量影响非常小，而6次方以上的微震事件对整体微震事件能量影响非常大。因此，在进行微震参数规律预警时，选择1次方级到5次方级的微震事件分析。

微震事件的频次与能量在一定程度上均反映了煤岩体内部破裂的发展程度，在进行统计分析时，有时单个高能量事件会对整体的能量—频次曲线规律造成较大影响。因此，本章将微震事件按不同能量级进行统计分析。图9-17为不同能量级微震事件的能量—频次变

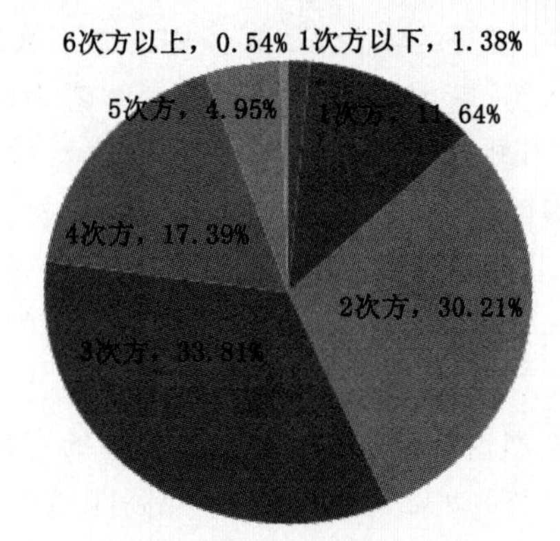

图 9-16 不同能量级微震事件数所占比例

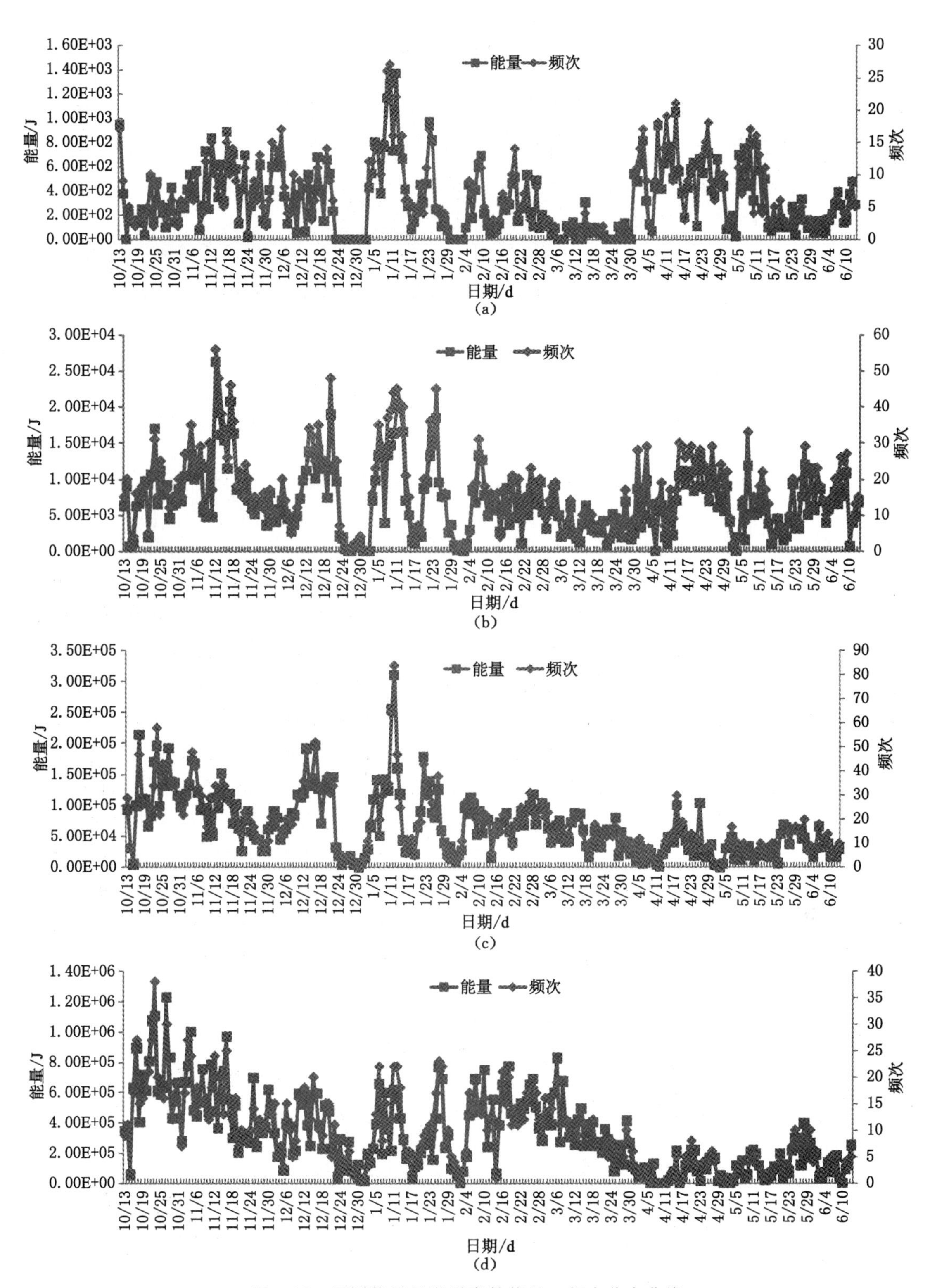

图 9-17　不同能量级微震事件能量—频次分布曲线

(a) 1 次方；(b) 2 次方；(c) 3 次方；(d) 4 次方

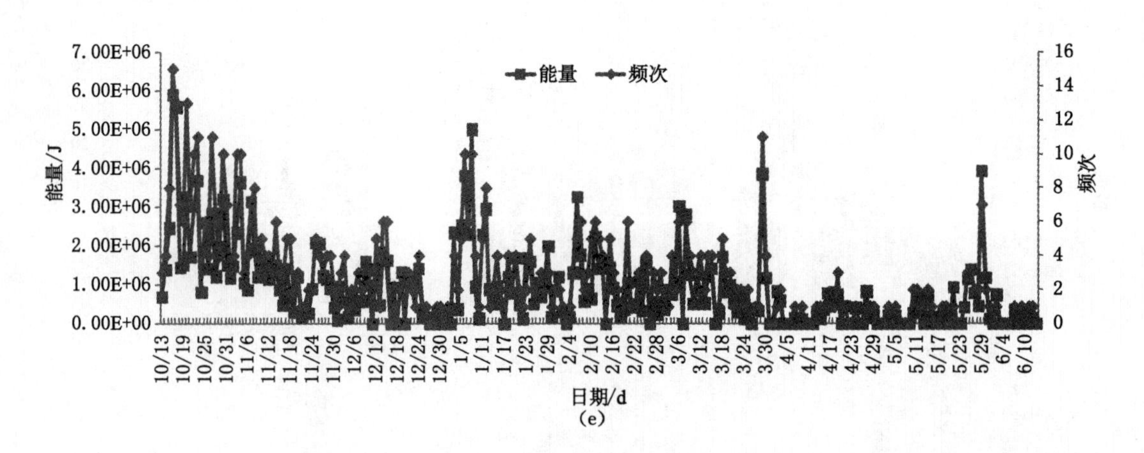

续图 9-17　不同能量级微震事件能量—频次分布曲线

(e) 5 次方

化曲线。从图中可以看出，当分能级对微震事件进行统计时，能量与频次的变化规律呈现较好的一致性。

根据微震与煤岩体破裂的关系，低能量级的微震事件对应煤岩体内部的微破裂及裂隙的发展，中等能量级的微震事件对应煤岩体内部大破裂或破裂的贯通，高能量级的微震事件对应煤岩体的最终断裂。为了研究动力灾害微震预警规律，首先应了解煤岩体断裂失稳前其内部微破裂及裂隙的破坏状态。因此，本章以高能量级微震事件为标志，分析其发生前低能量级与中等能量级微震事件的变化规律。由图 9-17 可以看出，1～3 次方级微震事件的能量—频次曲线的变化趋势相对较为一致，4～5 次方级微震事件的能量—频次曲线的变化趋势相对较为一致。因此，将微震事件分为三个等级：低能量级（1～3 次方）、中等能量级（4～5 次方）和高能量级（6 次方以上）。图 9-18 为低能量级与中等能量级微震事件的频次各占百分比的统计曲线，图 9-19 为低能量级与中等能量级微震事件能量分布统计曲线，表 9-3 和表 9-4 为其部分统计数据。从图表中可以看出：高能量微震事件发生前，低能量微震事件频次所占百分比及能量和整体呈上升趋势，而中等能量微震事件则呈降低趋势。由此可见，当煤岩体内部主要以微破裂为主时，弹性能释放较少且释放缓慢，煤体内仍聚集着大量的变形能，经过一段时间后当其突然释放时产生高能量微震事件，此时容易诱发冲击显现。

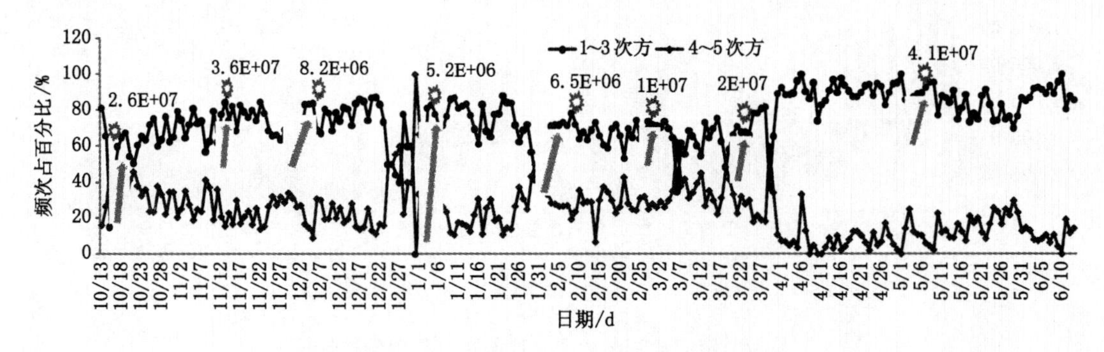

图 9-18　微震事件频次分布曲线

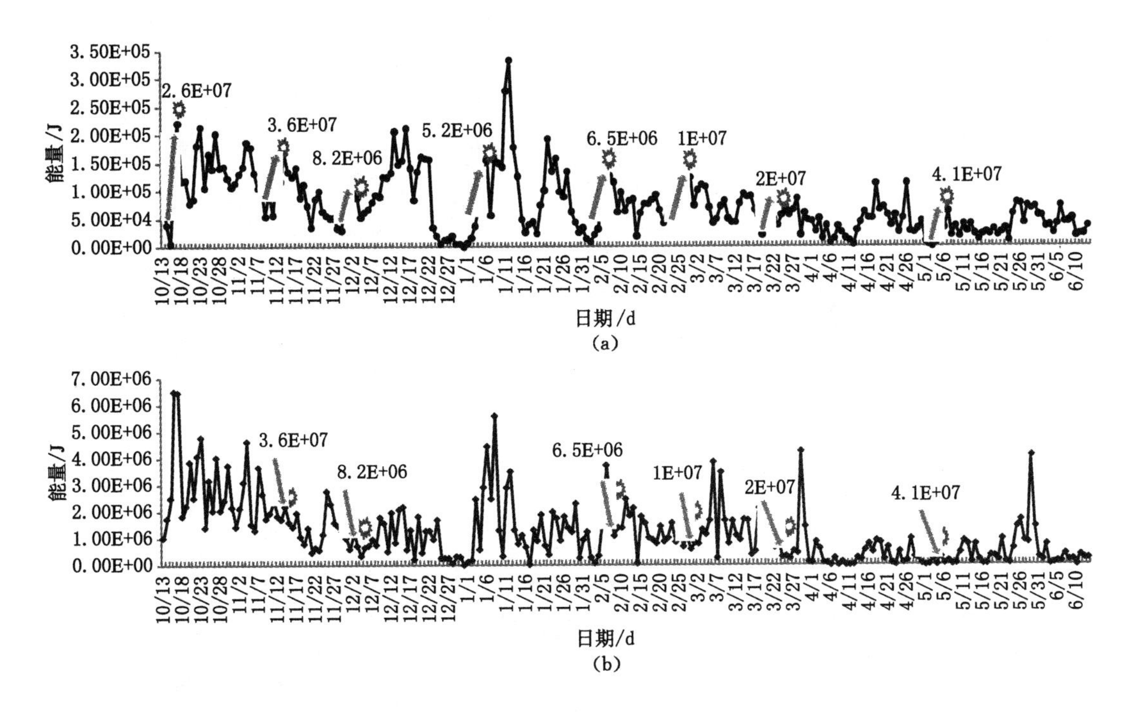

图 9-19　微震事件能量分布曲线

(a) 1～3 次方;(b) 4～5 次方

表 9-3　　2013 年 10 月 17 日高能微震事件前能量—频次统计

日期＼事件	1～3 次方事件频次比率/%	4～5 次方事件频次比率/%	1～3 次方事件能量和/J	4～5 次方事件能量和/J
10 月 15 日	15	50	6.07×10^{3}	2.52×10^{6}
10 月 16 日	43.75	40	1.02×10^{5}	6.52×10^{6}
10 月 17 日	60	36.36	2.21×10^{5}	6.47×10^{6}

表 9-4　　2013 年 11 月 14 日高能微震事件前能量—频次统计

日期＼事件	1～3 次方事件频次比率/%	4～5 次方事件频次比率/%	1～3 次方事件能量和/J	4～5 次方事件能量和/J
11 月 11 日	62.30	36.07	5.70×10^{4}	2.40×10^{6}
11 月 12 日	77.78	20.74	1.41×10^{5}	1.85×10^{6}
11 月 13 日	84.47	15.53	1.17×10^{5}	1.72×10^{6}
11 月 14 日	74.56	22.81	1.69×10^{5}	2.20×10^{6}

图 9-20 和图 9-21 为部分高能量微震事件发生前低能量与中等能量事件的平面分布情况。从图中可以看出,高能量事件发生的位置主要分布在整体微震事件密集区域,尤其是低能量微震事件密集区域,利用该特征可以对高能量事件的大致发生位置进行预警。

9.5.4　微震预警方法

根据上文分析,乌东煤矿围岩活动经历高发期—平静期—高发期的周期性特征,在平

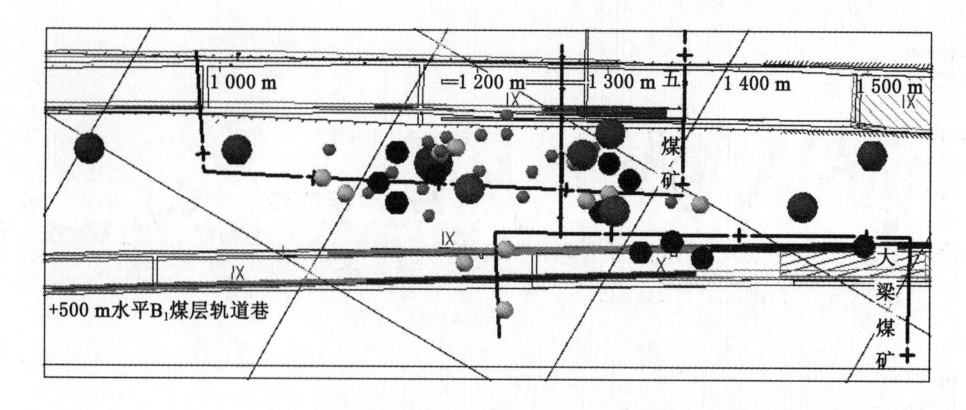

图 9-20　10 月 15 日至 10 月 17 日期间微震事件分布

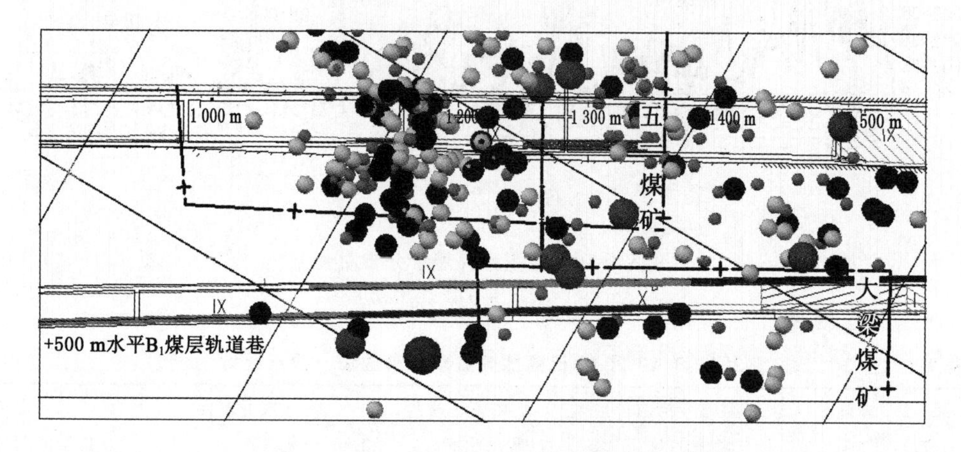

图 9-21　2 月 25 日至 3 月 1 日期间微震事件分布

静期围岩一直处于积累能量状态，当能量积聚到一定程度时，容易突然释放能量，诱发动力灾害，这一周期大概为 15～30 d。结合上述微震监测的预警原理与预警规律，确定乌东煤矿微震监测预警方法为：每 15 d 对微震事件频次及能量进行分能级统计，当低能量级（1～3 次方）微震事件日释放频次所占比例及日释放能量呈上升趋势，同时中等能量级（4～5 次方）微震事件日释放频次所占比例及日释放能量呈降低趋势时，当该趋势持续达到 3～7 d 后，则有可能发生高能量级的微震事件，并可能诱发动力灾害，此时应对该时间段内的微震事件分布情况进行统计分析，微震事件密集区域前后 100 m 范围为动力灾害危险预警区域。

设定，E、N 分别为时间窗内的总能量和频次；$E_{低}$、$N_{低}$ 分别为时间窗内的低能量和频次；$E_{中}$、$N_{中}$ 分别为时间窗内的中等能量和频次；e、n 分别为预测日期的总能量和频次；$e_{低}$、$n_{低}$ 分别为预测日期的低能量和频次；$e_{中}$、$n_{中}$ 分别为预测日期的中等能量。那么，时间窗口内低能级比重 $P_{E1}=E_{低}/E$、$P_{N1}=N_{低}/N$；时间窗口内中能级比重 $P_{E2}=E_{中}/E$、$P_{N2}=N_{中}/N$；预测当天低能级比重 $p_{e1}=e_{低}/e$、$p_{n1}=n_{低}/n$；预测当天中能级比重 $p_{e2}=e_{中}/e$、$p_{n2}=n_{中}/n$。微震预测过程见表 9-5。

表 9-5　　微震预测过程

参数	时间窗/d	时间窗比重		预测日比重		预警规律
能量	15	P_{E1}	P_{E2}	p_{e1}	p_{e2}	$p_{e1}>P_{E1}$；$p_{e2}<P_{E2}$
频次	15	P_{N1}	P_{N2}	p_{n1}	p_{n2}	$p_{n1}>P_{N1}$；$p_{n2}<P_{N2}$

利用微震监测系统对煤岩破坏的震动波响应，对震源进行定位和能量计算，反演煤岩体活动规律。建立了微震监测实行双指标预警（表 9-6）：

① 单个事件预警，预警值为 10^5 J，临界值为 10^6 J 或 4 个 10^5 J 事件；

② 综合能量预警，选取前 20 d 正常生产期间微震事件能量平均值作为微震能量基准值，据此分析微震事件能量变化情况，实现监测预警。

表 9-6　　综合能量预警指标确定方法

基准值	预警值	临界值	预警系数	临界系数
$E=\dfrac{\sum_{i=1}^{n}E_i}{n}$	$E_M=E\times K_M$	$E_S=E\times K_S$	$K_M=\dfrac{\sum_{y}^{r}\dfrac{E_y}{E_y-1}}{r}$	$K_S=\dfrac{\sum_{c}^{w}K_{sc_{\max}}}{N}$
n=20	6.88E	50.64E	6.88	50.64

9.6　矿压应力在线监测

矿压应力在线系统包括 KJ216B 围岩移动监测、锚杆和 KJ43 型围岩应力监测系统，主要安装在乌东煤矿北区综采工作面两平巷内，实现对倾斜 45°煤层围岩应力进行动态监测。

9.6.1　监测原理

矿压应力在线监测系统包括 KJ216B 系统和 KJ743 系统，其中 KJ216B 系统监测内容有围岩移动监测、锚杆锚索应力监测，KJ743 系统监测内容有围岩应力监测。矿压应力在线监测的基本原理是利用岩层运动、支承压力、钻屑量与钻孔围岩应力之间的内在关系，通过深埋入煤层中的应力探测器在线监测工作面前方采动应力场变化规律，及时发现高应力区域及其变化规律，实现动力灾害危险区和危险程度的实时监测预警和预报。

9.6.1.1　围岩移动监测

顶板离层（围岩移动）报警监测子系统（以下简称顶板离层系统）主要用于煤矿巷道顶板及围岩深部松动和离层监测。顶板离层系统采用隔爆兼本安型电源 KDW660/18B 供电，每台电源可同时供电 15 个围岩移动传感器（又称离层传感器）。本安型电源的接入电压均为 127 V，确保安装地点有可接入的供电使用。本系统中电源的接入方法有两种：一是从本安型分站接入，电源接入本安型分站后，本安型分站下位总线接口将信号和电源合并为一条电缆输出，本安型分站输出电源的容量最大可负载15个离层传感器。二是从线路中间通过三通接线盒接入。

9.6.1.2　锚杆应力监测

锚杆支护应力监测子系统主要用于煤矿巷道顶板及两帮锚杆或锚索受力监测，也可以用于岩土工程锚杆、锚索应力监测。锚杆、锚索应力监测系统采用隔爆兼本安型电源KDW660/18B供电，每台电源可同时供电15个锚杆、锚索应力传感器。本安型电源的接入电压均为127 V，确保安装地点有可接入的供电使用。本系统中电源的接入方法有两种（参考围岩移动监测的安装）。

9.6.1.3　围岩应力监测

围岩应力监测系统，适用于煤矿的矿震、矿压（岩爆）、煤与瓦斯突出等矿山灾害的预警和监测。监测系统实时无线监测工作面和巷道周围的煤体和岩体的应力，并诊断和预报发生矿压及煤与瓦斯突出危险区域和危险程度，能有效对矿井工作面回采过程的煤体应力水平实时监测，对工作面冲击危险进行等级划分、及时预警；监测频率能够有效捕捉矿压或矿震发生过程信息，记录冲击显现时瞬间煤体应力变化。系统的压力传感器测得的是相对应力，它是支承压力与绝对钻孔围岩应力的综合作用的结果。

9.6.2　监测方案

（1）围岩移动监测安装。围岩移动监测器分别安装在综采工作面两平巷顶部，每200 m安装一组围岩移动传感器，每个钻孔（传感器）设置2个基点，钻孔的直径27～29 mm，两个基点分别安装在不同的深度，通过通信线缆将监测信号上传至地面服务器。

（2）锚杆应力监测。锚杆应力监测器分别安装在综采工作面两平巷顶部，每200 m安装一组锚杆、锚索应力传感器，锚杆、锚索应力传感器采用穿孔式固定安装，穿孔直径25 mm。锚杆传感器安装在锚杆的托盘和紧固螺母之间，传感器安装时要注意居中，偏离中心安装时会造成一定的测量误差。

（3）围岩应力监测。围岩应力监测主要安装在具有动力灾害危险区域，在动力灾害危险区域平巷帮部每30 m安装一组围岩应力监测传感器，每组传感器用四通接线盒进行连接，每个布点需安装2台（1组）传感器，一台为6 m，另一台为3 m，两台传感器距离间隔为1～2 m，安入煤体内的应力计无法回收重复使用，电子部分可以重复回收利用。

9.7　地质雷达

9.7.1　系统原理

地质雷达（GPR）技术是一种用于确定地下介质分布的广谱（1 MHz～1 GHz）电磁技术，由一体化主机、发射部分、接收部分及配套软件等组成。其通过发射天线以60°～90°的波束角向地下发射高频电磁脉冲波（主频为数十兆赫至数百兆赫以至千兆赫），电磁脉冲波在传播途中遇到电性分界面时由于界面两侧介电常数的差异而产生反射，反射的电磁波被设置在某一固定位置的接收天线接收，同时将接收到的信号经过转换处理为电信号传到主机，再经滤波、增益恢复等一系列处理后形成雷达探测图像，如图9-22所示。电磁波在介质传播过程中，其路径、电磁波强度与波形特征将随所通过介质的介电常数与几何形态的变化而变化。因此，根据反射所形成的电磁波图像剖面的旅行时间（亦称双程走时)、振幅与频率及同相轴(同一连续界面的反射信号)形态,可以推断介质的形状、大小及埋藏深度等特征参数。当发射和接收天线沿介质表面逐点同步移动时,就能得到其内部介质的剖面图像。

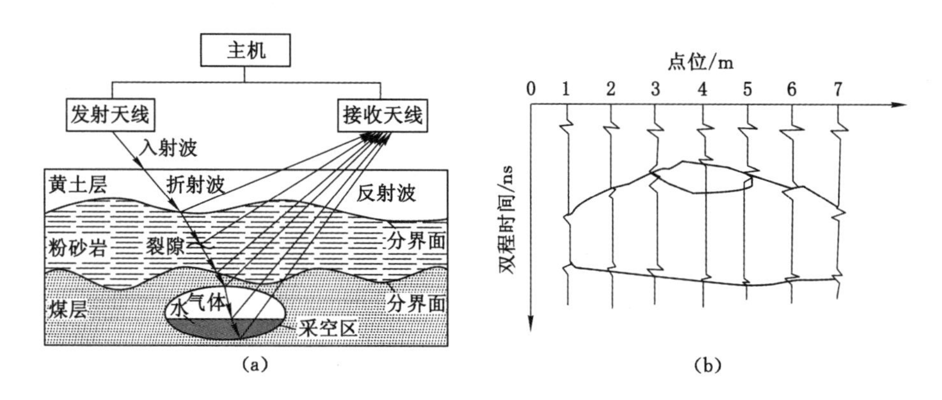

图 9-22　地质雷达工作原理

(a) 工作原理示意图;(b) 波形图

不同的介质具有不同的物理特性,也具有不同的介电常数。当雷达发射的电磁脉冲波在经过介质界面时,因介质的介电常数不同而方向发生改变,即反射波被接收天线所接收。因此,电磁波振幅的强弱变化主要取决于介质两侧的介质常数的差异,即反射系数的大小与介电常数差异有关。下式反映了反射系数与介电常数之间的关系:

$$R_{\mathrm{i}} = \frac{\sqrt{\varepsilon_1} - \sqrt{\varepsilon_2}}{\sqrt{\varepsilon_1} + \sqrt{\varepsilon_2}} \tag{9-5}$$

式中　R_{i}——反射系数;

ε_1,ε_2——反射界面两侧的相对介电常数。

由此公式可知,两侧的相对介电常数变化越大,反射系数越大,即反射电磁波的信号强度越大。

地质雷达所发射的高频短脉冲电磁波在介质传播中遇到采空区等目标体时,因目标体与周围岩体存在电性差异而产生反射波,并且被接收形成雷达探测图像,通过对图像剖面的同相轴追踪就可以测定出目标体反射波的旅行时间,同时可根据电磁波在介质中的传播速度推算出目标体所在的埋藏深度。电磁脉冲波在地下岩层中的传播速度可近似用 $v = \frac{c}{\sqrt{\varepsilon_{\mathrm{r}}}}$ 代替,则

$$h = v\frac{T}{2} = \frac{cT}{2\sqrt{\varepsilon_{\mathrm{r}}}} \tag{9-6}$$

式中　v——电磁波在材料中的传播速度,m/ns;

c——电磁波在空气中的传播速度,取 0.3 m/ns;

ε_{r}——材料的相对介电常数,取值可参考表 9-7;

h——地层底界面深度,m;

T——电磁波传播双程时间,ns。

表 9-7　相对介质常数表

材料	介电常数	速度/(m/ns)	材料	介电常数	速度/(m/ns)
空气	1	0.3	水	81	0.033
土壤(干)	4～10	0.095～0.15	土壤(湿)	10～30	0.054～0.095
黏土(干)	2～6	0.112～0.212	黏土(湿)	8～15	0.086～0.11
石灰岩(干)	7	0.113	石灰岩(湿)	8	0.106
砂岩(干)	2～5	0.134～0.212	砂岩(湿)	5～10	0.095～0.134
页岩(干)	4～9	0.1～0.15	页岩(湿)	9～16	0.055～0.1
煤(干)	3.5	0.16	煤(湿)	8	0.106
泥岩(干)	5	0.134	泥岩(湿)	7	0.113

由于地质雷达发射的电磁波段常为 10^7 以上的数量级，地质雷达可对发射、接收电磁波的频率进行控制，因此地质雷达具有信噪比高、干扰低的特点。其发射的电磁波段常为 10^7 以上数量级，在地层介质中雷达波长一般为 0.1～2.0 m，所以地质雷达在探测浅部地层介质时，具有比地震波更高的分辨率，而且具有经济、高效、非破坏性等优点。

9.7.2　主要技术参数

地质雷达主要技术参数见表 9-8。

表 9-8　地质雷达主要技术参数

软件	
天线	可同时记录 1 个或 2 个通道的数据；1～4 个通道可选
显示方式	线性扫面、波形和变面积。在扫描方式中，使用 256 种色源来表示信号的幅度和积极性
系统设置	根据不同地址类型、勘测情况以及天线排列配置，可以存储无限多个系统设置文件，仅取决于硬盘容量的大小
操作方式	连续测量、距离测量、点测
增益范围	－20～＋100 dB 可调。增益曲线分段可以从 1～8 进行选择
垂直滤波	时间域滤波。无限脉冲响应(IIR)、有限脉冲响应(FIR)、矩形和三角形高低通滤波器
	高通为双极；低通为双极
	FIR、矩形和三角形： 高通：最多 1/2 扫描长度； 低通：最多 1/2 扫描长度

电子元件	
天线	适配所有的 GSSI 各种天线，可以同时配 2 个天线
分辨率	5 ps
记录长度	2～8 000 ns 满刻度，可选
输出数据	8 位或 16 位，可选
输入电源	12 V 直流，11～15 V 直流范围，60 W
信噪比	＞110 dB
动态范围	＞110 dB
实际精度	0.02％
系统接口	双通道输入
	12 V 直流电源接口
	测量轮或 DMI 测距接口
温度	打标器接口
	相对温度：＜95 ℃ 存储温度：－40～－60 ℃ 工作温度：－10～－40 ℃

续表 9-8

软件		电子元件	
水平滤波	IIR：1～16 384 个扫描背景消除；1～16 384 个扫描	数据存储	内部数据存储(标准)：60 GB
			外部数据存储(可选)：使用 PC 外围设备、USB 或 PCMCIA 接口
	叠加：2～32 768 个扫描背景去除	硬件	尺寸：466 mm×395 mm×174 mm
			质量：10 kg

9.7.3　探测方案

为实现地质雷达监测具有指导性，特以＋620 m 水平 45# 煤层西翼南巷采用地质雷达探测顶板注水效果检验为例进行说明。为了使探测结果更加准确、可靠，根据乌东煤矿提供的地质资料，对＋620 m 水平 45# 煤层西翼南巷采用地质雷达进行监测。探测长度和注水软化长度相同，从距工作面 50 m 到距煤门 132 m 处，共计 560 m。由于探测电缆长度为 30 m，探测时主机放于中间位置，一次可探测长度为两个电缆长度 60 m，故每条测线分 10 次探测完毕，具体探测位置如图 9-23 所示。在地质雷达探测过程中，安排两条测线来观测顶板岩层的破碎情况。一条垂直与巷道顶部，另一条偏南 45°。探测深度为 35 m，探测线布置位置如图 9-24 和图 9-25 所示。

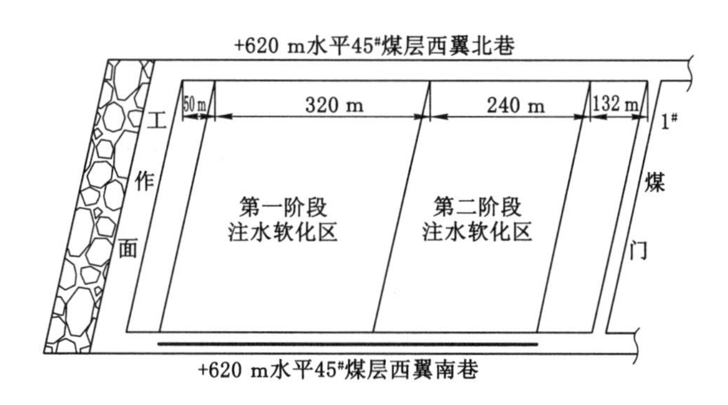

图 9-23　地质雷达探测线平面图

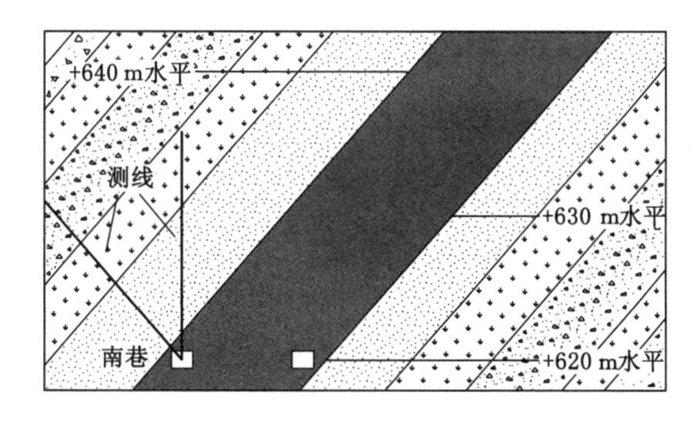

图 9-24　地质雷达探测线剖面图

(a)

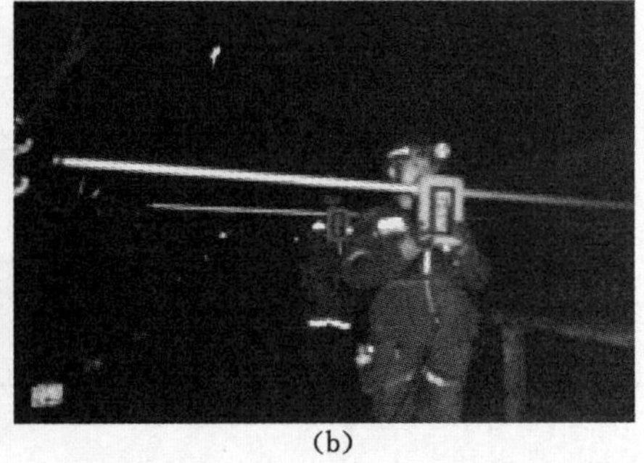
(b)

图 9-25　井下探测

9.8　瞬变电磁

瞬变电磁法是一种极具发展前景的方法，可查明含水地质如岩溶洞穴与内部通道、煤矿采空区、深部不规则水体等。瞬变电磁法在提高探测深度和在高阻地区寻找低阻地质体是最灵敏的方法，具有自动消除主要噪声源，且无地形影响，同点组合观测，与探测目标有最佳耦合，异常响应强，形态简单，分辨能力强等优点。

9.8.1　探测原理及装置

瞬变电磁法的勘探原理是利用人工在发射线圈加以脉冲电流，产生一个瞬变的电磁场，该磁场垂直发射线圈向两个方向传播，通常是在地面布设发射线圈，依据半空间的传播原理，把地面以上的忽略。当磁场沿地表向深部传播，当遇到不同介质时，产生涡流场或遵照量子力学原理使活泼的碱金属产生能级跃迁或使含有大量氢原子的液体的氢原子核沿磁场方向产生定向排列。

当外加的瞬变磁场撤销后，这些涡流场的释放或者活泼的碱金属要恢复原有的能级，释放跃迁产生能量，以及含有大量氢原子的液体的氢原子核恢复原有的排列时，均以磁场的形式释放所获的能量。利用接收线圈测量接收到的感应电动势 V_2。该电动势包含了地下介质电性特征，通过各种解释手段（一维反演、视电阻率等）得出地下岩层的结构。由于采用线圈接收 V_2，故对空间的电磁场或其他人为电磁场敏感，也就是通常所说的干扰。为了减少此类干扰，尽量采用发射大的电流，以获取最大的激励磁场，增加信噪比，压制干扰。

接收装置通常分为分离回线、中心回线和重叠回线 3 类，以重叠回线得到的信息最为完整，其他次之。

9.8.2　探测方案

在＋575 m 水平 43# 煤层东翼南巷（2 460～2 780 m）走向方向每 10 m 布置一个测点，探测方向沿煤层倾向，角度为 30°，共布置 32 个测点，对＋600 m 水平 43# 煤层东翼综采工作面2 460～2 780 m 区域进行探测。如图 9-26 所示。

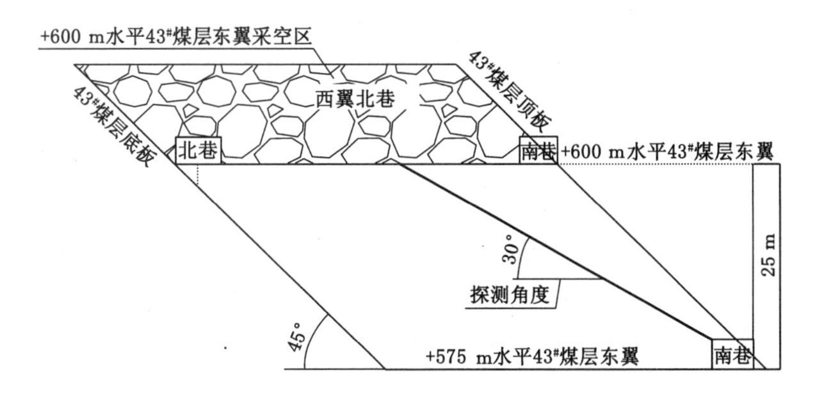

图 9-26　瞬变电磁探测示意图

9.9　本章小结

(1) 根据高水平应力和围岩活动是乌东煤矿动力灾害发生的主要力源和诱发因素，乌东煤矿动力灾害监测预警构建了点—面—体的监测模式，形成"矿井区域监测—局部重点监测—点监测"综合监测体系，实现了动力灾害全方位、多尺度的综合监测预警。监测预警体系由钻屑法、电磁辐射法、PASAT(地震波 CT 探测)微震、地音及常规矿压观测方法构成。电磁辐射对煤体的应力状态进行监测预警、采用地音对煤体内微破裂活动进行监测预警、采用微震对整个围岩及煤体破裂的贯通及断裂进行监测预警、采用地应力对综采工作面前方周期来压进行动态监测、采用地质雷达和 PASAT 对局部应力危险区进行应力验证，实现分源预警。

(2) 乌东煤矿南区动力灾害煤体电磁辐射强度的预警指标 91 mV，乌东煤矿北区电磁辐射预警指标为 67 mV。乌东煤矿南区 B_{1+2} 煤层钻屑临界值为：钻杆长度 1～4 m 钻屑值为 2.3 kg/m，钻杆长度 5～10 m 钻屑值为 2.7 kg/m；南区 B_{3+6} 煤层钻屑临界值：钻孔深度 1～4 m 的钻屑临界值为 2.3 kg/m，钻孔深度 5～10 m 的钻屑临界值为 2.7 kg/m。乌东煤矿北区 43# 煤层钻屑临界值：钻孔深度 1～4 m 的钻屑临界值为 2.8 kg/m，钻孔深度 5～10 m 的钻屑临界值为 3.6 kg/m；45# 煤层钻屑临界值：钻孔深度 1～4 m 的钻屑临界值为 2.7 kg/m，钻孔深度 5～10 m 的钻屑临界值为 3.9 kg/m。

(3) 地音监测对煤体应力型动力灾害可以实现较准确的预警，预警指标为通过大量数据分析确定了综合能量预警方式，即选取前 10 d 综采工作面进刀期间地音能量平均值作为地音能量基准值，并对上分层监测数据能量变异系数进行研究，确定预警系数。

(4) 微震监测矿震诱发型冲击显现的预警规律为：低能量级(1～3 次方)微震事件频次所占比例及能量呈上升趋势，同时中等能量级(4～5 次方)微震事件频次所占比例及能量呈降低趋势。微震监测实行双指标预警：① 单个事件预警，预警值为 10^5 J，临界值为 10^6 J 或 4 个 10^5 J 事件；② 综合能量预警，通过微震事件能量变化实现微震综合预警。

第 10 章　急倾斜煤层动力学灾害动态调控与示范

本章通过对急倾斜煤层采掘工程进行数值模拟，测算出急倾斜煤层水平综采放顶煤工艺煤层应力集中范围，同时界定出合理的采掘影响范围与影响程度，实现了从矿井整体上的采掘布局调控和采掘强度调控。针对急倾斜煤层动力灾害致灾因素，建立了以耦合致裂弱化为导向的急倾斜煤层动力学灾害动态调控技术方法和体系。针对不同的动力灾害影响因素，采用了煤层注水、顶底板深孔爆破卸压、水平联合处理岩柱及控制采动扰动的措施，实现了急倾斜煤层高应力煤岩体的原位改性，运用 PASSAT、微震等方法对煤岩体原位改性效果开展验证，结果表明该急倾斜煤层动力学灾害在采掘布局调控、采掘强度调控、原位改性的调控措施综合作用下，取得了良好的防治效果。动力灾害综合防治体系如图 10-1 所示。

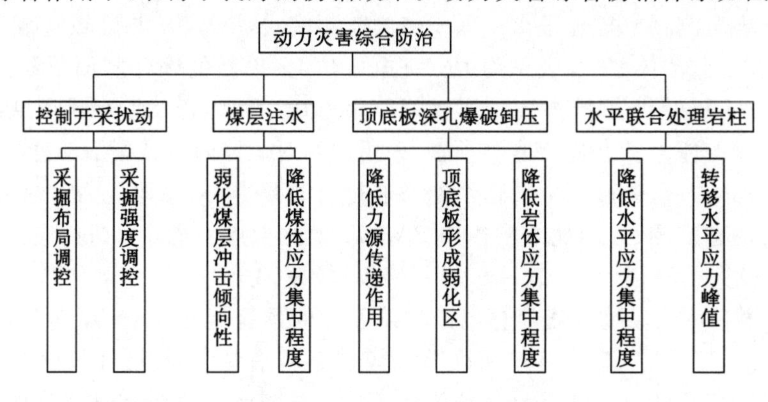

图 10-1　动力灾害综合防治体系

10.1　急倾斜煤层采掘布局调控

10.1.1　数值模型构建

在乌东煤矿南区数值计算模型的基础上，以＋500 m 开采水平至＋450 m 开采水平的煤岩体为背景构建 $FLAC^{3D}$ 数值计算模型，对乌东煤矿采掘工程布置优化方案进行研究。模型中主要煤岩层的物理力学参数、模型边界约束条件和边界载荷条件与乌东煤矿南区数值计算模型相同，如图 10-2 所示。

10.1.2　掘进方案优化数值模拟分析

(1) 工作面掘进方案设计

以＋475 m 开采水平为例，考虑 B_{3+6} 煤层的 B_3 巷、B_6 巷和 B_{1+2} 煤层的 B_1 巷、B_2 巷的相对掘进关系，提出 3 个掘进方案。

方案 1:4 条巷道独立掘进；

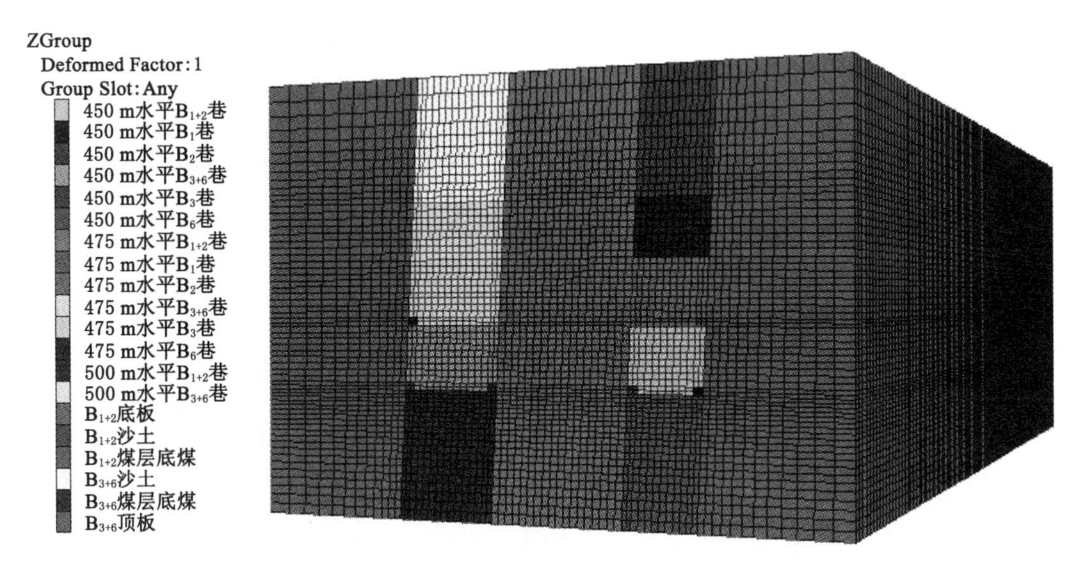

图 10-2　数值计算模型

方案 2:按 B_1 巷、B_2 巷、B_3 巷和 B_6 巷道的顺序接续掘进;

方案 3:B_1 巷与 B_2 巷同时掘进,B_3 巷与 B_6 巷同时掘进。

(2) 工作面掘进方案分析

方案 1:4 条巷道独立掘进。B_1 巷、B_2 巷掘进后,沿煤层水平方向的影响范围为 9~10 m,沿岩层水平方向应力影响范围为 4~6 m;B_3 巷、B_6 巷掘进后,沿煤层水平方向的影响范围为 8~9 m,沿岩层水平方向应力影响范围为 4~5 m。巷道应力分布如图 10-3 所示,各条巷道分别掘进后,超前应力主要影响范围均约为 10 m。

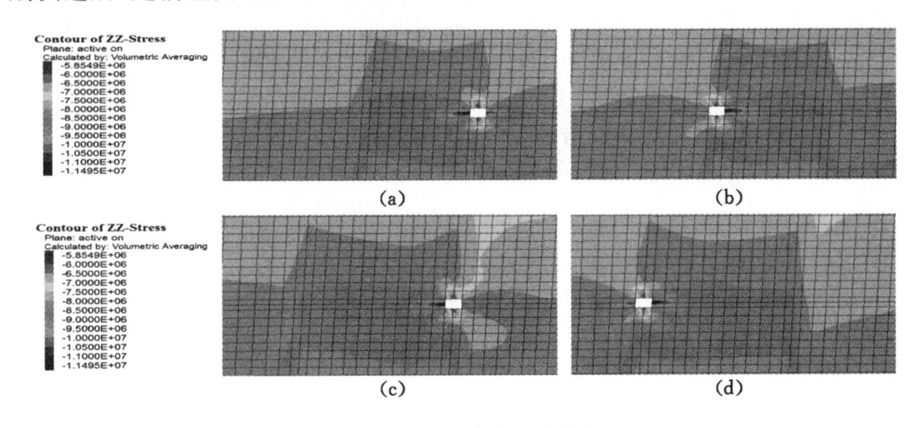

图 10-3　方案 1 巷道应力分布剖面图

(a) B_1 巷独立掘进后应力分布图;(b) B_2 巷独立掘进后应力分布图;

(c) B_3 巷独立掘进后应力分布图;(d) B_6 巷独立掘进后应力分布图

方案 2:按 B_1 巷、B_2 巷、B_3 巷和 B_6 巷的顺序接续掘进。B_1 巷、B_2 巷掘进后,沿煤层水平方向的影响范围为 9~10 m,沿岩层水平方向应力影响范围为 4~6 m;B_3 巷、B_6 巷掘进后,沿煤层水平方向的影响范围为 8~9 m,沿岩层水平方向应力影响范围为 4~5 m。4 条巷道接续掘进后应力分布平面图如图 10-4 所示。各条巷道分别掘进后,超前应力主要影响范围均约为 10 m，与采用方案 1 掘进后各巷道的应力主要影响范围基本相同。

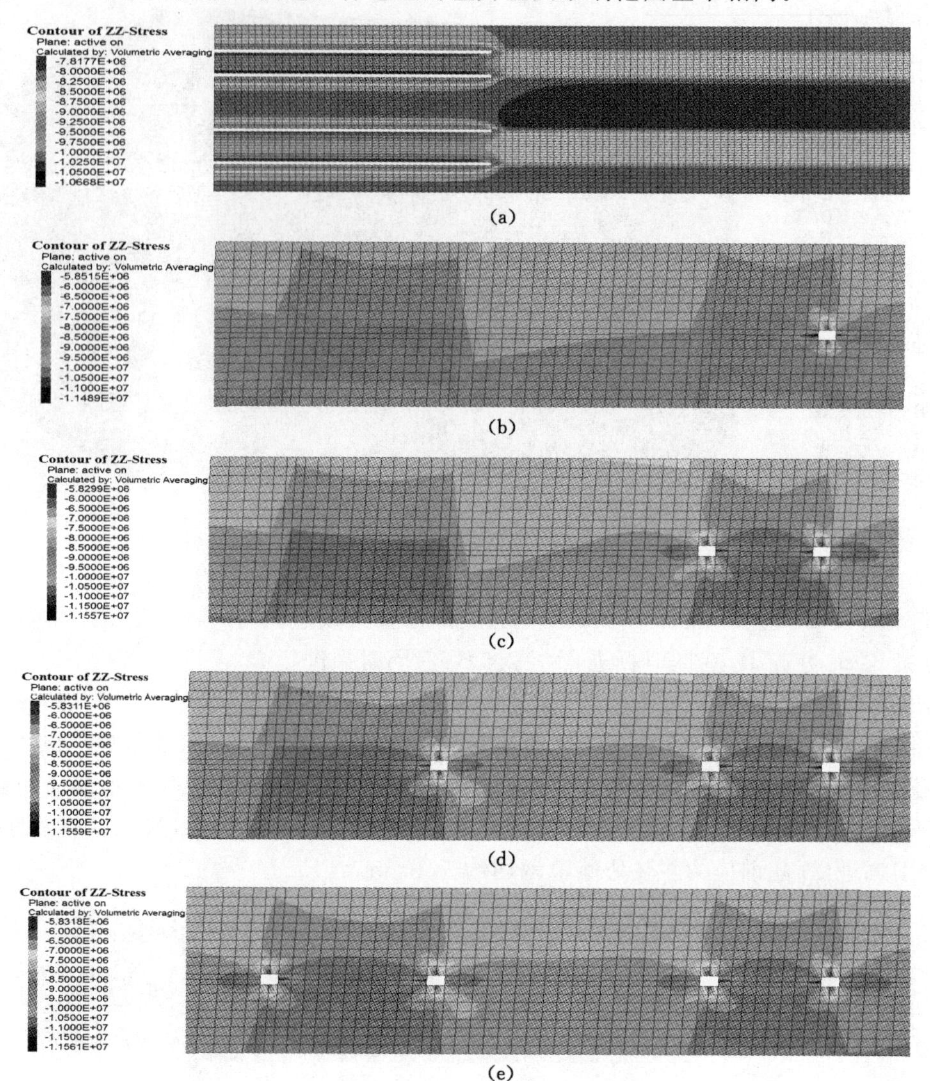

图 10-4　方案 2 巷道应力分布剖面图

(a) 4 条巷道接续掘进后应力分布平面图；(b) B_1 巷掘进后应力分布剖面图；
(c) B_2 巷掘进后应力分布剖面图；(d) B_3 巷掘进后应力分布剖面图；(e) B_6 巷掘进后应力分布剖面图

方案 3：B_1 巷与 B_2 巷同时掘进，B_3 巷与 B_6 巷同时掘进。B_1 巷、B_2 巷掘进后，沿煤层水平方向的影响范围为 9～10 m，沿岩层水平方向应力影响范围为 4～6 m；B_3 巷、B_6 巷掘进后，沿煤层水平方向的影响范围为 8～9 m，沿岩层水平方向应力影响范围为 4～5 m。巷道应力分布剖面如图 10-5 所示。从图中可以看出，各条巷道分别掘进后，超前应力主要影响范围均约为 10 m，与采用方案 1 和方案 2 掘进后主要影响范围基本相同。

各掘进巷道影响范围汇总如表 10-1 所列。各条巷道掘进后，沿煤层水平方向的影响范围为 8～10 m，沿岩层水平方向应力影响范围为 4～6 m，超前应力主要影响范围均约为 10 m。

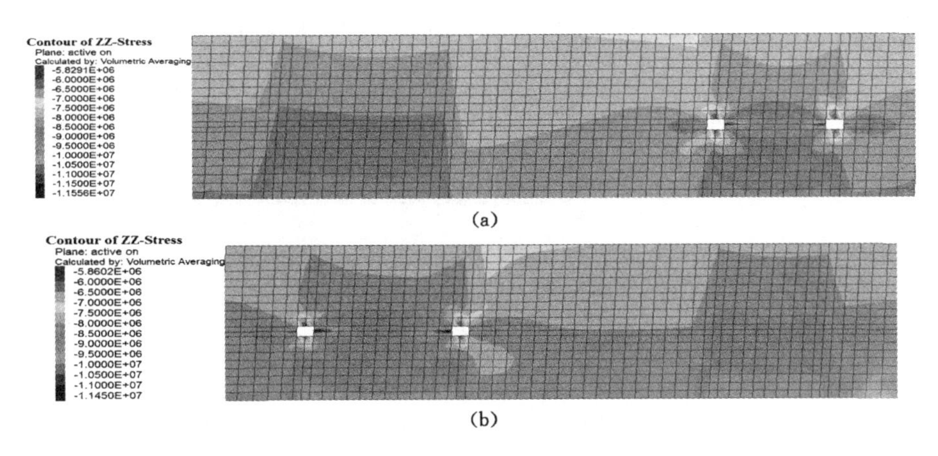

图 10-5　方案 3 巷道应力分布剖面图

(a) B_1 巷、B_2 巷掘进完毕应力分布剖面图；(b) B_3 巷、B_6 巷掘进完毕应力分布剖面图

表 10-1　　**掘进工作面影响范围汇总**

巷道名称	B_1巷	B_2巷	B_3巷	B_6巷
煤层方向主要影响范围/m	9.3	9.1	8.7	8.9
岩层方向主要影响范围/m	5.5	4.7	4.6	4.9
超前应力主要影响范围/m	8.9	8.0	9	8.3

以 B_{1+2}煤层 B_1 巷和 B_2 巷为例，B_2 巷超前于 B_1 巷掘进，分别计算两掘进工作面端头距离 10～50 m 时，B_2 巷超前应力影响范围的变化情况。计算结果表明，当两掘进工作面端头距离 30 m 以上时，工作面间无掘进扰动影响，此时 B_2 巷超前应力最大影响范围约为 30 m；当两掘进工作面端头距离为 20 m 时，B_2 巷超前应力影响范围约为 35 m，当两掘进面端头距离为 10 m 时，B_2 巷超前应力影响范围约为 40 m，模拟结果如图 10-6 所示。

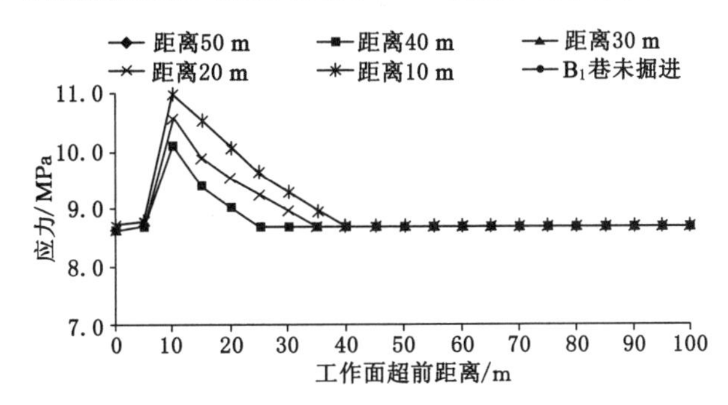

图 10-6　B_2 巷超前应力影响范围变化情况

当 B_1 巷超前于 B_2 巷掘进时，B_1 巷超前应力影响范围变化情况与 B_2 巷超前掘进时应力分布情况基本相同，如图 10-7 所示。数值模拟结果表明，B_{1+2}煤层两掘进工作面的最小安全距离为 30 m。根据乌东煤矿掘进工作面超前钻孔长度与最大掘进速度的比值，确定安全系数为 1.5，确定 B_{1+2}煤层两掘进工作面同时掘进时须留有 30～45 m 的安全距离。

B_{3+6}煤层 B_3 巷和 B_6 巷同时掘进时，工作面超前影响范围变化情况与 B_{1+2}煤层相同，须留

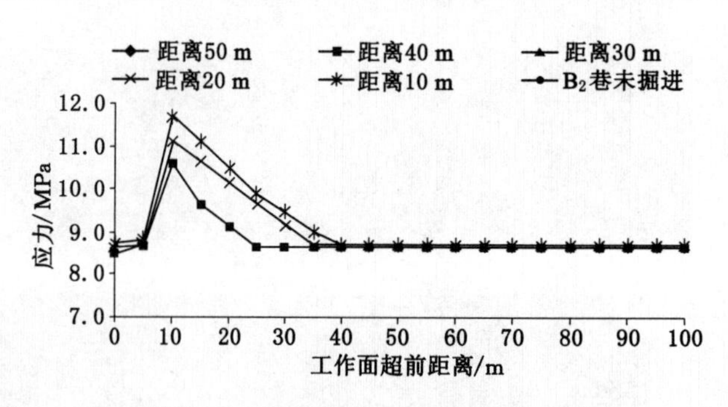

图 10-7 B_1 巷超前应力影响范围变化情况

有 30～45 m 的安全距离。B_{1+2}煤层的 B_2 巷与 B_{3+6}煤层的 B_3 巷同时开掘时，彼此间无影响。

因此，根据数值模拟结果，确定在现有开采方案下，乌东煤矿同一煤层掘进工作面之间须留有 30～45 m 的安全距离。

(3) 巷道受力分析

数值计算统计结果见表 10-2 和图 10-8，表中各巷道受力条件由好到差排序：B_2 巷＞B_1 巷＞B_3 巷＞B_6 巷。对比乌东煤矿南区＋475 m 水平的 4 条巷道实际情况，在现开采方案下，B_3 巷和 B_6 巷稳定性最差，底板和两帮变形量均较大，煤体最为破碎；B_2 巷的稳定性最好，巷道稳定性与工作面开采前后巷道受力状态的差异有着直接的联系。因此，数值模拟结果与现场实际情况基本一致。

表 10-2　工作面开采前后各巷道最大主应力变化情况结果统计　MPa

巷道名称		B_6巷		B_3巷		B_2巷		B_1巷	
开采状态		采前	采后	采前	采后	采前	采后	采前	采后
开采水平	＋627 m 水平	8.40	12.7	8.50	13.0	8.40	10.7	8.40	11.3
	＋609 m 水平	9.30	14.3	9.80	14.3	8.80	12.3	9.40	12.9
	＋590 m 水平	10.3	15.1	10.9	15.5	9.8	12.9	10.6	14.0
	＋568 m 水平	11.3	17.2	12.0	17.3	10.8	14.5	11.5	15.7
	＋545 m 水平	12.4	18.7	13.1	18.6	12.1	15.6	12.6	17.1
	＋522 m 水平	13.5	19.5	14.1	18.0	13.0	16.3	13.8	16.4
	＋500 m 水平	14.6	21.8	15.3	21.2	14.0	17.6	15.0	19.7
	＋475 m 水平	15.7	20.8	16.2	18.9	15.2	18.8	16.0	21.0
	＋450 m 水平	16.7	25.1	17.5	23.9	16.4	20.9	17.3	22.0
平均值		12.5	18.4	13.0	17.9	12.1	15.5	12.7	16.7
结论		工作面开采前，B_3巷的受力最大，B_2巷的受力最小							
		工作面开采后，B_3巷和 B_6巷的受力最大，B_2巷的受力最小							

在乌东煤矿现开采方案下，B_2 巷的受力条件最好，稳定性最好；B_3 巷和 B_6 巷的受力条件最差，稳定性最差。各掘进工作面沿煤层水平方向的影响范围为 8～10 m，沿岩层水平方向应力影响范围为 4～6 m，掘进工作面超前应力主要影响范围约为 10 m，同一煤层掘进工作面同时掘进时须留有 30～45 m 的安全距离。

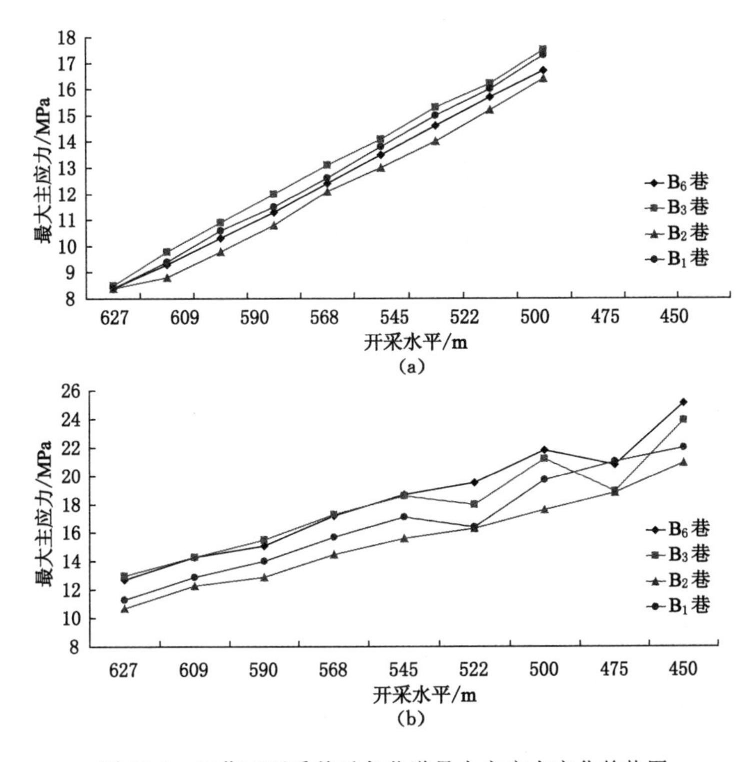

图 10-8　工作面开采前后各巷道最大主应力变化趋势图

(a) 两煤层开采前各巷道最大主应力变化趋势；(b) 两煤层开采后各巷道最大主应力变化趋势

10.1.3　工作面回采方案优化数值模拟分析

(1) 工作面回采方案设计

以＋500 m 开采水平为例，考虑 B_{3+6}工作面和 B_{1+2}工作面在开采水平的相对回采关系，提出 4 个回采方案。

方案 1：B_{3+6}工作面不回采，仅 B_{1+2}工作面回采；

方案 2：B_{1+2}工作面不回采，仅 B_{3+6}工作面回采；

方案 3：B_{1+2}工作面先回采，B_{3+6}工作面后回采；

方案 4：B_{3+6}工作面先回采，B_{1+2}工作面后回采。

(2) 工作面回采方案模拟分析

方案 1：B_{3+6}工作面不回采，仅 B_{1+2}工作面回采

B_{1+2}工作面回采后，垂直应力分布剖面如图 10-9 所示。由图可知，按照方案 1 进行回采后，B_{1+2}工作面应力沿水平方向的影响范围约为 15 m，对下部煤体的影响范围约为 20 m，超前影响范围约为 50 m，如图 10-10 所示。超前支撑压力峰值为 9.35 MPa，高于原岩应力 1.8 MPa，位于工作面前方 15 m 处。B_{1+2}工作面的回采使 B_2 巷的应力峰值提高了 6.8 MPa，使 B_{3+6}煤层底板侧岩柱的应力峰值降低了 4.7 MPa。说明 B_{1+2}工作面的开采使 B_2 巷应力集中程度升高，同时对 B_{3+6}煤层具有卸压作用。

方案 2：B_{1+2}工作面不回采，仅 B_{3+6}工作面回采

B_{3+6}工作面回采后，垂直应力分布剖面如图 10-11 所示。由图可知，按照方案 2 进行回采后，B_{3+6}工作面应力沿水平方向的影响范围约为 20 m，对下部煤体的影响范围约为 25 m，

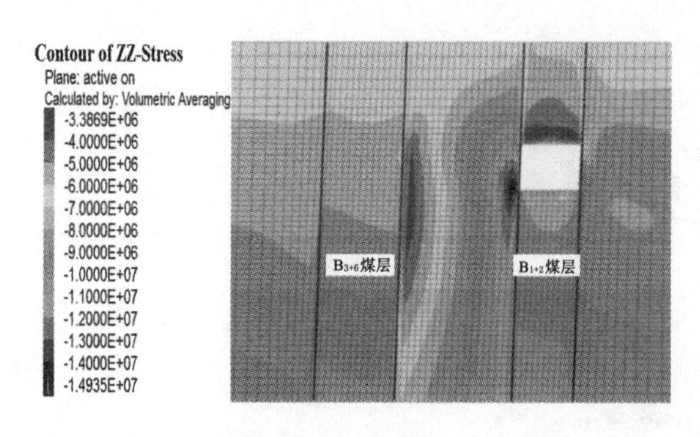

图 10-9　方案 1 回采时应力分布剖面图

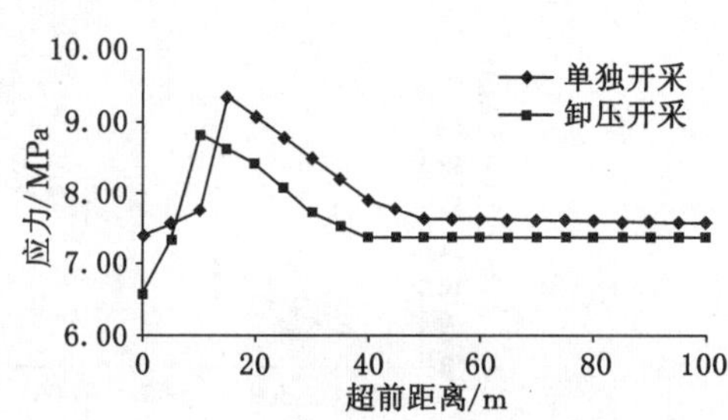

图 10-10　B_{1+2}工作面超前 100 m 垂直应力分布

超前影响范围约为 65 m，如图 10-12 所示。超前支撑压力峰值为 11.80 MPa，高于原岩应力 4.3 MPa，位于工作面前方 15 m 处。B_{3+6}工作面的开采使 B_3 巷的应力峰值提高了 10.4 MPa，使 B_{1+2}煤层顶板侧岩柱的应力峰值降低了 6.7 MPa。说明 B_{3+6}工作面的开采使 B_3 巷应力集中程度升高，同时对 B_{1+2}煤层具有卸压作用。

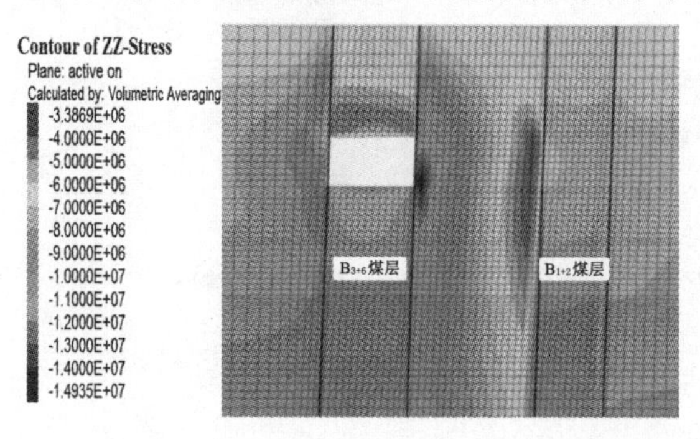

图 10-11　方案 2 回采时应力分布剖面图

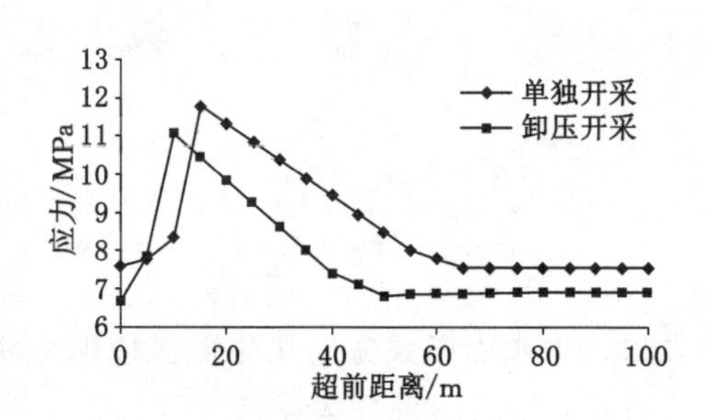

图 10-12　B_{3+6}工作面超前 100 m 垂直应力分布

方案 3：B_{1+2}工作面先回采，B_{3+6}工作面后回采

B_{3+6}工作面回采后，垂直应力分布剖面如图 10-13 所示。由图可知，按照方案 3 进行回采后，B_{3+6}工作面应力沿水平方向的影响范围约为 20 m，对下部煤体的影响范围约为 25 m，超前支撑压力范围约为 45 m，如图 10-14 所示。超前支撑压力峰值为 11.07 MPa，高于原岩应力 3.6 MPa，位于工作面前方 10 m 处。

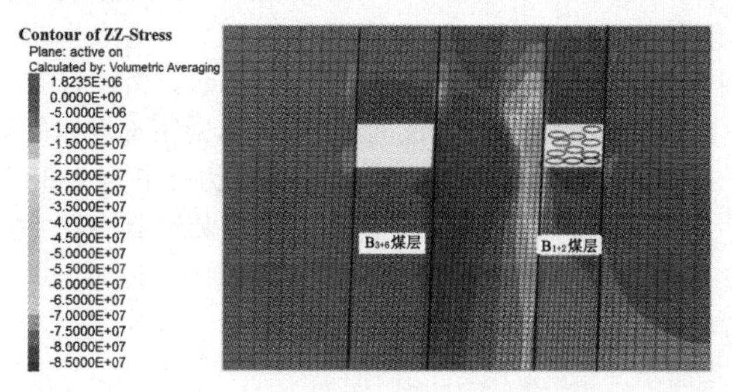

图 10-13　方案 3 回采时应力分布剖面图

根据模拟结果，当 B_{3+6} 工作面距 B_{1+2} 工作面 300 m 以上时，B_{3+6} 工作面超前支撑压力值不变；当 B_{3+6} 工作面与 B_{1+2} 工作面相距 250 m 时，B_{3+6} 工作面超前支撑压力峰值由 17.3 MPa 提高至 18 MPa；当 B_{3+6} 工作面与 B_{1+2} 工作面相距 100 m 时，B_{3+6} 工作面超前支撑压力峰值提高至 20.6 MPa。随着两工作面距离的减小，B_{3+6} 工作面超前支撑压力峰值持续升高，如图 10-14 所示。

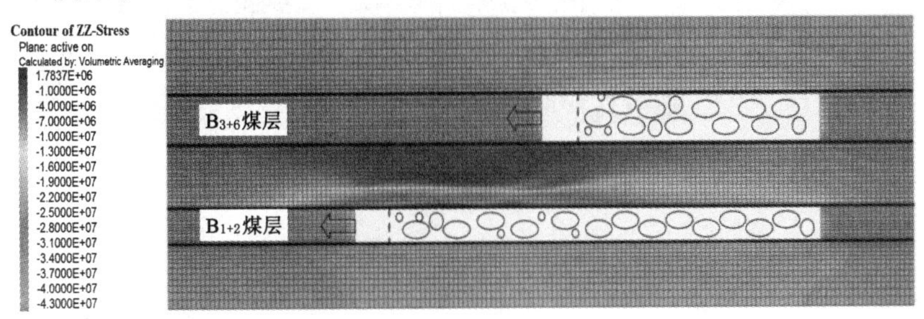

图 10-14　方案 3 回采时应力分布平面图

方案 4：B_{3+6} 工作面先回采，B_{1+2} 工作面后回采

B_{1+2} 工作面回采后，垂直应力分布剖面如图 10-15 所示，应力分布平面图如图 10-16 所示。由图可知，按照方案 4 进行回采后，B_{1+2} 工作面应力沿水平方向的影响范围约为 15 m，对下部煤体的影响范围约为 20 m，超前支撑压力影响范围约为 40 m，比方案 1 回采后减小了 10 m，如图 10-17 所示。超前支撑压力峰值为 8.80 MPa，高于原岩应力 1.3 MPa，比方案 1 回采后减小了 0.5 MPa，位于工作面前方 15 m 处。根据模拟结果，当 B_{1+2} 工作面距 B_{3+6} 工作面 350 m 以上时，B_{1+2} 工作面超前支撑压力值不变；当 B_{1+2} 工作面与 B_{3+6} 工作面相距 300 m 时，B_{1+2} 工作面超前支撑压力峰值由 18 MPa 提高至 23 MPa；随着两工作面距离的减小，B_{1+2} 工作面超前支撑压力峰值持续升高，如图 10-18 所示。

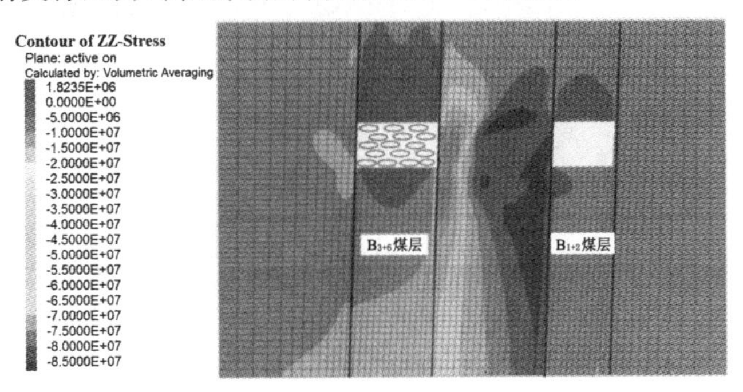

图 10-15　方案 4 回采时应力分布剖面图

工作面开采顺序模拟分析表明：某一个工作面的开采使本工作面临近岩柱侧的巷道应力集中程度升高，同时对另一个工作面具有卸压作用。

B_{3+6} 工作面超前支撑压力影响范围为 45～65 m，B_{1+2} 工作面超前支撑压力影响范围为 40～50 m。从模拟结果分析，确定乌东煤矿两回采工作面之间的安全距离为 300～350 m。

根据数值模拟结果，工作面超前支撑压力影响范围为 40～65 m，应力峰值为 8.8～11.8 MPa；工作面侧向支撑压力范围为 15～20 m；工作面回采后，对下部煤体的影响范围为 20～25 m，岩柱的最大水平位移量为 0.03～0.17 m，汇总结果见表 10-3。

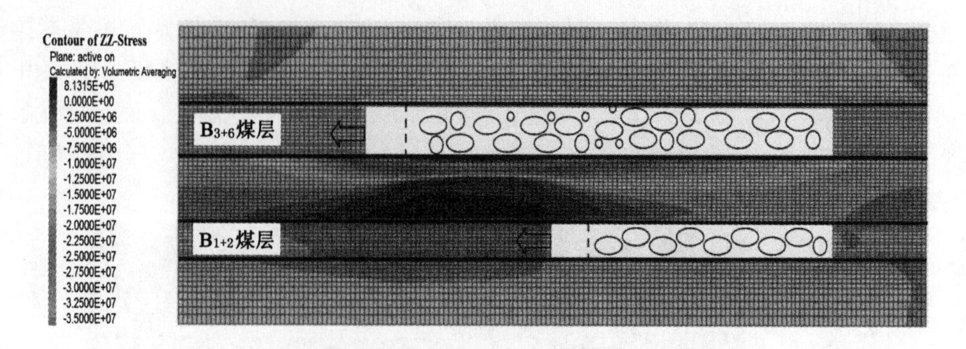

图 10-16　方案 4 回采时应力分布平面图

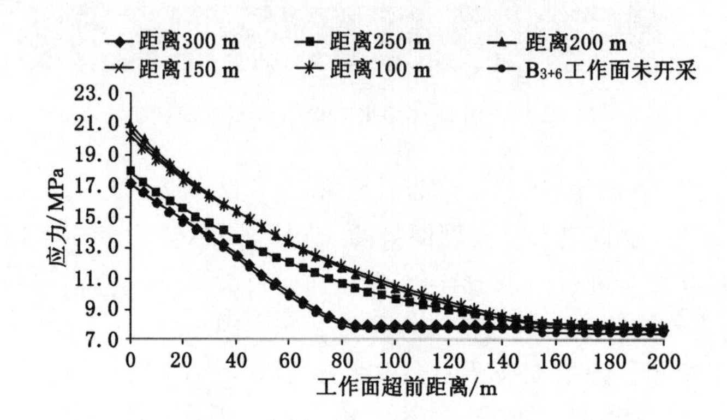

图 10-17　B_{1+2}工作面超前支撑压力变化

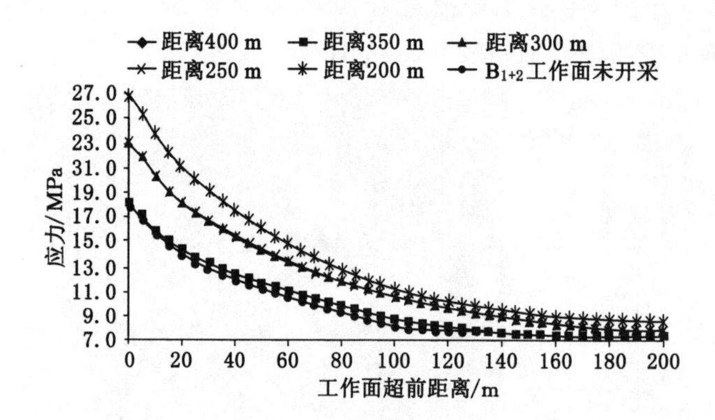

图 10-18　B_{3+6}工作面超前支撑压力变化

表 10-3　　采煤工作面影响范围汇总

回采方案	方案 1	方案 2	方案 3	方案 4
工作面超前支撑压力影响范围/m	50	65	40	45
超前支撑压力峰值/MPa	9.35	11.80	8.80	11.07
工作面侧向支撑压力影响范围/m	15	20	15	20
对下部煤层的影响范围/m	20	25	20	25
岩柱最大水平位移量/m	0.03	0.13	0.03	0.17

采用 $FLAC^{3D}$ 数值计算方法，对同一煤层采掘工作面之间的安全距离进行计算，如图 10-19 和图 10-20 所示。计算结果表明，在现有开采方案下，乌东煤矿采掘工作面之间的安全距离为 80～100 m。

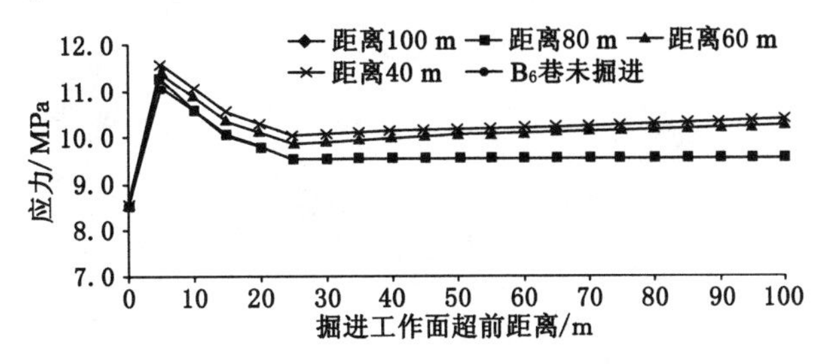

图 10-19　掘进工作面与采煤工作面相向推进时超前应力影响范围

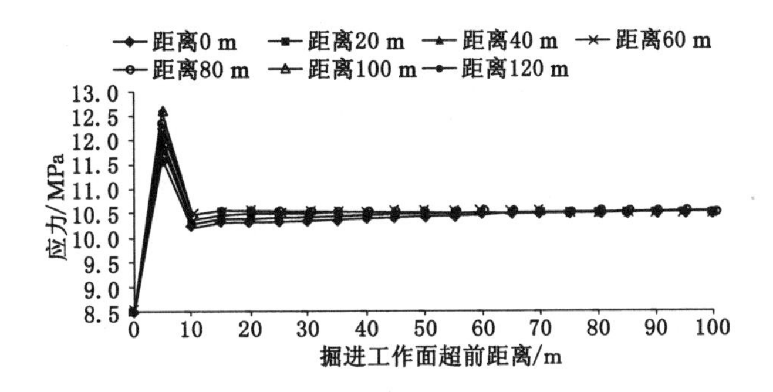

图 10-20　掘进工作面与采煤工作面背向推进时超前应力影响范围

10.1.4　回采方案优化的微震验证

对于回采方案优化的数值模拟结果，可通过微震事件的分布情况进行验证。选择 B_{3+6} 单独回采阶段，即 2014 年 6 月 21 日至 2014 年 7 月 5 日这一时间段，对微震事件的分布特点进行研究，分析图像见图 10-21 和图 10-22。

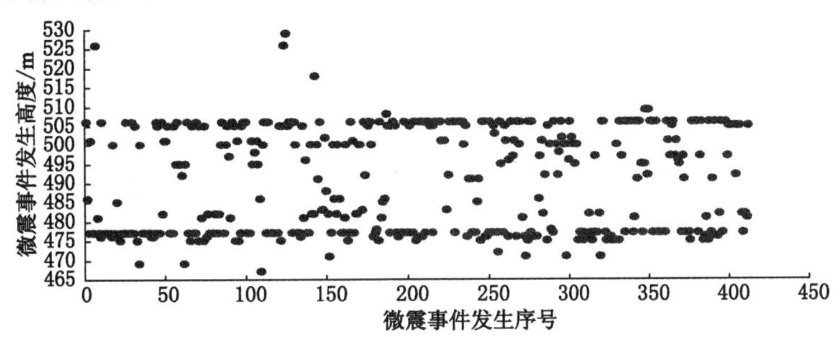

图 10-21　B_{3+6} 工作面单独回采期间微震点高度分布

B_{3+6} 工作面单独回采期间，微震事件主要分布在 B_{3+6} 工作面前方及采空区一侧，以及 B_{3+6} 工作面的底板岩层中。B_{3+6} 工作面不同推进速度下微震事件分布范围如表 10-4 所列。B_{3+6} 工作面单独回采期间，微震事件超前工作面最大影响范围 99 m，滞后工作面的最大影响范围为 185 m，B_{3+6} 煤层底板侧最大影响范围为 125 m，顶板侧的最大影响范围为 53.6 m，大多数微震事件分布在工作面前方 30～70 m 范围内，以及 B_{3+6} 煤层顶板岩层 10～20 m 范围内。

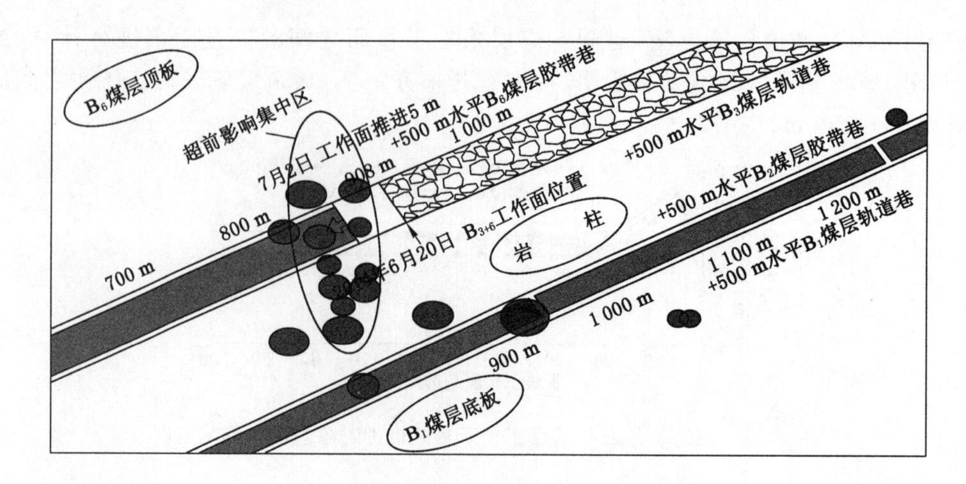

图 10-22　7 月 2 日微震点分布平面图

对比数值模拟结果，B_{3+6}工作面单独开采时，超前支撑压力影响范围 40～65 m，超前支撑压力影响范围为 15～20 m，对下部煤层的影响为 20～25 m，超前应力峰值位于工作面前方 10～15 m 范围内，模拟结果与微震数据的平均值大体一致。

表 10-4　B_{3+6}工作面日推进度与影响区范围关系

日推进度/m	超前影响范围/m	滞后影响范围/m	岩柱侧影响范围/m	顶板影响范围/m
1	36.7	104.5	33.4	16.5
5	29.3	110.0	30.8	53.6
3	13.6	103.2	40.2	10.5
4	13.4	110.3	45.1	—
1	46.4	159.0	24.3	—
5	81.0	123.4	67.1	—
5	56.7	152.6	95.6	42.7
3	—	81.5	50.1	15.3
4	52.5	74.6	32.3	15.7
3	49.2	61.2	61.8	48.2
1	48.0	138.4	37.5	—
5	46.2	21.7	125.0	49.0
6	90.0	80.0	65.7	21.0
4	65.9	61.8	96.8	27.3
5	99.0	185.0	60.6	41.4

10.2　急倾斜煤层综放工作面采掘强度调控

10.2.1　围岩活动与推进度关系分析

大量研究表明，围岩活动与工作面的推进速度有非常明显的关系，图 10-23 为 2014 年 9 月 15 日至 9 月 25 日期间微震事件频次与＋500 m 水平 B_{3+6}综放工作面进刀数关系曲线。

从图中可以看出，9 月 20 日之前推进度控制在 6 刀/d 左右，这段时间微震活动比较平稳，20 日和 21 日进刀数减少，微震事件频次相应降低，9 月 22 日进刀数达到 8 刀，矿井微震频次开始升高。随着推进度进一步增大，矿井围岩活动开始剧烈，表明矿井围岩活动的剧烈程度与推进度呈正相关关系。

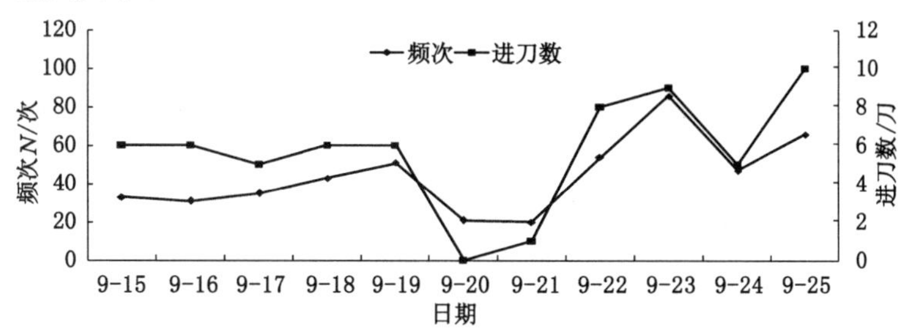

图 10-23　微震事件频次与进刀数关系曲线

图 10-24 为微震事件能量与进刀数关系曲线。从图中可以看出，9 月 20 日前矿井进刀数维持在 6 刀/d，矿井微震事件释放能量较平稳，维持在 2×10^6 J 左右，20 日以后，随着 +500 m水平 B_{3+6} 综放工作面进刀数的不断急速变化，矿井微震事件能量和呈现明显增长趋势，分别于 23 日、25 日发生大能量事件，井下出现明显震感。说明当工作面推进度较平稳时，矿井围岩活跃程度较低；当工作面推进度出现急剧变化时，矿井围岩活跃程度较高。

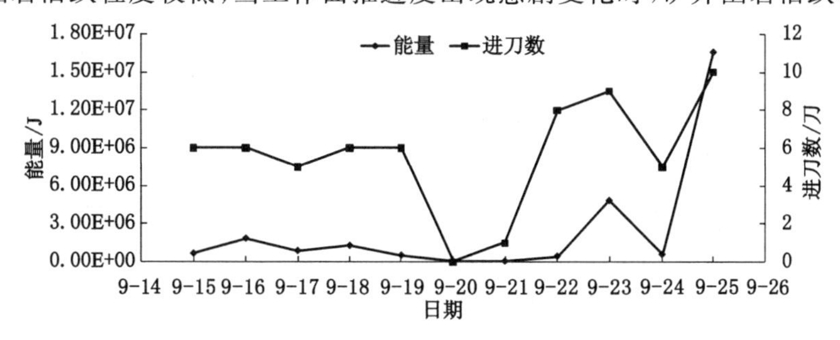

图 10-24　微震事件能量与进刀数关系曲线

由此可见，推进度与围岩活动有着密切的关系，当推进度较平稳并控制在 8 刀/d 以内时，微震事件的频次与能量保持在较低、较平缓水平，此时围岩活动相对较为缓和，因此，可以通过控制推进度来控制围岩活动。

10.2.2　围岩活动与日产量关系分析

急倾斜特厚煤层水平分段开采工艺较为特殊，开采过程中可能存在放煤不充分或过量放煤情况，这些情况均会对围岩活动产生影响。日产量变化大容易使回采空间岩层活动剧烈变化，引起岩层不稳定，导致岩层发生较大面积的滑移、运动，引起较大范围的岩层破断，造成高能事件产生，使工作面动力灾害危险性升高。根据工作面日产量与微震事件关系统计，如图 10-25(a)、(b)所示，微震事件发生与日产量呈正相关关系，日产量越大，矿井微震事件越多。当工作面日产量超过 8 000 t，微震事件日发生频次超过 100 次；当工作面日产量在 7 000～8 000 t 时，微震事件日发生频次为 46～89 次；当工作面日产量为 6 000～7 000 t 时，微震事件日发生频次为 47～91 次。因此，确定日产量不超过 6 000 t。图 10-25(c)、 (d)所示为9月微震事件与产量的关系曲线。从图中可以看出，微震事件频次与产量的相关性较为一致，当产量降低时，微震事件频次随之降低，产量增加时，微震事件能量也呈上升趋势，表明产量增加时，开采空间增大，围岩活动空间大，围岩活动趋于频繁。

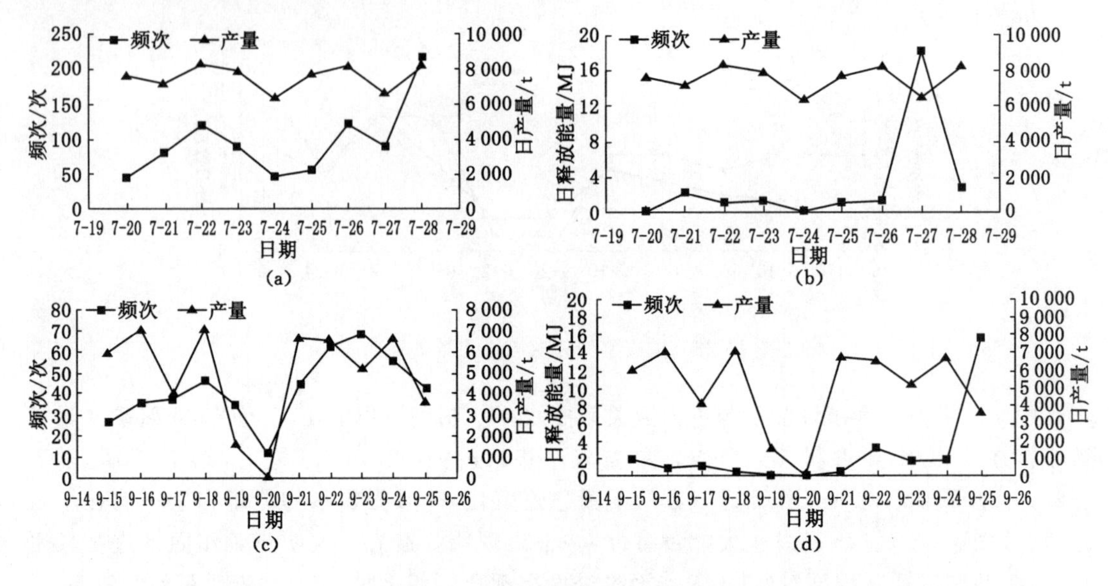

图 10-25　微震事件与产量关系曲线

(a) 7月份产量与频次关系；(b) 7月份产量与能量关系；(c) 9月份产量与频次关系；(d) 9月份产量与能量关系

根据统计分析发现，微震事件能量与工作面日产量关系呈非正相关性，即日产量增加并不能及时反映到微震能量释放增加，非及时相关性。但其变化规律是一致的，即日产量增加，并持续一段时间后，围岩活动发生剧烈活动，主要因为日产量发生变化，围岩活动形成的平衡关系发生改变。围岩经过一段时间的破坏发展，能量积聚到一定程度形成较大范围的断裂，大量积聚的能量容易突然释放，高能量围岩活动极易诱发动力灾害显现。因此，适当控制工作面的回采率，避免回采率的剧烈起伏，可降低围岩活动空间，可有效控制围岩中的高能事件。

10.3　急倾斜煤岩体(45°)耦合致裂工程实践

10.3.1　耦合致裂方案设计思路

急倾斜煤层开采，由于传力机制作用，在竖向上容易形成拱形受力结构，顶板不易垮落。急倾斜煤层顶板是沿煤岩层的法线方向垮落充填采空区的，在采空区上方形成了非对称的冒落拱。因为冒落矸石堆积到采空区的下部，加上放煤过程中残留的三角煤等，造成了上部顶板相对悬空，而缺少了矸石堆积的反作用力，顶板冒落的运动会一直继续，这将在上部形成了范围较大的顶板悬空区，最后采空区煤岩的承载能力达到极限时顶板突然间垮落，并瞬间造成地表的大面积坍塌。为了保障安全生产，需要将上水平及本水平开采形成的悬空顶板一一消除，首先就要摸清顶板悬空的大概位置，然后才能实施放顶的措施。数值模拟能够按照需要直观地展示出力、位移等图形，利用这一特点来模拟45°煤层开采时顶板垮落的分布特征，以此来确定实施强制放顶的区域。

根据乌东煤矿 45°煤层+575 m 水平西翼工作面的开采布置，如图 10-26 所示，设计了 $FLAC^{3D}$ 的数值计算模型。模型中水平方向代表工作面倾向，垂直方向代表埋藏深度。按照煤层赋存与开采条件，将模型从左到右依次划分为基本顶、直接顶、煤层、直接底、基本底。开采时将这两部分的煤层挖去并计算模拟煤层的开采，如图 10-27 所示。

图 10-26　数值计算模型

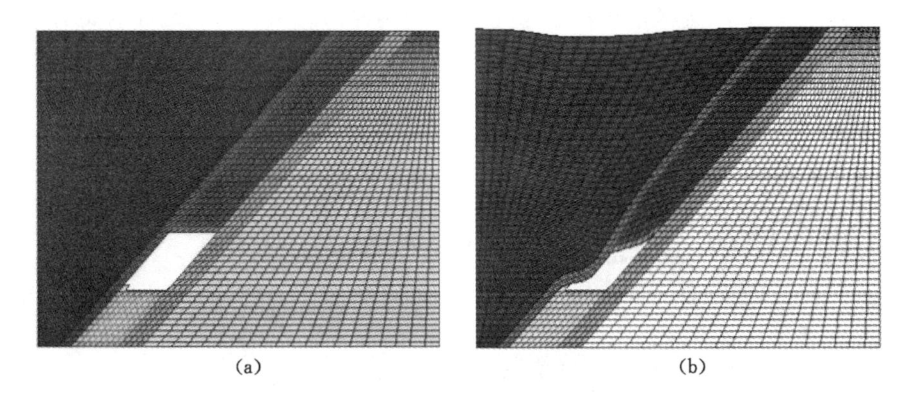

图 10-27　开采后岩层运移对比

(a) 计算前；(b) 计算后

图 10-28 和图 10-29 分布表示了模型开采后垂直应力和位移的分布特征。从图 10-28 可以看出，工作面左部和右部出现了多层应力集合区，工作面中央出现了应力为正的"拱形"区域，反映出拱形区域的一部分岩层失去了上部岩层的悬吊作用，但大部分处于悬吊状态。

图 10-29 反映了工作面位移的分布特征，可以看出工作面中央上方形成了拱形的弯曲下沉梯度，工作面中央位移量最大，拱形的区域不断向上并向左、右扩展。成对角线方向的工作面南巷和上水平北巷区域的位移量较小，表明这两个区域岩层的运移受到了阻挡，结合图 10-28 应力分布特征看到的该区域处于应力集合区，分析认为该处岩层被压实，形成了坚固的拱角支撑着上覆顶板。数值模拟分析结果表明：为了消除顶板长时间悬空所带来的潜在危害，应对乌东煤矿基本顶实施多个层次同时进行的顶板弱化技术。即从地面、地下两个层次消除悬空顶板的左部、右部及悬吊作用，以达到强制放顶的目的。具体首先是从地面打钻，通过弱化技术消除拱形区域受到的悬吊作用；其次由+575 m 水平从顶板沿走向侧布置钻孔，采取一定的措施破坏顶板，从而消除拱的"左脚"；最后右底板侧向遗留在上水平北巷下侧的右拱脚布置钻孔。

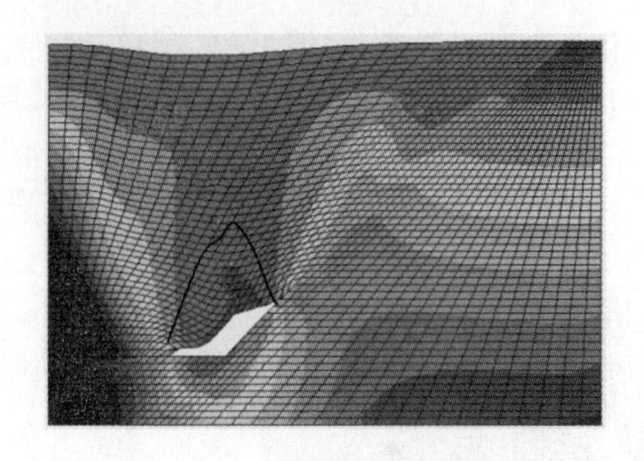

图 10-28　垂直应力分布特征

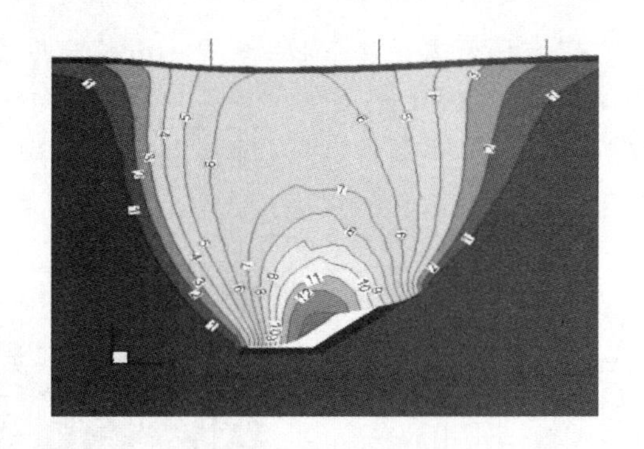

图 10-29　位移分布特征

由物理相似模拟实验与数值模拟实验结果(图 10-30 和图 10-31)可知:在Ⅰ区域内岩层位移量最大;而Ⅱ、Ⅲ区域岩层位移量较小,部分位置岩层位移量近似为零;Ⅳ区域内岩层产生了一定的位移,但其位移量远小于Ⅰ区域内的位移量。根据上述现象可推断,在Ⅳ区域内靠近采场一侧存在特厚坚硬基本顶,其对Ⅳ区域内的岩层起到了一定的支撑作用,阻止了该区域内岩层运移。而Ⅱ、Ⅲ区域内的岩层主要是受到原岩或采空区自稳结构的作用,导致其岩层运移受阻,与此同时,该区域内的岩层对Ⅳ区域内的特厚坚硬基本顶起到一定的支撑作用。

图 10-30　相似模拟实验结果

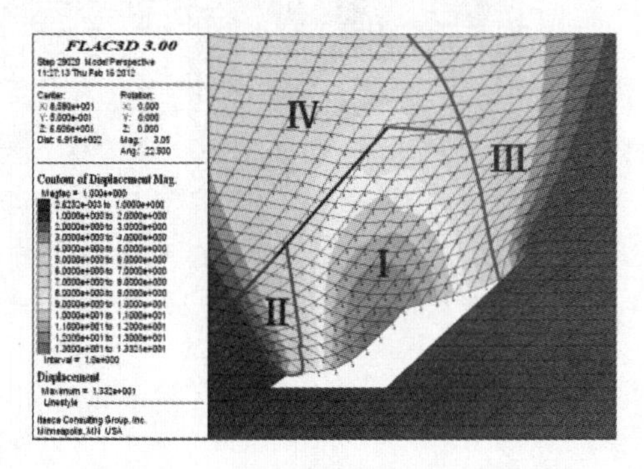

图 10-31　数值模拟实验结果

根据上述分析可知,为了使Ⅳ区域内的岩层向采空区一侧的位移量加大,即减小由顶板瞬间垮落而引起的动力灾害的风险,需对乌东煤矿北区采空区上方的坚硬顶板进行弱化处理。主要解决思路是:通过对采空区靠近顶板一侧位移较小的岩层进行弱化,加大该范围内岩层位移量,使其失去对Ⅳ区域内坚硬特厚基本顶的支撑作用,从而达到弱化顶板的目的。此外,对采空区一侧顶板的弱化后,在下一阶段开采过程中,会对采空区上方煤岩体的自稳结构的稳定性产生一定的影响,达到进一步弱化顶板的效果。

10.3.2　现场耦合致裂工程实践

为了使乌东煤矿北区实现安全高效生产,应对基本顶实施注水与爆破相结合的耦合致裂弱化技术。对采空区靠近顶板一侧位移较小的岩层进行弱化,使其失去对顶板岩层的支撑作用,从而达到弱化顶板,防治动力灾害的目的。

为了充分地结合注水弱化与爆破弱化各自的优点,具体可以采用注水与爆破耦合弱化的方式对顶板进行弱化。通过选择合理的排距、钻孔长度、注水压力、注水时间、装药量等参数，使岩体裂隙中的注水在爆轰波的作用下继续向四周扩展。与此同时，注水对爆破时所产生的热量起到一定的降温作用。

10.3.2.1　爆破参数计算依据

顶板致裂松动爆破是依据炸药的内部作用原理，利用炸药在煤岩体内爆炸时所产生的爆声气体的作用，在煤岩体内形成压碎圈、松动圈、震动圈，从而使煤岩体预先破裂和松动。爆破产生的冲击波和爆生气体将煤岩体致裂。顶板在上覆岩层压力作用下以中小块跨落，避免大块跨落而产生很大的冲击力或出现放煤不利等现象，同时预裂松动爆破也可提高采出率和控制煤体的块度。

(1) 裂隙圈半径

裂隙圈半径决定了顶板预裂松动爆破的参数。为使顶板充分预裂，应充分利用应力波的叠加作用，使炮眼间距与最小抵抗线相近。两眼间距要尽量接近于两孔爆破时形成的裂隙圈半径之和，否则预裂不充分，两眼间易形成大块；反之，则会形成过度破碎，炸药的多余能量造成的震动效应也会给支护以及后续开采带来困难。合理的裂隙圈半径是预裂松动爆破的关键参数之一，对于 45°急倾斜煤层，由于其结构复杂，理论计算和实际情况相差较大，依据爆炸应力波理论和爆生气体的准静态理论（弹性力学的厚壁筒理论）和工程类比基础上，并根据实际条件逐步进行了修正。

① 按爆炸应力波理论计算：

$$R_p = \left(\frac{bp_2}{S_T}\right)^{\frac{1}{a}} \cdot r \tag{10-1}$$

式中　R_p——裂隙圈半径；

$b = u/(1-u)$，其中 u 为泊松比；

p_2——应力波初始径向应力峰值，$p_2 = \frac{1}{8}\rho_0 D^2 \left[\frac{d_c}{d_b}\right]^6 n$；

ρ_0, D——炸药的密度和爆速；

d_c, d_b——炸药和炮眼的直径；

n——孔壁压力增大系数，$n=8\sim10$；

S_T——煤体的动抗拉强度；

a——应力波衰减指数，$a=2-b$；

r——炮眼半径。

② 按爆生气体的准静态理论，由弹性力学的厚壁筒理论计算：

$$R_p = \sqrt{\frac{P_P}{S_T}}\, r \tag{10-2}$$

式中　P_P——作用在孔壁上的静压。

(2) 临界抵抗

炸药在自由面内一定深度处爆炸，当最小抵抗线大于松动圈半径时，形成压缩爆破；当最小抵抗线等于松动圈半径时，形成松动爆破。根据利文斯顿（Livingston）爆破漏斗理论，岩石中的弹性变形能和破碎能达到饱和状态时的埋置深度称为临界抵抗 W_c，并有以下关系：

$$W_c = E_0 Q^{2/3} \tag{10-3}$$

式中 Q——装药量；

E_0——变形能系数，由试验确定。

按爆炸应力波理论，临界抵抗可按下式计算：

$$W_c = \left[\frac{(R+b)p_2}{S_T}\right]^{\frac{1}{\alpha}} r \tag{10-4}$$

式中 R——反射系数。

若按爆生气体的准静态理论，临界抵抗可按下式计算：

$$W_c = K_r\sqrt{\frac{2P_P}{S_T}} \tag{10-5}$$

式中 K_r——与煤体结构有关的系数，$K_r=1.4\sim2.0$。

(3) 松动圈半径和临界抵抗的确定

由式(10-5)中相关内容和爆破相关知识可知，煤体密度(体积质量) $\rho=1.32$ g/cm³，爆速 $D=3\ 800\sim4\ 500$ m/s，纵波波速 $c_P=1\ 200$ m/s，泊松比 0.283，抗拉强度 $R_L=4.5$ MPa；煤矿硝酸铵类炸药的密度 $\rho_0=1.0$ g/cm³，炮孔直径 $d_b=110$ mm。根据以上公式，计算的裂隙圈半径及临界抵抗见表 10-5。

表 10-5　裂隙圈半径和临界抵抗

名称	孔径	应力波理论值	爆生气体理论值	爆破漏斗理论值
裂隙圆半径/mm	110	1 233.6	1 935.2	—
临界抵抗/mm	110	1 250.9	4 926.2	1 205.6～6 201.4

(4) 炮眼倾角及长度的确定

根据顶煤的厚度和碎涨系数确定炮眼深度，向上布置垂直炮眼，由于炮眼口阻力小，在重力和爆炸瞬间的爆炸力作用下，对顶板易造成较大的破坏，同时对煤岩体内部的爆炸作用减弱；另外垂直炮眼也给装药和封孔施工带来困难。所以，将钻孔倾斜布置，向采空区方向倾斜一定角度，不但能够充分利用剪应力来改善爆破效果，而且还可以减弱对煤体前放的破坏和支架的压力。炮眼倾角的大小取决于煤体的厚度、长度和方向等。但应避免向采空区侧倾斜角度过大，因采场上方顶煤向采空区侧扩容运移，裂隙会与采空区积聚瓦斯沟通，当炮眼向采空区侧倾斜过大时可能引起瓦斯事故。合理的炮眼倾角应具有好的预裂爆破效果和安全施工条件。炮眼长度由顶煤厚度、煤层结构、硬度及炮眼倾角决定，同时要考虑装药量和封堵炮泥长度的要求。

(5) 松动爆破施工方案

炮眼的排列方式对预裂爆破的效果也有影响。若炮眼密集系数 $m(m=E/W)$ 过大，就会使药孔连心线上的叠加拉应力低于煤岩抗拉强度，不能形成贯通裂隙，炮眼之间留下不爆的间墙，爆破以后出现锯齿状的曲面。如果采用深孔和浅孔相互交错的三角形炮眼布置方式，对于后排炮孔爆破可形成近似等值抵抗线，即药包中心至自由面各点的距离近似相等。这样可以是爆破煤体的裂隙得以充分发展，同时加强了炮孔周围其他方向煤体的破坏作用，使爆破能量利用率最大。

(6) 装药量及装药结构

装药量对于顶煤松动破碎关系极大。若药量过多,则不能有效地控制爆破所产生的冲击、震动、煤块飞散及顶板的破裂;药量过少,则达不到所要求的松动效果。所以松动爆破必须控制药量,合理的装药量既能达到良好的预裂和松动效果,又不至于崩散顶板和支架。应充分利用爆炸能,确定较适宜的装药密集系数。装药量与待爆破体积、煤岩的可爆性、炸药的类型、炮眼填塞情况等有关,可通过煤体的单位体积耗药量来确定。

(7) 爆破方法及一次起爆孔数

起爆延时的确定是非常重要的,如果孔间或排间的延发时间过长,在煤体内不能形成应变波叠加的影响效果,降低了爆破能量的利用率;延发时间过短,前一排炮孔的最小抵抗线移动不足,不能提供有效自由面,在一定程度上会阻碍第二排抵抗线的移动。爆破方法有瞬发爆破和微差爆破两种,后者可加强爆炸作用和减小震动效应,但需要采用毫秒雷管来实现。一次起爆长度可根据放顶煤工艺及间距来确定,且应考虑爆破的震动影响。

10.3.2.2　注水参数计算依据

水压致裂(hydraulic fracturing)最早是由哈伯特(Hubbert)和威利斯(Willis)提出的,水压致裂技术作为提高低渗透性油、气井产量的技术已得到广泛应用,在提高煤层瓦斯抽采的效果方面也有所表现,古德利(Gidley)和默多克(Murdoch)等都曾对此项技术做过研讨。在众多的水力致裂理论中,基于线弹性的断裂力学理论(LEFM)一直被广泛地使用,在 LEFM 理论基础上,Degue 和 Ladanyi 提出了能够考虑水的侵入效果和加压率的理论。

在水压致裂的裂纹扩展准则方面,李夕兵等探讨了渗透水压和远场应力共同作用下含预置裂纹类岩石材料的损伤断裂力学模型和裂纹尖端应力强度因子,建立了压剪岩石裂纹的起裂准则。给出了Ⅰ型和Ⅱ型裂纹的应力强度因子 K_{I} 和 K_{II}:

$$K_{\mathrm{I}} = \sqrt{\pi\alpha}\left\{\frac{1}{2}[(\sigma_1+\sigma_3)-(\sigma_1-\sigma_3)\cos 2\beta]-p\right\} \tag{10-6}$$

$$K_{\mathrm{II}} = \tau_{\mathrm{eff}}\sqrt{\pi\alpha} = -\tau\sqrt{\pi\alpha} = -\frac{1}{2}\sqrt{\pi\alpha}(\sigma_1-\sigma_3)\sin 2\beta \tag{10-7}$$

式中　σ_1——垂直应力;

σ_3——水平应力;

α——裂纹半长;

β——裂纹面与 σ_3 方向的夹角;

p——渗透水压;

ρ——裂纹尖端的曲率半径。

在水压致裂现象及机理的揭示方面,RFPA 以能够形象、直观地显示出裂纹扩展形态,并结合压力、位移、声发射等多种监测指标为研究水压致裂提供了有效手段。以唐春安、杨天鸿为代表的学者应用 F-RFPA^{2D},研究荷载和水压力作用下岩石裂纹的演化过程。朱珍德等运用断裂力学理论详尽推导了岩体在裂隙水压作用下的初始开裂强度公式。其他利用 RFPA 研究水压致裂的还有:姜文忠等运用 RFPA 进行了单孔水压致裂过程模拟;李根等基于 RFPA 建立了渗流—应力—损伤耦合的数值模型,运用数值分析的手段研究了岩石的细观损伤演化过程;张春华等利用 RFPA 从细观上揭示注水过程中煤体裂隙的扩展特征,获得了注水作用下应力场及带压水的渗流规律。

水压致裂在石油开采中的地层压裂及煤矿中顶煤致裂软化得到了广泛的应用,其对煤岩体的破坏大多采用浸润半径和降尘效果评估，是一个与注水压力、注水时间、煤岩体物理力学特性等多参数相关的结果。康红普经过大量的实验结果认为水弱化岩石强度与岩石物理力学性质、围岩应力水平等多种因素有关。邓广哲等采用在地应力场控制下水力压裂坚硬顶煤的方法，研究了地应力场控制参数对水压致裂煤体的影响，实例表明控制参数的选择与顶煤采出率密切相关。康天合等超前采煤开采工作面注水的弱化机理，提出了预注水超前工作面的工程参数确定方法。李宗翔等用有限元数值模拟方法分析了在不同注水压力下的煤体的湿润特点，给出了注水压力—时间—湿润范围间的关系，指出合理湿润效果的注水压力 10.0 MPa 以上。章梦涛等认为煤层的注水过程实际上是一个水驱气的过程，属于动界面的渗流力学问题。秦书玉等给出了利用计算机模拟煤层注水湿润分布状态方法，应用正交设计方法确定了煤层注水工艺参数的最佳组合。金龙哲等提出在煤层注水钻孔中添加黏尘棒以提高注水弱化和降尘效果。李丽丽以煤层注水实测数据为样本，建立了 Fisher 判别模型，并对结果处于可注性临界状态的煤层进行 BP 网络二次修正。刘增平等通过低空隙率煤层注水方式的分析，确定了适合 $3_上$ 煤层的注水参数和适合唐口煤矿的表面活性剂为0.2%～0.3%的石油磺酸钠，实践表明工作面煤层注水后全尘和呼吸性粉尘的沉降效率达到 20%以上。

10.3.2.3　计算结果

(1) 钻孔长度及角度

为了保证乌东煤矿北区的安全生产，建议在＋575 m 水平 45# 煤层西翼工作面，顶板巷(南巷)实施注水与爆破交错实施的顶板弱化技术，注水孔与爆破孔间距为 5 m。其中注水孔，孔深 40 m，封孔长度 10 m，利用高压水使煤层致裂。每排布置钻孔 2 个，编号 1#、2#，1# 钻孔向北 83°，向西 75°；2# 钻孔向南 80°，向西 75°。共计 33 排钻孔，孔间距 1.2 m，排距 10 m，钻孔直径为 110 mm，使用 BZW200/56 型注水泵进行注水。注水孔位置布置见图 10-32(b)。

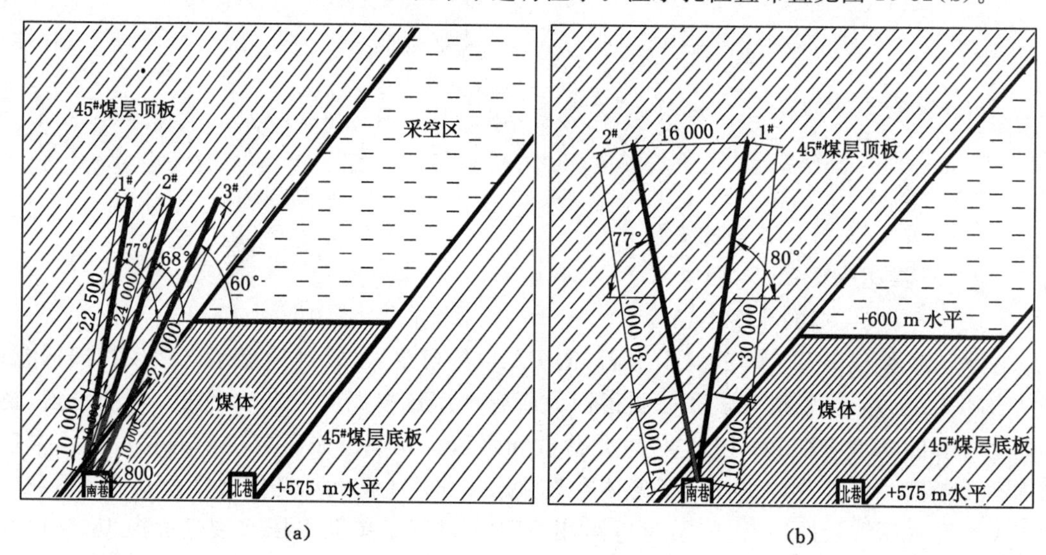

图 10-32　顶板弱化工程布置图

(a) 切顶孔布置；(b) 注水孔布置

切顶孔具体参数：每排布置炮孔 3 个，编号 1#、2#、3#，1# 炮孔向北 77°，向西 75°；2# 炮孔向北 68°，向西 75°；3# 炮孔向北 60°，向西 75°；炮孔深分别为 32.5 m、34 m 和 37 m；装药长度分别为 22.5 m、24 m 和 27 m，封孔长度分别为 10 m；装药量分别为 236 kg、252 kg 和 284 kg。

注水孔位置布置具体如图 10-32 所示，参数如表 10-6 所列。

表 10-6　　注水孔参数

炮孔编号	炮孔角度/(°)	炮孔长度/m	装药长度/m	装药量/kg	封孔长度/m	雷管消耗/发
1#	向北 77	32.5	22.5	236	10	6
2#	向北 68	34	24	252	10	6
3#	向北 60	37	27	284	10	6

(2) 注水压力

在煤层注水工程中，根据注水压力的高低分为低压注水、中压注水和高压注水。合理注水压力应该有上限和下限。上限值应使煤体不发生泄水为原则，也不应使顶底板受高压水而破坏；下限值应保证在规定的时间内注规定的水量，一般不超过 2 MPa。选取的注水压力应尽量可使用比较简单的设备、器材和工艺流程，简化注水施工，注重技术和经济效果，为长期推广使用创造条件。注水压力与流量、时间存在互相联系、互相制约的关系。因此，在确定注水压力时，必须同时考虑流量、注水时间。另外还要考虑煤层的透水性、煤的湿润能力、煤层泄水的可能性及压力。在经过计算的基础上，按照煤层自然特点通过试验确定合理的注水压力范围。但必须注意，注水压力的最低值一般不应使注水时间很长，以保证注水作业在采煤之前完成。煤层承受的地层压力一般用上覆岩层的静水压力计算，它与埋藏深度成正比，即：

$$p_{地} = \sum(\gamma_{岩} \times h_{岩}) \times 10^{-4} = \gamma_{均} \times h \times 10^{-4} \tag{10-8}$$

式中　$p_{地}$——煤层承受的地层压力，kg/cm^2；

$\gamma_{岩}$——某一岩层的密度，kg/m^3；

$h_{岩}$——同一岩层的垂厚，m；

$\gamma_{均}$——上覆岩层的平均密度，kg/cm^3。

根据现场急倾斜煤层的实际情况，为了计算方便，一般采用：

$$p_{地} = (0.4 \sim 0.45)H \tag{10-9}$$

式中　H——煤层埋藏深度。

根据一些煤田的统计数据整理出一个开采深度与注水压力的经验公式，即：

$$p_0 = 156 - 88/(0.001H + 0.8) \tag{10-10}$$

式中　p_0——煤层注水的最小压力；

H——开采深度。

乌东煤矿＋575 m 水平 45# 煤层埋深为 260 m，将 $H=260$ m 带入式(10-9)和式(10-10)算出的数据可为注水压力大小提供参考，计算得：$p_{地}=10.4 \sim 11.7$ MPa，$p_0=5.4$ MPa。根据＋575 m 水平 45# 煤层工作面注水现场的实际情况，参照计算的地层压力和最小注水压力的要求，确定采用的注水压力为 $p=10$ MPa。

(3) 注水量

注水量的确定要根据水分增值的合理范围以及钻孔承担的湿润岩体的范围具体分析，每孔注水量的计算表达式为：

$$M_K = K \cdot T(W_1 - W_2) \tag{10-11}$$

式中 M_K——单个钻孔的注水量，t；

T——钻孔担负的湿润煤量，t；

W_1——根据调查资料确定的岩层水分上限值，%；

W_2——岩层注水前岩体的原始水分值，%；

K——水量不均衡系数，取 0.5～1.0。

在倾斜长钻孔注水时，每孔担负的湿润岩体量按下式计算：

$$T = l \cdot a \cdot h \cdot \gamma \tag{10-12}$$

式中 l——注水长度，m；

a——钻孔两侧待湿润范围(一般情况下等于钻孔间距)，m；

h——岩层厚度，m；

γ——岩层的密度，t/m^3。

钻孔注水量通常在实践中通过观察来确定。许多矿井在下向孔注水时，如果机巷岩体壁"出汗"、挂水珠时就停止注水。用这种观察方法确定钻孔注水量有时与计算值较近。按式(10-11)和式(10-12)得：

$$M_K = 0.5 \times 30 \times 5 \times 25 \times 2.4 \times 0.1 = 45\ (t) = 45\ (m^3)$$

其中：

$$K = 0.5, l = 30\ m, a = \frac{10}{2} = 5\ m, h = 240\ m, \gamma = 2.4\ t/m^3, W_1 - W_2 = 0.1\%$$

综上所述：岩层注水压力 $p = 10$ MPa，注水量 $M_K = 45\ m^3$。

10.3.2.4 *现场数据分析*

(1) 现场实际注水统计

从图 10-33 可以看出，1～11 排注水量明显高于 12～33 排，其中以前 11 排累计注水量为 781 m^3，平均注水压力为 11.8 MPa，高于理论计算注水压力 10 MPa，平均单孔注水量为 24 m^3，远低于前边理论部分所算单孔注水量 45 m^3，说明此阶段顶板坚硬，自稳能力强，围岩强度较大，顶板不易垮落，悬露面积较大，为了防止和减弱这种大面积顶板来压，需要对此处进行大量注水，以达到弱化顶板的效果；12～33 排注水量较少，累计注水量 378.4 m^3，平均注水压力为 8.2 MPa，平均单孔注水量 8.4 m^3，明显低于前边理论部分所算注水压力 10 MPa，单孔注水量 45 m^3，此范围注水压力、注水量过少，可能由于此阶段顶板围岩破碎，裂隙发育，整体自稳能力弱等特点，需要少量注水就能实现顶板的安全垮落，但是根据后续电磁辐射、微震监测结果表明此范围应力集中，事件数与能量较小，说明此范围注水效果不明显，裂隙不发育应及时调整注水方案进行合理注水，以达到预期目标。

(2) 微震监测分析

① 监测方法及参数说明

在＋575 m 水平 43# 西翼煤层综采工作面安装 12 通道微震系统，传感器分布＋575 m 水平 43# 煤层西翼南巷与北巷，共放置 4 个单轴地音传感器。南巷传感器孔施工在北帮上距离底部 1.5 m，北巷传感器孔施工在南帮上距离底部 1.5 m。单轴传感器孔直径 45～50

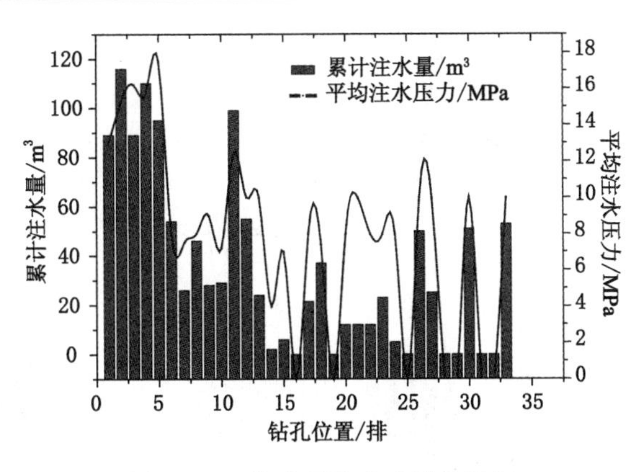

图 10-33　各位置注水参数统计图

mm，深 3 m，仰角 30°，传感器间距为 100～150 m。在顶板弱化期间，根据围岩的实际情况（属坚硬岩层），可将各微震事件按其能量大小分为Ⅰ～Ⅴ5 个级别，从而科学有效地分析围岩整体能量释放和围岩活动剧烈程度。具体分类如下：等级Ⅰ代表 $0 \sim 10^2$ J，等级Ⅱ代表 $10^2 \sim 10^3$ J，等级Ⅲ代表 $10^3 \sim 10^4$ J，等级Ⅳ代表 $10^4 \sim 10^5$ J，等级Ⅴ代表大于 10^5 J。微震释放能量等级与震级关系为：

$$\lg E = 4.8 + 1.5M \tag{10-13}$$

$$M_S = 1.8M_L - 1.03 \tag{10-14}$$

式中　E——能量；

M——地震震级；

M_S——面波震级；

M_L——近震震级。

由式(10-13)和式(10-14)得微震等级与地震震级(里氏)之间的关系，见表 10-7。

表 10-7　　微震等级与地震震级对比

能量范围/J	微震等级	面波震级	近震震级
$0 \sim 10^2$	Ⅰ	<0	<0
$10^2 \sim 10^3$	Ⅱ	<0	<0
$10^3 \sim 10^4$	Ⅲ	<0	0～0.28
$10^4 \sim 10^5$	Ⅳ	<0	0.28～0.65
$\geqslant 10^5$	Ⅴ	>0	>0.65

② 数据分析(4 月 13 日至 5 月 20 日)

对 2014 年 4 月 13 日至 5 月 20 日的微震事件统计分析显示，该段时间内主要以 2 级事件和 3 级事件为主，如图 10-34(a)所示，占较大部分，几乎占整个事件的 60%左右。从图中可以看出，4、5 级事件所占比例较少，约为 20%，其余均为 1 级事件约占 20%。从图 10-34(a)可以看出，该段时间内大多数事件主要发生在 5 月 6～10 日、5 月 15～18 日。主要是由于在该区域前期注水、爆破等工艺导致顶板岩层塑性变形增加，强度降低，煤岩体内能量快速释放和传播，伴随着微震事件的增多，主要以 2、3 级事件为主。5 月 15 日事件数较多可能是由于煤岩体内储存的弹性能在达到煤岩体极限抗压强度时，引起了煤岩体微裂隙的产生与扩展，并伴随有弹性波或应力波在周围岩体中的快速释放和传播所致，这与该段时间工作面发生煤爆现象大体吻合，此时微震事件增多，主要是以1～3级事件为主。

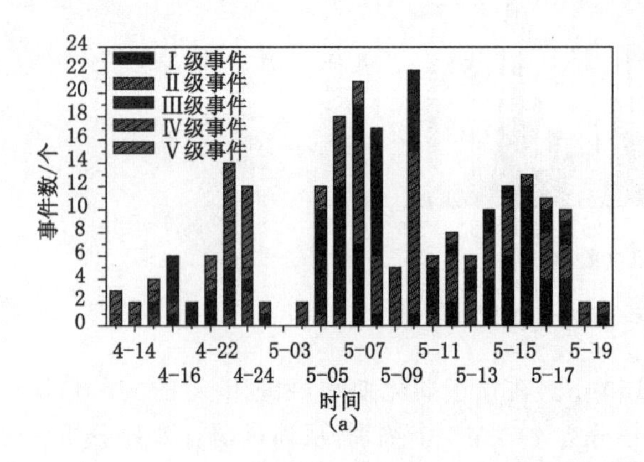

(a)

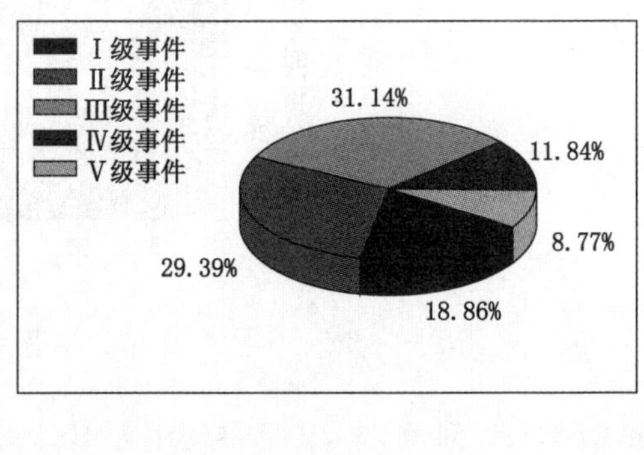

(b)

图 10-34　4月13日至5月20日内不同震级微震事件统计

(a) 各等级微震事件分布；(b) 各等级微震事件占总事件比例

图 10-35(a)～(e)分别描述1～5级微震事件、能量、时间之间的关系。由图 10-35(a)～(d)声信号可以看出，由于前期顶板弱化处理效果不明显，顶板岩层完整性较好，弹性能累积，释放现象不明显，微震事件、能量较小，变化基本趋于稳定。在5月6～9日左右，顶板弱化处理效果明显，加之随着工作面开采的不断推进，围岩整体性能开始遭到破坏，顶板岩层发生塑性变形，裂隙发育，强度降低，储存于岩体内部的弹性波或应力波在周围岩体中的快速释放和传播。此时产生明显的微震信号，微震总事件、能量经过前期的平稳过渡后都发生了很大的突变，主要以1～4级事件及能量为主。随着围岩破裂速度、破裂范围不断增大，释放能量逐渐较少并趋于稳定。

综上所述，在5月6～8日前后，由于顶板弱化原因导致顶板强度降低、裂隙发育，我们应该在此时间段，加强监测，对离层及破碎区加强支护，同时密切观察支架的支承阻力能否有效支承顶板，防治顶板的突然垮落，消除对人员、设备及采煤工作面安全的危害。

(3) 电磁辐射监测

从图 10-36 可以看出：4月13日至5月20日电磁辐射信号强度总体上水平不高，变化幅度不大，信号强度平均为38.5 mV。从强度最大值的柱状图升降趋势来看，很好地反映了应力的集中与应力的释放，从4月13日至4月28日为一个周期以及4月28日至5月15日也为一个变化周期，说明了随着工作面的推进工作面前方依次存在着三个区域，它们是松弛区域(即卸压带)、应力集中区和原始应力区，煤体前方的这三个区域始终存在，并随着工作面的推进而前移，应力的变化趋势为“集中—释放—集中”。从每天电磁辐射强度的平均值也可以得出，应力的变化趋势为“集中—释放—集中”一直随着工作面的推进变化着。5月6日至5月12日经过顶板弱化卸压，电磁辐射信号强度明显下降。在5月15日电磁辐射信号强度最大，达到了100 mV以上，已经超过预警线了，说明煤体所受应力较大，煤体变形破裂较强烈，电磁辐射信号最强，并且发生了煤爆。在煤爆发生之后，应力得到了释放，电磁辐射信号水平迅速下降到50 mV以下。

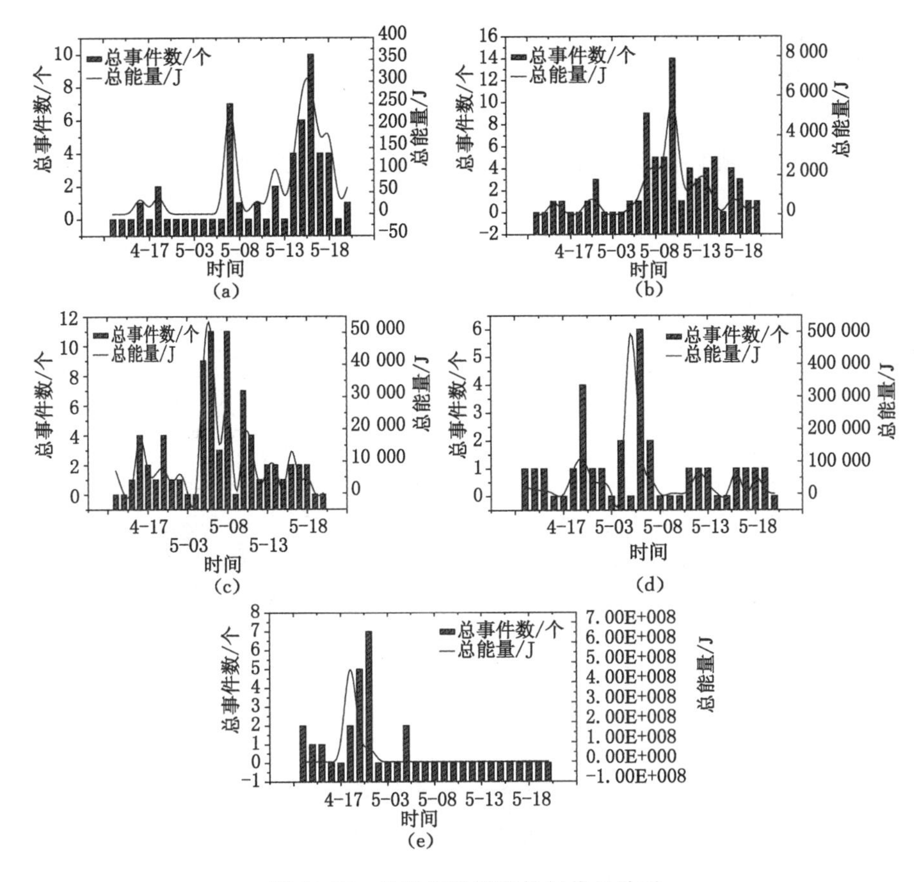

图 10-35 各震级微震事件与能量关系

(a) 1级微震事件与能量关系图;(b) 2级微震事件与能量关系图;(c) 3级微震事件与能量关系图;(d) 4级微震事件与能量关系图;(e) 5级微震事件与能量关系图

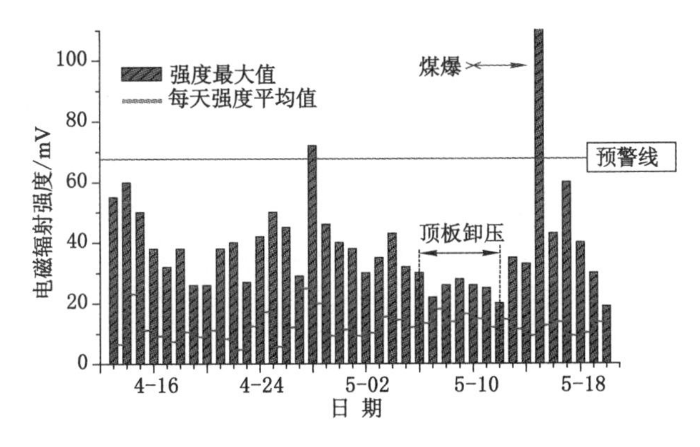

图 10-36 工作面电磁辐射信号强度变化特征

10.3.2.5 方案优化与评价

(1) 优化参数确定

根据上述分析可知,注水与爆破耦合弱化技术可以有效地结合注水与爆破各自的优缺点,既能起到降温、降尘的效果,还具有见效快的特点。因此,为了取得良好的顶板弱化效果，可以在原先注水与爆破耦合弱化方案基本不变的基础上，通过缩短钻孔排距，以达到良好弱化效果。具体更改参数如下：

① 钻孔参数。该方案与方案二原理相同，同样采取待注水孔施工完毕后，先对岩体进行注水弱化，再在同一孔内进行爆破弱化。具体参数为：钻孔长度为 40 m，排距为 6 m。封孔长度为 10 m，1# 孔为向北 83°，向西 75°，装药长度 30 m，装药量 309.0 kg，雷管消耗为 4 个。2# 孔为向北 80°，向西 75°，装药长度 30 m，装药量 309.0 kg，雷管消耗为 4 个。原切顶孔不再单独施工，注水孔前期注水，后期待孔壁相对干燥后作为切顶孔使用。爆破孔与切顶孔布置位置见图 10-37，具体参数见表 10-8。

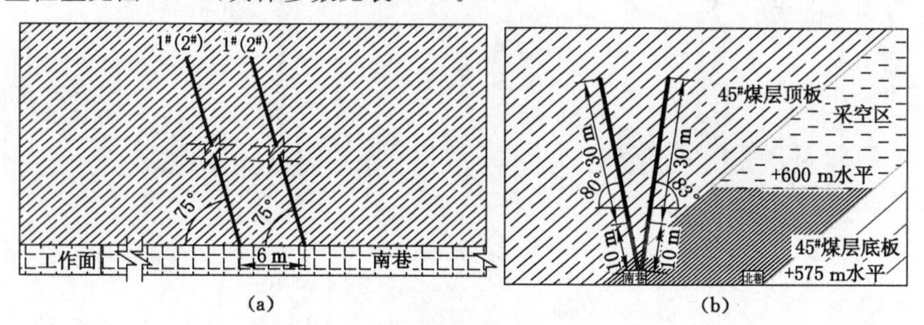

图 10-37　注水(爆破孔)孔布置

(a) 倾向剖面图；(b) 走向剖面图

表 10-8　注水(爆破孔)孔参数

孔的类型	序号	炮孔角度	孔长度/m	装药长度/m	装药量/kg	封孔长度/m	雷管消耗/发
炮孔	1	向北 83°，向西 75°	40	30	309	10	4
	2	向北 80°，向西 75°	40	30	309	10	4
注水孔	1	向北 83°，向西 75°	40				
	2	向北 80°，向西 75°	40				

② 注水压力。同方案一、二，计算得 $p_{地}=10.4\sim11.7$ MPa，$p_0=5.4$ MPa；根据 +575 m水平 45# 煤层工作面注水现场的实际情况，参照计算的地层压力和最小注水压力的要求，确定采用的注水压力为 $p=10$ MPa。

③ 注水量。按式(10-11)和式(10-12)得单个孔注水量：

$$M_K = 0.5\times30\times3\times25\times2.4\times0.1 = 45\ (\text{t}) = 27\ (\text{m}^3)$$

其中

$$K=0.5, l=30\ \text{m}, a=\frac{6}{2}=3\ \text{m}, h=240\ \text{m}, \gamma=2.4\ \text{t/m}^3, W_1-W_2=0.1\%。$$

综上所述：岩层注水压力：$p=10$ MPa，注水量：$M_K=27\ \text{m}^3$。

④ 注水时间分析。注水时间与注水压力、注水流量有关，一般情况下注水时间是注水压力与注水流量的反函数，煤层注水压力越高，注水流量越大，注水时间越短。

以上为方案三中单个钻孔理论注水量和理论注水压力，由于缺乏现场实际注水参数，未进一步分析注水实施效果。根据上述三种方案，结合理论分析及现场实际情况得出以下结果：

a. 注水压力与注水流量关系：煤体注水的流量是随着注水压力的升高而增大，压力越高，每增加单位压力所增加的流量的值越大。大量的低、中、高压注水的实测资料表明，随着注水压力的升高，注水流量大致呈一个抛物线形增加。

b. 注水压力与注水时间关系：钻孔开始注水后，压力逐渐升高，达到某一数值时，注水压力与钻孔内注水阻力相平衡而逐渐趋于稳定。由于水在煤体裂隙中运动的阻力是变化的，因而随着流程的增大，阻力也有所增加，因而随加压时间的延长，注水压力在一定范围内波动，并有缓慢升高的趋势。

c. 注水流量与注水时间的关系：在等压注水的条件下，每米钻孔的注水流量随时间的延长而逐渐降低，这是因为随时间的延长，水在煤体内流动距离加长，运动阻力增大，使流量有降低的趋势。但在某些裂隙发育的透水性较强的煤层，水沿煤层倾斜向下渗流过程中，注水流量变化不明显。

(2) 现场实施效果分析

① 微震监测

对 2014 年 6 月 21 日至 7 月 20 日的微震事件统计分析显示，该段时间内主要以 1～3 级为主，如图 10-38(a)所示，占较大部分，几乎占整个事件的 80%左右。从图 10-38(b)可以看出，4、5 级事件所占比例较少，约为 20%。从图 10-38(a)可以看出，该段时间内大多数事件主要发生在 6 月 20 日至 7 月 6 日、7 月 15 日前后。主要是由于在该区域前期注水、爆破等工艺使得顶板处理效果明显，导致顶板岩层塑性变形增加、强度降低，煤岩体内能量快速释放和传播，伴随着微震事件的增多，主要以 1～3 级事件为主。7 月 6 日事件数较多可能是由于当天地面爆破产生的噪声波干扰微震传感器，以及爆破产生的冲击波使岩体发生扰动，储存在煤岩体内的弹性能部分释放所致。

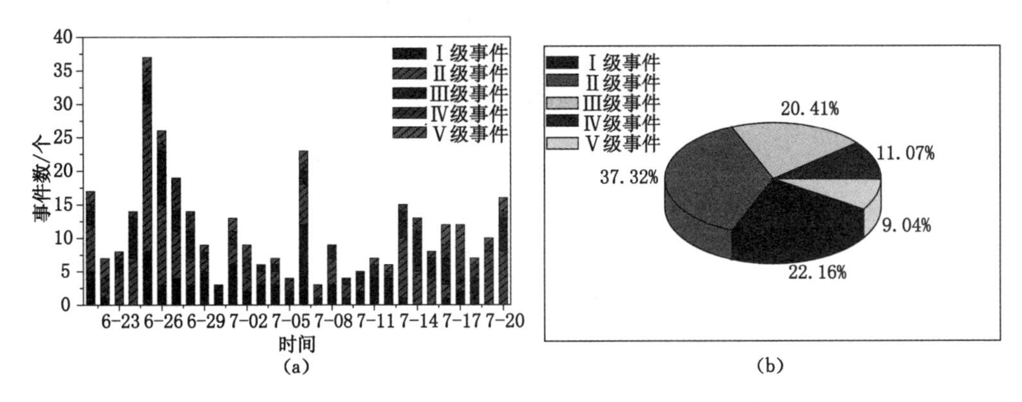

图 10-38　6 月 21 日至 7 月 20 日内不同震级微震事件统计

(a) 各等级微震事件分布；(b) 各等级微震事件占总事件比例

图 10-39(a)～(e)分别描述 1～5 级微震事件、能量、时间之间的关系。由图 10-39 可以看出，在 6 月 24～30 日前后，顶板弱化处理效果明显，加之随着工作面开采的不断推进，围岩整体性遭到破坏，顶板岩层发生塑性变形，裂隙发育，强度降低，储存于岩体内部的弹性波或应力波在周围岩体中快速释放和传播。此时产生明显的微震信号，微震总事件、能量经过前期短暂的平稳过渡后都发生了很大的突变，主要以 1～4 级事件及能量为主，5 级事件较少。随着围岩破裂速度、破裂范围不断增大，释放能量逐渐减少并趋于稳定。7 月 6 日前后

微震信号发生突变，事件数、能量随之增加，可能是由于当天地面爆破产生的噪声波干扰微震传感器，以及爆破产生的冲击波使岩体发生扰动，储存在煤岩体内的弹性能部分释放所致，这与当天现场实际情况相吻合。图 10-39(c)～(e)声信号在 7 月 15 日前后明显增加情况类似 6 月 24～30 日，主要由于顶板弱化后顶板强度降低所致。

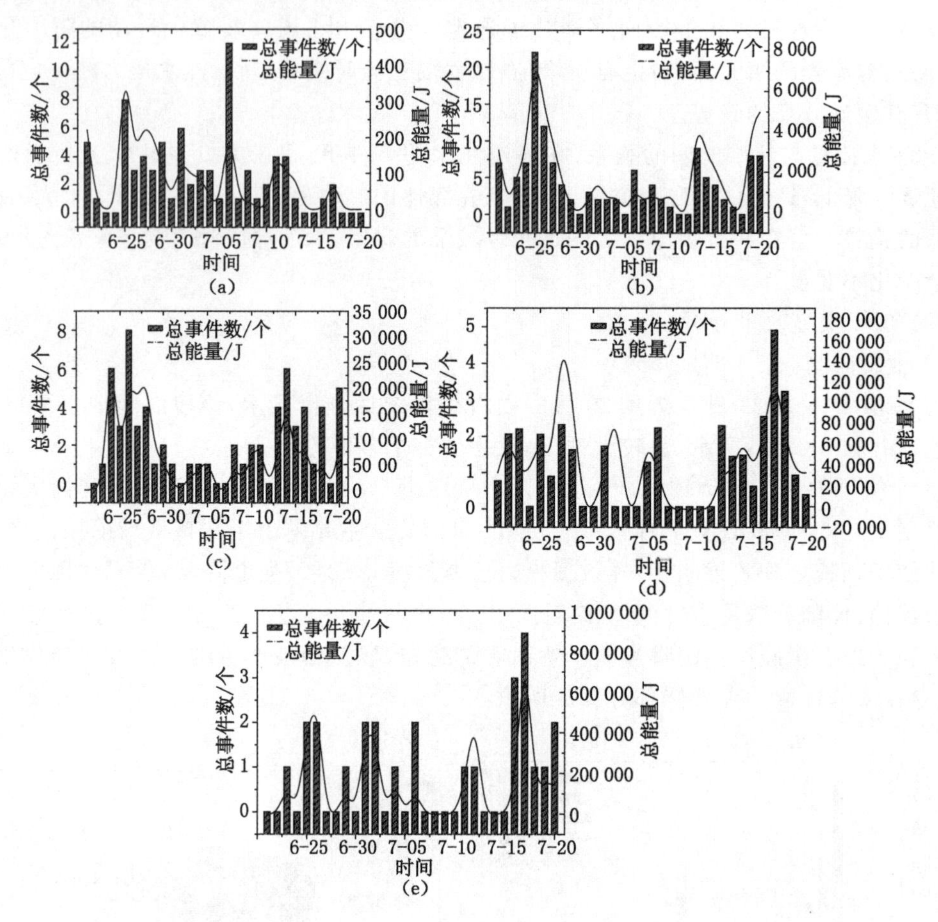

图 10-39　6 月 21 日至 7 月 20 日内各震级微震事件与能量关系

(a) 1 级微震事件与能量关系图；(b) 2 级微震事件与能量关系图；(c) 3 级微震事件与能量关系图；(d) 4 级微震事件与能量关系图；(e) 5 级微震事件与能量关系图

对 2014 年 7 月 21 日至 8 月 20 日的微震事件统计分析显示，整个监测时间段主要以 1 级事件和 2 级事件为主，如图 10-40(a)所示，几乎占整个事件的 80%左右。从图 10-40(b)可以看出，3、4、5 级事件所占比例较少，总共约为 20%。从图中可以看出，整个监测过程中都有声信号发生，8 月 10～20 日较为集中。主要是由于在该区域前期注水、爆破等工艺使得顶板处理效果明显，顶板岩层塑性变形增加，裂隙发育，强度降低，煤岩体内能量以小事件的形式释放和传播，伴随着微震事件的增多，主要以 1、2 级事件为主。

图 10-41(a)～(e)分别描述 1～5 级微震事件、能量、时间之间的关系。由图 10-41(a)～(e)可以看出，在 7 月 21～25 日，顶板注水、爆破处理效果明显，加之随着工作面开采的不断推进，围岩整体性能开始遭到破坏，顶板岩层塑性变形较严重，裂隙发育，强度降低，储存于岩体内部的弹性波或应力波在周围岩体中快速释放和传播。此时产生明显的微震信号，微

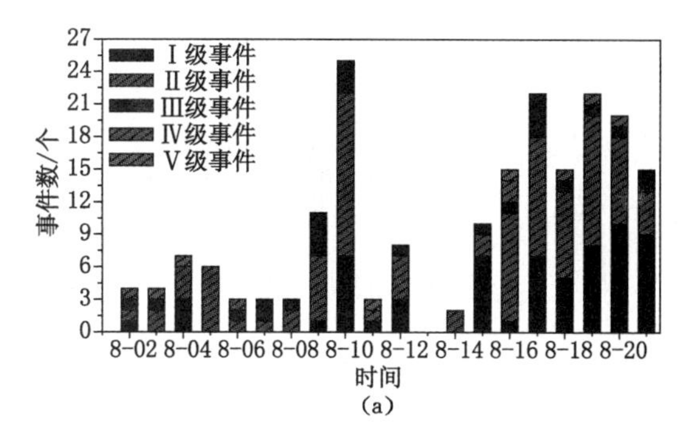

(a)

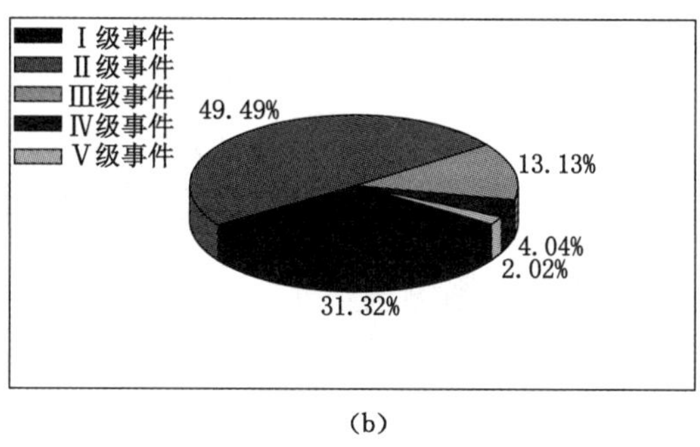

(b)

图 10-40　7 月 21 日至 8 月 20 日内不同震级微震事件统计

(a) 各等级微震事件分布；(b) 各等级微震事件占总事件比例

震总事件、能量经过短暂的平稳过渡后都发生了很大的突变，主要以 1、2 级事件及能量为主。随着工作面的不断推进，在 8 月 10～20 日之间，微震信号明显增强，此时微震事件数、能量沿着某一轴线发生上下波动，情况类似 7 月 21～25 日主要由于顶板的前期弱化处理所致。随着围岩破裂速度、破裂范围不断增大，释放能量逐渐较少并趋于稳定。

综上所述，在 6 月 24～30 日前后、7 月 15 日前后、7 月 21～25 日前后、8 月 10～20 日前后，由于排距 6 m，顶板弱化效果较 6 月 21 日之前好，所以整个 7、8 月份卸压效果明显，顶板强度降低，裂隙发育，我们应该在此时间段加强监测，对离层及破碎区加强支护，同时密切观察支架的支承阻力能否有效支承顶板，防止顶板的突然垮落，对人员、设备及采煤工作的安全产生危害。

② 电磁辐射监测

从图 10-42 可以看出：6 月 21 日至 7 月 20 日电磁辐射信号强度总体上水平不高，变化幅度不大，信号强度平均值为 17 mV，与方案一和方案二相比明显更加低于预警线。从强度最大值的柱状图升降趋势来看，很好地反映了应力的集中与应力的释放，从 6 月 22 日至 7 月 6 日为一个周期以及 7 月 6 日至 7 月 19 日也为一个变化周期，说明了随着工作面的推进，工作面前方依次存在着三个区域，它们是松弛区域(即卸压带)、应力集中区和原始应力区，煤体前方的这三个区域始终存在，并随着工作面的推进而前移，应力的变化趋势为“集中—释放—集中”。从每天电磁辐射强度的平均值也可以得出，应力的变化趋势为“集中—释放—集中”一直随着工作面的推进变化着，并且在 6 月 22 日和 6 月 23 日平均值最大，最后在 6 月 25 日进行了顶板弱化卸压，电磁辐射信号强度明显下降。在 7 月 6 日电磁辐射强度平均值与强度最大值是一个小的峰值，最终进行了地面爆破卸压，电磁辐射强度明显下降。在 6 月 22 日、6 月 23 日、6 月 25 日电磁辐射信号强度明显较大，但最高值并没超过 50 mV，说明煤体在此期间有应力集中现象出现，但是电磁辐射强度值并不是很大，表明经过把注水与爆破相互耦合(排距 6 m)对煤体进行致裂的效果更加明显，说明注水与爆破对煤体的致裂和应力的释放起到了较大的作用。

③ 经济效益分析

a. 直接经济效益

6 月份：本月＋575 m 水平 45# 煤层西翼综采工作面累计推进了 188.6 m，累计完成产量为 80 874.8 t，工作面回采率 43.48%。此外，6 月 17 日进行了地面深孔爆破，而且自 6 月

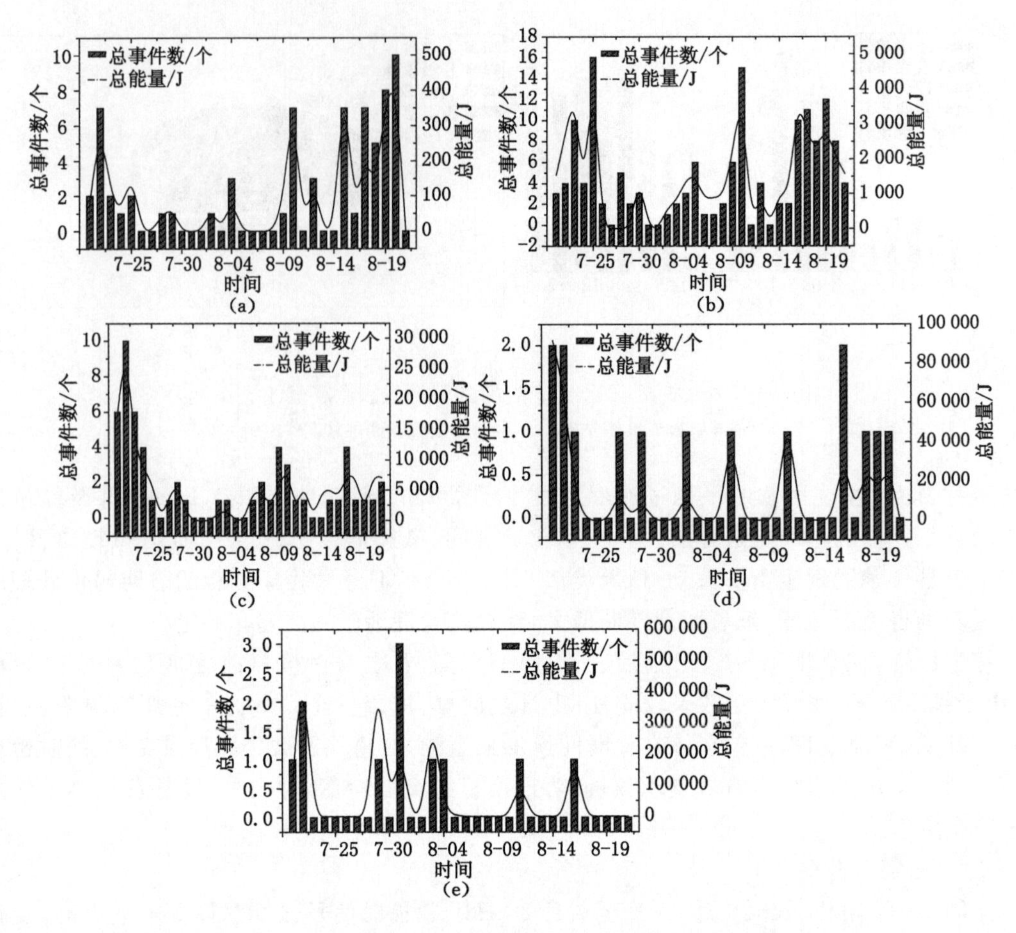

图 10-41　7 月 21 日至 8 月 20 日内各震级微震事件与能量关系

(a) 1 级微震事件与能量关系图；(b) 2 级微震事件与能量关系图；(c) 3 级微震事件与能量关系图；(d) 4 级微震事件与能量关系图；(e) 5 级微震事件与能量关系图

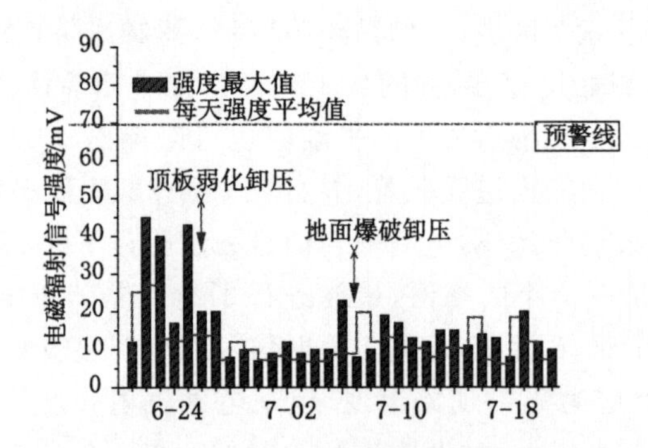

图 10-42　工作面电磁辐射信号强度变化特征

17 日后，无论是日产量还是工作面回采率都有所增加，其中 6 月 24～30 日增幅明显，6 月 24 日回采率 65.21％为本月最高。与 5 月份相比，6 月份无论产量还是回采率都增加较明显。

7 月份：＋575 m 水平 45# 煤层西翼综采工作面累计推进了 172.8 m，累计完成产量为

79 820.5 t，工作面回采率 50.37%。此外，7 月 6 日进行了地面深孔爆破，7 月 1～5 日，日产量在 3 000 t 左右，工作面回采率为 49%左右，而自 7 月 6 日以来(除 7 月 13 日工作面未推进)，日产量则在 3 300 t 左右，于 7 月 16 日达到最高为 4 033 t，工作面回采率也大部分在 53%以上，且于 7 月 23 日达到最高为 60.01%。

8 月份：+575 m 水平 45# 煤层西翼综采工作面累计推进 156.2 m，累计完成产量为 75 878.3 t，工作面回采率 52.63%。8 月 26 日，日产量在 2 485 t，工作面回采率为 83.59%，为本月最高。与前几个月相比，8 月份的回采率明显提高。

工作面产能情况统计见表 10-9。

表 10-9　　工作面产能情况统计

日期	累计推进度/m	累计产量/t	工作面回采率/%
6 月份	188.6	80 874.8	43.48
7 月份	172.8	79 820.5	50.37
8 月份	156.2	78 878.3	52.63
总计	517.6	239 573.6	48.82(平均值)

b. 方案实施成本

根据表 10-10 可知，采用注水与爆破耦合弱化方案时，每组实施成本约为 16 163.828 元。其中注水孔打孔费为 6 080 元，注水孔封孔费为 600 元，切顶孔服务费为 3 303.828 元，炸药费为 6 180 元。

表 10-10　　实施成本

科目	价格(单排孔)/元	备注
注水孔	6 680	打孔费+封孔费
打孔费	6 080	每米 76 元，总计 76×2×40=6 080 元
封孔费	600	马丽散 30 元/袋，共 20 袋
切顶孔	9 483.828	炸药费+服务费
炸药费	6 180	10 000 元/t，总计 0.618×10 000=6 180 元
服务费	3 303.828	5 346 元/t，总计 0.618×5 346=3 303.828 元
总计	16 163.828	注水孔、切顶孔合二为一

根据上述分析可知：工作面平均月推进度为 172.5 m，平均月产量为 79 857.86t，平均回采率为 48.82%，沿巷道每 100 m 内顶板弱化成本约为 269 397.13 元。

10.3.2.6　基于耦合致裂理论的工程实践效果分析

将煤岩体耦合致裂参数与离散元放煤模型中颗粒的放出率结合考虑，获得了耦合致裂作用下煤岩体整体状态的抗压强度 σ_c 与放出指数 U 间的定量化表达式：

$$U = -0.0192\sigma_c + 0.9172 \tag{10-15}$$

国家规定，煤层厚度大于 3.5 m 的采区回采率要大于等于 75%。放顶煤开采的煤层厚度一般均大于 3.5 m，考虑到采区遗留三角煤、区段煤柱、上下山煤柱等损耗，要实现该目标即要求放顶煤工作面顶煤采出率不低于75%。将此要求代入上式计算可得σ_c=8.7 MPa，即煤层耦合致裂后满足采区回采率要求时整体强度至少应小于8.7 MPa。在此基础上建立了耦合致裂参数和可放性指数间的关系，形成具有实践指导意义的耦合致裂方案设计依据，如下：

$$U = 0.740\,4(pQ)^{0.105\,9} \tag{10-16}$$

式中　p——注水水压，MPa；

　　Q——装药量，kg/m³。

例子：按照特厚煤层耦合致裂方案，注水水压按照10 MPa计算；爆破孔每4 m一组所控制的煤量为8 131 t。综合高阶段炸药和常规阶段炸药之后得到炸药单耗为0.291 2 kg/t，即0.378 56 kg/m³。将p和Q直接代入耦合致裂后可放性指数表达式(10-16)，得U=85.25%。

将p和Q代入耦合致裂后强度劣化式：

$$f = 0.371\,6\,(pQ)^{0.350\,9} \tag{10-17}$$

得f=59.28%，利用f求得煤体耦合致裂后的强度为5.48 MPa，再将此强度代入式(10-15)，得U=81.20%。这两种方法得出的U=85.25%和U=81.20%基本一致，表明这两种方法在描述耦合致裂的效果方面是可行的。耦合致裂后煤岩体的整体强度裂化程度用f表示：

$$f = 1 - \frac{F_{max}}{F_0} \tag{10-18}$$

式中　F_{max}——耦合致裂后煤岩体的极限承载力；

　　F_0——处于相对完好状态时煤岩体的极限承载力。

经过对乌东北区工作面煤岩体耦合致裂方案的计算，确定了耦合致裂分析的输入参数：注水压力13 MPa，工作面宽47 m，采高25 m，排距10 m。由此可得：

$$Q = 0.1\ \text{kg/m}^3,\ p = 13\ \text{MPa},\ F_{max} = 7.644\,54\ \text{MPa}$$

10.3.3 耦合致裂效果检验

倾斜45°煤层耦合致裂技术效果检验采取地质雷达探测技术进行，对顶煤注水、爆破耦合致裂进行效果评价。

10.3.3.1 耦合致裂效果评价监测方案

为揭示乌东煤矿北区+575 m水平45#煤层西翼综放工作面，工作面顶板弱化情况及顶煤裂隙发育程度，运用SIR-20专业型高速地质雷达光谱地磁技术分别对煤层顶板及煤层进行监测。并根据巷道内的设备布置、顶板弱化实施情况及顶煤弱化实施情况，可在以下几个区域内进行监测：

① 由于注水与爆破耦合弱化技术在工作面前方至少15 m实施，且工作面前方5 m范围内受超前支护影响，地质雷达天线无法通过，故可在南巷工作面前方5～35 m范围内(即南巷距停采线530～500 m)进行垂直监测。

② 对顶板监测完毕后在天线回撤过程中，可将天线与水平方向呈45°夹角对煤体进行监测。

③ 由于北巷在工作面超前15～45 m范围内围岩应力集中，巷道两帮及顶部帮鼓现象严重。此外，该范围内回采时放煤不充分，所以需要在北巷工作面前方15～95 m范围内进

行地质雷达监测，但是由于在工作面前方45～60 m范围内受串车影响，该区域内不能正常监测。具体检测见图10-43(a)，测试角度及测试方位关系见图10-43(b)。

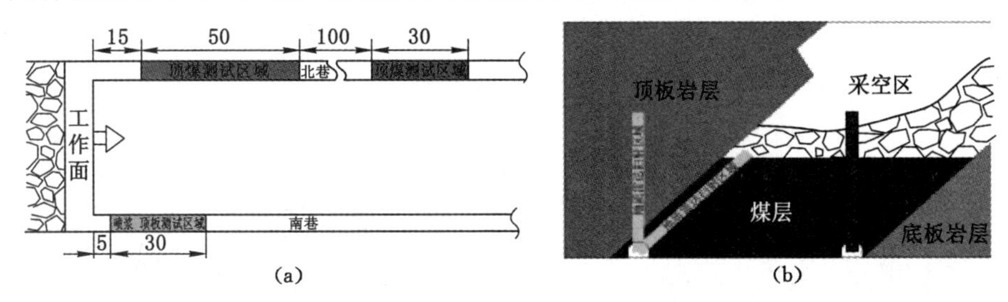

图10-43　地质雷达测试方案布置图

(a) 地质雷达监测位置；(b) 地质雷达测试方位关系

10.3.3.2　探测结果及分析

(1) 北区＋575 m水平西翼南巷顶板探测结果及分析

① 南巷顶板注水与爆破耦合弱化区域探测结果分析(520～530 m)

从图10-44可知，在垂向2.0～5.0 m范围处线扫描图颜色发生变化，以黑白为主。从图10-45可以看出，该范围反射率相对较强，波形变化不大，振幅较大，说明此处存在岩性不同和裂隙发育现象，局部含水；由于煤层倾角为45°，同时该区域是煤岩体交界处，因此该区域存在明显的地质分层界面。

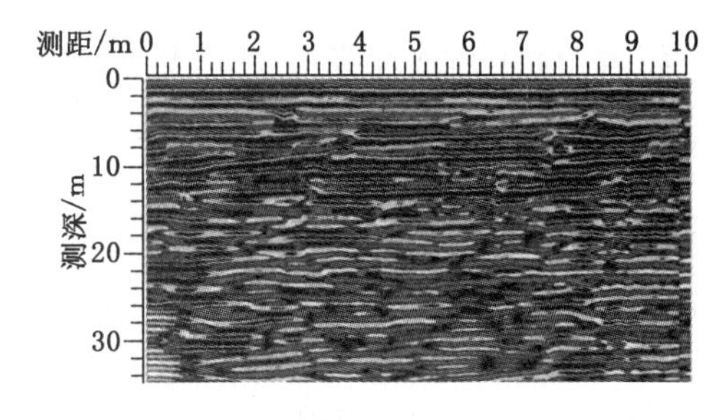

图10-44　520～530 m地质雷达探测线扫描特征

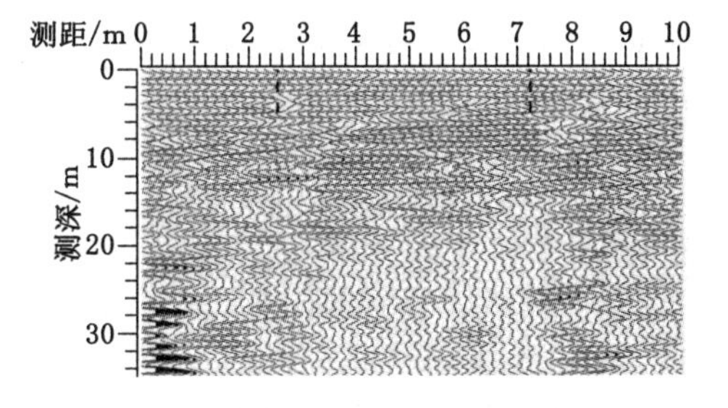

图10-45　520～530 m地质雷达波形时间剖面

从图10-46可知，在垂向5.0～13.0 m范围处线扫描图颜色发生变化，以黑色为主，局部区域出现白色，反射率相对较低。从图10-45可以看出，在垂向13 m波形变化明显，振幅明显变小，波速从高速介质进入低速介质，岩层介电常数由大向小穿透，推测此区域内岩层裂痕损伤明显，岩体破碎严重，但含水量较小；由于封孔爆破和封孔注水时封孔长度为10 m，因此推测该区域因受封孔的影响，致裂效果并不明显。

从图10-46可知，在垂向13～35 m范围内颜色以白色为主，与其他区域形成鲜明对比，从地质雷达探测扫描波形对比图分析看出，此区域内波形变化较大，振幅明显变小，频率变弱，说明此区域内水量丰富，顶板破碎较严重。这种现象是由于该区域首先实施注水致裂，在煤岩体已被注水弱化的基础上再实施爆破，使得该区域裂纹的数量及密度明显增加，水也更均匀地分布于煤岩体中。从雷达波形时间剖面图可看出，在此探测区域内电磁波振幅(能量)在垂深13 m处发生变化，在13～35 m区域电磁波振幅变小，说明在此范围内顶板含水量丰富，注水效果良好。

② 南巷顶板注水区域探测结果分析

a. 510～520 m 探测结果分析

从图 10-47 可知，在垂向 2.0～5.0 m 范围处线扫描图颜色以白色为主，从地质雷达探测扫描波形对比图分析看出，该范围反射率相对较弱，波形和振幅变化不大，说明此处存在岩性不同；由于煤层倾角为 45°，同时该区域是煤岩体交界处，因此该区域存在明显的地质分层界面。

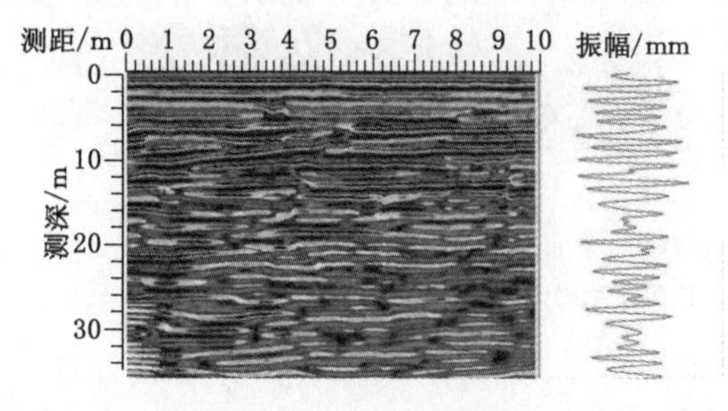

图 10-46　520～530 m 典型区域地质雷达扫描波形

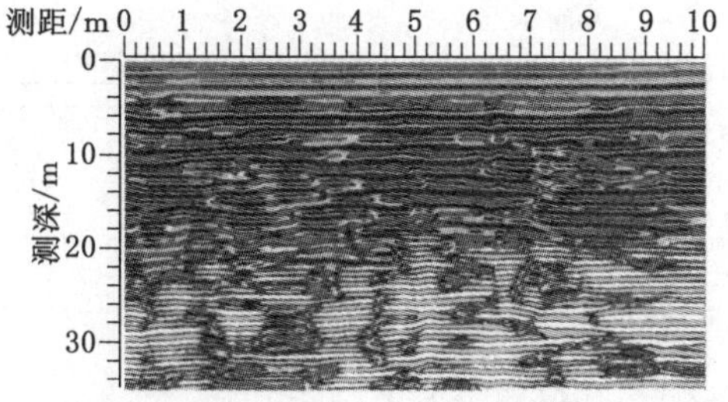

图 10-47　510～520 m 地质雷达探测线扫描

从图 10-47 可知，在垂向 5.0～20.0 m 范围处线扫描图颜色发生变化，以黑色为主，反射率相对增强，从地质雷达探测扫描波形对比图 10-48 分析看出，此区域与垂深 2～5 m 范围相比，波形变化不大，振幅增大不明显，频率变化不大，推测此区域内岩层破碎不严重；由于封孔注水时封孔长度为 10 m，因此推测此区域因受封孔的影响，致裂效果并不明显。

从图 10-49 可知，在垂向 20.0～35.0 m 范围处线扫描图颜色发生变化，以白色为主，反射率相对较强，从地质雷达探测扫描波形对比图分析看出，此区域与垂深 5～20 m 范围相比，此区域波形变化明显，电磁波的振幅和频率明显变大，波速从低速介质进入高速介质，岩层介电常数由小向大穿透，推测此区域内岩层裂痕损伤明显，顶板破碎严重，但含水量低。这种现象是由于该区域实施单一的注水致裂，使得该区域裂纹的数量及密度较小，水在岩层中的分布比较集中并未分散开。从雷达波形时间剖面图可看出，在此探测区域内电磁波振幅在垂深 20 m 处发生变化，在 20～35 m 区域电磁波振幅明显变大，说明在此范围内顶板裂隙发育，顶板破碎严重。但从该区域内反射波的振幅强度可知，该区域内的弱面主要是由液体及固体形成的反射面，由此可以推测，该区域内岩体裂隙发育，而岩体内含水区域却相对集中。

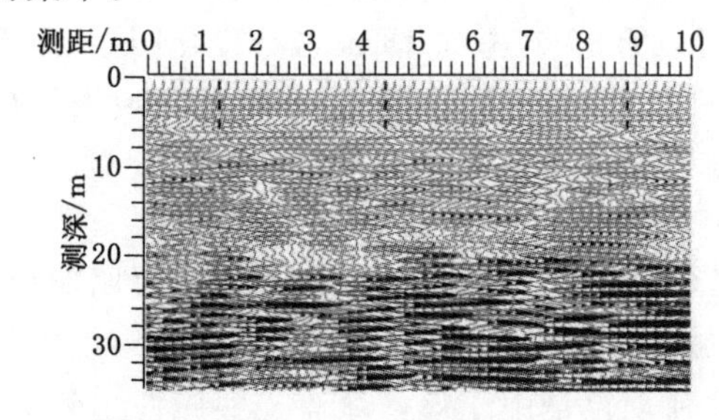

图 10-48　510～520 m 地质雷达波形时间剖面

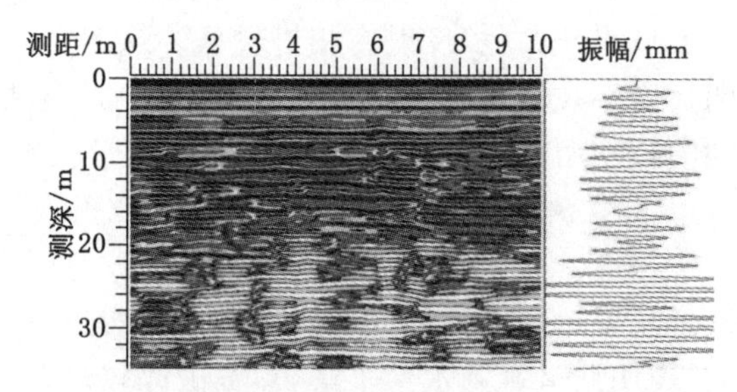

图 10-49　510～520 m 典型区域地质雷达扫描波形

b. 500～510 m 探测结果分析

从图 10-50 可知，在垂向 2.0～7.0 m 范围处线扫描图颜色以白色为主，从地质雷达探测扫描波形对比图分析看出，该范围反射率相对较弱，波形和振幅变化不大，说明此处存在岩性不同；由于煤层倾角为 45°，同时该区域是煤岩体交界处，因此该区域存在明显的地质分层界面。

从图 10-51 可知，在垂向 7.0～24.0 m 范围处线扫描图颜色发生变化，以黑色为主，反射率相对增强，从地质雷达探测扫描波形对比图 10-52 分析看出，此区域与垂深 2～7 m 范围相比，波形变化不大，振幅增大不明显，频率变化不大，推测此区域内岩层破碎不严重。由于封孔注水时封孔长度为 10 m，因此推测此区域因受封孔的影响，致裂效果并不明显。

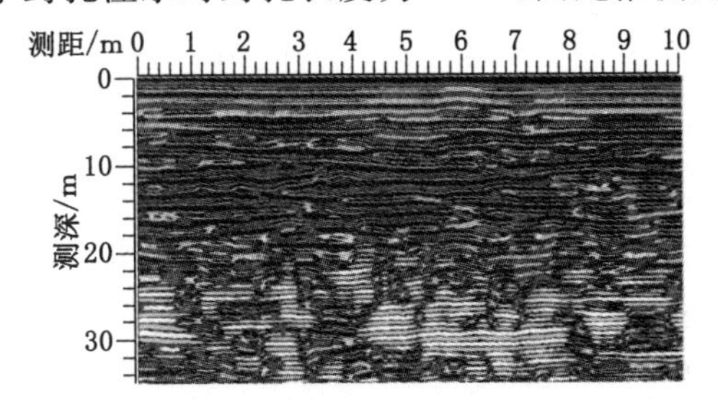

图 10-50　500～510 m 地质雷达探测线扫描特征

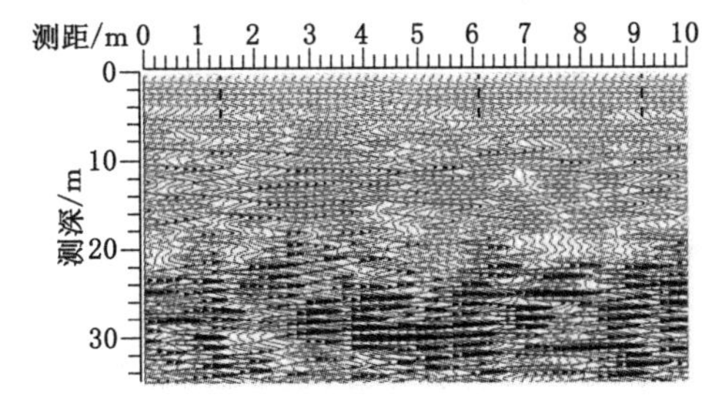

图 10-51　500～510 m 地质雷达波形时间剖面

从图 10-52 可知，在垂向 24.0～35.0 m 范围处线扫描图颜色发生变化，以白色为主，反射率相对较强，从地质雷达探测扫描波形对比图分析看出，此区域与垂深 7～24 m 范围相比，此区域波形变化明显，电磁波振幅和频率明显变大，波速从低速介质进入高速介质，岩层介电常数由小向大穿透，推测此区域内岩层裂痕损伤明显，顶板破碎严重，但含水量小。这种现象是由于该区域实施单一的注水致裂，使得该区域裂纹的数量及密度较小，水分布不均匀。从雷达波形时间剖面图可看出，在此探测区域内电磁波振幅（能量）在垂深 24 m 处发生变化，在 24～35 m 区域电磁波振幅明显变大，说明在此范围内顶板破碎严重，含水量较小。

(2) 北区＋575 m 水平 45# 煤层西翼南巷顶煤探测结果及分析

通过对＋575 m 水平 45# 煤层西翼南巷 530～500 m 区域进行探测，得出以下煤层顶煤的探测结果。

① 第一段探测结果（530～520 m）

图 10-53～图 10-55 为乌东煤矿北区＋575 m 水平 45# 煤层西翼南巷 530～520 m 范围内顶煤的一组地质雷达探测结果。

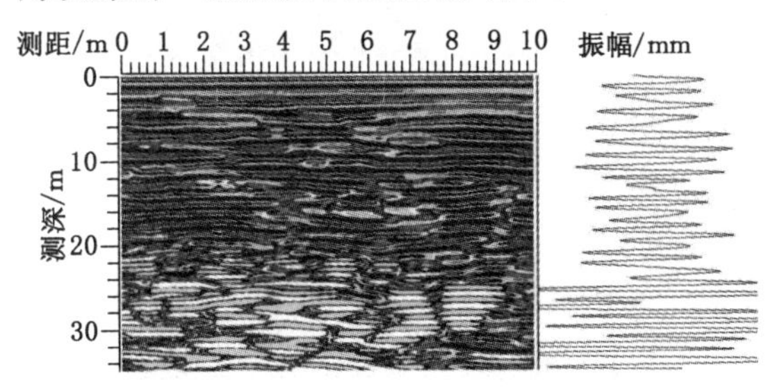

图 10-52　500～510 m 典型区域地质雷达扫描波形对比

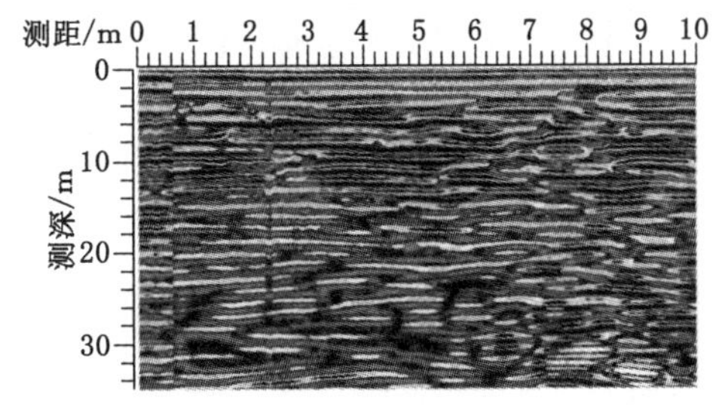

图 10-53　530～520 m 地质雷达线扫描特征

从图 10-53 可知，在垂向 0～5.0 m 范围处线扫描图颜色分布比较均匀，说明此范围内

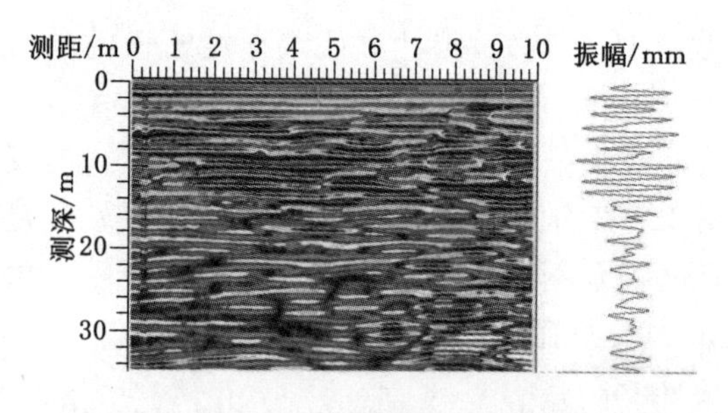

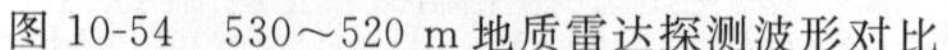

图 10-54　530～520 m 地质雷达探测波形对比

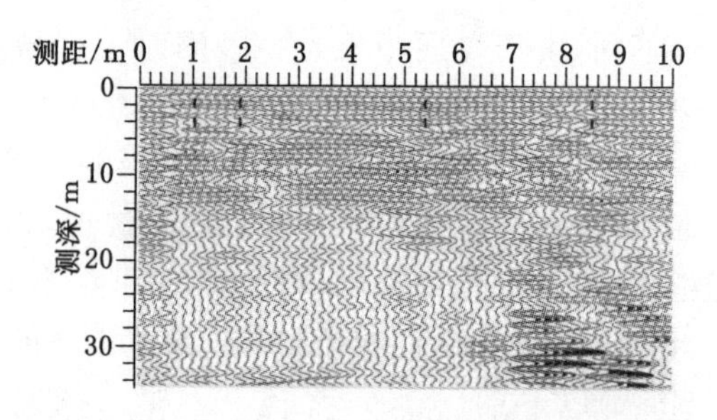

图 10-55　530～520 m 地质雷达波形时间剖面

顶煤比较完整；在垂向 5.0～15.0 m 范围处线扫描图颜色分布发生明显的变化，反射率相对较强，说明此处顶煤破碎比较充分，煤体间裂隙较多；在垂向 15.0～35.0 m 范围内扫描图颜色又发生比较明显的变化，说明此范围内煤体含水量大，这是因为超前注水的影响。

从图 10-54 分析看出：在垂向 0～5.0 m 范围内，波形变化不大，振幅较小，表明此处煤体比较完整；在垂向 5.0～15.0 m 范围内，由反射波的频谱特性分析表明反射波形与入射波形极性相同，波速从低速介质进入高速介质，岩层介电常数由小向大穿透，推测此区域内顶煤裂痕损伤明显，煤岩体破碎充分；在垂向 15.0～35.0 m 范围内，波形变化较小，表明此处煤体裂隙富含水。

从图 10-55 可看出：在垂向 0～5.0 m 范围内波形振幅(能量)适中，未出现较大波形，煤体结构较完整；在垂向 5.0～15.0 m 范围内的反射波波形的能量较大，但频率较小，判断此处为煤体破碎严重；在垂向 15.0～35.0 m 测程范围内的反射波波形能量相对较小，判断此处煤体裂隙含水量较大。

② 第二段探测结果(520～510 m)

图 10-56～图 10-58 为乌东煤矿南区＋575 m 水平 45# 煤层西翼南巷 520～510 m 范围内的一组地质雷达探测结果。

图 10-56　520～510 m 地质雷达线扫描特征

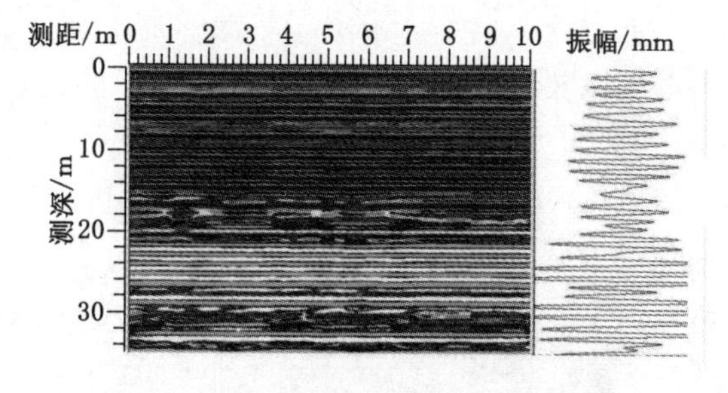

图 10-57　520～510 m 地质雷达扫描波形对比

从图 10-56 可知：在垂向 0～10.0 m 范围内扫描图颜色发生变化较小，说明此范围内顶煤比较完整；在垂向 10.0～15.0 m 范围内扫描图颜色发生变化较小，但比 0～10.0 m 范围内的变化较大，说明此范围内顶煤破碎程度相对较小；在垂向 22.0～30.0 m 范围内扫描图颜色变化较大，反射率相对较强，说明此处顶煤裂隙发育较大；在垂向 7.0～28.0 m 与走向 514.0～510.0 m 范围内，扫描图颜色变化最大，表明此处煤体裂隙发育比较充分。

从图 10-57 分析看出：在垂向 0～10.0 m 范围内，波形变化适中，未出现较大波动，说明煤层结构存在破碎，但整体完整；在垂向测程 10.0～15.0 m 范围内，波形比 0～10.0 m 范

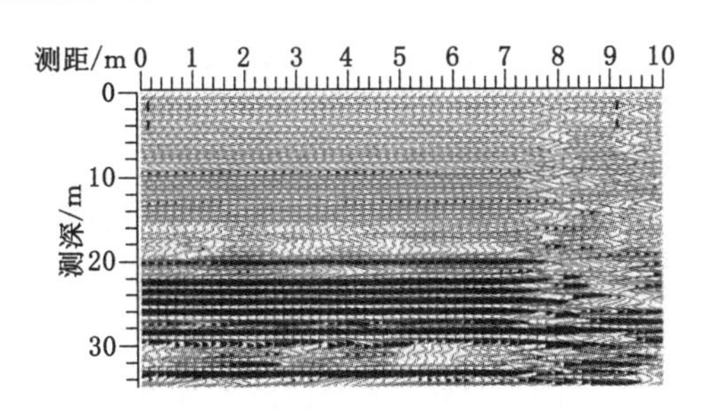

图 10-58　520～510 m 地质雷达波形时间剖面

围内变化较大，表明此范围内煤层结构比 0～10.0 m 范围内破碎大；在垂向 22.0～30.0 m 波形为正波，由反射波的频谱特性分析表明反射波形与入射波形极性相同，波速从低速介质进入高速介质，岩层介电常数由小向大透，推测此区域煤层裂痕损伤明显，煤体破碎严重；在垂向 16.0～20.0 m 范围内波形发生明显变化，振幅变小，能量变小，说明此范围内煤体含水量大。

从图 10-58 可看出：在垂向 0～10.0 m 范围内反射波的波形能量小，频率较大，判断此处煤体比较完整；在垂向 10.0～15.0 m 范围内反射波的波形能量比 0～10.0 m 范围内的大，表明 10.0～15.0 m 范围内煤体比 0～10.0 m 的煤体破碎程度大；在垂向 20.0～30.0 m 的反射波波形的能量较大，但频率较小，局部呈现黑色区域，判断此处为煤体裂隙发育比较充分，可能发生离层；在垂向 15.0～20.0 m 范围内反射波波形发生紊乱，同性轴发生偏移，说明此范围内煤体富含水；在垂向 7.0～28.0 m 与走向 514.0～510.0 m 范围内波形发生明显的紊乱，频率变小，表明此处煤体裂隙发育比较充分。

③ 第三段探测结果(510～500 m)

图 10-59～图 10-61 为乌东煤矿南区＋575 m 水平 45# 煤层西翼南巷 510～500 m 范围内的一组地质雷达探测结果。

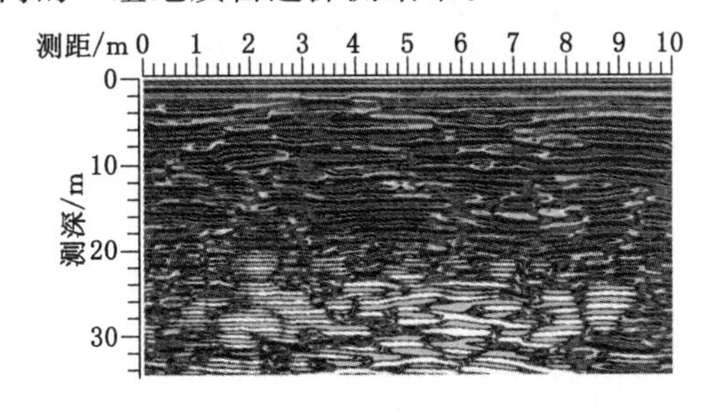

图 10-59　510～500 m 地质雷达扫描特征

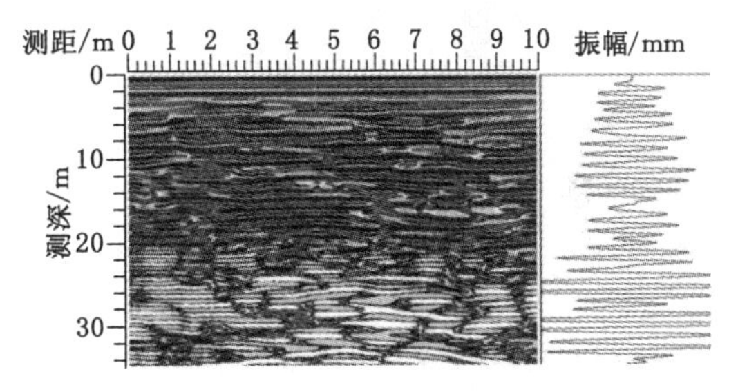

图 10-60　510～500 m 地质雷达扫描波形对比

从图 10-59 可知：在垂向 0～5.0 m 范围处线扫描图颜色分布比较均匀，说明此范围内顶煤比较完整；在垂向 5.0～20.0 m 范围处线扫描图颜色分布发生明显的变化，反射率相对较强，说明此处顶煤破碎比较充分，煤体间裂隙较多；在垂向测程 20.0～30.5 m 范围内颜色混乱，存在较大变化，反射率相对较强，说明此处顶煤裂隙发育较大，顶煤出现离层。

从图 10-60 分析看出：在垂向 0～5 m 范围内，波形变化不大，说明煤层结构较完整；在垂向测程 5.0～20.0 m 范围内波形为正波，由反射波的频谱特性分析表明反射波形与入射波形极性相同，波速从低速介质进入高速介质，岩层介电常数由小向大穿透，推测此区域顶煤裂痕损伤明显。在垂向测程 20.0～35.0 m 范围内波形比 5.0～20.0 m 范围内变化大，判断此范围内顶煤比 5.0～20.0 m 范围内破碎程度大，有离层。

从图 10-61 可看出：在垂向 5.0～15.0 m 范围内的反射波波形的能量较大，但频率较小，判断此处为顶煤破碎程度大；在垂向 20.0～35.0 m 范围内的反射波波形的能量较大，但频率较小，局部呈现黑色区域，判断此处顶煤体裂隙发育比 5.0～20.0 m 还要大，顶煤发生离层。

(3) 北区＋575 m 水平 45# 煤层西翼北巷顶煤探测结果及分析

通过对＋575 m 水平 45# 煤层西翼北巷 520～320 m 区域进行探测（470～350 m 未探测），得出以下煤层顶煤的探测结果。

① 第一段探测结果（520～500 m）

图 10-62～图 10-64 为乌东煤矿北区＋575 m 水平 45# 煤层西翼北巷 520～500 m 范围的一组地质雷达探测结果。

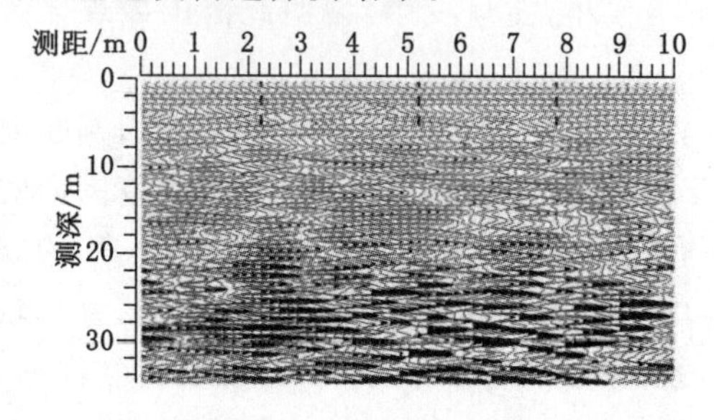

图 10-61　510～500 m 地质雷达波形时间剖面

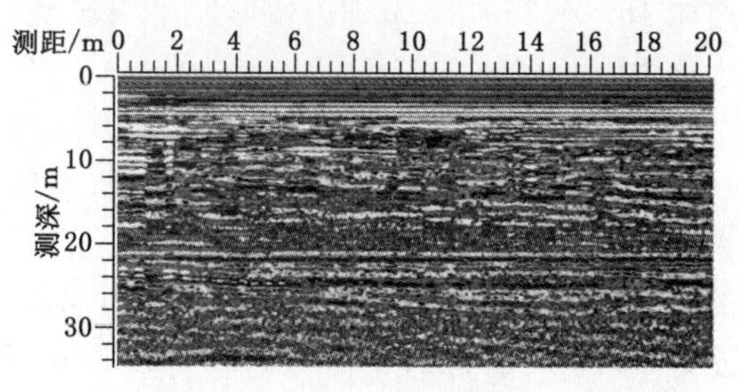

图 10-62　520～500 m 地质雷达扫描特征

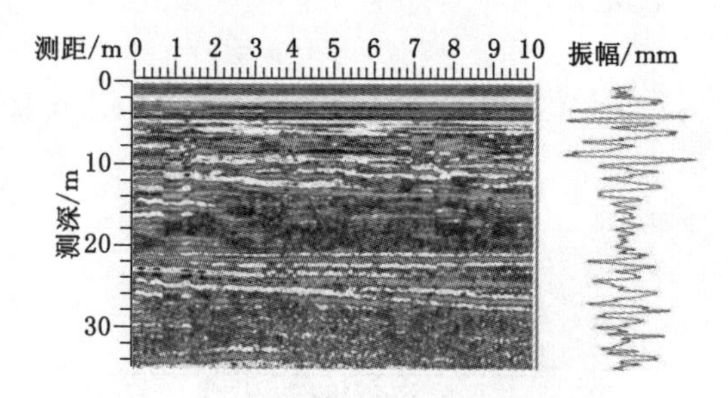

图 10-63　520～500 m 地质雷达扫描波形对比

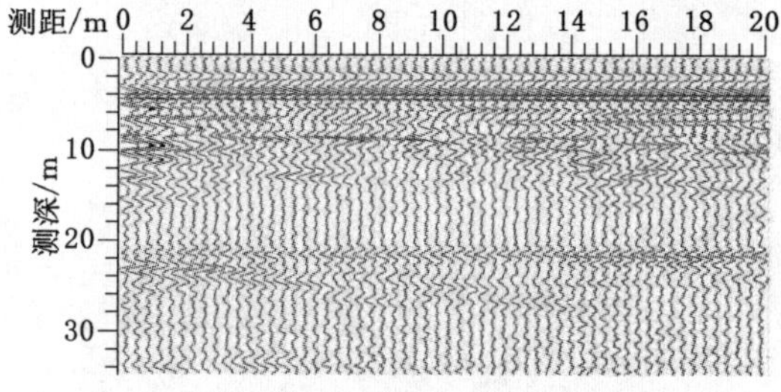

图 10-64　520～500 m 地质雷达波形时间剖面

从图 10-62 可知：在 0～3 m 范围内出现第一层次的颜色变化图像，第二个明显层次的颜色变化图像出现于 3～15 m 附近，该范围内的结构为黑白交替出现的短褶皱状结构，局部地区为散点状图像，推测在 3～15 m 范围内煤岩体整体比较破碎，赋存条件不好。

从图 10-63 可以看出：在垂向 3 m 和 15 m 两处反射波形极性呈明显的负极性，并且可以看到很明显的波形变化，从 15 m 处开始到 23 m 左右反射波开始从高速转入低速并趋于稳定，相对介电常数也出现较小的下降，此后反射波稳定持续直到 24 m 处再次出现突跃，没有发生偏转。

从图 10-64 可看出：在垂向 0～3 m 测程范围内的波形变化不明显，振幅（能量）变化不大，推测为测杆由于巷道位置限制，测量时没有贴紧顶板而预留的高度。在垂向 4～15 m，走向 520～504 m 范围内波形变化比较明显，说明该区域顶煤破碎比较明显。其余走向范围内存在破碎，但是破碎不严重。在测深 23～26 m 范围内，沿走向 520～510 m 范围内出现煤岩体软弱面或者破碎区域。在其余区域内，从图分析来看，整体比较完整，局部出现轻微破碎情况。上述现象是由于工作面及巷道开挖和支护过程中上部煤体受到扰动，煤体裂隙不断扩张、发育，强度降低，支承压力峰值增大。对于煤层来说支承压力分布范围为 0～50 m，在此支承压力范围内，垂向 3～15 m 顶煤破碎，出现离层现象。由此可以推测，该范围内应力集中，煤体内能量积聚。

② 第二段探测结果(500～470 m)

图 10-65～图 10-67 为乌东煤矿北区＋575 m 水平 45# 煤层西翼北巷 500～470 m 范围的一组地质雷达探测结果。

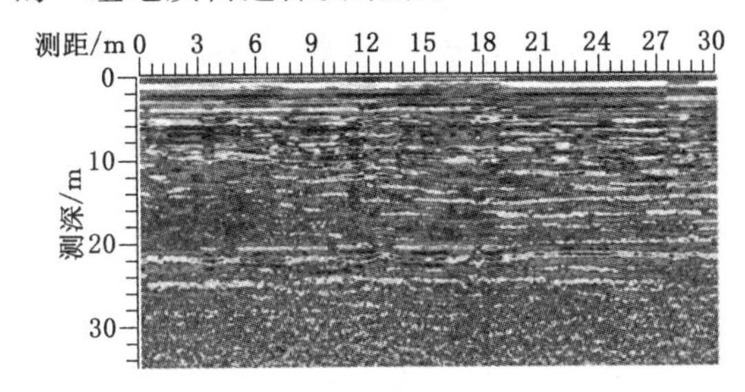

图 10-65　500～470 m 地质雷达扫描特征

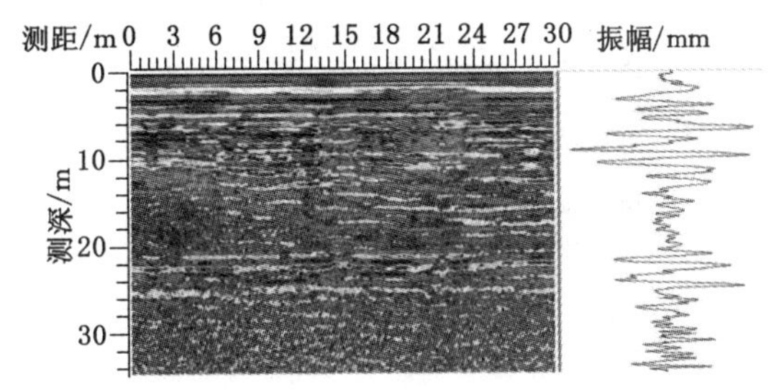

图 10-66　500～470 m 地质雷达扫描波形对比

从图 10-65 可知：在 0～5 m 范围内出现第一层次的颜色变化图像，第二个明显层次的颜色变化图像出现在 5～14 m 附近，该范围内的结构为黑白交替出现的短褶皱状结构，局部地区为散点状图像，推测在 5～14 m 范围内煤岩体整体比较破碎，强度较低，裂隙发育，赋存条件不好。

从图 10-66 可以看出：在垂向 5～14 m 和 21～24 m 两处反射波形极性呈明显的负极性，并且可以看到很明显的波形变化，从 14 m 处开始到 21 m 左右反射波开始从高速转入低速并趋于稳定，相对介电常数也出现较小的下降，此后反射波稳定持续直到 21 m 处再次出现突跃，没有发生偏转，以此可以判断出该区域内，在波形振幅变化明显处，煤体破碎，甚至出现离层现象。

从图 10-67 可看出：在垂向 0～5 m 测程范围内的波形变化不明显，振幅(能量)变化不大，推测为测杆由于巷道位置限制，测量时没有贴紧顶板而预留的高度。垂向 5～14 m 整个走向范围内波形变化比较明显，说明该区域顶煤破碎比较明显。在测深 21～24 m 范围内，沿走向 495～478 m 范围内出现煤岩体软弱面或者破碎区域。在其余区域内，从图分析来看，整体比较完整，局部出现轻微破碎情况。上述现象是由于巷道在开挖及支护过程中顶煤受到局部范围的扰动所致，在此范围内煤体裂隙发育，强度较低，在矿山压力作用下，煤体破碎，出现较明显的离层现象。

③ 第三段探测结果(350～320 m)

图 10-68～图 10-70 为乌东煤矿北区＋575 m 水平 45# 煤层西翼北巷 350～320 m 范围的一组地质雷达探测结果。

从图 10-68 可知：在 0～4 m 范围内出现第一层次的颜色变化图像，第二个明显层次的颜色变化图像出现于 30～35 m 附近，该范围内的结构为黑白交替出现的短褶皱状结构，局

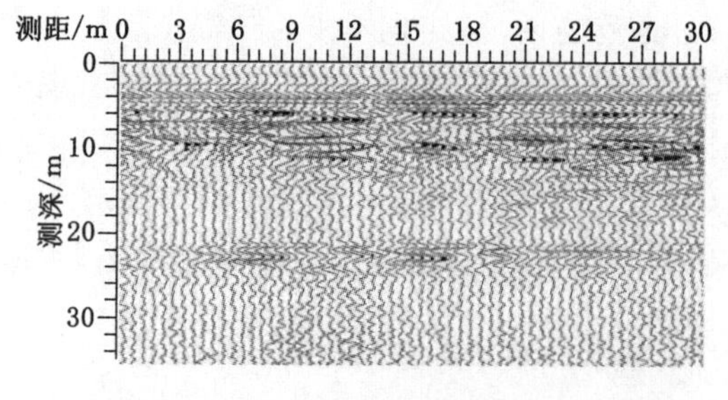

图 10-67　500～470 m 地质雷达波形时间剖面

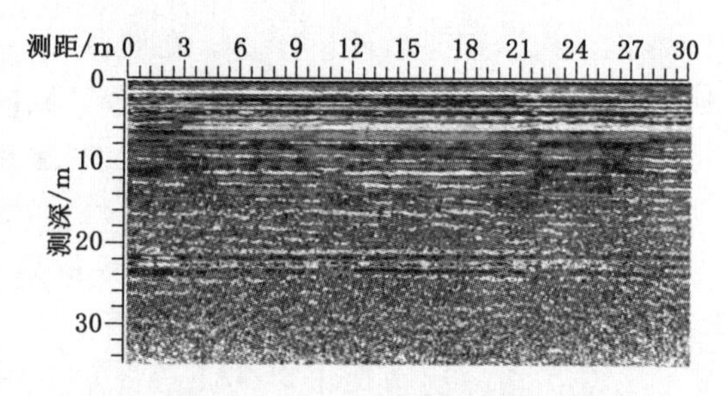

图 10-68　350～320 m 地质雷达扫描特征

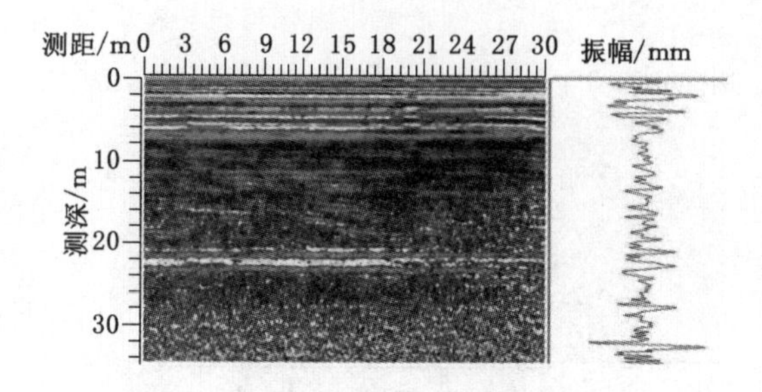

图 10-69　350～320 m 地质雷达扫描波形对比

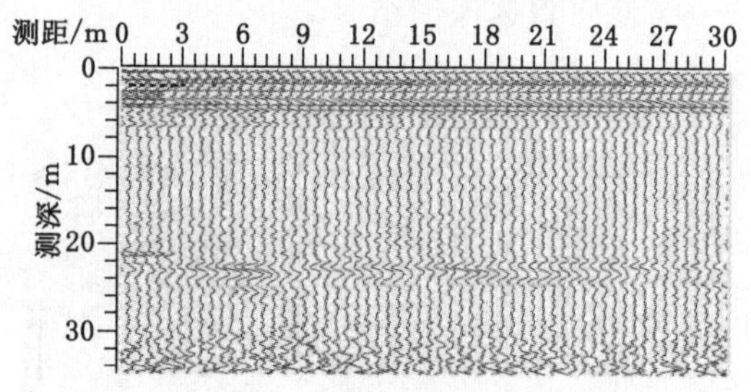

图 10-70　350～320 m 地质雷达波形时间剖面

部地区为散点状图像，推测在 30～35 m 范围内煤岩体整体比较破碎，强度较低，赋存条件不好。

从图 10-67 可以看出：在垂向 0～4 m 和 30～35 m 两处反射波形极性呈明显的负极性，并且可以看到很明显的波形变化，从 4 m 处开始到 30 m 左右反射波开始从高速转入低速并趋于稳定，相对介电常数也出现较小的下降，其中反射波只在 24 m 处发生轻微变化，没有发生偏转，以此可以判断出图中白色方框区域内，在波形振幅变化明显处，煤体破碎，裂隙发育，整体强度较低，矿压显现明显。

从图 10-70 可看出：在垂向 0～5 m 测程范围内的波形变化较明显，振幅（能量）变化较大，推测此处由于巷道开挖过程中煤体受到较大扰动所致。垂向 30～35 m 整个走向范围内波形变化比较明显，是由于上阶段工作面开采过程中顶煤未充分放出所致。在测深 23～25 m 范围内，沿走向 340～330 m 范围内出现煤岩体软弱面或者破碎区域。在其余区域内，从图分析来看，整体比较完整，局部出现轻微破碎情况。上述现象是由于巷道在开挖及支护过程中顶煤受到局部范围的扰动所致，在此范围内煤体裂隙发育，强度较低，在矿山压力作用下，煤壁破碎，巷道周围发生明显变形。在 30～35 m 范围内出现的异常现象，可能是由于上阶段工作面在开采过程中顶煤未充分放出，大量顶煤悬露所致。

10.4　急倾斜煤岩体(80°以上)耦合致裂应用实践

根据上述微震监测的围岩活动规律及动力灾害发生机理的数值与力学分析，高水平应力和围岩活动是乌东煤矿南区动力灾害发生的主要力源和诱发因素，岩柱在采动扰动作用下的“撬动”作用是导致动力灾害事故发生的主要原因。此外，根据乌东煤矿南区 B_{1+2} 煤层和 B_{3+6} 煤层经鉴定均具有弱冲击倾向性，综合上述影响因素，弱化煤体的冲击倾向性，降低主要力源的传递作用，避免围岩活动的动载诱发动力灾害。因此，乌东煤矿南区动力灾害防治的主要手段有煤层注水、顶底板深孔爆破卸压和岩柱石门注水爆破卸压等多水平联合处理技术。

10.4.1　煤层注水

10.4.1.1　煤层注水防冲机理

煤层注水就是通过增加煤层含水率或煤层中水的饱和度来改变其变形状态，降低煤岩冲击倾向性，使其不发生突然的失稳破坏，从而避免动力灾害的发生。

煤层是多孔介质，含有大量的裂隙和孔隙。当将水注入煤层的孔隙、裂隙之间，含水率逐渐增加，或水的饱和度逐渐增大，水为煤的湿润流体时，水就被煤层孔隙、裂隙内外表面所吸收，水湿润面积就逐渐增大，直至全部为水所湿润。在煤的孔隙、裂隙表面形成水膜，当水膜增加至一定厚度并保持一定时间，在水对煤的复杂的物理化学的作用下，煤颗粒间的黏结力减小，煤颗粒接触面的摩擦力降低，煤的性质发生了变化，使得煤的冲击倾向性减小。将注水煤层的试件在实验机上进行试验，当达到破坏时，试件仍有强度，试验机不完全卸载，需要进一步做功才能进一步破坏，而这一破坏不但不释放能量还要吸收能量，试验机不发生振动，也不发生响声。这就是井下煤岩大多数破坏而不发生动力灾害的道理。所以，通过对煤层注水，可以防治动力灾害。

10.4.1.2　煤层注水现场工程实践

煤体高压注水可破坏煤体的层理、节理，使煤体产生较大裂隙，破坏煤体的整体性，使煤体脆性减弱，塑性增强，从而改变了煤体的物理力学性质，有效降低煤体冲击倾向性。为此，充分利用联络煤门，采取沿煤层走向长距离注水手段，改变其物理性质，防止应力集中现象。根据划分的动力灾害危险区域，在＋500 m 水平 B_{1+2} 工作面的第一、三煤门和 B_{3+6} 工作面的第四至第六联络煤门内沿煤层走向进行长孔注水，共布置 7 个注水孔。具体布置如图 10-71 所示。为实现煤门注水效果，B_{3+6} 煤层每个联络巷施工注水孔 6 个，B_{1+2} 煤层每个联络巷施工注水孔 4 个，注水孔单孔长度为 120 m。注水孔施工采用 ZDY 型坑道液压钻机，注水采用 BZW200/65 型智能化高压注水泵(最大注水压力 65 MPa)进行动压注水。

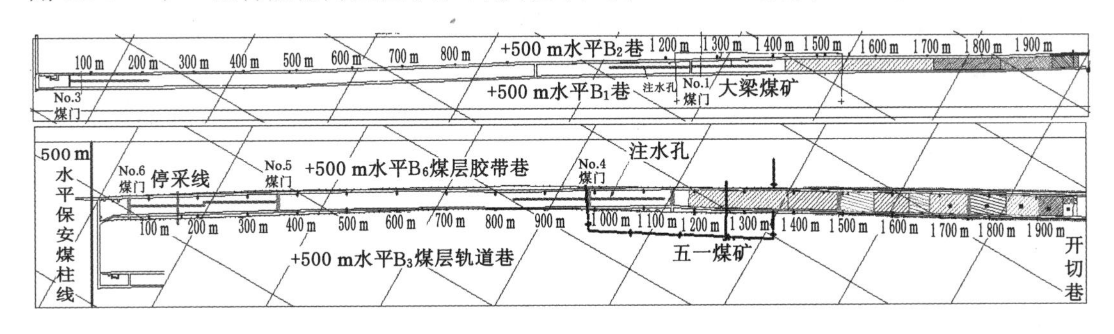

图 10-71　煤层注水孔布置图

注水孔参数：注水孔沿煤层布置，孔长 120 m，孔径 113 mm，钻孔仰角为 5°～8°，封孔长度 15 m，采用马丽散配合封孔器进行封孔(图 10-72)。

注水时间：根据实验室煤层浸水试验，煤样在浸水 15～20 d 时对弱化其冲击倾向性效果最好，因此，煤层注水时机为开采前 15～20 d。注水时间控制在 5～7 d，注水压力必须控

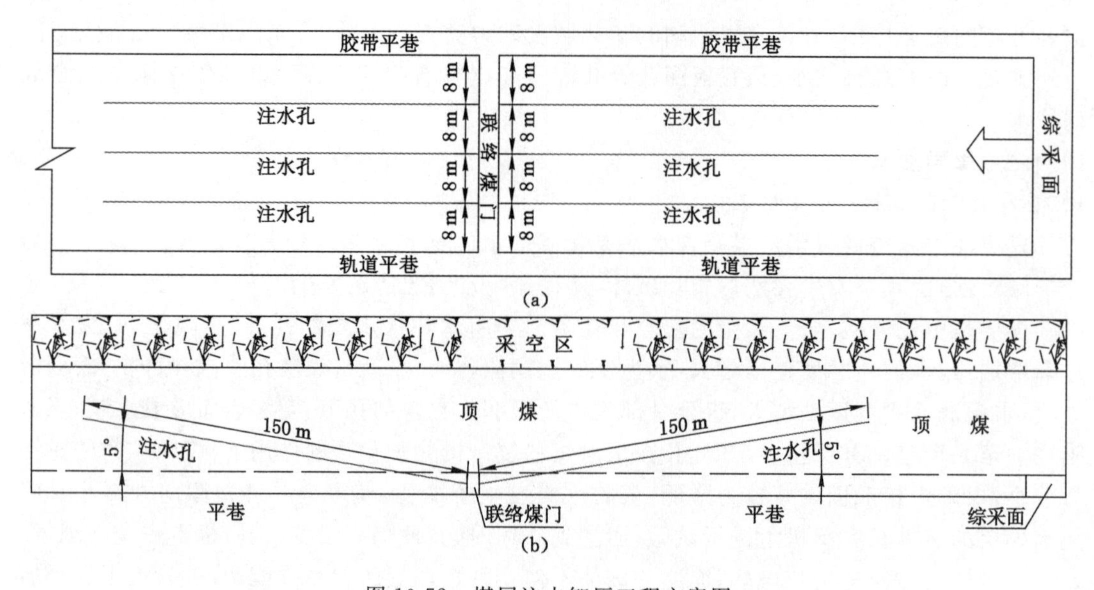

图 10-72　煤层注水卸压工程方案图

(a) 煤层注水钻孔布置平面图；(b) 煤层注水钻孔布置立面图

制到使煤壁出现一定程度的渗水，煤体含水率增加达到3%以上。

10.4.1.3　煤层注水效果评价

地音系统通过接受高频低能事件，监测到的能量值反映了煤岩体内弹性能聚集程度和小尺度的破坏程度。为科学分析煤体注水卸压效果，以注水区域为研究对象，对注水软化区域地音监测数据进行整理统计，见图 10-73，分析煤体整体能量释放和活动剧烈程度，得到如下几点结论。

(1) 煤体能量释放降低。注水前监测能量值基本在 1 300 J 左右，且出现连续数周监测能量值维持在 2 000 J 以上；注水后监测能量值显著降低，监测能量值基本在 700 J 左右，能量值降低了将近 46%，监测初期个别时间段出现能量值高于 2 000 J 情况，可能因为注水后围岩正处趋于稳定的过程中，急于释放能量，约 13 d 后监测曲线趋于稳定，反映注水改变了煤体活动的剧烈程度。

(2) 采掘工作面煤尘浓度降低。注水后，采掘工作面粉尘浓度由 8.7 mg/m^{3}降低至 3.6 mg/m^3，表明煤体注水有效降低了采掘工作面粉尘浓度。

10.4.2　顶底板深孔爆破卸压

10.4.2.1　顶底板深孔爆破机理

顶底板是影响动力灾害发生的主要因素之一，其主要原因是坚硬厚层顶底板容易聚积大量的弹性能。在坚硬顶底板破断过程中或滑移过程中，大量的弹性能突然释放，形成强烈震动，诱发冲击。乌东南区近似直立的顶底板活动、垮断情况不明，且均具有弱冲击倾向性，因此，采取深孔预裂爆破对 B_{3+6}煤层及 B_{1+2}煤层的顶底板进行弱化处理，提出水平联合处理方式。

根据＋500 m 水平石门揭露岩性及岩层结构情况，以及现场微震监测岩层活动情况，如图 10-74 所示，B_{3+6}工作面和 B_{1+2}工作面岩层活动范围和关键岩层特征如下：

(1) B_6煤层坚硬岩层厚度为 22 m，微震监测活动岩层为 30～50 m；B_3煤层坚硬岩层厚

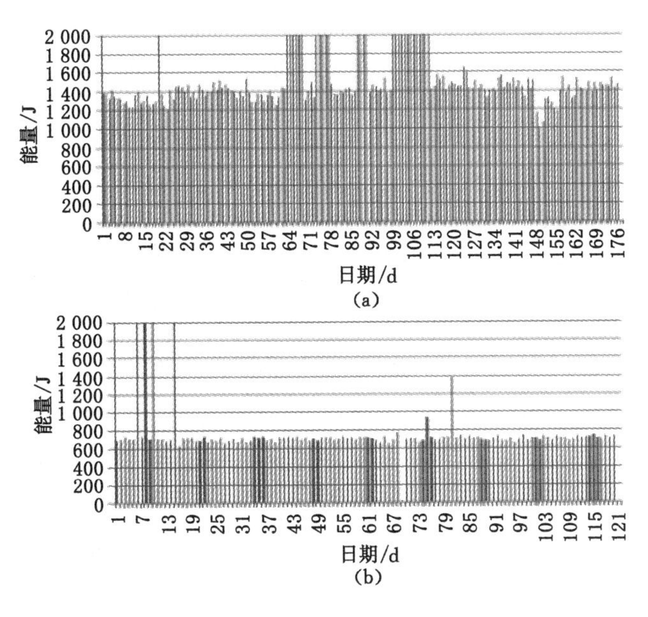

图 10-73　煤体注水前后地音数据对比分析图

(a) 注水前；(b) 注水后

度为 20 m，微震监测活动岩层为 30～40 m。

(2) B_2煤层坚硬岩层厚度为 54 m，微震监测活动岩层为 30～50 m；B_1煤层坚硬岩层厚度为 27 m，微震监测活动岩层为 30～50 m。

(3) B_2～B_3岩柱活动的空间高度为 425～575 m，岩柱活动强烈空间高度主要在 475～525 m。

(4) B_6顶板活动空间高度主要在 475～500 m；B_1底板活动空间高度主要在 475～500 m。

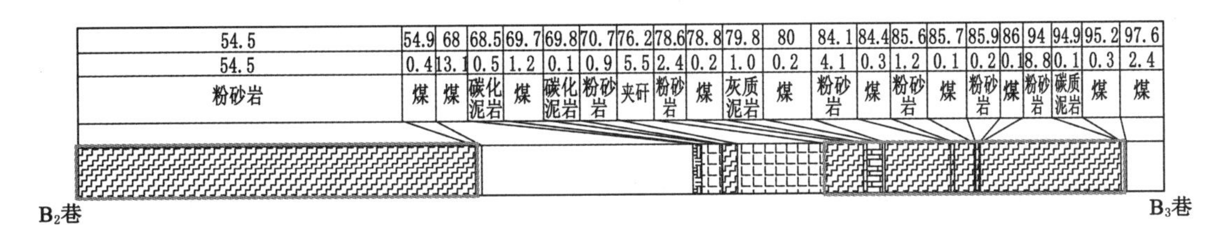

图 10-74　＋500 m 水平石门钻孔柱状图

根据岩层岩性及结构特征和活动岩层对工作面冲击危险的影响，确定本分层顶底板需弱化的深度，见表 10-11。现场工程实践过程中，根据解危效果和岩层处理方法、参数以及工艺的改进，对岩层处理关键层位和弱化区域进行合理的优化调整。

表 10-11　　需弱化的顶底板深度

位置	B_6顶板	B_3底板	B_2顶板	B_1底板
需弱化的深度/m	34	20	50	30

通过合理确定顶底板处理参数,达到以下目的:

① 矿井以构造应力为主,最大水平主应力如图 10-75 所示,围岩活动受最大主应力影响明显,顶底板处理实现降低最大水平主应力的影响;

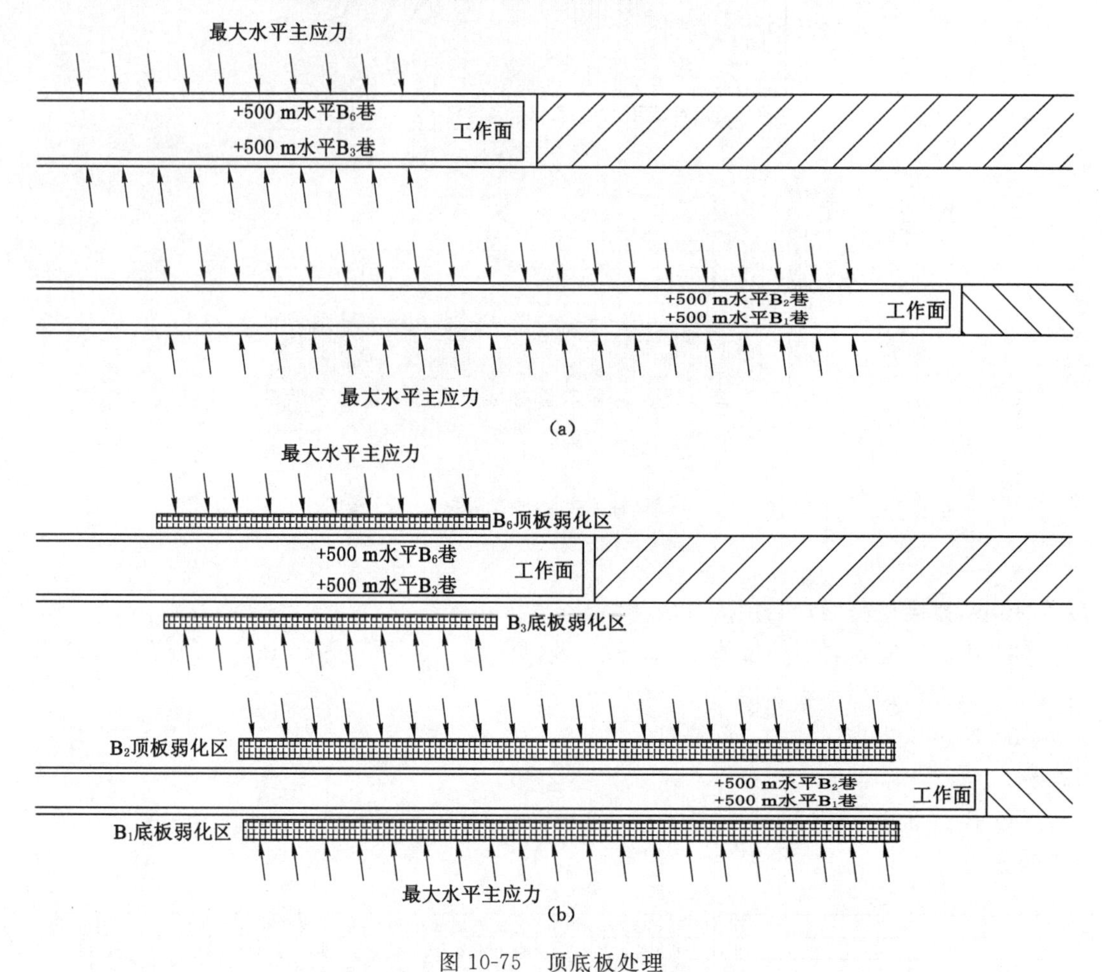

图 10-75 顶底板处理

(a) 处理前受最大水平应力作用;(b) 处理后改变最大水平应力作用

② 顶板处理后,形成顶底板弱化区,降低最大水平主应力的传递作用,使最大水平主应力的作用远离采矿活动空间;

③ 根据应力集中位置,解决水平应力的影响,采用水平联合的方式进行处理,该方法的提出,应根据现场实际选择一段区域进行工程实践,根据效果进行实施。

10.4.2.2 深孔爆破参数设计

装药不耦合系数、炮孔间距、封孔长度是对深孔爆破效果影响最大的三个关键参数,以下利用理论分析结合乌东南区实际顶底板岩石力学参数对深孔爆破各关键参数进行研究,确定深孔爆破各关键参数的合理取值。

(1) 合理装药不耦合系数

装药不耦合系数是指当炮孔直径大于药卷直径时炮孔直径与药卷直径的比值,其对爆破后炮孔周围的破坏范围有一定的影响。研究表明:不耦合装药系数与爆破后孔壁压力及孔壁受压时间存在一定的关系，如图 10-76 和图 10-77 所示。

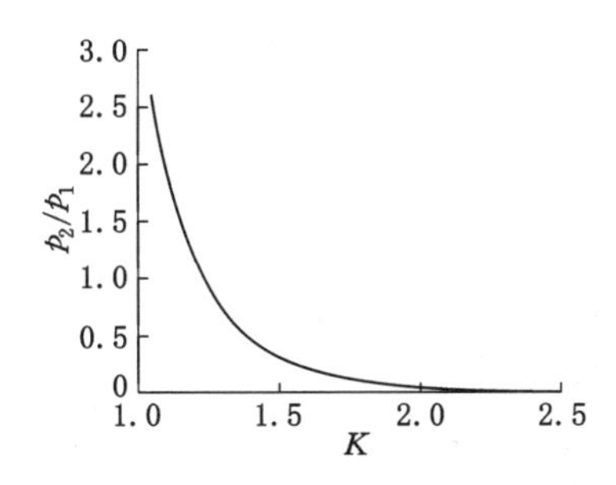

图 10-76　孔壁压力增大比例与装药不耦合系数关系

K——装药不耦合系数；p_2——不耦合装药孔壁压力；p_1——耦合装药孔壁压力

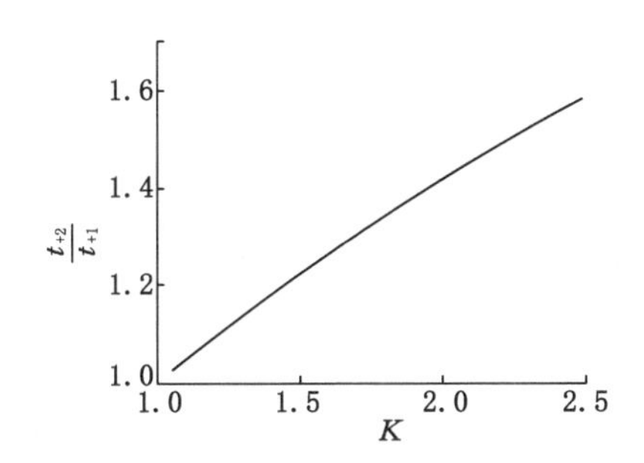

图 10-77　孔壁受压时间与装药不耦合系数关系

K——装药不耦合系数；t_{+1}——耦合装药时孔壁受压时间；

t_{+2}——不耦合装药时孔壁受压时间

从图中可知，随着装药不耦合系数的增大，炮孔孔壁所受压力减小，但孔壁受压时间增加。研究表明当压力过大时，炮孔周围的压碎区范围扩大且裂纹容易分岔，将消耗大量的能量，不利于增加径向主裂纹长度。因此，应适当加大装药不耦合系数，减小孔壁压力，增加受压时间，以便减少压碎区和裂纹分岔对能量的消耗，最终达到增大裂隙圈范围的目的。

根据多年深孔爆破现场经验及爆破效果比较，确定乌东南区合理深孔爆破炮孔直径为 94 mm，不耦合装药系数为 1.25，即药卷直径为 75 mm。

(2) 炮孔间距

炸药爆炸后，从爆源向外依次形成压碎区、裂隙区和震动区。合理炮孔间距是指炮孔平行布置时炮孔之间的裂隙区能够相互贯通时的间距，一般取裂隙区半径的 2 倍。根据 Mises 强度准则，并考虑岩石三向受力及其强度的应变率效应，柱状药包爆炸在岩石中引起的压碎圈与裂隙圈半径的计算公式如下：

① 岩石中柱状药包爆炸产生的爆炸载荷

在不耦合装药条件下，炸药爆炸后对孔壁形成强冲击载荷，利用声学近似原理，孔壁中的初始透射冲击波压力为：

$$p = \frac{1}{2} p_0 K^{-2\gamma} l_c n \tag{10-19}$$

$$p_0 = \frac{1}{1+\gamma} \rho_0 D_v^2 \tag{10-20}$$

式中 p_0 ——炸药爆轰压,MPa;

ρ_0 ——炸药密度,kg/m^3;

D_v ——炸药爆速,m/s;

K ——装药径向不耦合系数;

l_c ——装药轴向系数;

γ ——爆轰产物的绝热指数,一般取 3;

n ——爆炸产物膨胀碰撞孔壁时的压力增大系数,一般取 $n=10$。

冲击波在岩石的传播过程中不断衰减,最后形成应力波。将问题看成平面应变问题,则岩石中任一点的应力可表示为:

$$\begin{cases}\sigma_r = p\left(\dfrac{r}{r_b}\right)^{-\alpha} \\ \sigma_\theta = b\sigma_r \\ \sigma_z = \mu_d(\sigma_r + \sigma_\theta)\end{cases} \tag{10-21}$$

式中 σ_r ——岩石中的径向应力;

σ_θ ——岩石中的切向应力;

σ_z ——岩石中的轴向应力;

r ——计算点到岩石中心的距离,m;

r_b ——炮孔半径,m;

μ_d ——动态泊松比,在工程爆破时,$\mu_d = 0.8\mu$;

α ——载荷传播衰减指数,$\alpha = 2 \pm \dfrac{\mu_d}{1-\mu_d}$,正负号分别对应冲击波区和应力波区;

b ——侧向应力系数,$b = \dfrac{\mu_d}{1-\mu_d}$。

② 爆炸载荷作用下岩石的破坏准则

岩石中任一点的应力强度为:

$$\sigma_i = \frac{1}{\sqrt{2}}\left[(\sigma_r - \sigma_\theta)^2 + (\sigma_\theta - \sigma_z)^2 + (\sigma_z - \sigma_r)^2\right]^{\frac{1}{2}} \tag{10-22}$$

岩石是典型的抗压不抗拉材料,其抗拉强度比抗压强度低很多。在爆炸过程中,岩石的受力状态为拉压混合状态,根据已有研究:炸药起爆后炮孔周围压碎区岩石的破坏为受压破坏,裂隙区岩石的破坏为受拉破坏。

根据 Mises 准则,如果满足下式,则岩石发生破坏:

$$\sigma_i \geqslant \sigma_0 = \begin{Bmatrix}\sigma_{cd}(\text{压碎圈}) \\ \sigma_{td}(\text{裂隙圈})\end{Bmatrix} \tag{10-23}$$

式中 σ_0 ——岩石的单轴破坏强度,MPa;

σ_{cd} ——单轴动抗拉强度,MPa;

σ_{td} ——单轴动抗压强度,MPa。

随着加载率的提高岩石的动抗压强度增大,动态抗拉强度的变化很小,一般情况下可以用下式表示常见岩石动强度与静强度之间的关系:

$$\begin{cases}\sigma_{cd} = \sigma_c \varepsilon^{\frac{1}{8}} \\ \sigma_{td} = \sigma_t\end{cases} \tag{10-24}$$

式中　σ_c ——静态单轴抗压强度，MPa；

σ_t ——静态单轴抗拉强度，MPa；

ε ——加载应变率，s^{-1}。

③ 压碎圈与裂隙圈计算

由式(10-19)～式(10-23)可得在不耦合装药条件下压碎圈半径为：

粉碎区半径 R_c 的计算公式如下：

$$R_c = \left(\frac{\rho_0 D_v^2 n K^{-2\gamma} l_c B}{8\sqrt{2}\sigma_{cd}}\right)^{\frac{1}{\alpha}} r_b \tag{10-25}$$

其中：

$$B = [(1+b)^2 + (1+b^2) - 2\mu_d(1-\mu_d)(1-b)^2]^{\frac{1}{2}} \tag{10-26}$$

$$a = 2 + \frac{\mu_d}{1-\mu_d} \tag{10-27}$$

式中　a——荷载传递衰减系数；

b——侧向压力系数。

可进一步得到在不耦合装药条件下裂隙圈半径为：

$$R_p = \left(\frac{\sigma_R B}{\sqrt{2}\sigma_{td}}\right)^{\frac{1}{\beta}} \left(\frac{\rho_0 D_v^2 n K^{-2\gamma} l_c B}{8\sqrt{2}\sigma_{cd}}\right)^{\frac{1}{\alpha}} r_b \tag{10-28}$$

其中：

$$\sigma_R = \frac{\sqrt{2}\sigma_{cd}}{B} \tag{10-29}$$

$$\beta = 2 - \frac{\mu_d}{1-\mu_d} \tag{10-30}$$

下面以乌东南区为例计算深孔爆破后炮孔周围的压碎区和裂隙区半径，计算所需的各参数如表 10-12 所列。

表 10-12　计算压碎区和裂隙区半径所需的各参数

参数	数据	参数	数据	参数	数据
ρ_0	1 270 kg/m^3	L_c	1	σ_t	4.5 MPa
D_v	3 300 m/s	n	10	σ_c	54.65 MPa
γ	3	K	1.25	r_b	0.047 m
ε	1 000	μ	0.25		

利用表 10-12 中的数据计算得：

$$\sigma_{cd} = \sigma_c \varepsilon^{\frac{1}{3}} = 54.65 \times 1\,000^{\frac{1}{3}} = 546.5\ \text{MPa}$$

$$\sigma_{td} = \sigma_t = 4.5\ \text{MPa}$$

$$\mu_d = 0.8\mu = 0.8 \times 0.25 = 0.2$$

$$b = \frac{\mu_d}{1-\mu_d} = 0.25$$

$$\alpha = 2 + \frac{\mu_d}{1-\mu_d} = 2.25$$

$$\beta = 2 - \frac{\mu_d}{1-\mu_d} = 1.75$$

$$B = [(1+b)^2 + (1+b^2) - 2\mu_d(1-\mu_d)(1-b)^2]^{\frac{1}{2}} = 1.56$$

$$\sigma_R = \frac{\sqrt{2}\sigma_{cd}}{B} = \frac{\sqrt{2}\times 546.5}{1.56} = 495.4\ \text{MPa}$$

可计算得压碎区半径为：

$$R_c = \left(\frac{\rho_0 D_v^2 n K^{-2\gamma} l_c B}{8\sqrt{2}\sigma_{cd}}\right)^{\frac{1}{\alpha}} r_b = 0.126\ \text{m}$$

裂隙区半径为：

$$R_p = \left(\frac{\sigma_R B}{\sqrt{2}\sigma_{td}}\right)^{\frac{1}{\beta}} \left(\frac{\rho_0 D_v^2 n K^{-2\gamma} l_c B}{8\sqrt{2}\sigma_{cd}}\right)^{\frac{1}{\alpha}} r_b = 1.96\ \text{m}$$

综上所述，经理论计算炮孔的裂隙区半径为 1.96 m，为了使爆破后炮孔之间的裂隙区相互贯通达到“拉槽”的效果，合理的炮孔间距为 3.92 m，因此，最后设计孔间距为 4 m。

(3) 合理封孔长度

封孔长度过小时，容易造成“冲孔”现象，封泥被爆生气体从炮孔中冲出，爆生气体冲出炮孔后孔壁上作用的能量将大幅度减小。这不仅使炸药能量的利用率降低，而且冲出的爆生气体可能引发安全生产事故。当封孔长度过大时，封孔段大量岩体不能发生破坏，爆破效果同样被影响。以下按黄泥封孔对封孔长度进行设计。

① 炸药爆炸后对封泥产生的向外推力

爆轰产物对封泥所产生的向外推力为：

$$F_t = \frac{\pi d_b^2 p_b}{4} \tag{10-31}$$

式中　d_b ——炮眼直径；

p_b ——爆轰产物准静压力。

在耦合装药条件下，爆轰产物准静压力近似等于炸药的爆压，即：

$$p_b = p_c = \frac{1}{1+\gamma}\rho_0 D_v^2 \tag{10-32}$$

式中　p_c ——炸药爆压；

γ ——爆轰产物的膨胀绝热指数，一般取 3；

ρ_0 ——炸药密度；

D_v ——炸药爆速。

在不耦合装药条件下，由于径向间隙的存在，与耦合装药相比爆轰产物在侧向扩散中的压力损失较大。假设间隙内不存在空气，那么炮轰产物在间隙内的膨胀规律为 pV^3＝常数，由此可得膨胀后的爆轰产物压力为：

$$p_b = \left(\frac{V_c}{V_b}\right)^3 p_c = \left(\frac{d_c}{d_b}\right)^6 p_c \tag{10-33}$$

式中　V_c ——药卷体积；

V_b ——炮眼体积；

d_c ——药卷直径；

d_b ——炮孔直径。

由此可知炸药爆炸后对封泥产生的向外推力为：

$$F_t = \frac{\pi d_b^2 p_c}{4} \left(\frac{d_c}{d_b}\right)^6 \tag{10-34}$$

② 封泥的最大封孔能力

假设封泥的封孔能力由封泥与孔壁间的摩擦力提供，则封泥的最大封孔能力为：

$$F_m = f \pi d_b L \tag{10-35}$$

式中　f ——封泥与孔壁间的最大静摩擦力；

d_b ——炮孔直径；

L ——封孔段长度。

③ 最小封孔长度的确定

为了避免冲孔现象的产生，应使封泥的最大封孔能力大于炸药爆炸后对封泥的向外推力且留有一定的富余量：

$$F_m = nF_t$$

即

$$f \pi d_b L = n \frac{\pi d_b^2 p_c}{4} \left(\frac{d_c}{d_b}\right)^6$$

由上式可推出最小封孔长度为：

$$L = \frac{n p_c d_c^6}{4 f d_b^5} = \frac{n \rho_0 D_v^2 d_c^6}{4(1+\gamma) f d_b^5} \tag{10-36}$$

式中　n ——安全系数。

参数 f 的取值为 20～60 kg/cm²，本次计算时取其平均值 40 kg/cm²，计算乌东南区最小封孔长度所需的参数如表 10-13 所列。

表 10-13　　计算最小封孔长度所需的各参数

γ	ρ_0	D_v	d_c	d_b	f	n
3	1 270 kg/m³	3 300 m/s	0.075 m	0.094 m	40 kg/cm²	2

将以上参数带入式(10-36)中，所需的最小封孔长度为：

$$L = \frac{n \rho_0 D_v^2 d_c^6}{4(1+\gamma) f d_b^5} = 10.4 \text{ m}$$

经理论分析，为防止冲孔现象的产生所需的最小封孔长度为 10.4 m。上述分析中没有考虑深孔爆破孔深的影响，对于深度较大的炮孔应适当增加封孔长度。安全起见，设计乌东南区深孔爆破封孔长度为 12～15 m。具体封孔长度根据孔深及实际情况酌情增减。

10.4.2.3　深孔爆破方案

炮眼采用 ZDY-4000 型全液压坑道钻机施工，钻头直径 94 mm，药卷直径 75 m，爆破孔扇形布置，三孔一组，组间距 4 m，每孔正向装药，采用黄泥封孔，封孔长度 12 m，封孔务必封实。连线方式采用孔内并联，孔间串联，第一组炮孔距工作面 50 m，沿工作面推进方向依次单组起爆。具体参数设计见图 10-78～图 10-80 及表 10-14。

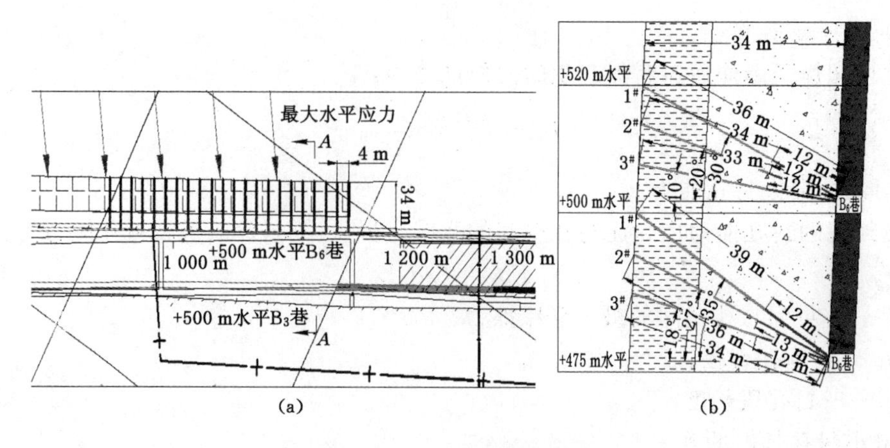

图 10-78　B_6 顶板爆破方案

(a) 平面图;(b) A—A 剖面图

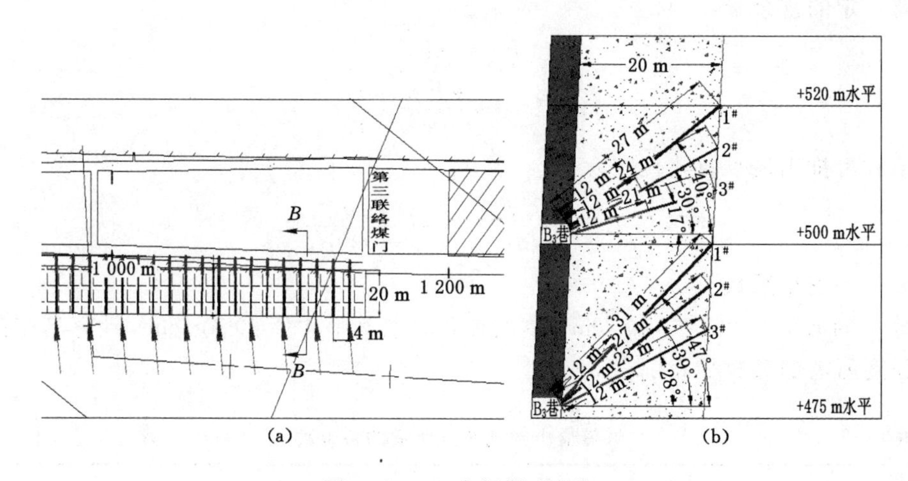

图 10-79　B_3 底板爆破方案

(a) 平面图;(b) B—B 剖面图

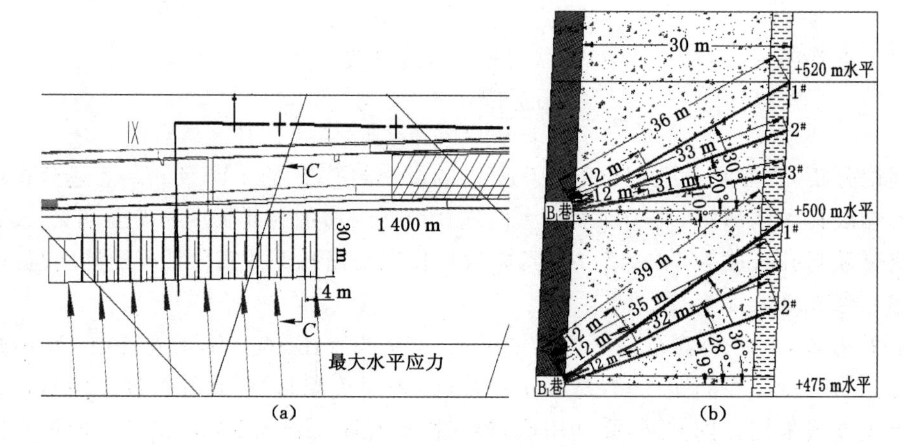

图 10-80　B_1 底板爆破方案

(a) 平面图;(b) C—C 剖面图

表 10-14　　深孔爆破参数设计

位置	孔号	钻孔长度/m	水平转角/(°)	仰角/(°)	装药长度/m	封孔长度/m
+500 m 水平 B_6 顶板	1#	36	90	30	24	12
	2#	34	90	20	23	12
	3#	33	90	10	22	12
+475 m 水平 B_6 顶板	1#	39	90	35	26	12
	2#	36	90	27	24	12
	3#	34	90	18	23	12
+500 m 水平 B_3 底板	1#	27	90	40	18	12
	2#	24	90	30	16	12
	3#	21	90	17	14	12
+475 m 水平 B_3 底板	1#	31	90	47	21	12
	2#	27	90	39	18	12
	3#	23	90	28	15	12
+500 m 水平 B_1 底板	1#	36	90	30	24	12
	2#	33	90	20	22	12
	3#	31	90	10	21	12
+475 m 水平 B_1 底板	1#	39	90	36	26	12
	2#	35	90	28	23	12
	3#	32	90	19	21	12
备注	水平转角是以巷中心线为轴向两侧转过的角度					

10.4.2.4　深孔爆破效果评估

(1) 微震监测分析

2014 年 7 月 15 日，+500 m 水平 B_3 巷 790～810 m 位置底板爆破孔超前预裂，爆破区域如图 10-81 中长方形填充区域。根据微震事件分布，爆破后该区域微震事件很少发生，随工作面的推进爆破区域开始出现小能量事件，逐渐发展较高能量的事件。截至 7 月 22 日，可以明显看出，微震事件主要集中在爆破区域周边，可见 7 月 15 日的爆破使岩柱的应力前移，使爆破区域前方的岩柱发生破坏，产生大量微震事件。

2014 年 7 月 23 日，岩柱实施了 760～780 m 岩柱超前预裂爆破，超前工作面 10 m 开始爆破，爆破前，在工作面前方出现微震事件频发区，如图 10-82 所示；爆破后，该区域的岩柱活动产生的微震事件明显减少。

综上分析可知，超前预裂可以改变爆破区域岩柱活动的强度，同时，爆破区域在实施爆破后，微震事件转移至周边区域，表明超前预裂转移了岩柱的应力。

(2) 瞬变电磁探测分析

瞬变电磁法也称时间域电磁法(time domain electromagnetic methods，TEM)，它是利用不接地回线或接地线源向地下发射一次脉冲磁场，在一次脉冲磁场间歇期间，利用线圈或接地电极观测二次涡流场的方法。简单地说，瞬变电磁法的基本原理就是电磁感应定律。通过测量断电后各个时间段的二次场随时间变化规律，可得到不同深度的地电特征。瞬变电磁法在西方始于 20 世纪 50 年代，苏联、美国、加拿大、澳大利亚等国的地球物理学家在基础理论、应用技术等方面进行了深入研究，并开展了大量应用实验工作，特别是苏联在 20 世纪 70～80 年代

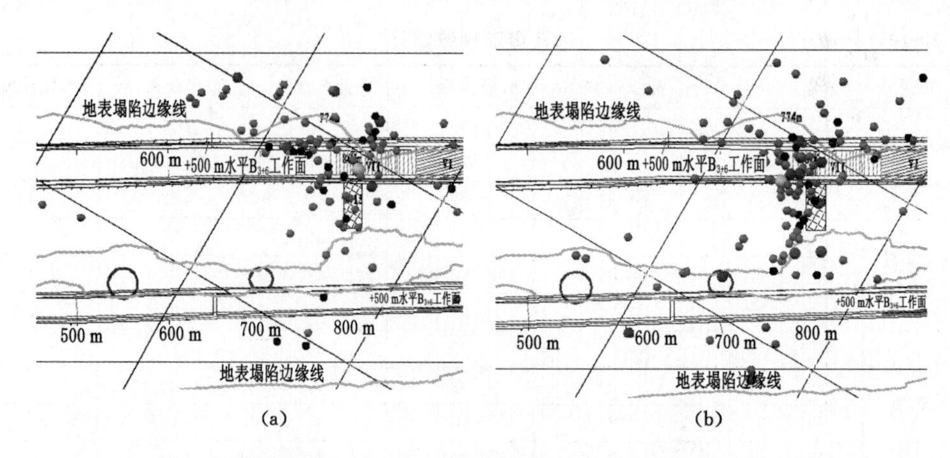

图 10-81　岩柱超前爆破微震事件平面分布图

(a) 7 月 21 日超前爆破前微震平面分布；(b) 7 月 22 日超前爆破前微震平面分布

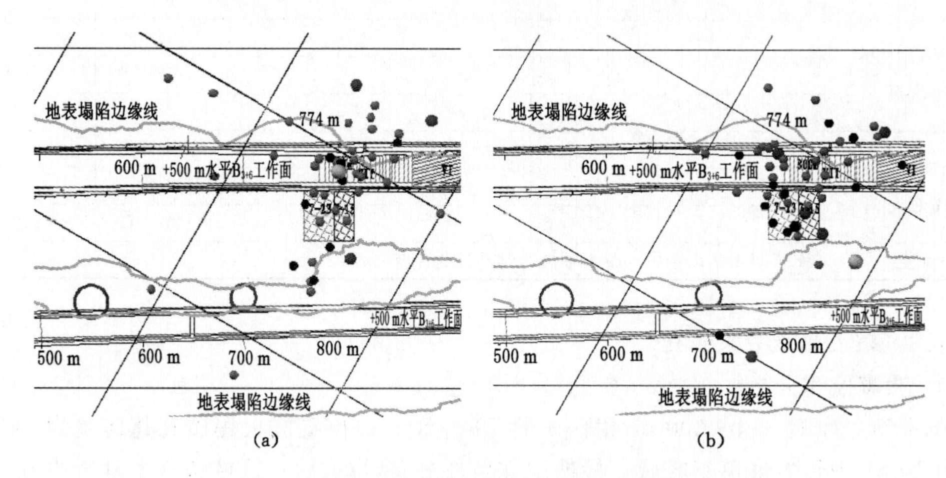

图 10-82　岩柱超前预裂爆破前后微震事件分布

(a) 7 月 23 日超前爆破前微震平面分布；(b) 7 月 24 日超前爆破前微震平面分布

开展过大面积的测量工作。进入 20 世纪 80 年代后，瞬变电磁法得到了迅猛的发展，又进一步拓宽了其应用领域，已广泛应用于油气勘探、矿产勘查、工程勘查、环境调查、考古探测、军事探测等诸多方面。本书中，利用通过测试煤岩体不同破碎状态下瞬变电磁电阻率的不同来测试顶底板爆破效果，从而确定合理的顶底板爆破参数，确保矿压工程的科学性。

本次测试选择＋500 m 水平 B_3 轨道巷 800 m 和 810 m 位置两排底板爆破孔爆破前后进行瞬变电磁测试，测试结果见图 10-83。通过对测试结果进行对比研究，发现探测区域的视电阻率等值线整体上分布均匀，呈层状分布，平均视电阻率 10 Ω·m，说明此区域围岩整体性相对较好。当采取深孔爆破后，在岩层内出现了高阻异常，视电阻率 10～70 Ω·m，平均视电阻率 40 Ω·m，比底板爆破前提高了 300％，使异常区域相互连通，形成环状高阻带。以上探测结果表明：

① 底板孔爆破前后同一探测区域岩体视电阻率发生了明显变化，说明爆破引起了岩体的松动破裂，且效果明显。

② 底板孔爆破后，各炮孔形成的围岩球形破坏区相互连通和重叠，表明目前底板爆破

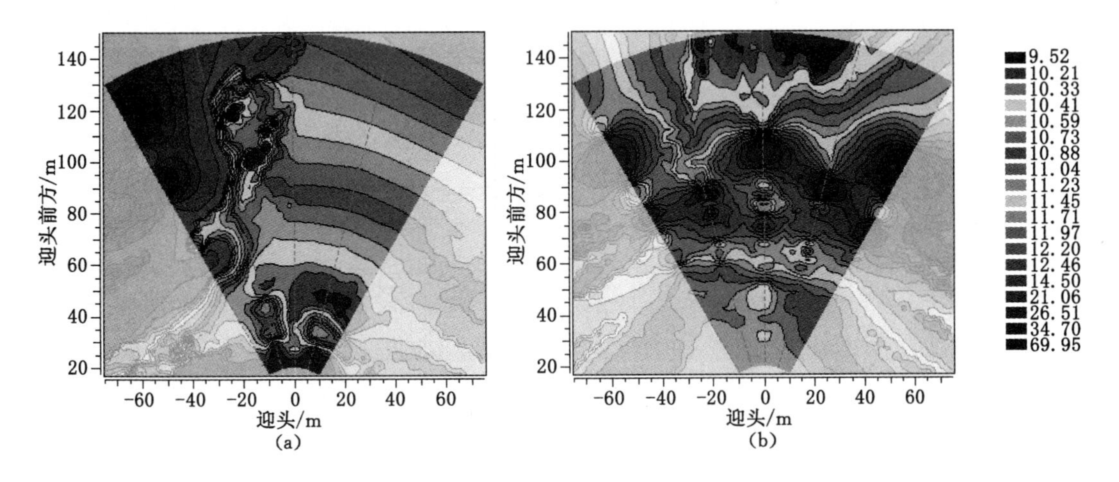

图 10-83　B_3 轨道巷 800 m 处爆破前后岩墙侧视电阻率等值线

(a) 爆破前岩墙侧视电阻率等值线；(b) 爆破后岩墙侧视电阻率等值线

孔间距 10 m 较为合理，能够对围岩产生连续的破坏，满足对 B_3 煤层破坏底板的目的。

10.4.3　岩柱石门耦合致裂卸压

10.4.3.1　*岩柱石门爆破方案*

根据微震监测事件分布特征，当＋500 m 水平回采、＋475 m 水平掘进期间，岩柱活动强烈空间高度主要在＋475～＋525 m，岩柱的岩性及坚硬岩层结构表明，B_2 巷侧的 54 m 的砂岩顶板处理是岩柱处理的重要部分，并结合数值模拟结果，提出上下两水平联合弱化岩柱的方案。＋500 m 水平、＋475 m 水平联合处理，在＋500 m 水平与＋475 m 水平 B_2 巷侧注水与爆破联合。B_3 巷侧岩柱处理方案如前所述，下面重点介绍 B_2 巷侧顶板处理方案。

(1) 要求及目的

① 所设计的注水孔长、孔距能够使岩柱普遍湿润，不出现大的注水盲区。

② 由于岩层普遍比较致密坚硬，且渗透率低，因此必须保证较高的注水压力和较长的注水时间。

③ 为保证注水孔口及其附近不发生泄水现象，必须保证一定的封孔深度。

④ 爆破孔沿走向布置爆破后形成弱化带，削弱、减缓最大水平应力的传递。

⑤ 爆破孔沿倾向布置，释放深部岩层的应力积聚的能量。

(2) 钻场布置

分别在＋500 m 水平 B_2 巷距离石门 850 m、650 m、450 m 处开口，垂直巷道帮沿岩体倾向施工石门，并在石门末端施工卸压硐室。为实现对＋500 m B_2 巷顶板侧 50 m 范围内粉砂岩的爆破预裂处理，设计石门长度 20 m，断面 4 m^2(2 m×2 m)，卸压硐室断面 21 m^2，长度 5 m，宽度 7 m，高度 3 m。石门、钻场施工采用炮掘方式，锚网钢带支护。图 10-84 为石门及钻场断面图。

(3) 注水方案布置

如图 10-85 所示，在硐室东西两侧沿岩柱走向分别布置 1 个注水孔，角度 10°，孔径 113 mm，封孔长度 20 m，注水孔采用 ZDY-4000 型液压钻机、配套钻杆以及直径 113 mm 的钻头进行施工。封孔器配合玛丽散封孔。注水泵流量 200 L/min，注水最大压力为 50 MPa，采

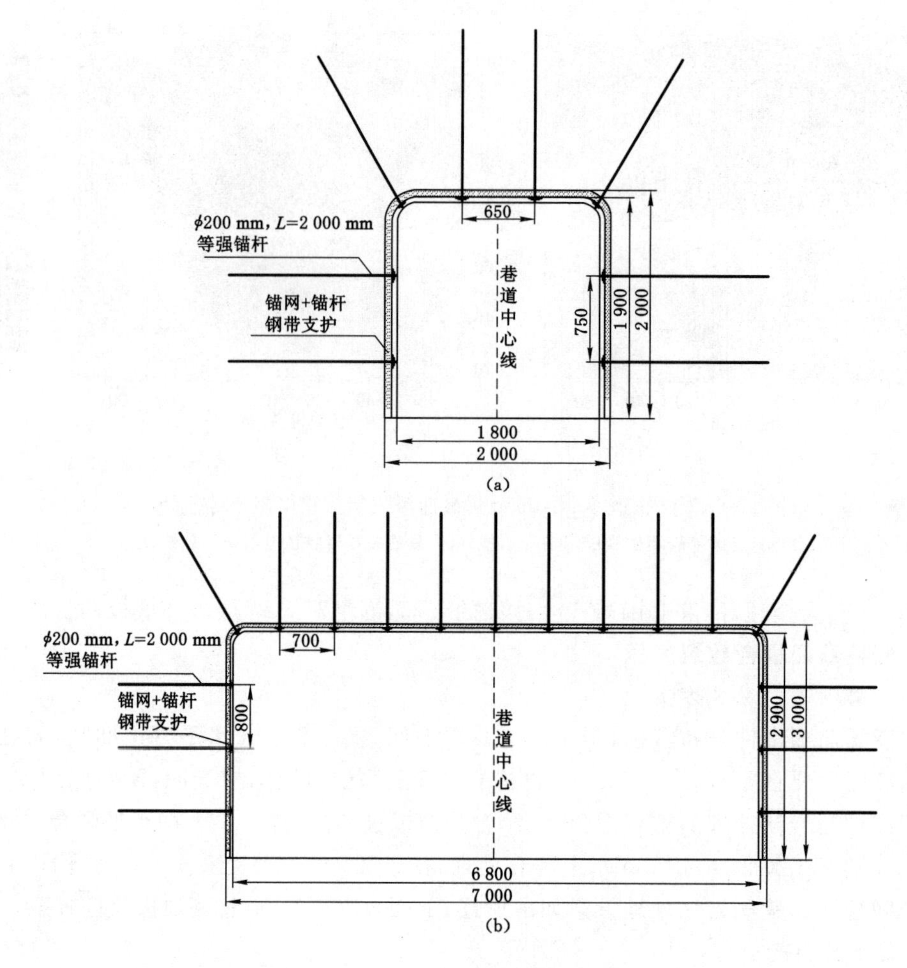

图 10-84　石门及钻场施工图

(a) 石门断面；(b) 钻场断面

用动压注水，最小注水压力不得小于 12 MPa。注水时间：10～20 d。注水压力必须控制到使煤壁出现一定程度的渗水，岩体含水率增加达到 1%以上，能有效地软化岩柱。

配套设备：双功能高压水表的型号 SGS，最大流量 5 m^3/h，最小流量 0.1 m^3/h，额定压力 16 MPa；高压水管的规格 3×13×30(钢丝层数×内径×压力)，每根长 10 m，总长度根据清水泵位置至采面注水孔的距离而定；截止阀的直径 13 mm，3 个；直通的直径 13 mm。

(4) 爆破方案

注水完毕后施工爆破孔。在硐室东西两侧沿岩柱走向分别布置 4 排爆破孔[6 个/排，如图 10-85(b)①～⑥所示]，在硐室北侧均匀布置 7 个爆破孔[1 个/排，如图 10-85(c)中 $1^{\#}$～$7^{\#}$所示]，以达到沿岩柱走向方向切断岩体、沿岩柱倾向方向预裂岩体的目的。爆破孔布置及参数见图 10-85，封孔深度 12～15 m，根据炮孔深度酌情增减。

炮眼采用 ZDY-4000 型全液压坑道钻机施工，钻头直径 94 mm。爆破孔扇形布置，每孔正向装药，采用黄泥封孔，连线方式采用孔内并联，孔间串联，一次起爆。爆破参数设计如表 10-15 所列。

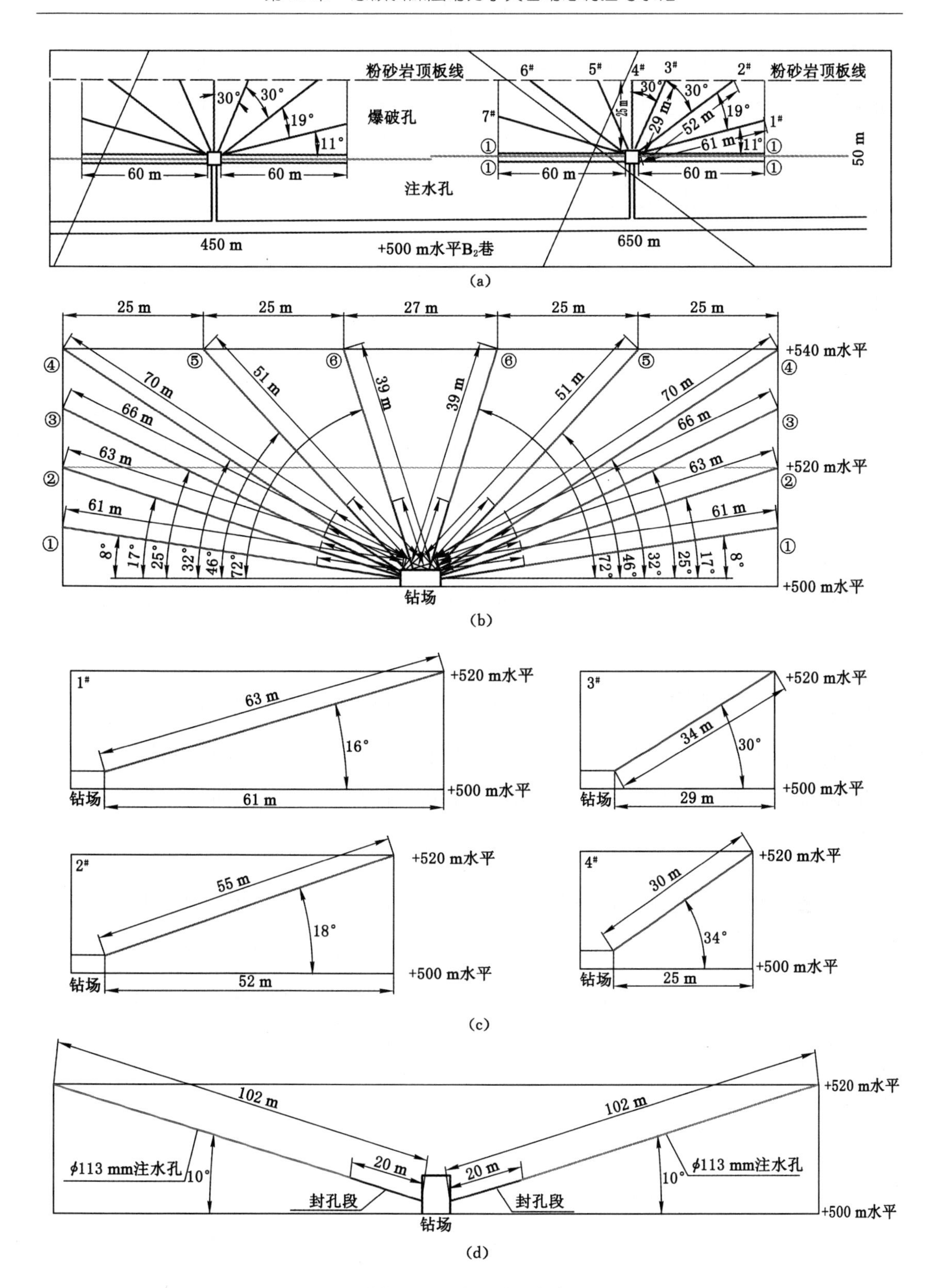

图 10-85　岩柱处理方案

(a) 平面图；(b) 走向炮孔剖面图(①～⑥)；(c) 倾向炮孔剖面图(1#～4#)；(d) 注水孔剖面

表 10-15　　深孔爆破参数设计

位置	孔号	钻孔长度/m	水平转角/(°)	仰角/(°)	装药长度/m	封孔长度/m
走向炮孔	①	61	0	8	46	15
	②	63	0	17	48	15
	③	66	0	25	51	15
	④	70	0	32	55	15
	⑤	51	0	46	36	15
	⑥	39	0	72	26	13
倾向炮孔	1#	63	11	16	44	15
	2#	55	30	18	40	15
	3#	34	60	30	22	12
	4#	30	90	34	18	12
备注	水平转角是以巷中心线为轴转过的角度					

10.4.3.2　*岩柱石门注水工程效果检验*

(1) 注水工程实践

根据天地科技公司 FLAC^{3D}数值模拟结果表明，综放工作面进出高阶段煤柱区域为应力集中区，高区域易发生强矿压显现事故，B_{3+6}煤层在＋522 m 水平及＋500 水平回采至该区域时明显出现应力集中征兆，为确保安全，在＋500 m 水平 B_2巷 1 350 m 位置沿煤层倾向方向施工石门注水巷，石门长度 20 m，断面 4 m^2(2 m×2 m)，卸压硐室长度为 5 m，断面 18 m^2(宽 6 m、高 3 m)，石门硐室施工完毕后分别在硐室东西两侧沿岩柱走向方向布置 2 个注水孔，角度 9°和 80°，孔径 113 mm，注水孔长度为 100 m，封孔长度 20 m，玛丽散配合封孔器进行封孔。注水方式采用 BZW200/56 型高压柱塞泵动压注水，最小注水压力 6 MPa，最大注水压力 56 MPa，累计注水量为 946 m^3。注水方案见图 10-86。

(2) 微震效果评价

以注水区域为研究对象，分析注水区域的微震时空分布。注水前时间段为 2014 年 10 月 14 日至 10 月 25 日，注水期间时间段为 2014 年 10 月 26 日至 2014 年 11 月 6 日，注水期后选择时间段为 2014 年 11 月 7 日至 11 月 18 日；空间区域在 1 160～1 650 m。通过对注水前后微震事件分布的空间结构进行分析(图 10-87)，可以明显看出，岩柱注水对矿井范围能量释放和释放频次的影响明显，注水前，矿井能量和频次均处于较高的等级，通过岩柱注水降低了矿井范围的微震能量和频次，有效降低了矿井覆岩活动的剧烈程度。

同时对岩柱注水前、注水期间、注水后岩柱的活动情况进行统计(图 10-88)，分析岩柱整体能量释放和岩柱活动剧烈程度，得到如下结论：① 岩柱能量释放降低。注水前岩柱能量释放高于注水后，注水前的高能量事件是注水后的数倍。② 岩柱活动剧烈程度降低。注水后，低能量等级微震事件上升，高能量等级微震事件降低，反映注水改变了岩柱活动的剧烈程度。

(3) PASAT-M 效果验证

① PASAT-M 探测方案

为验证注水效果，分别在注水前后对 B_2～B_3岩柱应力现状进行 PASAT-M 探测，其中

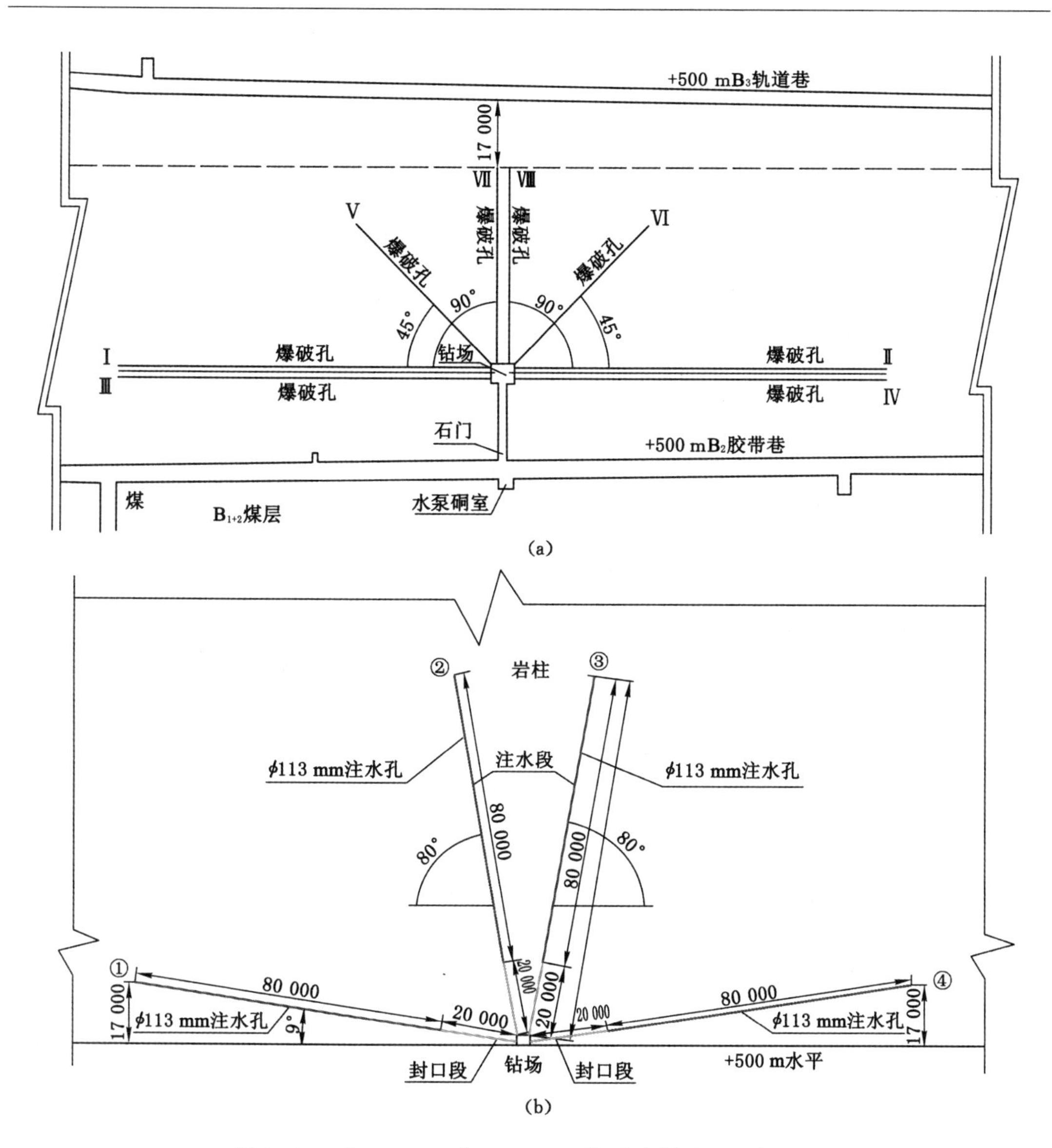

图 10-86　＋500 m B_2巷 1 350 m 石门注水爆破工程布置图

(a) 石门注水爆破工程布置平面图；(b) 石门注水孔布置剖面图

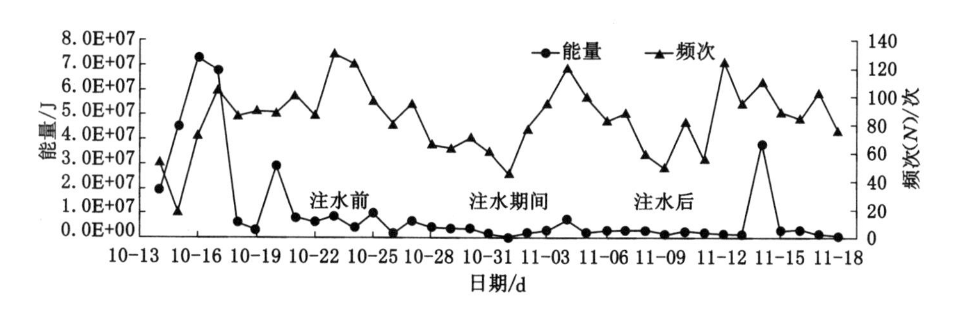

图 10-87　矿井的范围岩柱注水效果曲线

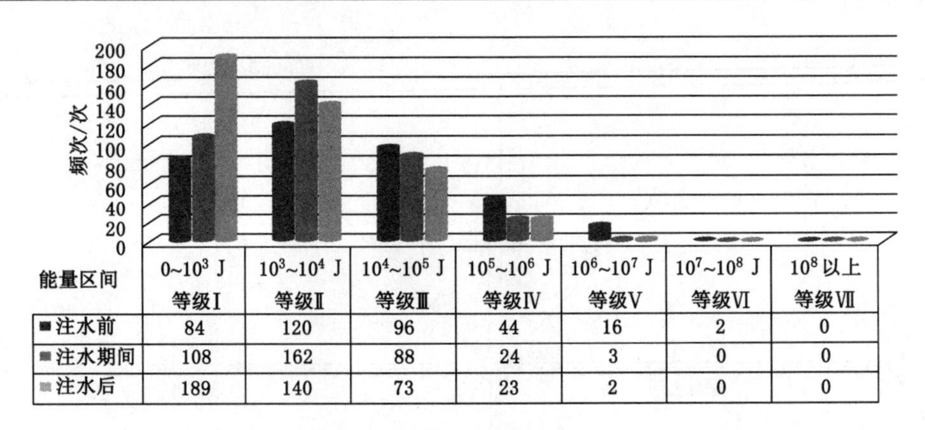

能量区间	$0\sim10^3$ J 等级Ⅰ	$10^3\sim10^4$ J 等级Ⅱ	$10^4\sim10^5$ J 等级Ⅲ	$10^5\sim10^6$ J 等级Ⅳ	$10^6\sim10^7$ J 等级Ⅴ	$10^7\sim10^8$ J 等级Ⅵ	10^8 以上 等级Ⅶ
■注水前	84	120	96	44	16	2	0
■注水期间	108	162	88	24	3	0	0
■注水后	189	140	73	23	2	0	0

图 10-88　岩柱注水效果图

激发端位于＋500 m 水平 B_3 巷，采集端位于＋500 m 水平 B_2 巷，具体见图 10-89。设定采样频率为 2 000 Hz，检波器工作频段 5～10 000 Hz，增益 20 dB，采样长度 0.4 s，激发孔内每孔 150 g 三级乳化炸药，短断触发。注水前每次激发有 12 道同时进行接收，实际激发 34 炮，其中 30 炮有效，试验共接收有效数据 360 道，实际最大炮间距 9 m，最小炮间距 4.3 m，道间距 18 m，走向探测范围 203 m。注水后每次激发有 12 道同时进行接收，实际激发 48 炮，其中 40 炮有效，试验共接收有效数据 480 道，实际最大炮间距 11 m，最小炮间距 1.5 m，道间距 18 m，走向探测范围 230 m。

② PASAT-M 探测效果验证

a. 注水前后云图对比。根据 B_2～B_3 煤之间岩柱注水前后波速分布云图对比可知，详见图 10-90，注水前，岩柱应力集中区域分布范围广，影响区域大，应力集中程度较高；注水后，岩柱高应力集中影响范围得到降低，应力集中程度明显降低。可见注水对岩柱的应力水平降低起到了一定的作用。

b. 注水前后应力集中区域对比。根据 B_2～B_3 煤之间岩柱注水前后应力集中区域对比可知，详见图 10-91，注水前，岩柱应力集中区域分别是 A_0、B_0、C_0 区域，注水后，岩柱应力集中区分别是 A_1、B_1、C_1 区域。通过对比可得出以下结果：

A_0 区域的应力转移到 A_1 区域。注水使 A_0 区域的应力发生了转移，可见注水明显改变了 A_0 区域的应力集中程度，但注水未能降低 A_1 区域的应力集中程度，反而使该区域的应力产生集中，表明注水在 A_1 区域效果较差，注水具有不均匀性。

B_0 区域的应力转移到 B_1 区域。注水前，B_0 为高应力集中区，岩层受到高应力的作用发生破坏，产生裂隙较多，利于注水；注水后，使得 B_0 区域的岩体得到有效的弱化，从而使该区域的应力向前方转移，形成了 B_1 区域的应力集中。

注水有效地降低了 C_0 区域的应力集中程度。C_0 区域为岩柱深部的应力集中区域，随 B_{3+6} 工作面靠近该区域，受采动影响更强烈，C_0 区域应力降低验证了该区域注水效果良好。

注水效果有效地改变了岩柱应力分布。A_0 区域应力明显转移到 A_1、B_0 区域应力集中明显前移、C_0 区域应力降低，C_1 区域应力升高。因此，注水对改变岩柱应力分布、降低应力集中程度、减少应力集中区域具有重要作用。

注水存在不均匀性。根据应力转移和降低情况分析可知，注水受岩柱吸水性和裂隙发育程度的影响，容易造成注水区域分布的不均匀性，使得岩柱应力转移、应力重新分布过程

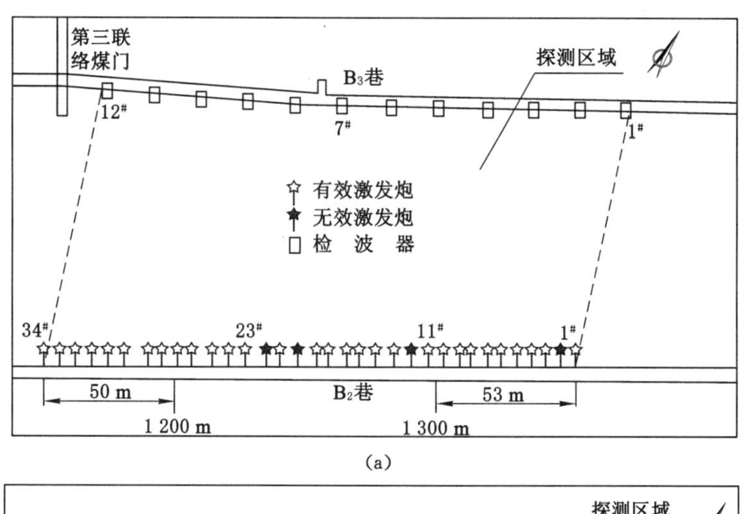

(a)

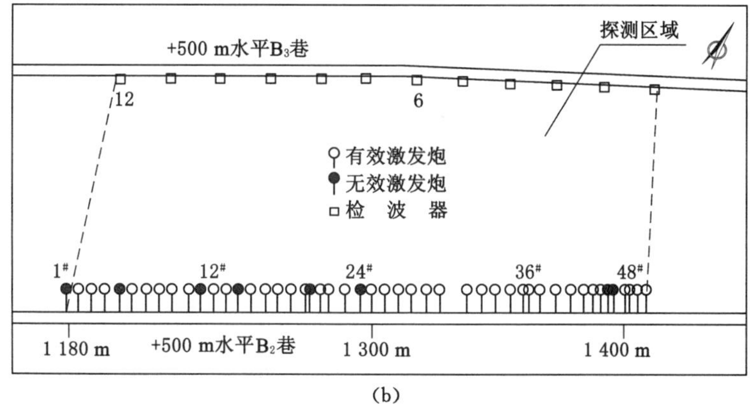

(b)

图 10-89　+500 m 水平 B_2～B_3 煤层之间岩柱探测方案布置图

(a) 注水前探测方案图；(b) 注水后探测方案图

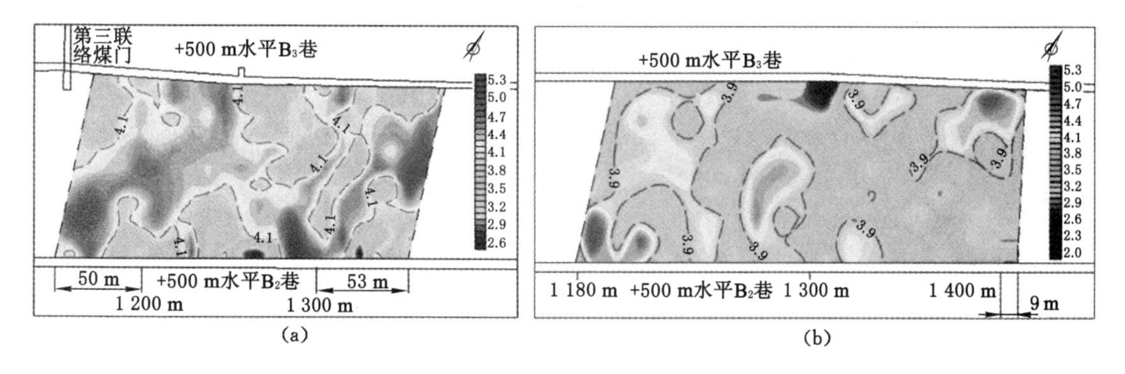

(a)　　(b)

图 10-90　注水前后岩柱应力云图

(a) 注水前应力平面云图；(b) 注水后应力平面云图

造成新的应力集中区域，工作面造成不利的影响，如 C_1 区，该区域的应力集中对 B_{3+6} 工作面造成不利的影响。

通过 PASAT-M 对注水前后岩柱应力探测，得出以下结论：

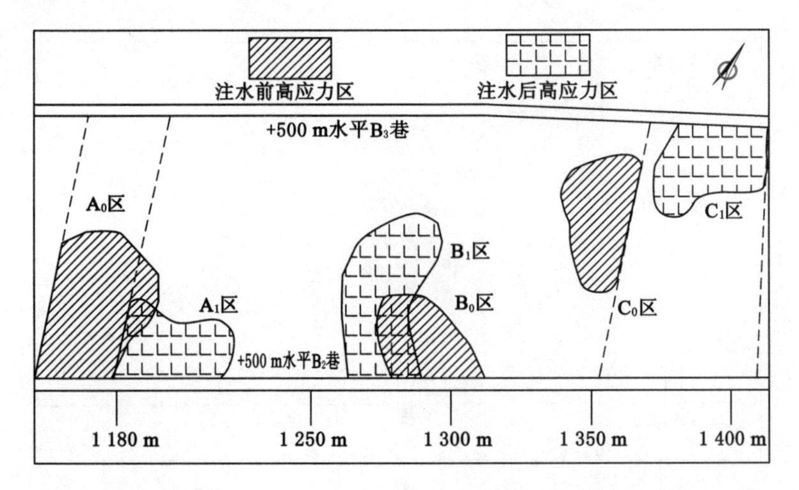

图 10-91　岩柱注水前后应力集中区分布

① 注水可以有效地改变岩柱的应力分布情况。注水对改变岩柱应力分布、降低应力集中程度、减少应力集中区域具有重要作用。

② 岩柱注水具有不均匀性。受岩柱吸水性和裂隙发育程度的影响，造成岩柱注水效果区域分布的不均匀性。

10.4.3.3　*石门爆破效果验证*

(1) 爆破方案

+475 m 水平 B_{3+6}煤层 1 980～2 310 m 范围为原大洪沟煤矿工业广场保护煤柱区域，B_{3+6}煤层掘进时为减少巷道变形量以及避免高阶段应力集中导致掘进工作面出现强矿压显现，采用反掘进方式掘进，即在+475 m 水平 B_2 巷 2 130 m 位置施工穿层石门，利用穿层石门和+475 m 水平 B_2巷作为+475 m 水平 B_{3+6}煤层 2 130 m 以东掘进巷道的机轨合一巷使用，后期利用石门进行注水、爆破卸压。具体方案为硐室内布置两排爆破孔，两排爆破孔之间排距为 4 m。每排爆破孔由 10 个爆破孔组成，爆破孔编号由西向东分别为①～⑩，装药方式采用人工正向装药。炮孔布置及炮孔装药参数见图 10-92。

考虑到硐室前期注入大量清水，部分爆破孔有长流水出现，因此，本次爆破只将 20 孔中的 18 个孔进行爆破，合计装药量 2.9 t，封孔采用黄土配合马丽散封堵。为避免爆破冲孔影响爆破效果，本次爆破采用一次性起爆。

(2) PASSAT-M 探测

通过对比爆破前后对岩墙进行 PASSAT-M(TM)检测结果，详见图 10-93，发现：① 爆破后岩柱整体应力集中范围大幅降低，卸压爆破效果明显；② 岩柱爆破降低应力的同时也使岩柱应力部分发生转移。

10.4.3.4　*岩柱多水平处理联合处理技术*

综上所述，乌东煤矿近直立厚煤层动力灾害防治针对致灾机理及灾害影响因素，分别采取了煤层注水、顶底板深孔爆破卸压、岩柱石门注水爆破卸压等综合措施，从防治效果评价及现场的实际情况看，取得了较好的效果，验证了这四种解危措施在近直立煤层动力灾害防治的可行性和适用性。在此基础上，形成了近直立厚煤层动力灾害防治的岩柱多水平联合处理技术，即为：主岩体次煤体，超前卸压治理思路，岩体以岩墙治理工作为主，岩墙采取

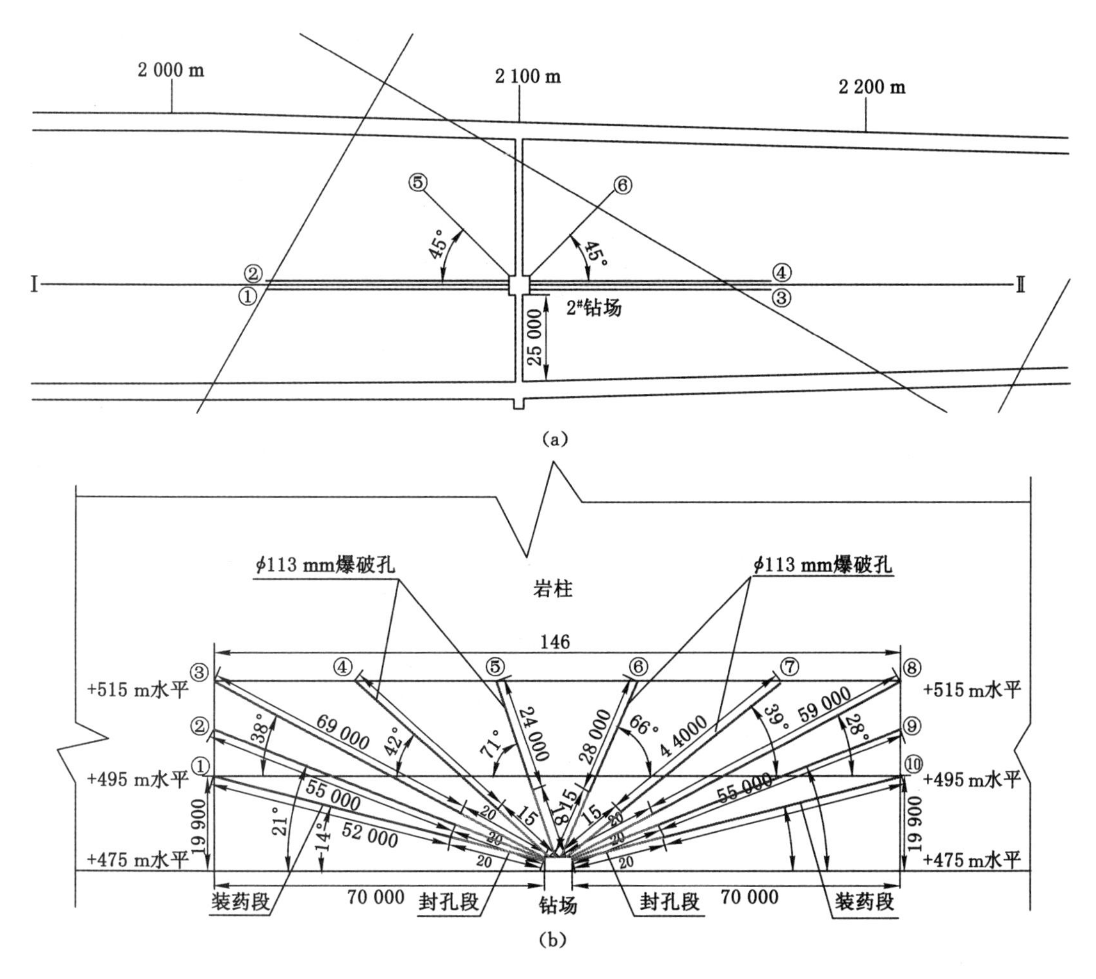

图 10-92　爆破孔布置图

(a) 爆破孔布置平面图;(b) 爆破孔布置剖面图

“上—中—下”立体治理措施,对煤体应力区采取爆破或注水卸压方式,通过煤岩体联合卸压措施,以削弱应力集中区。

“上—中—下”立体化防治方案具体内容:“上”为地面岩柱大孔径爆破,工程在地面沿煤层倾斜方向在 B_2～B_3 煤层间岩柱上方布置爆破孔,爆破孔孔径为 300 mm,爆破孔采用分 2 段进行装药,黄土封堵,实现沿煤层倾向方向切断岩柱整体性,降低岩柱撬动影响;“中”为岩柱石门注水爆破,分别在 B_2～B_3 煤层间岩柱中间每隔 300 m 布置石门硐室一个,根据岩柱宽度分别布置注水爆破硐室 1～2 个,每个硐室内部沿煤层走向方向布置注水孔 2 个、爆破孔 2 组,成扇形布置,其中注水范围为沿煤层走向 270 m,爆破范围为沿煤层走向方向 140 m;“下”为顶底板岩体深孔爆破,分别在 B_{1+2} 煤层、B_{3+6} 煤层顶底板侧施工深孔爆破孔,爆破孔间距10 m,2 孔/组,超前在顶底板侧形成一道人工应力缓冲层,切断水平应力传递渠道。同时根据应力集中情况分别采取煤体注水和深孔爆破工程,释放煤体中集聚的应力,降低采掘工作面动力灾害风险,具体方案见图 10-94 和图 10-95。

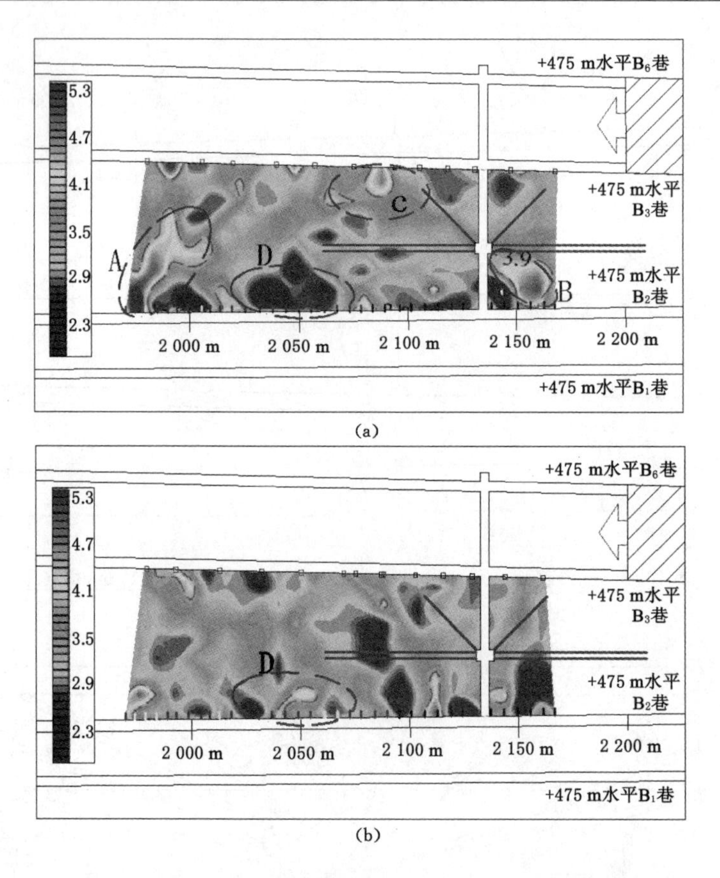

图 10-93 岩柱石门爆破前后 PASSAT-M 探测结果

(a) 爆破前探测区域波速反演结果；(b) 爆破后探测区域波速反演结果

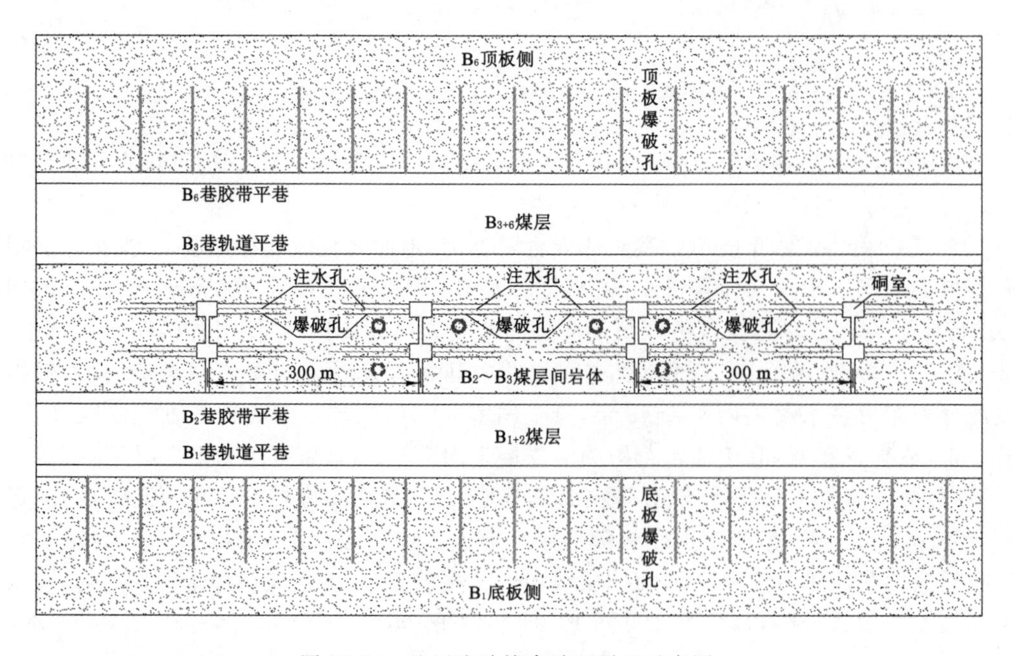

图 10-94 矿压防治综合治理平面示意图

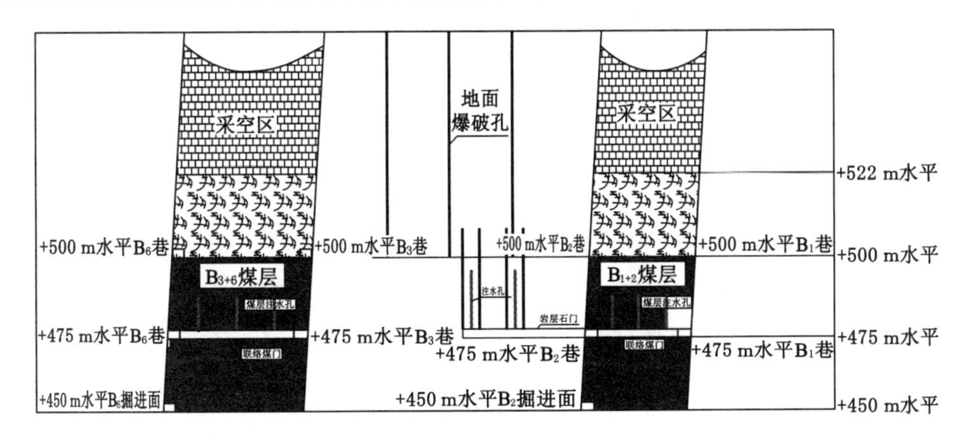

图 10-95　矿压综合治理立示意图

10.5　本章小结

(1) 乌东煤矿现开采方案下，B_2 巷的受力条件最好，稳定性最好；B_3 巷和 B_6 巷的受力条件最差，稳定性最差。各掘进工作面沿煤层水平方向的主要影响范围为 8～10 m，沿岩层水平方向应力主要影响范围为 4～6 m，掘进工作面超前应力主要影响范围约为 10 m。工作面超前支撑压力影响范围为 40～65 m，应力峰值为 8.8～11.8 MPa；工作面侧向支撑压力范围为 15～20 m；工作面回采后，对下部煤体的影响范围为 20～25 m，岩柱的最大水平位移量为 0.03～0.17 m。确定乌东煤矿两同时掘进工作面之间的安全距离 30～45 m；两采煤工作面之间的安全距离为 300～350 m；采掘工作面之间的安全距离应为 80～100 m。

(2) 推进度与围岩活动有着密切的关系，当推进度较平稳并控制在 8 刀/d 以内时，微震事件的频次与能量保持在较低、较平缓水平，此时围岩活动相对较为缓和，因此，可以通过控制推进度来控制围岩活动。

(3) 通过煤岩体耦合致裂技术的运用微震、PASAT-M 监测的效果验证与评估结果表明，急倾斜煤岩体耦合致裂技术可有效降低煤岩体中的应力集聚程度，从而大幅降低发生动力灾害的可能性，提高综放工作面产量和回采率，不论是实施效果还是经济效益方面都取得了良好的效果。急倾斜煤岩体(80°以上)动力灾害的发生还受水平主应力影响和岩柱“撬动”致灾因素等作用，在此基础上形成的主岩体次煤体的岩柱多水平联合处理技术经现场效果验证具有较好的适应性，采用 PASAT-M 微震监测等手段对注水及爆破前后岩柱应力集中检验，弱化措施降低了应力集中程度；其效应突出表现在将高等级的微震能量转化为较多低等级能量事件的缓慢释放，降低了动力灾害的发生概率，对降低采掘工作面应力集中具有较好的效果。

参 考 文 献

[1] 国务院办公厅. 能源发展战略行动计划(2014—2020 年)[EB/OL]. (2014-11-19). http://www.gov.cn/zhengce/content/2014-11/19/content_9222.htm.

[2] 钱七虎. 岩爆、冲击地压的定义、机制、分类及其定量预测模型[J]. 岩土力学,2014,35(1):1-6.

[3] 谢和平,鞠杨,黎立云. 基于能量耗散与释放原理的岩石强度与整体破坏准则[J]. 岩石力学与工程学报,2005,24(17):3003-3010.

[4] 何满潮,钱七虎. 深部岩体力学基础[M]. 北京:科学出版社,2010.

[5] 何满潮,谢和平,彭苏萍,等. 深部开采岩体力学研究[J]. 岩石力学与工程学报,2005,24(16):2803-2813.

[6] 何满潮,赵菲,张昱,等. 瞬时应变型岩爆模拟试验中花岗岩主频特征演化规律分析[J]. 岩土力学,2015,36(1):1-8.

[7] CAI M F,JI H G,WANG J A. Study of the time-space-strength relation for mining seismicity at Laohutai coal mine and its prediction[J]. International Journal of Rock Mechanics and Mining Sciences,2005,42(1):145-151.

[8] 齐庆新,陈尚本,王怀新,等. 冲击地压、岩爆、矿震的关系及其数值模拟研究[J]. 岩石力学与工程学报,2003,22(11):1852-1858.

[9] 姜福兴,王平,冯增强,等. 复合型厚煤层"震-冲"型动力灾害机理、预测与控制[J]. 煤炭学报,2014,39(2):1605-1609.

[10] 何江,窦林名,蔡武,等. 薄煤层动静组合诱发冲击地压的机制[J]. 煤炭学报,2014,39(11):2177-2182.

[11] 齐庆新,彭永伟,李宏艳,等. 煤岩冲击倾向性研究[J]. 岩石力学与工程学报,2011,30(S1):2736-2742.

[12] 刘少虹,毛德兵,齐庆新,等. 动静加载下组合煤岩的应力波传播机制与能量耗散[J]. 煤炭学报,2014,39(S1):15-22.

[13] 左建平,谢和平,吴爱民,等. 深部煤岩单体及组合体的失稳机制与力学特性研究[J]. 岩石力学与工程学报,2011,30(1):84-92.

[14] 尤明庆,华安增. 岩石试样破坏过程的能量分析[J]. 岩石力学与工程学报,2002,21(6):778-781.

[15] 窦林名,贺虎. 煤矿覆岩空间结构 OX-F-T 演化规律研究[J]. 岩石力学与工程学报,2012,31(3):453-460.

[16] 潘立友,孙刘伟,范宗乾. 深部矿井构造区厚煤层冲击地压机理与应用[J]. 煤炭科学技术,2013,41(9):126-128.

[17] 冯夏庭,陈炳瑞,明华军,等.深埋隧洞岩爆孕育规律与机制:即时型岩爆[J].岩石力学与工程学报,2012,31(3):433-444.

[18] 陈炳瑞,冯夏庭,明华军,等.深埋隧洞岩爆孕育规律与机制:时滞型岩爆[J].岩石力学与工程学报,2012,31(3):561-569.

[19] 周辉,孟凡震,张传庆,等.深埋硬岩隧洞岩爆的结构面作用机制分析[J].岩石力学与工程学报,2015,34(4):1-8.

[20] 李志华,窦林名,陆振裕,等.采动诱发断层滑移失稳的研究[J].采矿与安全工程学报,2010,27(4):499-504.

[21] 潘一山,王来贵,章梦涛,等.断层冲击矿压发生的理论与试验研究[J].岩石力学与工程学报,1998,17(6):642-649.

[22] 李振雷,窦林名,蔡武,等.深部厚煤层断层煤柱型冲击矿压机制研究[J].岩石力学与工程学报,2013,32(2):333-342.

[23] 杨磊,蓝航,杜涛涛.特厚近直立煤层上覆煤柱诱发冲击地压的机制研究及应用[J].煤矿开采,2015,20(2):75-77.

[24] 袁瑞甫,李化敏,李怀珍.煤柱型冲击地压微震信号分布特征及前兆信息判别[J].岩石力学与工程学报,2012,31(1):80-85.

[25] 李铁,王维,谢俊文,等.基于采动顶、底板岩层损伤的冲击地压预测[J].岩石力学与工程学报,2012,31(12):2438-2443.

[26] 牟宗龙,窦林名,倪兴华,等.顶板岩层对冲击矿压的影响规律研究[J].中国矿业大学学报,2010,39(1):40-44.

[27] 李新元,马念杰,钟亚平,等.坚硬顶板断裂过程中弹性能量积聚与释放的分布规律[J].岩石力学与工程学报,2007,26(S1):2786-2793.

[28] 窦林名,何烨,张卫东.孤岛工作面冲击矿压危险及其控制[J].岩石力学与工程学报,2003,22(11):1866-1869.

[29] 曹安业,朱亮亮,李付臣,等.厚硬岩层下孤岛工作面开采“T”型覆岩结构与动压演化特征[J].煤炭学报,2014,39(2):328-335.

[30] 潘俊锋,连国明,齐庆新,等.冲击危险性厚煤层综放开采冲击地压发生机理[J].煤炭科学技术,2007,35(6):87-90.

[31] 王宏伟,姜耀东,杨忠东,等.长壁孤岛工作面煤岩冲击危险性区域多参量预测[J].煤炭学报,2012,37(11):1790-1795.

[32] 刘晓斐,王恩元,赵恩来,等.孤岛工作面冲击地压危险综合预测及效果验证[J].采矿与安全工程学报,2010,27(2):215-218.

[33] 杜涛涛,陈建强,蓝航,等.近直立特厚煤层上采下掘冲击地压危险性分析[J].煤炭科学技术,2016,44(2):123-127.

[34] ZHU W C, LI Z H, ZHU L, et al. Numerical simulation on rockburst of underground opening triggered by dynamic disturbance[J]. Tunnelling and Underground Space Technology,2010,25(5):587-599.

[35] 蓝航,潘俊锋,彭永伟.煤岩动力灾害能量机理的数值模拟[J].煤炭学报,2010,35(S1):10-14.

[36] 彭苏萍，凌标灿，刘盛东. 综采放顶煤工作面地震 CT 探测技术应用[J]. 岩石力学与工程学报，2002，21(12)：1786-1790.

[37] 杜文凤，彭苏萍，师素珍. 深部隐伏构造特征地震解释及对煤矿安全的影响[J]. 煤炭学报，2015，40(3)：640-645.

[38] 窦林名，何学秋. 冲击矿压防治理论与技术[M]. 徐州：中国矿业大学出版社，2001.

[39] 赵兴东，唐春安，李元辉，等. 基于微震监测及应力场分析的动力灾害预测方法[J]. 岩石力学与工程学报，2005，24(S1)：4745-4750.

[40] 夏永学，康立军，齐庆新，等. 基于微震监测的 5 个指标及其在冲击地压预测中的应用[J]. 煤炭学报，2010，35(12)：2011-2016.

[41] 姜福兴，苗小虎，王存文，等. 构造控制型冲击地压的微地震监测预警研究与实践[J]. 煤炭学报，2010，35(6)：900-903.

[42] 何学秋，窦林名，牟宗龙，等. 煤岩冲击动力灾害连续监测预警理论与技术[J]. 煤炭学报，2014，39(8)：1485-1491.

[43] 窦林名，蔡武，巩思园，等. 冲击危险性动态预测的震动波 CT 技术研究[J]. 煤炭学报，2014，39(2)：238-244.

[44] 王恩元，何学秋，李忠辉. 煤岩电磁辐射技术及其应用[M]. 北京：科学出版社，2009

[45] 王恩元，贾慧霖，李忠辉，等. 用电磁辐射法监测预报矿山采空区顶板稳定性[J]. 煤炭学报，2006，31(1)：16-19.

[46] 聂百胜，何学秋，王恩元. 电磁辐射法预测煤矿冲击地压[J]. 太原理工大学学报，2000，31(6)：609-611.

[47] 刘敦文，古德生，徐国元，等. 采空区充填物探地雷达识别技术研究及应用[J]. 北京科技大学学报，2005，27(1)：13-16.

[48] 李文，牟义，张俊换，等. 煤矿采空区地面探测技术与方法优化[J]. 煤炭科学技术，2011，39(1)：102-106.

[49] 张宏伟，杜凯，荣海，等. 冲击地压的构造应力条件[J]. 辽宁工程技术大学学报(自然科学版)，2015，34(2)：165-169.

[50] 韩军，张宏伟. 地质动力区划中断裂活动性的模糊综合评判[J]. 中国地质灾害与防治学报，2007，18(2)：101-105.

[51] 陆菜平. 组合煤岩的强度弱化减冲原理及其应用[D]. 徐州：中国矿业大学，2008.

[52] LI ZHEN-LEI, DOU LIN-MING, WANG GUI-FENG, et al. Risk evaluation of rock burst through theory of static and dynamic stresses superposition[J]. Journal of Central South University, 2015, 22(2): 676-683.

[53] 曹建涛. 复杂煤岩体结构动力失稳预报与控制研究[D]. 西安：西安科技大学，2014.

[54] 姜耀东，潘一山，姜福兴，等. 我国煤炭开采中的冲击地压机理和防治[J]. 煤炭学报，2014，39(2)：205-213.

[55] 齐庆新，李晓璐，赵善坤. 煤矿冲击地压应力控制理论与实践[J]. 煤炭科学技术，2013，41(6)：1-5.

[56] 潘俊锋，宁宇，毛德兵，等. 煤矿开采冲击地压启动理论[J]. 岩石力学与工程学报，2012，31(3)：586-596.

[57] 潘一山，李忠华，章梦涛. 我国冲击地压分布、类型、机理及防治研究[J]. 岩石力学与工程学报，2003，22(11)：1844-1851.
[58] 蓝航，齐庆新，潘俊锋，等. 我国煤矿冲击地压特点及防治技术分析[J]. 煤炭科学技术，2011，39(1)：11-15.
[59] 窦林名，陆菜平，牟宗龙，等. 冲击矿压的强度弱化减冲理论及其应用[J]. 煤炭学报，2005，30(6)：690-694.
[60] 来兴平，杨毅然，陈建强，等. 急斜特厚煤层群采动应力畸变致诱动力灾害控制[J]. 煤炭学报，2016，41(7)：1610-1616.
[61] 黄炳香，程庆迎，刘长友，等. 煤岩体水力致裂理论及其工艺技术框架[J]. 采矿与安全工程学报，2011，28(2)：167-173.
[62] 王建，杜涛涛，刘旭东，等. 急倾斜特厚煤层冲击地压防治技术实践研究[J]. 煤矿开采，2015，20(4)：101-103.
[63] 李新华. 特厚近直立煤层水平分段开采冲击地压防治技术研究[J]. 神华科技，2015，13(4)：17-19.
[64] 孙秉成，练书平. 乌东煤矿 45°急倾斜煤层强制放顶工艺研究[C]//刘长友. 煤炭开采新理论与新技术——中国煤炭学会开采专业委员会 2012 年学术年会论文集. 徐州：中国矿业大学出版社，2012：10-16.
[65] OUYANG Z，QI Q，ZHAO S，et al. The mechanism and application of deep-hole precracking blasting on rockburst prevention[J]. Shock and Vibration，2015(1)：1-7.
[66] 何学秋，周心权，杨大明. 中国煤矿灾害防治理论与技术[M]. 徐州：中国矿业大学出版社，2006.
[67] 姜福兴，魏全德，姚顺利. 冲击地压防治关键理论与技术分析[J]. 煤炭科学技术，2013，41(6)：6-9.
[68] 周澎. 华亭煤矿综放煤柱区冲击地压防治研究[D]. 西安：西安科技大学，2010.
[69] 周峰，傅玉祥. 华丰矿攻克大倾角冲击地压煤层综采放顶煤技术[J]. 煤矿机械，2005，(2)：114.
[70] 高明仕，窦林名，张农，等. 冲击矿压巷道围岩控制的强弱强力学模型及其应用分析[J]. 岩土力学，2008，29(2)：359-364.
[71] 陆菜平，窦林名，吴兴荣. 煤岩动力灾害的弱化控制机理及其实践[J]. 中国矿业大学学报，2006，35(3)：301-305.
[72] 于斌，段宏飞. 特厚煤层高强度综放开采水力压裂顶板控制技术研究[J]. 岩石力学与工程学报，2014，33(4)：778-785.
[73] 冯彦军，康红普. 定向水力压裂控制煤矿坚硬难垮顶板试验[J]. 岩石力学与工程学报，2012，31(6)：1148-1155.
[74] 张春华，刘泽功，王佰顺，等. 高压注水煤层力学特性演化数值模拟与试验研究[J]. 岩石力学与工程学报，2009，28(S2)：3371-3375.
[75] 欧阳振华，齐庆新，张寅，等. 水压致裂预防冲击地压的机理与试验[J]. 煤炭学报，2011，36(S2)：321-325.
[76] 潘一山. 煤与瓦斯突出、冲击地压复合动力灾害一体化研究[J]. 煤炭学报，2016，41

(1):105-112.

[77] 赵善坤,欧阳振华,刘军,等.超前深孔顶板爆破防治冲击地压原理分析及实践研究[J].岩石力学与工程学报,2013,32(S2):3768-3775.

[78] 康红普,林健,张晓,等.潞安矿区井下地应力测量及分布规律研究[J].岩土力学,2010,31(3):827-831.

[79] 张宏伟,荣海,陈建强,等.近直立特厚煤层冲击地压的地质动力条件评价[J].中国矿业大学学报,2015,44(6):1053-1060.

[80] 张宏伟,荣海,陈建强,等.基于地质动力区划的近直立特厚煤层冲击地压的危险性评价[J].煤炭学报,2015,40(12):2755-2762.

[81] 郝育喜,常博,王炯,等.近直立煤层地应力测试及围岩应力分布特征研究[J].煤炭科学技术,2016,44(S1):5-9.

[82] 王宁波,张农,崔峰,等.急倾斜特厚煤层综放工作面采场运移与巷道围岩破裂特征[J].煤炭学报,2013,38(8):1312-1318.

[83] 陈建强,崔峰,崔江,等.急斜厚煤层综放面应力分布与演化规律[J].西安科技大学学报,2010,30(6):657-661.

[84] 崔峰,来兴平,曹建涛,等.急倾斜煤层水平分段综放面开采扰动影响分析[J].采矿与安全工程学报,2015,32(4):610-616.

[85] 石平五,张幼振.急斜煤层放顶煤开采"跨层拱"结构分析[J].岩石力学与工程学报,2006,25(1):79-82.

[86] 孙郡庆,曹中宗.急倾斜煤层水平分层放顶煤开采覆岩移动规律研究[J].煤炭科技,2015(4):12-14.

[87] 尹光志,王登科,张卫中.(急)倾斜煤层深部开采覆岩变形力学模型及应用[J].重庆大学学报(自然科学版),2006,29(2):79-82.

[88] 刘旭东,孙秉成,荣海.乌东矿区地质断裂构造对冲击地压的影响[J].内蒙古煤炭经济,2015(6):205-207.

[89] WANG NING-BO, LI LI-BO,LAI XING-PING,et al. Comprehensive analysis of safe mining to heavy and steep coal seam under complex geophysics environment[J]. Journal of Coal Science & Engineering,2008,14(3):378-381.

[90] LAI X P,SHAN P F,CAO J T,et al. Simulation of asymmetric destabilization of mine-void rock masses using a large 3D physical model[J]. Rock Mechanics and Rock Engineering,2016,49(2):487-502.

[91] 王宁波.合理提高急倾斜综放工作面水平分段高度的探讨[J].矿业安全与环保,2007,34(S1):89-94.

[92] 孙秉成,杜涛涛.水平分段综放工作面矿压观测与特征分析[J].煤炭科技,2014(3):17-19.

[93] WANG JIACHEN,ZHANG JINWANG,LI ZHAOLONG. A new research system for caving mechanism analysis and its application to sublevel top-coal caving mining[J]. International Journal of Rock Mechanics and Mining Sciences 2016(88):273-285.

[94] 来兴平,雷照源,李柱.急倾斜特厚煤层综放面顶板运移特征综合分析[J].西安科技大

学学报,2016,36(5):609-615.

[95] 王树仁,王金安,刘淑宏.大倾角厚煤层综放开采颗粒元分析[J].北京科技大学学报 2006,28(9):808-811.

[96] 伍永平,来兴平,柴敬.大倾角综采放顶煤开采裂隙非稳态演化规律[J].长安大学学报(自然科学版),2003,23(3):67-70.

[97] 高召宁,石平五.急倾斜水平分段放顶煤开采岩移规律[J].西安科技学院学报,2001,21(4):316-318.

[98] 石平五,高召宁.急斜特厚煤层开采围岩与覆盖层破坏规律[J].煤炭学报,2003,28(1):13-16.

[99] 蓝航.近直立特厚两煤层同采冲击地压机理及防治[J].煤炭学报,2014,39(S2):308-315.

[100] 陈建强.急斜特厚煤层层间岩柱稳定性对工作面的动态影响[J].煤炭科学技术,2016,44(4):11-16.

[101] LAI XING-PING,SUN HUAN,SHAN PENG-FEI,et al. Structure instability forecasting and analysis of giant rock pillars in steeply dipping thick coal seams[J]. International Journal of Minerals, Metallurgy and Materials,2015,22(12):1233-1244.

[102] LAI XING-PING,CAI MEI-FENG,REN FEN-HUA,et al. Study on dynamic disaster in steeply deep rock mass condition in urumchi coalfield[J]. Shock and Vibration,2015(2):1-8.

[103] 蔡美峰,何满潮,刘东燕.岩石力学与工程[M].北京:科学出版社,2013.

[104] 刘旭东,杨磊,杜涛涛.高压注水弱化岩柱强度防治冲击地压技术应用[J].煤炭科技,2014(3):105-107.

[105] 卢俭,邓广哲,王宁波,等.煤层注水破坏机理的能量耗散分析[C]//刘长友.煤炭开采新理论与新技术——中国煤炭学会开采专业委员会 2012 年学术年会论文集.徐州:中国矿业大学出版社,2012:329-335.

[106] 邓广哲,王世斌,黄炳香.煤岩水压裂缝扩展行为特性研究[J].岩石力学与工程学报,2004,23(20):3489-3493.

[107] 康天合,张建平,白世伟.综放开采预注水弱化顶煤的理论研究及其工程应用[J].岩石力学与工程学报,2004,23(15):2615-2621.

[108] 宋锦泉,熊代余,张广文,等.现场混装乳化炸药技术在煤矿爆破中的应用[C]//刘殿书.中国爆破新技术Ⅱ.北京:冶金工业出版社,2008:654-657.

[109] 熊代余,李国仲,史良文,等.BCJ 系列乳化炸药现场混装车的研制与应用[J].爆破器材,2004,33(6):12-16.

[110] 常博,段红民.碱沟煤矿超短壁急倾斜煤层综放开采实践[J].煤炭科学技术,2007,35(6):26-28.

[111] 来兴平,漆涛,蒋东晖,等.急斜煤层水平分段顶煤超前预爆范围的确定[J].煤炭学报,2011,36(5):718-721.

[112] 常博.急倾斜煤层综放工作面顶煤超前预裂爆破工艺技术探索与研究[C]//中国煤炭学会.全国煤炭工业生产一线青年技术创新文集.北京:煤炭工业出版社,2010:

10-14.

[113] 来兴平,崔峰,曹建涛,等.特厚煤体爆破致裂机制及分区破坏的数值模拟[J].煤炭学报,2014,39(8):1642-1649.

[114] 陈建强,来兴平,崔峰,等.急倾斜特厚煤层耦合致裂与破碎工艺研发及应用[J].西安科技大学学报,2015,35(2):139-143.

[115] 崔峰,来兴平,陈建强,等.急斜特厚煤岩体耦合致裂应用研究[J].岩石力学与工程学报,2015,34(8):1569-1580.

[116] 崔峰,来兴平,曹建涛,等.煤岩体耦合致裂作用下的强度劣化研究[J].岩石力学与工程学报,2015,34(S2):3633-3641.

[117] 崔峰.复杂环境下煤岩体耦合致裂基础与应用研究[D].西安:西安科技大学,2014.

[118] 靳钟铭,康天合,弓培林,等.煤体裂隙分形与顶煤冒放性的相关研究[J].岩石力学与工程学报,1996,15(2):143-149.

[119] 王家臣,张锦旺.急倾斜厚煤层综放开采顶煤采出率分布规律研究[J].煤炭科学技术,2015,43(12):1-7.

[120] MIAO SHENGJUN,LAI XINGPING,CUI FENG. Top coal flows in an excavation disturbed zone of high section top coal caving of an extremely steep and thick seam [J]. Mining Science and Technology,2011,2(1):99-105.

[121] 王家臣,赵兵文,赵鹏飞,等.急倾斜极软厚煤层走向长壁综放开采技术研究[J].煤炭学报,2017,42(2):286-292.

[122] XIE YAOSHE,ZHAO YANGSHENG. Numerical simulation of the top coal caving process using the discrete element method[J]. International Journal of Rock Mechanics & Mining Sciences,2009,46(6):983-991.

[123] 彭永伟,蓝航,王书文,等.基于地质条件的冲击危险性动态预评价体系[J].煤炭学报,2010,35(12):1997-2001.

[124] 齐庆新,李宏艳,潘俊锋,等.冲击矿压防治的应力控制理论与实践[J].煤矿开采,2011,16(3):114-118.

[125] DOU LIN-MING, MU ZONG-LONG, LI ZHEN-LEI, et al. Research progress of monitoring,forecasting,and prevention of rockburst in underground coal mining in China[J]. International Journal of Coal Science & Technology,2014,1(3):278-288.

[126] 王书文,毛德兵,杜涛涛,等.基于地震CT技术的冲击地压危险性评价模型[J].煤炭学报,2012,37(S1):1-6.

[127] 巩思园,窦林名,徐晓菊,等.冲击倾向煤岩纵波波速与应力关系试验研究[J].采矿与安全工程学报,2012,29(1):67-71.

[128] KAISER P K,MARTIN C D,SHARP J,et al. Underground works in hard rock tunnelling and mining[C]//International Conference on Getechnical and Geological Engineering. Melbourne:Technomic Publishing Company,2000:841-926.

[129] CAI M, KAISER P K,MARTIN C D. Quantification of rock mass damage in underground excavations from microseismic event monitoring[J]. International Journal of Rock Mechanics and Mining Sciences,2001,38(8):1135-1145.

[130] LU C P, LIU G J, LIU Y, et al. Microseismic multi-parameter characteristics of rockburst hazard induced by hard roof fall and high stress concentration[J]. International Journal of Rock Mechanics and Mining Sciences,2015,76(2):18-32.

[131] GE MAOCHEN. Efficient mine microseismic monitoring[J]. International Journal of Coal Geology,2005,64(1-2):44-56.

[132] CAI WU, DOU LIN-MING, CAO AN-YE, et al. Application of seismic velocity tomo-graphy in underground coal mines: A case study of Yima mining area, Henan, China[J]. Journal of Applied Geophysics,2014(109):140-149.